Erich Jantsch

Die Selbstorganisation des Universums

Vom Urknall
zum menschlichen Geist

Hanser Verlag

ISBN 3-446-17037-5
Erweiterte Neuauflage 1992
Alle Rechte vorbehalten
© 1979, 1992 Carl Hanser Verlag München Wien
Druck und Bindung:
Mohndruck Graphische Betriebe GmbH., Gütersloh
Printed in Germany

Für Ilya Prigogine,
den Katalysator des Paradigmas der Selbstorganisation

Inhalt

Zwei Gefahren bedrohen die Welt:
die Ordnung und die Unordnung.

Paul Valéry

Vorwort zur Neuausgabe von Peter Kafka

Ein Sachbuch mit etwa 250 Zitaten aus über 15 Jahre alten wissenschaftlichen Originalarbeiten und Fachbüchern? Welchen Sinn kann es haben, ein solches Buch heute neu aufzulegen? Jedes Jahr bringt doch eine unübersehbare Fülle von Forschungsergebnissen in hergebrachten und immer neuen Spezialgebieten der Wissenschaft. Nicht nur die Zahl der Fachzeitschriften wächst zum Schrecken aller Bibliothekare maßlos an, sondern auch ihr Umfang. Schon vor Jahren schätzte jemand scherzhaft ab, daß bei dieser Beschleunigung das Ende der Reihe von Bänden der *Physical Review* sich demnächst mit Überlichtgeschwindigkeit im Regal nach rechts werde bewegen müssen – woraus nach der Relativitätstheorie freilich folge, daß dann keine Information mehr enthalten sein könne . . .

Eine Karriere in der Wissenschaft mag machen, wer da Schritt hält. Und Geschäfte macht, wer mit solchem Fortschritt verkäufliche Werk- und Spielzeuge bastelt; immer schneller, immer neuer. Erich Jantsch, der mit der Astrophysik begonnen hatte, spürte offenbar, daß es Wichtigeres gibt. Wer kümmert sich denn darum, ab das Neue untereinander verträglich ist? Und gar verträglich mit dem Alten? Wo sind die Fachmänner fürs Zusammenpassen?

Jantsch landete bei der »Zukunftsforschung« und beschäftigte sich unter anderem im Rahmen der OECD mit Systemtheorie und den Grundlagen langfristiger Planung. Planung ersetzt bekanntlich den Zufall durch den Irrtum – und mit dieser Erfahrung blieb ihm nichts übrig, als nun immer tiefer der Frage nachzugehen, wie die Welt ganz ohne Zielvorstellungen unter dem Einfluß zufälliger Schwankungen immer höhere Komplexität, immer raffiniertere, »wertvollere« Gestalten entwickeln konnte, ja, offensichtlich entwickeln *mußte*. Erst die immer schneller hereinbrechende Zerstörung der irdischen Biosphäre und sogar des planetaren Klimas deutet auf eine Krise dieser Wertschöpfung hin. Gelänge es, die Prinzipien der Schöpfungsgeschichte zu verstehen und weithin verständlich zu machen, so könnte es vielleicht gelingen, auch den menschlichen Geist so zu organisieren, daß ein lebensfähiges Gesamtsystem entsteht. Die Kenntnis der Naturgesetze kann hierfür nicht ausreichend sein – denn auch der *Zusammenbruch* von Systemen gehorcht diesen.

Es geht also darum, Voraussetzungen und Randbedingungen zu finden, unter denen lebensfähige komplexe Systeme entstehen. Ziel einer

Theorie der Selbstorganisation ist es, übergeordnete Begriffe zu bilden, in denen sich solche Bedingungen formulieren und dann auf die vielfältigen Systeme der wirklichen Welt anwenden lassen. Daß auch die seelisch-geistigen und gesellschaftlichen Phänomene als Erscheinungen in Raum, Zeit und Materie zu dieser Welt gehören, steht dabei außer Frage. *Welt* bedeutet heute *alles*. So ist schon definitionsgemäß jede Entstehung und Entwicklung von Gestalten in der Welt »Selbstorganisation«. Und selbstverständlich ist auch der Geist noch vor den Naturgesetzen den Regeln der Logik unterworfen – also auch den Bedingungen erfolgreicher Selbstorganisation.

Beim Wort »Struktur« dachte man früher vor allem an materielle Gebilde, die unter inneren und äußeren Kräften ein stabiles Gleichgewicht gefunden haben – eben die Struktur im Raum. Heute ist klar, daß alle komplexeren Gestalten ihre Existenz und ihr Wesen dem ständigen Energieaustausch oder Stoffwechsel mit ihrer Umgebung verdanken. Während *abgeschlossene* Systeme auf das »langweilige« thermodynamische Gleichgewicht zustreben, in dem sich alle Unterschiede so weit wie möglich ausgleichen, besteht in *offenen* Systemen die Neigung, ja, der Zwang, die hinein- und hinausführenden Strömungen unter dem Einfluß der unvermeidlichen zufälligen Schwankungen in geregelte Bahnen zu lenken, die mit zunehmender Vielfalt der äußeren und inneren Wechselwirkungen immer raffinierter werden. Dies zeigt sich schon in einem rasch fließenden Bach, bei der Bildung geradezu lebendig wirkender räumlich-zeitlicher Muster im Verlauf mancher chemischer Prozesse, in den Wabenmustern in einer von unten geheizten Flüssigkeit oder in den äußeren Schichten der Sonne, im irdischen Wetter – und natürlich erst recht in den Lebensvorgängen selbst, von den Zellfunktionen über Jäger-Beute-Beziehungen in Ökosystemen bis hin zum Fühlen und Denken einzelner und zu den gesellschaftlichen Prozessen.

Seit den bahnbrechenden Gedanken Ilya Prigogines und einiger anderer Forscher wurden unübersehbar viele Beispiele für solche Gestalten beschrieben, und seit es die Computerentwicklung ermöglicht, der unendlich vielfältigen Grenze zwischen Ordnung und Chaos in Details nachzuspüren, zeigt sich, daß oft schon recht simple Systeme nichtlinearer Gleichungen mathematische Modelle für höchst komplex erscheinende Vorgänge liefern können. Das sich ergebende Weltbild zeigt eine Hierarchie raum-zeitlicher Gestalten, die jeweils nahezu in sich selbst zurücklaufende Prozesse (»Kreisprozesse«) darstellen, deren Reibung (»Dissipation«) durch einströmende »freie« Energie wettgemacht

II

wird. Die Gestaltprinzipien einer Hierarchie-Ebene dienen jeweils als »Bausteine« auf einer noch komplexeren, »darüber« liegenden Ebene. Und dabei wird unabweisbar deutlich: All diese Komplexitätsebenen – vom extrem simplen Urknall über die Elementarteilchen, die Atome, die Milchstraßensysteme und Sterne, die chemische Vielfalt interstellarer Gas- und Staubwolken und Planeten, die Fülle der aufeinander aufbauenden Lebensformen bis hin zu uns selbst – all dies ist im Laufe der Weltgeschichte, die wir auch den Schöpfungsprozeß nennen, schrittweise auseinander hervorgegangen. »Ganz von selbst.« Die jeweils vorhandenen Gestalten tasten durch die zufälligen Schwankungen und ihre Begegnungen mit anderen die »Nachbarschaft im Raum der Möglichkeiten« ab – und wenn in dieser »Ko-Evolution« Systeme von noch besser zusammenpassenden Strukturen und Prozessen zustandekommen, die deshalb überlebensfähiger sind, so überleben sie wahrscheinlich. In äußerster Verkürzung ist das Prinzip der Schöpfung nichts als die Tautologie: »Wahrscheinlich geschieht Wahrscheinliches.« Und doch liegt eben hierin ein unerschöpfliches Potential zur Gestaltentwicklung.

Kaum einer hat wie Erich Jantsch eine solche Fülle von Anschauungsmaterial für die Prinzipien der Selbstorganisation zusammengetragen – oft aus persönlicher Kenntnis und im Kontakt mit den Forschern an der Front dieser Erkenntnisse. Und kaum einer hat so viel spekulative Phantasie aufgewandt, um wesentliche Züge der vielfältigen Detailabläufe zu ertasten und durch übergeordnete neue Begriffe zusammenzufassen. Nirgends erhob er den Anspruch, endgültige Wahrheit zu verkünden. Und natürlich hat er gelegentlich geirrt, ein unsicheres Ergebnis zu unkritisch als Tatsache übernommen, etwas mißverstanden oder ist mit Spekulationen über das Ziel hinausgeschossen. Aber das mindert kaum den Wert dieses Buches, das auch 13 Jahre nach seinem ersten Erscheinen nicht nur dem nach »Allgemeinbildung« strebenden Leser etwas bietet, sondern gerade auch den Wissenschaftler zur Fortsetzung seines Tastens und zu noch klarerer Begriffsbildung anstachelt.

Vorwort von Paul Feyerabend

In den Wissenschaften und im »Rationalismus«, der ihnen zugrunde-
liegt, spielt das folgende Verfahren eine wichtige Rolle: Um einen
Gegenstand oder einen Prozeß zu verstehen, zerlegt man ihn in klar
erfaßbare und voneinander scharf getrennte Elemente, führt Gesetze ein
für die Kombination dieser Elemente und ihre Veränderung und baut
dann den Prozeß aus diesen Bestandteilen auf. Dabei trennt man nicht
nur die Elemente voneinander, man trennt auch die Gesetze von den
Elementen; nicht die innere Natur der Elemente, sondern ein ihnen von
außen auferlegter Zwang bestimmt damit ihr Verhalten.

Dieses »mechanische« Vorgehen wird nicht nur bei der Behandlung
der unbelebten Natur angewandt, sondern auch bei der Behandlung des
Lebens, des Bewußtseins, der Erkenntnis und aller sozialen Phänomene.
So erklärt man zum Beispiel die Entwicklung der Arten aus der Kombi-
nation eines Eliminationsprozesses mit Veränderungen, die von diesem
Prozeß unabhängig sind. Die Erkenntnis wird aufgelöst in logische
Elemente, in scharf von ihnen getrennte psychologisch-soziale Elemente
und in davon wieder unabhängige materielle Elemente.

Solcher Aufspaltung der Welt in Elementengruppen mit verschiedenen Gesetzen entspricht eine Aufspaltung ihrer Erforscher in Fächer
und Disziplinen mit verschiedenen Ideen, Methoden und nur geringer
Wechselwirkung an den Rändern. Die Forscher wissen ungeheuer viel in
einem engen Bereich – aber außerhalb dieses Bereichs geben sie sich mit
Vorurteilen und Gerüchten zufrieden.

Diese Situation erklärt, warum es so schwer ist, ein einheitliches Bild
des Weltprozesses zu erhalten, an dem wir teilnehmen, und warum das
Zusammenpassen von Natur und Gesellschaft neuerdings so großen
Schwierigkeiten begegnet. Die meisten Probleme, die sich einer solchen
Zusammenfügung entgegenstellen (Leib-Seele-Problem, Problem des
Verhältnisses von Normen und Tatsachen, Vernunft und Praxis, Leben
und Materie, Prozeßregelung und geregeltem Prozeß), sind ja in Wahrheit Ergebnisse des beschriebenen mechanistischen Vorgehens: Ver-
langt man begriffliche oder methodologische Reinheit, verbietet man
eine Vermengung von Ideen, die verschiedenen Bereichen angehören,
so ist eine einheitliche Behandlung von vornherein ausgeschlossen.

Andererseits ist die Einheit des so Getrennten schlicht eine Tatsache.
Materielle Prozesse haben Einfluß auf Geistiges und werden von ihm
beeinflußt. Bürger argumentieren »logisch« und führen auf diese Weise

weitreichende materielle Veränderungen herbei. Logik, Psychologie, Soziologie und »rohe« Materie sind in diesem Prozeß untrennbar verbunden. Dem vielfach aufspaltenden Denken und Handeln steht die reale Welt als einheitliches Gebilde gegenüber.

In den Wissenschaften des 20. Jahrhunderts machen sich nun verschiedene Tendenzen bemerkbar, diese Einheit zu erfassen. Große Teile der Chemie werden in die Physik absorbiert, Biologie und Physiologie überschneiden sich mit der Physik und der Chemie, die Archäologie zwingt Anthropologen und Erkenntnistheoretiker zum Umdenken. In gewissen Formen der Allgemeinen Relativitätstheorie zerfällt die Welt nicht mehr in Felder und Teilchen, die einander nur äußerlich beeinflussen, sondern Teilchen werden selbst Teile der Raumzeit-Materie-Struktur, die sich nach den Feldgesetzen bilden und bewegen. In der Quantentheorie hat man entdeckt, daß die scharfe Scheidung zwischen Subjekt und Objekt nur eine Annäherung darstellt, und man vermutet, daß Ähnliches auch für andere Unterscheidungen gilt – etwa für die Unterscheidung zwischen Physischem und Psychischem. Der mathematische Intuitionismus ist ein Versuch, die »objektiven« und abstrakten Gesetze der Mathematik aus der Rechen- und Beweispraxis zu erklären und so eine Verbindung herzustellen zwischen Psychologie, Soziologie und Logik. In der Thermodynamik verfolgt man neue Ideen, nach denen die Organisation von Systemen nicht etwas Zufälliges, sondern etwas aus der Entwicklung der Systeme selbst Hervorgehendes ist. Aufgeweckte Wissenschaftler mobilisieren die Ideen älterer Philosophen wie Aristoteles oder Hegel und sogar fernöstliche Denksysteme, um solche Entwicklungen zu fördern und einem einheitlichen Gesamtbild einzuordnen. So bereitet sich allmählich ein neues Weltbild vor mit einer neuen Auffassung von der Rolle des Menschen in der Welt und von seinen Verantwortlichkeiten. Der Mensch ist nicht mehr ein Fremdling im Universum, der sich durch zielloses Herumprobieren allmählich von Irrtümern befreit und eine renitente Natur durch Gewalt für seine Zwecke verändern muß, sondern er ist ein Teil dieser Natur, in Harmonie mit ihr, zur Erhaltung dieser Harmonie entstanden und verpflichtet.

Im vorliegenden Buch beschreibt Erich Jantsch die wissenschaftlichen und philosophischen Ergebnisse, die diese neue Schau vorbereiten. Von der Physik zur Biologie, zur Soziologie, zur Ethik, Theologie und Kunst fortschreitend stellt er eine Fülle von Einzeltatsachen, Forschungsansätzen und vorläufigen Spekulationen dar, die den mechanistischen Rahmen der bisherigen Wissenschaften und der ihm zugeordneten Philosophien sprengen. Er hat diese Tatsachen, Ansätze und Spekulationen nicht nur aus Büchern zusammengeklaubt, sondern ihr Entstehen aus der Nähe beobachtet und verfolgt, denn er kennt die meisten Forscher, von deren Resultaten er berichtet, hat von ihnen in Diskussionen gelernt und sie seinerseits beeinflußt. Doch er stellt die neuen Ansätze nicht nur dar, er vereinigt sie in einer umfassenden Betrachtungsweise, die sowohl Ethik ist als auch Kosmologie, Theologie und Anthropologie, Physik und Geschichte – und die unser einseitiges Bemühen auf speziellen Gebieten ersetzt durch die *Einsicht* in die wechselseitige Abhängigkeit aller Phasen des Weltprozesses, begleitet vom *Streben,* nun bewußt beizutragen zur Harmonie des Ganzen.

Berkeley, Juli 1979   Paul Feyerabend

Vorwort des Autors

Vor einigen Jahren hörte ich im Wiener Palais Palffy einen Vortrag von Max Horkheimer über Sigmund Freud. Humanistisch in seiner Engagiertheit für den Menschen, konnte Horkheimer dennoch nicht umhin, die triste Botschaft aus dem Beginn unseres Jahrhunderts getreulich als eine von der Wissenschaft erarbeitete, absolute Wahrheit zu übermitteln: Die Zukunft des Menschen werde durch sein Funktionieren in den einzigen legitimen Bereichen seiner Existenz, Arbeit und Sexualität, bestimmt werden. Der Rest – Geist, Liebe und so weiter – werde von der Evolution der Menschheit als unnötiger Luxus ad acta gelegt werden. Am Ende des Vortrags begab sich nun etwas Außergewöhnliches. Eine junge Frau, offenbar Studentin, erhob sich und fragte den Vortragenden in höchster Erregung, mit Tränen in den Augen, ob das alles sei, was er einem jungen Menschen fürs Leben mitgeben könne – die Aussicht auf mechanisches Funktionieren ohne Liebe, ohne Schönheit, ohne Freude. Vor allem ohne Liebe. Wie könne sie sich zu einem Leben bekennen, von dem die Liebe ausgeschlossen bleibe! Horkheimer, von der beschwörenden Eindringlichkeit der Frage sichtlich bewegt, dachte lange nach. Dann gab er zu, daß all das, was in der Geschichte der Menschheit Würde, Sinn und Freude ausgemacht hat, zwar vom Einzelnen immer noch realisiert werden könne, daß aber auch nur der Einzelne für sein eigenes Leben die Entwicklung zurückdämmen könne, die die Menschheit als Ganzes unabwendbar in eine sinnlose, materialistisch funktionierende Existenz reißen werde.

Für diese junge Frau, der ich niemals begegnet bin und die ich nur über die Köpfe eines vollbesetzten Saales hinweg gesehen habe, wollte ich schon immer ein Buch schreiben. Ich kann das Versprechen, das ich mir damals selbst gegeben habe, jetzt einlösen. Das vorliegende Buch gibt nicht nur ihrem Vertrauen in ihr eigenes Leben und in den Sinn seiner Entfaltung hundertmal recht – es kann dieses Vertrauen auch mit den allerjüngsten Ergebnissen einer Wissenschaft bestätigen, die ihrerseits im Begriffe ist, lebensnah zu werden. Ich hoffe, die junge Frau braucht das Buch nicht mehr. Ich hoffe, sie hat nicht nur erfühlen, sondern auch realisieren können, daß sie nicht auf der Welt ist, um zu überleben, sondern um zu *leben*.

Aber es geht nicht nur um den Einzelnen und was er aus seinem Leben zu machen imstande ist. Die ganze Kultur liegt heute schief. Dies wird mir nie stärker bewußt als in den Seminaren, die ich von Zeit zu Zeit an deutschen Universitäten abhalte. »Wenn es stimmt, daß alles in der Evolution nach Entfaltung und neuer Ordnung drängt, daß darin eine so positive Bewegung steckt«, fragte mich kürzlich eine Studentin, »wie kommt es dann, daß das Leben etwas so Negatives ist?« Ich habe eine Ursache dieser Verwirrtheit im Leitbild der Erziehung, vom Elternhaus bis zur Universität, gefunden. Dieses Leitbild betont Härte, Selbstdisziplinierung und die Fähigkeit, sich in einer feindlich gesinnten Umwelt und in brutalen Kämpfen durchzusetzen. Es wird im wissenschaftlichen Jargon als Sozialdarwinismus bezeichnet und hat sehr viel mit jener Evolutionsideologie zu tun, die auch heute noch als Darwinismus oder Neodarwinismus die akademische Lehre beherrscht. Immer ist von Überlebenswerten die Rede, fast nie von den Werten des Lebens, von der Freude schöpferischen Ausgreifens. Das gilt auch für große Bereiche der Sozialwissenschaften.

In der gesellschaftlichen Realität entsteht so auf der einen Seite jener Terrorismus, der viel eher Ausdruck ohnmächtiger Verzweiflung ist als Ausdruck der Hoffnung auf Wandel. Auf der anderen Seite entsteht daraus eine kalte Technokratie und Meritokratie. Es ist mir sehr ernst mit meiner Überzeugung, daß nur ein vertieftes Verständnis der Art und Weise, wie Systeme aller Ebenen – von Organismen bis zu Ökosystemen und der gesamten Biosphäre, von Individuen und der Familie bis zu menschlichen Gesellschaften und Kulturen – *leben* und nicht nur funktionieren, uns vor Orwells »1984« bewahren kann, wo dieses nicht schon Wirklichkeit geworden ist. Ich wurde zum Mitbegründer des »Club of Rome«, um dieses Verständnis zu fördern; ich war der erste, der aus dem Club austrat, als er begann, dieses Ziel zu verfehlen.

Als ich kurz nach dem Kriege an der Wiener Universität studierte (und mit Paul Feyerabend Seminare über Probleme der Astronomie organisierte, die den Professoren zu schwierig waren), träumten manche unter uns von einer Weltkultur und einem absoluten Wertesystem, das jenseits des so schwer kompromittierten Allzu-Menschlichen und Unmenschlichen verbindlich sein könnte. Mit dem damals noch optimistischen Arnold Toynbee glaubten viele, eine Weltkultur könne sich auf die kristallenen Wahrheiten der Wissenschaft gründen – der westlichen Wissenschaft, wohlgemerkt. Diese Euphorie dauerte nicht lange. Auch ich habe meine persönliche Krise mit der Wissenschaft durchgemacht. Doch sie war für mich zu Ende, als ich mein Leben als Prozeß begriff, nicht als einen soliden Block, an dem sich Geld und Fett und »gesichertes« Wissen ansetzen. Nach letzter Zählung lebe ich bereits meine neunte dynamische Lebensstruktur, mit »Beruf« nur unzulänglich charakterisiert. Immer wieder wurde ich durch unerwartete Fluktuationen über eine Instabilitätsschwelle in eine neue Struktur getrieben. Ich habe es nie bereuen müssen.

Als ich begann, mein Prozeß-Leben so recht zu goutieren, ging es mir auch in der Wissenschaft nicht mehr um absolute Wahrheiten, sondern um sich wandelnde Denkrahmen, da ich ordnen wollte, was mich faszinierte und worin mein Leben sich auszudrücken schien. Was ich suchte – mehr noch, wozu mein eigenes Leben geworden war –, fand ich im Prozeßdenken und in jenem sich entfaltenden Paradigma der Selbstorganisation, mit dem sich seit etwa zehn Jahren eine neue, lebensnähere Phase der Wissenschaft abzuzeichnen beginnt. Dabei interessiert mich besonders, wie dieses Paradigma selbst aus einer Dynamik der Selbstorganisation entsteht, wie viele scheinbar unzusammenhängende Konzepte und empirische Resultate ein Beziehungsnetz schaffen, dessen sich die daran Beteiligten selbst bisher kaum bewußt geworden sind. Meine größte Freude ist es, in dieser Selbstorganisation gelegentlich als Katalysator wirken zu können.

Ich möchte auch in diesem Buch keine absoluten Wahrheiten verkünden. Mir geht es derzeit eher darum, ein Paradigma auszuweiten und zu stärken, als seine Grenzen kritisch zu testen, wofür später noch immer Zeit sein wird. Ich stelle hier eine Vision vor, die mich fasziniert und für welche die Zeit gekommen scheint, als »Ökosystem« neuester wissenschaftlicher Konzepte präsentiert zu werden. In mystischer Form, zum Beispiel im Buddhismus, ist sie schon lange geistiges Gut der Menschheit. Diese Vision ist, auf den kürzesten Nenner gebracht, die dynamische Verbundenheit des Menschen mit der Evolution auf allen Ebenen, eine Verbundenheit über Raum und Zeit, die ihn selbst als integralen Aspekt einer universalen Evolution erscheinen läßt. Aus dieser Verbundenheit ergibt sich ein Sinn des Lebens, der all jenes stereotype Gerede vom »Überleben der Menschheit« als höchstem Wert oder von der »Evolution als Spiel, bei dem der einzige Gewinn darin besteht, im Spiel zu bleiben«, als armselig und leer erscheinen läßt. Und um Sinn geht es heute wohl mehr denn je.

Wie gesagt, ich möchte in diesem Buch eine Vision präsentieren, von der ich derzeit überzeugt bin, weil ich sie selber lebe. Ein guter Teil des von mir zur Stützung meiner Argumente benutzten Materials hat auch anderen Evolutionstheoretikern vorgelegen. Jacques Monod (1971) hat daraus seine sinnleere Welt gebaut, die aus dem allerunwahrscheinlichsten Zufall entstanden ist und sich nun verzweifelt ans Überleben klammert, ohne zu wissen warum. Manfred Eigen und Ruthild Winkler (1975) haben daraus die Bestätigung eines allzu einseitigen Darwinismus im Sinne von Auswahlspielen nach starren Regeln herausgelesen. Um aber Mißverständnissen vorzubeugen, beeile ich mich zu betonen, daß weder Physikalismus noch Vitalismus (die Annahme einer allgegenwärtigen besonderen Lebenskraft, wie etwa Bergsons *élan vital*) in diesem Buch – wie auch in der modernen Diskussion um Evolution überhaupt – eine Rolle spielen.

In der akademischen Wissenschaft gilt immer noch jener Minimalismus als »objektiv«, der eher Phänomene auszuschließen als ihre Reduktion auf eine einzige Beschreibungsebene zu opfern bereit ist. Wie ich im vorliegenden Buch zu zeigen hoffe, ist es aber gerade für eine sich neu etablierende, selbstorganisierende Struktur nur natürlich, in der ersten Phase einem Maximalismus zu huldigen, der weder Kosten noch Ideen scheut. Das Paradigma der Selbstorganisation ist eine solche neue, sich etablierende Struktur, für die ein Maximalismus derzeit durchaus angemessen erscheint. Dieser Maximalismus ist nicht mehr »objektiv« – was ja oft bloß Anpassung an geläufige Denkrahmen heißt –, sondern bewußt objektiv und subjektiv zugleich wie das Leben. Ich bekenne mich offen dazu.

Trotz des zu einem großen Teil naturwissenschaftlichen Inhalts ist dieses Buch in seiner Zielsetzung humanistisch. Es ist an der Zeit, mit C. P. Snows These der zwei Kulturen, einer naturwissenschaftlichen und einer humanistischen, aufzuräumen, die so viel zur Verwirrung der frühen sechziger Jahre beigetragen hat. Obwohl naturwissenschaftlich ausgebildet, bin ich von der Seite menschlichen Planens und Handelns herkommend auf die Evolutionsproblematik gestoßen. Meine Studien zu einer Systematisierung von Prognosetechniken (Jantsch, 1967) und zur Theorie langfristiger Planung (Jantsch, Hg., 1969, 1972) haben mir (in meiner sechsten oder siebenten Lebensstruktur) die Problematik menschlichen Handelns in einem dualistischen Denkrahmen deutlich vor Augen geführt. Wenn wir uns aus der Evolution »herausgefallen« wähnen, wenn Kultur gegen Natur steht, so ist alles Handeln Vergewaltigung eines »natürlichen« Ablaufs – vor allem, wenn es die Macht der Technik einzusetzen hat. Wir erleben heute, wie die Frustration, die aus solcher Einzwängung stammt, schrittweise alle langfristigen Pläne zu lähmen beginnt. Weder Atom- noch Kohle- noch Wasserkraftwerke scheinen mehr akzeptabel. Im nordamerikanischen Tennessey Valley hat die

20

Entdeckung eines seltenen Fisches, des sieben Zentimeter langen Snail Darter, den Obersten Gerichtshof dazu bewogen, die Inbetriebnahme des Tellico-Dammes, der 120 Millionen Dollar gekostet hatte, zu untersagen, und in Kalifornien führte das Vorkommen eines seltenen Unkrauts fast zur Einstellung eines Siedlungsprojekts. Die Verhältnisse geraten in Verwirrung. »Es ist leicht, stillzustehen und keine Spuren zu hinterlassen«, schrieb der chinesische Dichter-Philosoph Chuang-Tzu vor mehr als zweitausend Jahren, »aber es ist schwer zu gehen, ohne den Boden zu berühren.«

In meinem ersten Buch über Evolution (1975) ging es mir daher vor allem darum, einen nicht-dualistischen psychologischen Rahmen zu erkunden, in dem der Mensch innerhalb der Evolution als ihr Akteur wirken kann. Dies sprengt den Rahmen des üblichen rationalen Denkens, das nur zu optimieren und auszuführen vermag, was unser Weltbild und unser Wertesystem uns zu tun heißen. Die Sache ist aber nicht hoffnungslos. Im Gegenteil, wir haben die Weisheit in uns, um die Evolution zu »erspüren« und die richtige Richtung einzuschlagen. Es geht in erster Linie darum, die Starrheit jener mentalen Modelle zu brechen, die wir in die Welt hinausprojizieren und die als mächtige Mythen zu uns zurückkehren – siehe Wachstumsmythen, soziale Statusmythen und dergleichen mehr. Eine evolutionsgerechte Haltung bedeutet daher nicht Ausklammerung des Denkens und passives Geschehenlassen, wie viele Menschen glauben, sondern im Gegenteil intensivsten und koordinierten Einsatz aller geistigen Fähigkeiten, die wir auf unserer Stufe der Evolution mitbekommen haben.

Mein zweites Buch zum Thema der Evolution (1976) wurde ein Multi-Autoren-Buch, das ich gemeinsam mit dem bedeutenden Biologen, Evolutionstheoretiker und Humanisten Conrad Waddington herausgab, der kurz darauf starb. Es entwirft ein Panorama selbstorganisierender Phänomene von der molekularen bis zur soziobiologischen und soziokulturellen Ebene und gibt einen Überblick über die theoretischen Ansätze, mit denen diese Phänomene behandelt werden können.

Mit dem vorliegenden dritten Buch zu diesem Thema versuche ich nun, den Kreis zu schließen und die großen Zusammenhänge einer vielschichtigen Evolution in ein mehr oder weniger konsistentes Schema zu bringen. Diese Zusammenhänge sind mit Schlagworten wie Selbstorganisation, Koevolution, Selbsttranszendenz und Kreativität charakterisierbar. Aus ihnen ergibt sich das Bild einer offenen, nicht-teleologischen (und auch nicht-teleonomischen) Evolution, deren Bedingungen auf allen Ebenen Offenheit, Ungleichgewicht und autokatalytische Selbstverstärkung sind.

Für alle drei Bücher war meine freundschaftliche Verbundenheit mit Ilya Prigogine von der Freien Universität Brüssel und der Universität von Texas in Austin die reichste Inspirationsquelle. Der beste Teil des Paradigmas der Selbstorganisation ist sein Lebenswerk. Ich verdanke ihm und seinen Mitarbeitern nicht nur unzählige philosophische und wissenschaftliche Gespräche, sondern auch die Überlassung von reichem Material vor dessen Veröffentlichung. Die Nachricht von der Verleihung des Nobelpreises für Chemie an Ilya kam gerade, als ich mitten in der Arbeit zu diesem Buch steckte. Sie kam an einem Morgen, als der Himmel über Berkeley weiß war von selbstorganisierenden Strukturen. In ganz Nordkalifornien waren zur selben Stunde winzige Ballon-Spinnen aus dem Ei geschlüpft und auf die Spitzen von Grashalmen geklettert, hatten dort seidenartige Bällchen gewoben und wie auf ein Signal alle zur gleichen Zeit losgelassen. So segelten sie dahin und wurden vom Wind zusammengetrieben, bis sich luftige Kolonien von manchmal 150 Meter Länge bildeten, die in Höhen bis zu 1500 Meter heroisch der Gründung einer Heimstatt im Unbekannten zuflogen, sofern sie nicht vorher ins Wasser fielen. Es war die Verkörperung des risikofreudigen Ausgreifens, der Bildung neuer Ordnung, wo noch keine bestand – kurz, der selbstüberschreitenden Dynamik des Lebens.

Ich weiß nicht, was Ilya dazu sagen wird, wenn er in diesem Buch seine Ideen mit einer ganzen Reihe weiterer neuer Konzepte in einer gemeinsamen Perspektive – oder dem Versuch einer solchen – wiederfindet. Hingegen weiß ich genau, daß meine chilenischen Freunde Humberto Maturana und Francisco Varela nicht glücklich darüber sind, wenn ihr Konzept der »Autopoiese« in den weiteren Rahmen dissipativer Selbstorganisation gestellt wird. Sie wollen es nur auf biologische Zellen und Organismen angewandt sehen. Ich habe ihnen gern versprochen, den Leser von meinem Mißbrauch zu unterrichten. Daraufhin haben wir auf das Flüggewerden ihres bis dahin so sorgsam gehüteten neuen Konzepts angestoßen.

Ich fühle, daß dieses Buch mehr noch als meine früheren von meinen Kontakten mit sehr vielen Menschen profitiert hat. Für Diskussionen, Korrespondenz und Austausch von Publikationen möchte ich insbesondere den folgenden, alphabetisch aufgeführten Personen danken: Ralph Abraham (University of California, Santa Cruz), Richard Adams (Uni-

22

versity of Texas, Austin), Agnès Babloyantz (Université Libre de Bruxelles), Gregory Bateson (University of California, Santa Cruz), Fritjof Capra (University of California, Berkeley), Manfred Eigen (Max-Planck-Institut für Biophysikalische Chemie, Göttingen), Ingemar Falkehag (Self-Renewing Systems, Charleston, South Carolina), Paul Feyerabend (University of California, Berkeley), Roland Fischer (Esporles, Mallorca), Heinz von Foerster (Pescadero, California), Walter Freeman (University of California, Berkeley), Herbert Guenther (University of Saskatchewan), Wolf Hilbertz (University of Texas, Austin), Brian Josephson (Cambridge University), Antonio Lima-de-Faria (Universität Lund), Lars Löfgren (Universität Lund), Paul MacLean (National Institutes of Health, Bethesda, Maryland), Lynn Margulis (Boston University), Magoroh Maruyama (University of Southern Illinois, Carbondale), Mael Marvin (Temple University, Philadelphia), Dennis McKenna (Honolulu), Terence McKenna (Freestone, California), Lloyd Motz (Columbia University, New York), Yuval Ne'eman (Universität Tel Aviv), Pierre Noyes (Stanford Linear Accelerator Center), Walter Pankow (Zürich), Karl Pribram (Stanford University, California), Rupert Riedl (Universität Wien), Walter Schurian (Universität Münster), Peter Schuster (Universität Wien), Paolo Soleri (Arcosanti, Arizona), Isabelle Stengers (Université Libre de Bruxelles), Sir Geoffrey Vickers (Goring-on-Thames, England), Conrad Waddington (Edinburgh University, im September 1975 gestorben), Christine von Weizsäcker (Kassel), Ernst von Weizsäcker (Gesamthochschule Kassel), Arthur Winfree (Purdue University, Lafayette, Indiana), Milan Zeleny (Copenhagen School of Economics).

Ich fühle aber auch, daß die Wurzeln dieses Buches viel tiefer in mein Leben hinabreichen, in die Zeit meiner intensiven Beschäftigung mit Musik und meiner Bekanntschaft mit großen Musikern. Ich schreibe noch immer Variationen über jenes Buch, das Wilhelm Furtwängler mit mir verfassen wollte und von dem nur das Kapitel »Tempo« entstand, bevor der Tod eingriff. Das Atmen der Natur im Tempo der Musik – geht es nicht auf das gleiche Pulsieren der dynamischen, selbstorganisierenden und selbstüberschreitenden Welt zurück, das im vorliegenden Buch zur Darstellung gelangt? Ich erinnere mich noch genau, daß ich für Astrid, meine Freundin aus jener Zeit, diese Themen behandeln wollte, die ich erst heute an einem Zipfel zu fassen kriege. Doch es ist nicht zu spät. Sie ist heute unter meinen Freundinnen die einzige, die meine Bücher wirklich liest.

Manfred Eigen, Paul Feyerabend, Walter Freeman, Ervin Laszlo (UNITAR, New York), Lynn Margulis, Ilya Prigogine, Walter Schurian, Isabelle Stengers und Ernst von Weizsäcker haben das Manuskript teilweise oder ganz gelesen. Ich verdanke ihnen wertvolle Anregungen und Korrekturen; die stehengebliebenen Fehler sind meine eigenen.

Als mich vor nicht langer Zeit das Rastor-Institut in Helsinki zu einem Vortrag einlud, bot es mir kein Honorar an, sondern ein Stipendium. Es kam der Arbeit an diesem Buch ebenso zugute wie eine Einladung als Gastprofessor an die Gesamthochschule Kassel im Sommersemester 1977.

Der vorliegende Text ist eine erweiterte Fassung der öffentlichen Gaither Lectures in Systems Science, die ich im Mai 1979 auf Einladung der University of California in Berkeley hielt. Ich bin dem Center for Research in Management und seinem Vorsitzenden, C. West Churchman, für die Organisation dieser Vorlesungsreihe zu großem Dank verpflichtet.

Schließlich möchte ich Burkhart Kroeber vom Hanser Verlag für die angenehme, genaue und speditive Zusammenarbeit danken. Er hat mein erschüttertes Vertrauen in das deutsche Verlagswesen wiederhergestellt.

Berkeley, Kalifornien, Juni 1979 Erich Jantsch

Einleitung

Die Geburt eines Paradigmas aus einer Metafluktuation

In girum imus nocte et consumimur igni
(Wir kreisen in der Nacht und werden vom
Feuer verzehrt)
Altes lateinisches Palindrom

Eine Zeit der Erneuerung

Die relativ kurze Periode zwischen der Mitte der 60er Jahre und dem Beginn der 70er Jahre nimmt in der Geschichte unseres Jahrhunderts eine besondere Stellung ein. Es war eine Periode, in der traditionelle gesellschaftliche und politische Strukturen in Frage gestellt wurden, in der zunächst kaum ernstgenommene Proteste gegen Einengungen menschlichen Lebens zu machtvollen Prozessen wurden, die nach Ausdruck drängten und nach neuen, ihnen gemäßen Strukturen. Auf den einfachsten Nenner gebracht, ging es dabei immer um Selbstbestimmung und Selbstorganisation und damit auch um Offenheit und Formbarkeit der Strukturen, kurz, um die Möglichkeit ihrer Evolution.

Die Forderung nach Freiheit der Rede war nur der Funke, der 1964/65 auf dem Campus von Berkeley zündete. Was folgte, glich einem Buschfeuer, das sehr rasch rund um die Welt alle wesentlichen Belange menschlichen und vor allem gesellschaftlichen Lebens erfaßte. Der Protest gegen die Starrheit und Wirklichkeitsfremdheit der Universität erweiterte sich zur Forderung nach einer Neugestaltung der gesellschaftlichen Realität. Herrschende Regierungen und Systeme gerieten in äußerste Bedrängnis, vor allem in Frankreich und in der Tschechoslowakei im Schicksalsjahr 1968. In China brach gleichzeitig die Kulturrevolution starre Strukturen auf; als einziger Staatsmann hieß Mao Tse-tung diese Selbsterneuerungs-Dynamik willkommen.

Der Sturm ging vorüber, die Strukturen hatten scheinbar widerstanden – aber die Welt war nicht mehr die gleiche. Die geistigen Strukturen hatten sich gewandelt; neue Werte bestimmten die Leitbilder. Internationale Großmachtpolitik sah sich zunehmend geächtet und mußte schwere Schlappen in Kauf nehmen, nicht nur in Vietnam. Die Diktaturen in Griechenland, Portugal und Spanien verschwanden wie ein Spuk. Auch Watergate war wohl eine Folge dieser moralischen Neubesinnung. In der Frage der Bürgerrechte kam in Amerika eine Lawine ins Rollen, die bald Afrika und sogar den Mittleren Osten erreichen sollte und schließlich die Frage der Menschenrechte schlechthin aufs internationale Tapet brachte. Die Helsinki-Konferenz wurde unerwartet zum Bumerang für die Diktaturen des Ostens. Aber auch die eingefrorenen Strukturen des Welthandels, die einseitig die Industriestaaten begünstigt hatten, wurden in der Erdölkrise des Jahres 1973 erstmals zum Teil aufgebrochen – und hier ist wohl am allerwenigsten Zweifel an tiefgreifenden weiteren Änderungen am Platze.

Die politischen und wirtschaftlichen Aspekte jener turbulenten Jahre und ihrer Folgen sind wohl die weithin sichtbarsten, doch nicht die einzigen von Gewicht. Eher noch wichtiger erscheint jene Intensivierung des menschlichen Bewußtseins, die zu einer Neugestaltung der individuellen menschlichen Beziehungen zur Umwelt – zu den Mitmenschen ebenso wie zur Natur – führte. Handelt es sich bei Politik und Wirtschaft um makroskopische Aspekte der Systeme menschlichen Lebens, so sind hier nun mikroskopische Aspekte angesprochen; beide sind nicht ohne einander denkbar. Das Bewußtsein einer untrennbaren Verbundenheit mit der Natur – ja sogar der menschlichen Existenz als integralem Aspekt dieser Natur – hat den vordem esoterischen Begriff des Ökosystems in einen immens praktischen gewandelt. Konzepte des Umweltschutzes rangieren heute national und international auf gleicher Ebene mit jenen Konzepten der Wirtschaft, mit denen sie oft so schlecht zusammenpassen. Gemeinsam mit der (an und für sich selbstverständlichen) Begrenztheit nicht erneuerbarer Ressourcen sind sie sogar dabei, wesentliche Änderungen in den herkömmlichen Wirtschaftsprozessen zu erzwingen, vor allem hinsichtlich der Aufgabe von linearen Einwegprozessen zugunsten von Kreisprozessen (Rezirkulation/*recycling*). Neben dem Schutz der Natur vor den Auswirkungen der Technik wird aber auch der Schutz des einzelnen Konsumenten betont, was zumindest in Amerika vor Ralph Nader nicht selbstverständlich war.

Vielleicht die wichtigste Änderung im Bewußtsein breitester Kreise aber ist die Erkenntnis, daß technische Entwicklung ein Produkt menschlichen Geistes ist, nicht ein Aspekt eines blinden Fortschrittes, dem man sich nicht in den Weg stellen darf. Nicht die mit phantastischer Präzision geplante und ausgeführte Mondlandung war der größte technische Triumph dieser Periode, sondern die Aufgabe des Projekts eines amerikanischen zivilen Überschallflugzeugs unter dem Druck der öffentlichen Meinung.

26

Diese Neubesinnung war der eigentliche Erfolg jener expliziten Beschäftigung mit der Zukunft, die in der gleichen Periode viele Menschen zu faszinieren begann. Bertrand de Jouvenel (1964) mit seinem Begriff der »*futuribles*« – einer Vielfalt möglicher Zukünfte – und der spätere Physik-Nobelpreisträger Dennis Gabor (1963) mit seinem Konzept normativer Prognose – »Die Zukunft erfinden!« – schufen die Grundlagen für eine bewußte und offene Gestaltung der Zukunft. Damit war jene Linearität in der Zielvorgabe gebrochen, die im konventionellen wirtschaftlichen Denken noch immer machtvoll weiterwirkt, vor allem auch in ökonometrischen Modellen. Während Wirtschaftspolitik auf der Permanenz wirtschaftlicher und gesellschaftlicher Strukturen aufbaut und mit makroskopischen Durchschnitten rechnet, erkennt eine prozeßorientierte Beschäftigung mit der Zukunft die Macht der individuellen Imagination, der Vision, die in vielen Menschen Resonanz auszulösen und die Strukturen der Wirklichkeit zu ändern vermag.

Doch nicht nur die Außenbeziehungen des Menschen sind seit den 60er Jahren durch ein wachsendes neues Bewußtsein einer Umweltverbundenheit in Raum und Zeit gekennzeichnet, sondern auch die inneren Beziehungen des Menschen zu sich selbst. Die intensive Beschäftigung mit dem Phänomen des menschlichen Bewußtseins an sich, das für den Westen neue Interesse an einer »humanistischen« (das heißt nichtreduktionistischen) Psychologie, an teils aus anderen Kulturen importierten Techniken einer »holistischen« Medizin, die Körper und Geist als Einheit betrachtet (wie etwa die sich rasch verbreitende chinesische Akupunktur), die Beschäftigung mit nichtdualistischen fernöstlichen Philosophien und ihren Übungen wie Meditation und Yoga – all dies ist nur ein weiterer, wichtiger Aspekt jener Fluktuation, die zu Beginn des letzten Drittels dieses Jahrhunderts einen wesentlichen Teil der Menschheit durchzuckte. Zumindest im kalifornischen Berkeley, wo diese Zeilen geschrieben werden, läßt sich kaum daran zweifeln. Hier lassen sich die vielen Dimensionen dieser Fluktuation noch in allen ihren Verästelungen studieren, wenn sich auch die mächtige Woge selbst verlaufen hat. Hier ist Zeitgeschichte unteilbar.

Selbsterneuerung der Wissenschaft

Verfolgt man den heutigen Universitätsbetrieb und arbeitet man dicke Lehrbücher auch neueren Erscheinungsdatums durch, so könnte man meinen, die Wissenschaft sei nahezu unberührt durch jene turbulente Zeit hindurchgegangen. Sicher, der Forderung rebellischer Studenten nach mehr gesellschaftlicher Relevanz wurde mit einer Reihe von interdisziplinären Zentren und Programmen Rechnung getragen, von denen viele seitdem das Zeitliche gesegnet haben. Auch im Umgang mit Wissen ist in der wirtschaftlichen Rezession Anpassung – an eine gegebene Struktur der Gesellschaft, der Wirtschaft, der Berufe und der Stufenleiter von Erfolg und Anerkennung – zum Schlüsselwort fürs Überleben geworden.

Daß der im akademischen Bereich grassierende Reduktionismus nicht nur eine abstrakte Denkschrumpfung, sondern ein auch in gesellschaftlicher Hinsicht gemeingefährliches Phänomen ist, wurde mir auf eindrückliche Weise klar, als Peter Brooks' Dramatisierung eines anthropologischen Berichts, *The Ik,* in Berkeley aufgeführt wurde. Der englische Anthropologe Colin Turnbull hatte in den Bergen von Uganda einen kleinen Stamm von etwa tausend Menschen entdeckt, der sich mit der erzwungenen Verpflanzung von seinem ursprünglichen Jagdterritorium nicht abfand, aber sich auch keine neue Existenzbasis schaffen konnte oder wollte (Turnbull, 1972). In dieser Situation des Hungers und der Verzweiflung reduzierten sich, immer gemäß Turnbulls Modell, menschliche Beziehungen auf krassesten Egoismus. Mütter verjagten ihre Kinder von der Feuerstelle, sterbende alte Leute wurden ausgesetzt, um der Verpflichtung eines Totenmahls zu entgehen, Raub und Mord wurden zur fast einzigen Überlebensstrategie. »Jeder gegen jeden« war die Devise. In einem Gespräch mit Professoren und Studenten der Universität betonte Turnbull seine Überzeugung, in diesem Verhalten die »wahre menschliche Natur« entdeckt zu haben, die nach Abwurf der Kultur (die ja nur ein Luxus sei) zum Vorschein komme. Mehr noch, er sah in den Ik die Vorläufer eines allgemeinen evolutionären Trends. Turnbull ging in der Pervertierung des Menschen also noch wesentlich weiter als Freud. Für seine Behauptung führte er nicht nur seine eigene »Bekehrung« zur Ideologie eines absoluten Egoismus der Befriedigung physischer Bedürfnisse an, sondern auch den Umstand, daß Schwerverbrecher in englischen Gefängnissen das Stück und vor allem Turnbulls Vision hochinteressant fanden. Vom Abschaum zur Avantgarde der Evolution – da kann man schon ein bißchen stolz werden auf seine Untaten. Den Gipfelpunkt des Absurden allerdings steuerte ein alter Professor zu diesem gelehrten Gespräch bei. Er erklärte mit bewegter Stimme, Turnbulls Erkenntnisse seien für ihn deswegen zu einer Offenbarung, zur Erfüllung eines lebenslangen Traumes geworden, weil er nun in aller Klarheit sehe, daß die Wissenschaft schon immer der große Wegbereiter einer absoluten Reduktion des Menschen auf seine »objektiven« Überlebensfunktionen gewesen sei. Die Parallele zwischen Wissenschaft, Raub und Mord blieb unwidersprochen im Raum stehen, und die Entdeckung einer neuen Pseudo-Wahrheit ließ die wissenschaftsgläubigen Teilnehmer an jenem denkwürdigen Gespräch erschauern. Statt Entsetzen sah ich glänzende Augen und offene Münder...

Und doch bereitet sich auch in der Wissenschaft eine gewaltige Umstrukturierung vor. Gebiete, die für lange Zeit nur Spekulationen zugänglich waren, wie die Kosmologie, erhalten auf einmal Hand und Fuß. So hat zum Beispiel die Entdeckung der (schon 1948 vorhergesagten) Hintergrundstrahlung im Jahre 1965 zum ersten Mal die Möglichkeit geschaffen, einen direkten Effekt aus der heißen Frühzeit des Universums zu beobachten und damit von nun an Theorie und Beobachtung in fruchtbarem Austausch weiterzuführen. Vielleicht wird auch die ebenfalls 1965 erfolgte Entdeckung des ersten Objekts am Himmel, das man mit einiger Wahrscheinlichkeit für ein sogenanntes »Schwarzes Loch« (black hole) halten kann – bisher sind erst vier solcher Objekte bekannt geworden –, eine derartige Symbiose von Theorie und Beobachtung des »Todes« von Sternen ermöglichen.

Dasselbe Jahr 1965 brachte aber auch die Entwicklung mikropaläontologischer Labormethoden, mit deren Hilfe es möglich wurde, Fossilien einzelliger Mikroorganismen in sehr alten Sedimentgesteinen nachzuweisen. Was bis dahin nur Spekulation war, nämlich die Geschichte der ersten Lebensformen seit einer Zeit, in der die Erde erst ein Viertel ihres heutigen Alters erreicht hatte, wurde damit erstmals direkter Beobachtung zugänglich. Die ältesten der so gefundenen Mikrofossilien sind rund dreieinhalb Milliarden Jahre alt.

Der Bereich von Raum und Zeit, der der Beobachtung zugänglich ist, hat sich gewaltig erweitert. Die größte theoretisch beobachtbare räumliche Dimension ist durch den sogenannten »Ereignishorizont« begrenzt, der von der Lichtgeschwindigkeit bestimmt wird und derzeit etwa $1,5 \times 10^{26}$ Meter beträgt.* Tatsächlich wurden sogenannte Quasare beobach-

---

* Die Notation sehr großer oder sehr kleiner Zahlen mittels Zehnerpotenzen ist sehr praktisch. 10^{26} bedeutet einfach eine Zahl mit einer Eins und 26 Nullen dahinter. 10^{-17} bedeutet den reziproken Wert von 10^{17}, also $0,00....01$, wobei die Eins an siebzehnter Stelle nach dem Komma auftritt. 10^{26} ist 10^{43} mal so groß wie 10^{-17}, da $26-(-17) = 26+17 = 43$.

tet, äußerst intensiv strahlende Objekte, die dieser Entfernung schon recht nahe kommen. Sie entfernen sich von uns mit über 90 Prozent der Lichtgeschwindigkeit (die bekanntlich 300 000 Kilometer pro Sekunde beträgt), und ihr Licht stammt aus einer Zeit, in der das Universum erst ein Achtel seines gegenwärtigen Alters erreicht hatte. Die kleinste beobachtbare Länge ist von der Größenordnung 10^{-17} Meter, entsprechend den Dimensionen subatomarer Teilchen. Die größte beobachtbare Zeitspanne ist, dank der Hintergrundstrahlung, das Alter des Universums, ungefähr 5×10^{17} Sekunden. Die kleinste Zeitspanne entspricht derzeit mit etwa 3×10^{-24} Sekunden der mittleren Lebensdauer äußerst instabiler subatomarer Teilchen, die kaum noch Teilchencharakter aufweisen und als »Resonanz« bezeichnet werden. Die räumliche Spanne menschlicher Beobachtung erstreckt sich also über 43 Größenordnungen, die zeitliche über 41 Größenordnungen. Diese erstaunliche Übereinstimmung erinnert an die Hypothese des englischen Physik-Nobelpreisträgers P. A. M. Dirac, nach welcher Makro- und Mikrokosmos in jeder Phase der Evolution durch dimensionslose Zahlen von der Größenordnung 10^{40} miteinander korreliert sind. In diesem gewaltig ausgeweiteten Raum-Zeit-Bereich aber beginnen sich nun Querverbindungen und Muster vor allem dynamischer Natur abzuzeichnen, die zum ersten Male der Idee einer allgemeinen, offenen Evolution auf vielen irreduziblen, aber zusammenhängenden Ebenen wissenschaftliche Substanz geben.

Es sind aber weniger die Extreme, die uns in unserem Alltagsleben berühren. Hier interessiert uns vor allem jener Bereich, der direkter menschlicher Erfahrung ohne Instrumente zugänglich ist. In diesem Bereich finden wir die Phänomene biologischer, sozialer und kultureller Entfaltung von Leben. Der unerhörte Reichtum struktureller Formen, den wir hier antreffen, war bis vor kurzem fast ausschließlich empirischer Forschung zugänglich. Das heißt: es wurde beobachtet, klassifiziert und, soweit möglich, verallgemeinert. Zur Bestimmung der Strukturen war der Durchschnitt, der sich aus einer großen Anzahl von Einzelbeobachtungen ergab, ausschlaggebend. Abweichungen waren uninteressant. Diese strukturbetonte Einstellung erhielt vor mehr als hundert Jahren durch Darwins Theorie der selektiven Auswahl und der Evolution biologischer Arten eine zeitliche Dimension.

Die Betonung von Struktur, Anpassung und Fließgleichgewicht charakterisierte die frühe Entwicklung der Kybernetik und der Allgemeinen Systemtheorie. Diese Geschwistergebiete, die sich seit den 40er Jahren unseres Jahrhunderts in wechselseitiger Abhängigkeit entwickelten, drangen zu einem vertieften Verständnis der Regelprozesse vor, mit deren Hilfe vorgegebene Strukturen stabilisiert und erhalten werden können. Gerade darauf kommt es in der Technik an, weshalb auch Kybernetik und eine spezialisierte Systemtheorie bisher auf dem Gebiet der Regelung komplexer Maschinen ihre größten Triumphe feierten. In biologischen und gesellschaftlichen Systemen stellt diese Art der Regelung – auch negative Rückkoppelung oder negativer Feedback genannt – jedoch nur eine Seite der Aufgabe dar. Keine lebendige Struktur läßt sich auf Dauer stabilisieren. Die andere Seite der Aufgabe hat mit *positiver* Rückkoppelung zu tun, das heißt mit Destabilisierung und Entwicklung neuer Formen. Von einer vollen Synthese beider Aspekte konnten die Begründer der erwähnten Gebiete, Norbert Wiener und Ludwig von Bertalanffy (1968), nur träumen. Ihre diesbezüglichen, intuitiv richtigen Formulierungen, von Ervin Laszlo (1972) und anderen weiterentwickelt, finden erst heute ihre wissenschaftliche Begründung. In den 50er Jahren eröffnete sich mit der Molekularbiologie wohl die Möglichkeit, eine tragfähige Basis für eine theoretische Biologie zu schaffen. Sie wirkte sich aber vorerst in Richtung einer reduktionistischen und strukturbetonten Zielsetzung aus und konnte die Verbindung mit makroskopischen Gestaltphänomenen zunächst nicht herstellen. Die Struktur der Gene enthält nicht das Leben des daraus entstehenden Organismus.

Bei biologischen und gesellschaftlichen Systemen geht es vor allem um Phänomene wie Selbstorganisation und Selbsterneuerung, kohärentes (zusammenhängendes) Verhalten in strukturellem Wandel über Zeit, Individualität, Kommunikation mit der Umwelt und Symbiose, Morphogenese (die Bildung neuer Formen) sowie Raum- und Zeitverschränkung in der Evolution. Diesen Ansprüchen vermag zu einem guten Teil eine neue Sicht der Dynamik natürlicher Systeme zu genügen, die in der zweiten Hälfte der 60er Jahre – also synchron mit der geschilderten »Metafluktuation« – entstand. Vorausgegangen waren ihr schon in den 20er Jahren die Prozeßphilosophie Alfred North Whiteheads (1969) und das Konzept des Holismus (Streben nach Ganzheit) in der Evolution, das der südafrikanische Staatsmann Jan Smuts (1926) entwickelt hatte.

Auf knappste Weise ausgedrückt, läßt sich diese neue Sicht als *prozeßorientiert* bezeichnen im Gegensatz zur Betonung »solider« Systemkomponenten und daraus zusammengesetzter Strukturen. Diese beiden Perspektiven sind in ihren Konsequenzen nicht symmetrisch: Während eine vorgegebene Struktur, etwa eine Maschine, in hohem Maße die Prozesse bestimmt, die in ihr ablaufen können, und somit ihre Evolution verhindert, kann das Zusammenspiel von Prozessen unter angebbaren Bedingungen zu einer offenen Evolution von Strukturen führen. Die Betonung liegt dann auf dem *Werden* – und selbst das Sein erscheint dann in dynamischen Systemen als ein Aspekt des Werdens. Der Begriff des Systems selbst ist nicht mehr an eine bestimmte Struktur gebunden oder an eine wechselnde Konfiguration bestimmter Komponenten, noch selbst an eine bestimmte Gruppierung innerer oder äußerer Beziehungen. Vielmehr steht der Systembegriff nun für die Kohärenz evolvierender, interaktiver Bündel von Prozessen, die sich zeitweise in global stabilen Strukturen manifestieren und mit dem Gleichgewicht und der Solidität technischer Strukturen nichts zu tun haben. Konkret ausgedrückt stellen Raupe und Schmetterling zeitweise stabilisierte Strukturen dar, in denen sich die kohärente Evolution ein und desselben Systems manifestiert. Schon 1947 hatte der Engländer Conrad Waddington den erst jetzt in seiner zentralen Bedeutung erkannten Begriff der *Epigenetik* in die Biologie eingeführt, der die Nutzung strukturell kodierter genetischer Information in Prozesse auflöst, die mit der dynamischen Beziehung des Lebewesens zur Umwelt in Zusammenhang stehen.

Der entscheidende Durchbruch, mit welchem 1967 die Formulierung einer neuen dynamischen Sicht natürlicher Systeme einsetzte, gelang mit der Theorie und nachfolgenden empirischen Bestätigung der sogenannten *dissipativen Strukturen* in chemischen Reaktionssystemen und mit der Entdeckung eines in diesen Strukturen wirkenden neuen Ordnungsprinzips. Dieses neue Prinzip, *Ordnung durch Fluktuation* genannt, gilt jenseits des thermodynamischen Bereichs in offenen Systemen fern vom Gleichgewichtszustand, die bestimmte autokatalytische Stufen einschließen. Die Entwicklung dieser Theorie, gemeinsam mit einigen ihrer wichtigsten philosophischen Grundlagen und Konsequenzen, wurde vor allem von Ilya Prigogine und den von ihm geleiteten Arbeitsgruppen in Brüssel und Austin, Texas, geleistet. Ihre Arbeiten sind in einer umfassenden Monographie (Nicolis und Prigogine, 1977) zusammengefaßt.

Ungefähr zur gleichen Zeit führten die Arbeiten über Selbstorganisation an dem in seiner Art einzigartigen – und seither zugrunde gegangenen – Biologischen Computer-Laboratorium der Universität von Illinois unter der Leitung des in Wien geborenen Heinz von Foerster

32

zur Neuformulierung der Eigenschaften von lebenden Systemen. Ein entscheidender Begriff wurde dabei 1973 von den chilenischen Biologen Humberto Maturana und Francisco Varela geprägt und gemeinsam mit Ricardo Uribe weiterentwickelt (Maturana und Varela, 1975; Varela et al., 1974). Es ist der Begriff der *Autopoiese*, die Eigenschaft lebender Systeme, sich ständig selbst zu erneuern und diesen Prozeß so zu regeln, daß die Integrität der Struktur gewahrt bleibt. Während eine Maschine einen bestimmten Ausstoß produziert und dafür gebaut ist, produziert zum Beispiel eine Zelle vor allem sich selbst. Aufbauende (anabolische) und abbauende (katabolische) Prozesse laufen ständig gleichzeitig ab. Damit wird nicht nur die Evolution eines Systems, sondern auch seine zeitweise Existenz in einer bestimmten Struktur in Prozesse aufgelöst. Im Bereich des Lebendigen gibt es wenig, was solide und starr ist. Eine autopoietische Struktur ergibt sich aus dem Zusammenwirken vieler Prozesse. Selbstreferenz wird auch zu einem Schlüsselbegriff für Hirnfunktionen (Karl Pribram, 1977) und menschliches Bewußtsein (Roland Fischer, 1976).

Ebenfalls in den letzten Jahren führten die unbefriedigenden Versuche, den Ursprung des Lebens auf der Erde als das in höchstem Maße unwahrscheinliche Resultat zufälliger molekularer Kombination (Monod, 1971) oder zufälliger Reproduktion mittels Stereospezifizität (Kuhn, 1973) zu erklären, zu Hypothesen, die sich auf autokatalytische Verstärkung und Beschleunigung von Prozessen stützten, deren Initiierung noch immer als zufällig angesehen werden konnte. Die gleichen Grundprinzipien der Selbstorganisation, die die Bildung chemischer dissipativer Strukturen ermöglichen, sowie die gleiche nichtlineare Ungleichgewichts-Thermodynamik erscheinen nun auch als sehr plausible Faktoren in der Bildung von Biopolymeren aus Monomeren (Babloyantz, 1972) und in der Bildung komplexer Nukleinsäuren und Proteine in selbstreproduzierenden Hyperzyklen (Eigen, 1971; Eigen und Schuster, 1977/78). Anstatt Zufall und Notwendigkeit streng als kausale Abfolge zu sehen, wie Monod es getan hat – der höchst unwahrscheinliche, reine Zufall des Zustandekommens einer selbstreproduzierenden molekularen Kombination wird von der ebenso reinen Notwendigkeit des Überlebens gefolgt –, müssen Zufall und Notwendigkeit nun als Komplementarität betrachtet werden. Für Eigen und Winkler (1975) besteht diese noch darin, daß sich zufällige Prozesse in einem Netz streng vorgegebener »Spielregeln« fangen, wodurch eine Auslese im Sinne eines wenig differenzierten Darwinismus erfolgt. Die einseitige

Anwendung des darwinistischen Prinzips natürlicher Auslese führt auch heute noch oft zur Vorstellung einer »blinden« Evolution, die jeden möglichen Unsinn produziert und über Bewährung in der Umwelt und Wettbewerb das Lebensfähige herausfindet. Als wäre diese Umwelt nicht auch selbst der Evolution unterworfen! Evolution ist zumindest im Bereich des Lebens sehr wesentlich ein Lernprozeß. Eine subtilere Sicht der Selbstorganisations-Dynamik erkennt auch die Freiheitsgrade, die dem System für die Selbstbestimmung seiner eigenen Evolution, für das Selbstfinden temporärer optimaler Stabilität unter gegebenen Anfangsbedingungen zur Verfügung stehen (Eigen und Schuster, 1977/78; Nicolis und Prigogine, 1977). Evolution ist nicht nur in ihren vergänglichen Produkten, sondern auch in den von ihr entwickelten Spielregeln offen. Aus dieser Offenheit ergibt sich die Selbstüberschreitung der Evolution in einer »Metaevolution«, einer Evolution evolutionärer Mechanismen und Prinzipien.

Intuitive Versuche, die Grundprinzipien der Selbstorganisation, wie sie für chemische und präbiotische Evolution gelten, auch auf höhere Stufen der Evolution anzuwenden, haben zu erstaunlich realistischen Beschreibungen der Dynamik ökologischer, soziobiologischer und soziokultureller Systeme geführt (Eigen und Winkler, 1975; Jantsch, 1975; Prigogine, 1976; Nicolis und Prigogine, 1977; Haken, 1977). Neben »vertikalen« Aspekten der Evolution (Kohärenz in der Zeit) treten nun auch immer stärker »horizontale« Aspekte (Kohärenz im Raum) in den Vordergrund, das heißt Phänomene wie Kommunikation, Symbiose und Koevolution. Selbst das System Biosphäre plus Atmosphäre erscheint in der Gaia-Hypothese von Lynn Margulis und James Lovelock (1974) als selbstorganisierendes und selbstregelndes System. Die Zielgerichtetheit der Evolution läßt sich nun post hoc aus dem Zusammenspiel von Zufall und Notwendigkeit verstehen, wobei die Notwendigkeit durch die Systembedingungen eingeführt wird, die selbst ein Resultat dieser Evolution sind (Riedl, 1976). Biologische, soziobiologische und soziokulturelle Evolution erscheinen nun durch *homologe* (das heißt wesensverwandte) Prinzipien verbunden und nicht nur durch analoge (formal ähnliche) – durch Prinzipien, die in vielen Spielarten und auf verschiedenen Ebenen der Evolution immer von der gleichen Art sind, weil sie, wie die gesamte Welt, aus dem gleichen Ursprung stammen.

Dieses neue Wissenschaftsbild, das sich in erster Linie an Modellen des Lebens, nicht an mechanistischen Modellen orientiert, bringt Wandel nicht nur in der Wissenschaft mit sich. Es ist thematisch und in der

Art der Erkenntnis mit jenen anderen Ereignissen verbunden, die zu Beginn des letzten Drittels unseres Jahrhunderts eine Metafluktuation signalisiert haben. Die Grundthemen sind überall dieselben. Sie lassen sich in Begriffen wie Selbstbestimmung, Selbstorganisation und Selbsterneuerung zusammenfassen, in der Erkenntnis einer systemhaften Verbundenheit aller natürlichen Dynamik über Raum und Zeit, im logischen Primat von Prozessen über Strukturen, in der Rolle von Fluktuationen, die das Gesetz der Masse aufheben und dem Einzelnen und seinem schöpferischen Einfall eine Chance geben, in der Offenheit und Kreativität einer Evolution schließlich, die weder in ihren entstehenden und vergehenden Strukturen noch im Endeffekt vorherbestimmt ist. Die Wissenschaft ist im Begriff, diese Prinzipien als allgemeine Gesetze einer natürlichen Dynamik zu erkennen. Auf den Menschen und seine Systeme des Lebens angewandt, sind sie damit Ausdruck eines im tiefsten Sinne natürlichen Lebens. Die dualistische Aufspaltung in Natur und Kultur wird damit aufgehoben. Im Ausgreifen, in der Selbstüberschreitung natürlicher Prozesse liegt eine Freude, die die Freude des Lebens ist. In ihrer Verbundenheit mit anderen Prozessen innerhalb einer umfassenden Evolution liegt der Sinn, der der Sinn des Lebens ist. Wir sind nicht der Evolution ausgeliefert – wir *sind* Evolution. Indem die Wissenschaft, wie so viele andere Aspekte menschlichen Lebens, von dieser vielschichtigen Metafluktuation mit erfaßt wird, überwindet sie ihre Entfremdung vom Menschen und trägt bei zur Freude und zum Sinn des Lebens. Etwas davon zu vermitteln, ist das eigentliche Anliegen des vorliegenden Buches.

Es geht mir vor allem um diese These der Verbundenheit. Sie kann nicht im Statischen erfaßt werden, sondern tritt uns aus der Selbstorganisations-Dynamik auf vielen Ebenen entgegen. Auf jeder Ebene stehen gewissermaßen selbstorganisierende Prozesse »in den Startlöchern« bereit, um bei geeigneten Bedingungen zufällige Entwicklungen abzulösen und die Entstehung komplexer Ordnung außerordentlich zu beschleunigen, wenn nicht überhaupt erst zu ermöglichen. Diese Startbedingungen sind vielleicht relativ eng begrenzt, wie wir aus unserer Suche nach Leben im Sonnensystem wissen. Sind sie aber einmal gegeben – in einer bestimmten Phase der kosmischen Evolution, in der Galaxien und Sterne entstehen konnten, oder in den frühen Phasen des Lebens auf der Erde –, so werden diese Bedingungen selbst zum Gegenstand der Evolution. Evolution wird zur Koevolution mikroskopischer und makroskopischer Systeme. Daß die einen als Subsysteme der anderen, die anderen wieder als Umwelt der einen erscheinen, entspricht einer statischen Betrachtungsweise, die zum Dualismus verleitet. Insbesondere das Leben schafft sich zu einem guten Teil seine Umweltbedingungen selbst – oder die Biosphäre schafft sich ihr Leben selbst, wie man will. Mikro- und Makrokosmos sind beide nur Aspekte ein und derselben, integral wirkenden Evolution.

Gang der Argumentation (Zusammenfassung)

Die zentralen Aspekte des entstehenden Paradigmas der Selbstorganisation sind erstens eine bestimmte makroskopische Dynamik von Prozeß-systemen, zweitens ständiger Austausch und damit Koevolution mit der Umwelt und drittens Selbsttranszendenz oder Selbstüberschreitung, die Evolution evolutionärer Prozesse. Die ersten drei Teile des Buches rücken diese Aspekte der Reihe nach in den Brennpunkt. Der letzte Teil faßt unter dem Aspekt der Kreativität einige der Schlußfolgerungen zusammen, die daraus für die Menschenwelt gezogen werden können.

Teil I, *Selbstorganisation: Die Dynamik natürlicher Systeme,* behandelt auf der einfachsten Stufe die typische Selbstorganisations-Dynamik kohärenter Systeme, die durch eine Folge von Strukturen evolvieren und dabei ihren ganzheitlichen Charakter bewahren. Biologische und gesellschaftliche Systeme sind von solcher Art. Die einfachste Ebene, auf der diese Dynamik auftritt, ist aber jene der *dissipativen Strukturen,* wie bestimmte selbstorganisierende und selbsterneuernde chemische Reaktionssysteme genannt werden.

Kapitel 1, »Makroskopische Ordnung«, skizziert die Wendung vom statischen Strukturdenken zum dynamischen Prozeßdenken in der westlichen Wissenschaft. Hatte die klassische Dynamik die Bewegung einzelner Teilchen betrachtet, so markiert der Übergang zur Thermodynamik, in welcher die Interaktionen zwischen den Mitgliedern großer Teilchenpopulationen (zum Beispiel Moleküle in Gasen) im Mittelpunkt stehen, die Einführung von Irreversibilität, von Gerichtetheit der Prozesse. Die zeitliche Symmetrie wird gebrochen, Vergangenheit und Zukunft erscheinen voneinander getrennt, und die makroskopisch betrachtete Welt wird geschichtlich. Mit der in den letzten Jahren zum Triumph geführten nichtlinearen Ungleichgewichts-Thermodynamik schließlich wird, über räumlichen Symmetriebruch, eine neue Ebene makroskopischer Ordnung angesprochen. Auf dieser Ebene treten kooperative Phänomene auf, die zur spontanen Bildung und Evolution von Strukturen führen. Die Gesetze der Physik werden durch diese makroskopische Ordnung auf bestimmte Weise akzentuiert. Wo bisher lediglich ungeordnete Prozesse angenommen wurden, kommt ein neues Ordnungsprinzip ins Spiel, das »Ordnung durch Fluktuation« genannt wird.

Kapitel 2, »Dissipative Strukturen: Autopoiese«, zeigt die Grundbedingungen für die dynamische Existenz von Ungleichgewichtsstrukturen auf. Diese Grundbedingungen – teilweise Offenheit gegenüber der Umwelt, ein makroskopischer Systemzustand fern vom Gleichgewicht und autokatalytische Eigenverstärkung bestimmter Prozeßstufen – kehren auch auf anderen Ebenen selbstorganisierender Systeme wieder. Gleichgewicht entspricht Stillstand und Tod. Hohes Ungleichgewicht, das die selbstorganisierenden Prozesse in Gang hält, wird seinerseits durch ständigen Austausch von Materie und Energie mit der Umwelt, also durch Metabolismus oder Stoffwechsel, aufrechterhalten. Die Dynamik einer solchen global stabilen, doch niemals ruhenden Struktur wurde *Autopoiese* (Selbstproduktion oder Selbsterneuerung) genannt. Ein autopoietisches System trachtet in erster Linie nicht danach, irgendeinen Ausstoß zu produzieren, sondern sich selbst ständig in der gleichen Prozeßstruktur zu erneuern. Autopoiese ist ein Ausdruck der grundlegenden Komplementarität von Struktur und Funktion, jener Flexibilität und Formbarkeit auf Grund dynamischer Beziehungen, die Selbstorganisation erst ermöglicht. Ein autopoietisches System ist durch eine gewisse Autonomie gegenüber der Umwelt gekennzeichnet, die als ein der Existenzebene des Systems entsprechendes Bewußtsein aufgefaßt werden kann. Die Größe einer dissipativen Struktur ist zum Beispiel von der Größe des Umwelt-Freiraumes unabhängig, solange dieser nicht so klein ist, daß er die Bildung der Struktur verhindert.

Kapitel 3, »Ordnung durch Fluktuation: Systemevolution«, diskutiert die Evolution von Ungleichgewichtssystemen durch eine Sequenz autopoietischer Strukturen. Die Grundbedingungen dafür sind die gleichen wie für Autopoiese, nämlich Offenheit, hohes Ungleichgewicht und Autokatalyse. Der wesentliche Punkt liegt aber darin, daß Fluktuationen innerhalb des Systems (durch Autokatalyse) verstärkt werden und das System über eine Instabilitätsschwelle in eine neue Struktur treiben. In dieser Übergangsphase spielen nicht wie sonst makroskopische Durchschnittswerte eine Rolle, sondern die Eigenverstärkung und das Durchdringen einer ursprünglich sehr kleinen Fluktuation. Mit anderen

Worten, es setzt sich in dieser innovativen Phase das Prinzip der Individualität gegenüber dem Kollektivprinzip durch. Das Kollektiv wird immer versuchen, die Fluktuation zu dämpfen, was je nach Koppelung der Subsysteme die Lebensdauer der alten Struktur verlängern kann. In der Phase der Bildung einer neuen Struktur gilt das Prinzip höchstmöglicher Entropieerzeugung – keine Kosten werden gescheut, wenn es um den Aufbau einer neuen Struktur geht. Doch ist nicht vorbestimmt, welche Struktur gebildet wird. Auf jeder Ebene autopoietischer Existenz kommt eine neue Variante makroskopischer Unbestimmtheit ins Spiel. Kann daher die zukünftige Evolution eines solchen Systems nicht absolut, sondern bestenfalls in Form eines sich verzweigenden Entscheidungsbaumes mit echt freier Entscheidung an jedem Verzweigungspunkt vorhergesagt werden, so entwickelt ein solches System schon auf der Ebene chemischer dissipativer Strukturen ein Gedächtnis seines Evolutionsweges. Wird es zurückgezwungen, so krebst es den gleichen Weg durch autopoietische Strukturen zurück, den es gekommen ist. Das jeder kohärenten Evolution zugrunde liegende Prinzip von Ordnung durch Fluktuation bedingt auch eine neue Informationstheorie, die auf der Komplementarität von Erstmaligkeit und Bestätigung in pragmatischer (das heißt wirksamer) Information beruht. Die in der Nachrichtentechnik verwendete Informationstheorie gilt nur für Information, die fast ausschließlich Bestätigung ist. Im Bereich selbstorganisierender Systeme kann sich auch Information selbst organisieren, das heißt neues Wissen entstehen.

Kapitel 4 schließlich, »Modellstudien selbstorganisierender Systeme«, gibt einen kurzen Überblick über jene recht erfolgreichen Versuche, die Theorie dissipativer Strukturen und das Prinzip von Ordnung durch Fluktuation auf Phänomene der Selbstorganisation in anderen Bereichen anzuwenden. Diese ersten Versuche haben vor allem auf den Gebieten der präbiotischen Evolution, der Funktion von Bioorganismen, der Neurophysiologie sowie der Soziobiologie und Ökologie (Populationsdynamik) bemerkenswerte Resultate geliefert. In letzter Zeit wurde damit begonnen, bestimmte Phänomene aus dem Bereich der Systeme menschlichen Lebens, wie etwa das Wachstum von Städten, zu modellieren. Als Grundlage einer qualitativen Beschreibung sind die Prinzipien von Autopoiese und Ordnung durch Fluktuation auch für die Evolution geistiger Strukturen wie wissenschaftliche Paradigmata, Wertsysteme, Weltanschauungen und Religionen wertvoll geworden. Diese breite Anwendbarkeit einer zuerst im physikalisch-chemischen Bereich rigoros formulierten Theorie beruht nicht auf einer physikalistischen Interpretation biologischer und soziokultureller Phänomene, sondern auf einer grundlegenden Wesensverwandtheit (Homologie) der selbstorganisierenden Dynamik auf vielen Ebenen. Diese Wesensverwandtheit erst ermöglicht den im zweiten und dritten Teil des Buches unternommenen Versuch, Evolution als ein ganzheitliches Phänomen darzustellen, in dem sich viele Ebenen dynamisch miteinander verbinden.

Teil II des Buches, *Koevolution: Naturgeschichte in Symmetriebrüchen,* erzählt in fünf Kapiteln die Geschichte der Evolution, vom Urknall angefangen, aus einem besonderen Blickwinkel, der meines Wissens bisher noch niemals konsequent eingehalten wurde: aus dem Blickwinkel der Koevolution von Makro- und Mikrowelt, der wechselseitigen Herstellung von Bedingungen für die gleichzeitige Differenzierung und Komplexifizierung auf mikroskopischen und makroskopischen Zweigen der Evolution. Für die kosmische Evolution ist dies nichts Neues. Niemand stellt sich die Entstehung von Strukturen im Universum so vor, daß sie sich nacheinander von unten her aufbauen, also von Partikeln und Atomen über Sterne und Sternhaufen zu Galaxien und Galaxienhaufen. Aber im Bereich der biologischen Evolution auf der Erde wird meist einseitig vom »Aufbau höheren Lebens« in der Mikroevolution gesprochen und die gleichzeitige Makroevolution außer Betracht gelassen. Gerade in diesem Bereich aber liefert ein Systemansatz, der die Koevolution beider Zweige in den Vordergrund rückt, ganz neue Erkenntnisse. Damit wird auch die Möglichkeit geschaffen, soziokulturelle Evolution, die im menschlichen Bereich eine ausschlaggebende Rolle spielt, von soziobiologischer und ökologischer Evolution zu unterscheiden, gleichzeitig aber ihre Verbundenheit aufzuzeigen.

Kapitel 5, »Kosmisches Vorspiel«, skizziert allgemein das sogenannte kosmologische Standardmodell, betont aber vor allem die Symmetriebrüche, die diese Evolution erst ermöglichten. Die ersten dieser Symmetriebrüche betreffen die vier physikalischen Austauschkräfte, nämlich Schwerkraft, elektromagnetische sowie starke und schwache nukleare Austauschkräfte. Mit dem Bruch der ursprünglichen Symmetrie zwischen ihnen wurden gewissermaßen Raum und Zeit für die Evolution aufgespannt. Wirkt die Schwerkraft in makroskopischen Dimensionen, so wirken die nuklearen Kräfte in mikroskopischen Dimensionen und die elektromagnetischen Kräfte in einem mittleren Bereich. Zuerst kommen in einem dichten und heißen Universum die nuklearen Kräfte ins Spiel. Nach der Produktion von Wasserstoff- und Heliumkernen geht dann der kosmischen Mikroevolution mit der Abkühlung des expandierenden Universums vorläufig der Atem aus. Schließlich aber verschieben sich die mikroskopischen Parameter so, daß der Innendruck radikal sinkt und damit auf dem makroskopischen Zweig der Evolution die Schwerkraft ins Spiel kommt. Sie produziert die sogenannte mittlere Granularität des Universums, nämlich Superhaufen, Galaxienhaufen, Galaxien, Sternhaufen und schließlich Sterne. Hier, in Sternen, wirkt die Koevolution von Makro- und Mikrowelt besonders dramatisch. Die Schwerkraft schafft die Bedingungen einer dichten und heißen Umwelt, die noch einmal die nuklearen Austauschkräfte ins Spiel bringt, um die Mikroevolution der Synthese schwerer Atomkerne weiterzuführen. Die Energiefreisetzung durch diese mikroskopischen Evolutionsprozesse bestimmt ihrerseits die Ontogenese, die irreversible individuelle Evolution des Sternes. Ein weiterer Symmetriebruch in der Anfangsphase des Universums betrifft den Überschuß von Materie im Vergleich zu Antimaterie, der ungefähr ein Milliardstel beträgt. Diese scheinbar geringe Menge ist jedoch alles, was zur Bildung eines Materie-Universums nötig war. Das Resultat der kosmischen Koevolution, nämlich Materie in verschiedenen Zuständen von Organisation, wird in einer Art ungeordneter Phylogenese direkt über Raum und Zeit weitergereicht. Unsere Erde und wir selbst bestehen zum größten Teil aus Materie, die nicht von unserer jungen Sonne stammt (die noch mit der Fusion von Wasserstoff zu Helium beschäftigt ist), sondern von den Hüllen und Explosionsresten ferner Sterne, die nicht mehr existieren. Die Sonne hat aber diese Fremdmaterie mittels Schwerkraft organisiert, während ihre nuklearen Prozesse die Energie für das Leben auf der Erde liefern.

Kapitel 6, »Biochemische und biosphärische Koevolution«, skizziert den Beginn des Lebens auf der Erde. Dieser Beginn führte zunächst über die Bildung organischer Moleküle zu dissipativen Strukturen mit Stoffwechsel, von denen anzunehmen ist, daß sie bei der Bildung von Biopolymeren und in weiteren präzellulären Entwicklungsstufen eine entscheidende Rolle gespielt haben. Für die Entstehung der Fähigkeit zur Selbstreproduktion liegt mit dem katalytischen Hyperzyklus ein bestechendes Modell vor, das das Prinzip dissipativer Strukturen ebenso einschließt wie eine Art von Symbiose auf molekularer Basis. Damit kann nun die biologische Mikroevolution mit der Übertragung von Information – von Plänen zur Organisierung von Materie – statt mit der direkten Übertragung von Materie arbeiten, was erst den hohen Grad

40

von Differenzierung ermöglicht, den das Leben aufweist. Einzelliges Leben entstand auf der Erde verhältnismäßig früh, wahrscheinlich schon mit dem Erstarren der Erdkruste vor rund vier Milliarden Jahren. Die Koevolution von Makro- und Mikrowelt wird schon in dieser Phase eindrucksvoll sichtbar. Die Prokaryoten, die kernlosen Einzeller dieser ersten Phase, wandelten im Verlauf von rund zwei Milliarden Jahren erst durch Oxidation die Erdoberfläche und dann durch Sauerstoffanreicherung die Atmosphäre gründlich um. Nicht nur war diese Umwandlung des Makrosystems die Voraussetzung für die Entstehung komplexerer Lebensformen auf der Linie der Mikroevolution. Bio- und Atmosphäre wurden darüber hinaus zu einem selbstregelnden, erdumspannenden autopoietischen System, das sich seit eineinhalb Milliarden Jahren stabilisiert hat und die Bedingungen für komplexes Leben auf der Erde sicherstellt. Dies behauptet zumindest die sogenannte Gaia-Hypothese, benannt nach der griechischen Erdmutter. Bis heute managen die Prokaryoten als winzige autokatalytische Einheiten das Gaia-System. Zum Teil haben sie sich seither allerdings zu komplexeren Zellen mit echtem Kern, zu Eukaryoten, zusammengeschlossen. Als Organellen innerhalb dieser Zellen funktionieren sie aber immer noch bis zu einem gewissen Grade autonom.

Kapitel 7, »Die Erfindungen der Mikroevolution«, stellt zunächst die noch umstrittene endosymbiotische Theorie des schrittweisen Zusammenschlusses von Prokaryoten zu den komplexeren eukaryotischen Zellen vor. Mit den Eukaryoten war der Weg frei zur Entwicklung der Sexualität und damit zur systematischen Generierung eines Höchstmaßes an genetischer Vielfalt. Diesem ersten mächtigen »Evolutionsschub« folgte bald ein zweiter mit der Ausbreitung der Heterotrophie, der Fähigkeit, andere Lebewesen oder ihre Überreste zu fressen. Damit entstanden komplexe und vielschichtige Ökosysteme, die die Ausbildung und explosive Ausbreitung vielzelliger Organismen begünstigten, die ihrerseits zumindest zum Teil aus immer engerer gesellschaftlicher Bindung hervorgegangen sein dürften, also aus einer neuen Stufe von Endosymbiose.

Kapitel 8, »Soziobiologie und Ökologie: Organismus und Umwelt«, wendet sich wieder der Koevolution von Makro- und Mikrosystemen des Lebens zu, die mit diesen Erfindungen der Mikroevolution neue Aspekte und neue Prozeßmechanismen gewinnt. Das Auftreten eukaryotischer Zellen markiert den Beginn epigenetischer Entwicklung, das heißt der flexiblen, selektiven Nutzung genetisch übertragener Information in Einklang mit der individuellen Gestaltung der Umweltbeziehungen. Mit dem Auftreten der Heterotrophie und der Optimierung der Ausnützung der primären Sonnenenergie in Ökosystemen wird auch die Makrodynamik des Lebens ausgeprägter. Auf dem Mikro- und Makrozweig der Evolution stehen sich nun mit Organismen und Ökosystemen komplexe autopoietische Systeme gegenüber, deren Koevolution – nach der vertikalen Informationsübertragung auf genetischer Basis – nun wieder in erhöhtem Maße horizontale Prozesse ins Spiel bringt. Jede vertikale genetische Entwicklung wird gewissermaßen in einem dichten Netz horizontaler Prozesse »verwirbelt«. Damit wird die genetische Evolution um weitere epigenetische Dimensionen bereichert und schließlich von ihnen an Bedeutung und Schnelligkeit ihrer Wirkung überholt. Die horizontalen kybernetischen Prozesse in Gesellschaften und Ökosystemen prägen immer mehr die Evolution von Gruppen und Arten. Nicht die morphologischen, sondern die dynamischen Qualitäten sind dabei entscheidend, vor allem in jungen Ökosystemen. Wer am raschesten vorstößt, hat den Vorteil. Zur vertikal übertragenen genetischen Information tritt gleichwertig die horizontal übertragene metabolische Information, sowohl innerhalb komplexer Organismen wie innerhalb von Systemen, an denen diese Organismen teilhaben.

In Kapitel 9, »Soziokulturelle Evolution«, tritt schließlich neben die langsam wirkende genetische und die mittelschnell wirkende metabolische noch die sehr schnell wirkende neurale Kommunikation auf der Basis des Nervensystems und vor allem des Gehirns. Der charakteristische Zeitfaktor verkürzt sich von vielen Generationen über Minuten zu Sekunden und Sekundenbruchteilen. Damit wird symbolischer Ausdruck möglich, zuerst als Selbstpräsentation des Organismus, später als symbolische Rekonstruktion der Außenwelt und schließlich als deren aktive Gestaltung. Das Konzept des evolvierenden »Dreifach-Hirns« läßt die stufenweise Loslösung mentaler Konzepte und Bilder von der Außenwelt verfolgen. Mentale Konzepte, Ideen und Visionen werden zu eigenständigen Ebenen autopoietischer Existenz und Evolution. Ließ genetische Informationsübertragung die Vergangenheit in der Gegenwart wirksam werden und brachte epigenetische Entwicklung die systemhafte Natur der Gegenwart ins Spiel, so nimmt neurale Antizipation die Zukunft in die Gegenwart herein, dabei die Richtung der Kausalität umkehrend. Geist ist in dieser Sicht nicht Gegensatz zur Materie, sondern die Selbstorganisations-Qualität der dynamischen Prozesse, die im System und in seinen Beziehungen zur Umwelt ablaufen.

Geist koordiniert die Raum-Zeit-Struktur von Materie. Neben dem neuralen Geist gibt es den langsamer wirkenden metabolischen Geist, der zum Beispiel in Ökosystemen und in Einzellern dominiert. Während die materiellen Produktions- und Verteilungsprozesse der Menschengesellschaft einen solchen metabolischen Geist darstellen, sind im elektronischen Zeitalter die Voraussetzungen dafür geschaffen, ein schneller wirkendes und vielleicht in höherem Maße selbstorganisierendes »Kollektivhirn« zu erzeugen. Bisher dominiert vielfach die Ökologie individuell konzipierter, fertiger Ideen, aus welcher Kultur entsteht. Doch werden individuelle Ideen wohl auch in Zukunft als Fluktuationen höheren Bewußtseins eine entscheidende Rolle spielen.

Teil III des Buches, *Selbsttranszendenz: Systembedingungen der Evolution,* versucht, wesentliche Aspekte der in Teil II beschriebenen Evolutionsgeschichte in allgemeine Prinzipien zu fassen. Es werden einige mögliche Ansätze aufgezeigt, die in ihrer Ausarbeitung zu einer neuen und umfassenden Allgemeinen Dynamischen Systemtheorie führen können.

Kapitel 10, »Die Kreisprozesse des Lebens«, diskutiert die zyklische Organisation selbstorganisierender dissipativer Systeme. Ein verallgemeinertes Schema setzt die Produktionscharakteristik in Zyklen von Umwandlungsreaktionen, katalytischen Zyklen und katalytischen Hyperzyklen in Beziehung zu ihrer Zerfalls- und Diffusionscharakteristik, Entstehen in Beziehung zu Vergehen. Auf diese Weise ergeben sich hierarchische Ebenen, die von Gleichgewicht über Autopoiese zu exponentiellem und hyperbolischem Wachstum reichen. Insbesondere Hyperzyklen, in denen autokatalytische Einheiten zyklisch verbunden sind, spielen in vielen natürlichen Phänomenen der Selbstorganisation eine bedeutende Rolle, in chemischer und biologischer Evolution ebenso wie in Öko- und Wirtschaftssystemen und beim Bevölkerungswachstum. Die zyklische Organisation der Systeme kann selbst evolieren, indem autokatalytische Teilnehmer mutieren oder neue Prozesse eingeführt werden. Die Koevolution von Teilnehmern eines Hyperzyklus führt zum Begriff des Ultrazyklus, der dem Lernprozeß schlechthin zugrunde liegt.

Kapitel 11, »Kommunikation und Morphogenese«, versucht eine Synopsis der drei Hauptphasen in der Koevolution von Makro- und Mikrokosmos – kosmische, chemisch/biologisch/soziobiologisch/ökologische und soziokulturelle Evolution. Sie lassen sich vor allem durch Wirken und Zusammenwirken der verschiedenen Arten von Kommunikation charakterisieren. Eine wesentliche neue Unterscheidung ergibt sich zwischen soziobiologischer und soziokultureller Evolution. Beruht die erstere auf metabolischen Prozessen, in denen das Kollektiv dominiert, so kehrt sich in der soziokulturellen Entwicklung das Bild um. Mit der Evolution des selbstreflexiven Geistes trägt der Mensch die sozialen und kulturellen Dimensionen, also die geistigen Strukturen der Makrowelt, in sich. Er imaginiert, plant und realisiert nicht nur eine neue Welt technischer Gleichgewichtssysteme, sondern auch die autopoietischen Strukturen seiner eigenen sozialen und kulturellen Welt. Er tritt gewissermaßen in Koevolution mit sich selbst ein. In der Selbstorganisation der Menschenwelt spielen also sowohl soziobiologische wie soziokulturelle Prozesse eine Rolle. Die letzteren dominieren, solange sie sich frei entfalten können. Mit zunehmend schnellerer Kommunikation in ausgedehnten und sogar erdumspannenden Systemen menschlichen Lebens sollten sie es um so eher tun.

Kapitel 12, »Die Evolution evolutionärer Prozesse«, verfolgt die zusammenhängenden Zweige der biologischen und soziokulturellen Mikroevolution von dissipativen Strukturen bis zum selbstreflexiven Geist. Dieser Teil der Evolution wird sehr wesentlich durch Weitergabe und Nutzung von Information im Sinne gespeicherter Erfahrung bestimmt. Eine besondere Rolle spielt dabei der geregelte und synchronisierte Abruf konservativ gespeicherter (zum Beispiel genetischer) Information durch dissipative Prozesse, also durch Prozesse des Lebens, die einem bestimmten semantischen oder Bedeutungs-Kontext entsprechen. Ein weiteres wichtiges Element ist das ganzheitliche Systemgedächtnis, das schon chemische dissipative Strukturen besitzen. Es ermöglicht dem System die Rückwendung auf seinen eigenen Ursprung und damit die ganzheitliche Erfahrung des gesamten Evolutionsprozesses, die für die teilweise Selbstbestimmung des weiteren Evolutionsweges wichtig ist. Dient das Produkt, der »Output« einer autopoietischen Struktur, gleichzeitig als »Input« für eine weitere Ebene autopoietischer Existenz, so ist Selbsttranszendenz, die Selbstüberschreitung der eigenen Lebensgesetze möglich. Auf diese Weise läßt sich die Evolution von komplexem Leben und geistigen Fähigkeiten als Evolution evolutionärer Prozesse – oder Metaevolution – über eine zusammenhängende Kette autopoietischer Ebenen darstellen.

Kapitel 13, »Zeit- und Raumverschränkung«, entwickelt die Idee, daß ein Resultat der Evolution die zunehmende Intensivierung autopoietischen Lebens in der Gegenwart durch Einbeziehung von Erfahrung der Vergangenheit und Antizipation der Zukunft ist. Die biologische Evolution machte vergangene Erfahrung eines ganzen Stammes, angefangen von der Bildung der ersten Biomoleküle, für die Gegenwart wirksam. Die Emanzipation der geistigen Realität (das heißt der Innenwelt) von der Außenwelt macht Zukunftsvisionen und Pläne für die Gegenwart wirksam. In gewissem Sinne konzentriert sich das ganze Universum in zunehmendem Maße im Individuum. Das Individuum seinerseits übernimmt eine immer höhere und weiter gespannte Verantwortung für das Universum.

Kapitel 14, »Dynamik einer vielschichtigen Realität«, stellt das Resultat der Evolution – und vor allem den Menschen – als vielschichtige Realität dar, in welcher sich die evolutionäre Kette autopoietischer Existenzebenen hierarchisch ordnet. Wesentlich ist dabei aber, daß es sich nicht um eine Kontrollhierarchie handelt, in der Information nach oben und Befehle nach unten fließen. Jede Ebene behält eine gewisse Autonomie und lebt ihr eigenes Leben in horizontalen Beziehungen zu ihrer spezifischen Umwelt. Die Organellen in unseren Zellen, Nachfahren der Prokaryoten, widmen sich recht autonom dem Energiehaushalt und pflegen ihre horizontalen Beziehungen im Rahmen des weltumspannenden Gaia-Systems. Auf vielen Ebenen sind selbstorganisierende Systeme aus Zellpopulationen am Werk, handle es sich nun um Neuronensysteme, die den Rhythmus der Motoraktivitäten oder die Perzeption und Apperzeption einer Umweltsituation dynamisch gestalten, oder um Systeme von Krebszellen. Jedes dieser selbstorganisierenden Zellsysteme wird von einer höheren Ebene aus koordiniert, das heißt inhibiert oder aktiviert oder abwechselnd beides. Der Geist eines Individuums stellt jene Koordinationsebenen dar, die den Gesamtorganismus betreffen. Der Mensch aber ist kein »höheres« Lebewesen als andere, er steht nicht auf einer höheren Stufe und blickt auf die niederen Stufen hinab, sondern er ist ein vielschichtigeres, komplexeres Lebewesen als andere. Wir enthalten die gesamte Evolution in uns, aber sie ist reicher und voller orchestriert als in weniger komplexen Lebensformen.

Teil IV, *Kreativität: Selbstorganisation und Menschenwelt,* beschränkt sich in seiner Ambition darauf, in fünf kurzen Kapiteln einige der wesentlichen Perspektiven aufzuzeigen, die sich aus diesem Prozeßdenken für die Menschenwelt ergeben. Die Möglichkeit zu echter Kreativität wird dabei in der Überwindung eines Dualismus gesehen, der den Gestalter vom Gestalteten trennt.

Kapitel 15, »Evolution – Revolution«, weist auf ein profundes Dilemma hin, in das Ordnung durch Fluktuation die Menschenwelt gebracht hat. Mit besserer Koppelung der Subsysteme durch Kommunikations- und Transporttechnik erhöht sich die Metastabilität politischer, sozialer und wirtschaftlicher Strukturen, was gleichzeitig die Gefahr immer stärkerer Fluktuationen und damit des Einbruchs zerstörerischer Kräfte heraufbeschwört. Solche Fluktuationen haben wir zum Teil selbst bewußt vorbereitet, wie etwa das Potential an Nuklearwaffen. Das simple Schema gelegentlicher massiver Umstrukturierungen in klar definierten Quantensprüngen gesellschaftlicher und kultureller Organisation scheint sich aber auf unserer Stufe der Komplexität – die die Fähigkeit zur Selbstreflexion ebenso wie zur Antizipation einschließt – zu modifizieren. Die monolithische Kultur löst sich in einen kulturellen Pluralismus auf, der vielleicht »gleitende« Übergänge ermöglichen wird. Voraussetzung dafür sind allerdings der Abbau gesellschaftlicher Kontrollhierarchien und die Stärkung der Autonomie aller Subsysteme.

Kapitel 16, »Ethik, Moral und Systemmanagement«, diskutiert die Möglichkeit, diese Voraussetzungen zu erfüllen. Ethik ist nichts anderes als ein Kodex evolutionsgerechten Verhaltens, und Moral ist das lebendige Erfühlen eines solchen Verhaltens. In einer vielschichtigen Realität ist auch Ethik vielschichtig. In der Menschenwelt ist eine solche vielschichtige Ethik deshalb so komplex, weil hier der Einzelne integrale Verantwortung für die Gesellschaft und die Kultur trägt, die letzten Endes seine eigenen Geschöpfe sind. Es geht darum, individuelle Ethik mit der Ethik von Gesamtsystemen und einer allgemeinen Ethik der Gesamtevolution zu verbinden. Ein vielschichtiger Systemansatz scheint die Möglichkeit zu bieten, flexible langfristige Planung und evolutionäre Dynamik weitgehend zur Deckung zu bringen.

In Kapitel 17, »Energie, Wirtschaft und Technik«, wird zunächst die gegenwärtige Energietechnik charakterisiert als die Ausbeutung von Energiespeichern, die aus immer ferneren Phasen der Evolution stammen. Es handelt sich also um eine Variante der Zeitverschränkung. Da in der soziokulturellen Phase der Evolution der Mensch die Welt nicht nur mental, sondern auch physisch neu erschafft, dehnen sich Zeit- und Raumverschränkung auch auf die physische Welt aus. Dem steht die Möglichkeit einer Autopoiese gegenüber, die vor allem Kreisprozesse unterhält, wie besonders die Anzapfung des Flusses der Sonnenenergie und die Rezirkulations-Wirtschaft. Vielleicht wird sich in naher Zukunft eine gegenseitige Durchdringung von Autopoiese und Evolution der

Menschheit ergeben. Evolution, oder die Erschließung neuer »Nischen«, scheint dabei sowohl innerlich wie äußerlich möglich – im letzteren Falle etwa durch die Kolonisierung des Weltraums. Da dürfte wohl innerliche Evolution auch unentbehrlich sein.

Kapitel 18, »Der schöpferische Prozeß«, befaßt sich eingehender mit den selbstorganisierenden Systemen, die in der Innenwelt des Menschen entstehen und in der Außenwelt wirken. Künstler, die gleichzeitig Theoretiker ihrer eigenen Kunst sind, beginnen die selbstorganisierende Dynamik ihrer Kunstwerke zu entdecken, die den gleichen Prinzipien von Offenheit, Ungleichgewicht und Autokatalyse genügt wie physische Selbstorganisation. Das gleiche gilt von den evolvierenden Strukturen der Wissenschaft. Der schöpferische Prozeß ist vielleicht am besten an Hand eines Modells zu verstehen, das sein Autor die »Drehbühne des Bewußtseins« nennt. Diese Drehbühne besteht im wesentlichen aus zwei gleichwertigen Wegen zu höheren, visionären Ebenen des Bewußtseins, nämlich Ekstase und Meditation. Der schöpferische Prozeß aber besteht nicht nur im Empfang der Vision, sondern auch in ihrer Gestaltung, in der Formgebung. Er bedingt also ein vielschichtig orchestriertes Bewußtsein, ein dynamisches Regime, das zahlreiche Ebenen vibrieren läßt.

Kapitel 19, »Dimensionen der Offenheit«, faßt zusammen, was Zeit-Raum-Verschränkung in der gegenwärtigen Phase der Menschheitsentwicklung bedeutet. Sie wirkt sich im Sinne einer Aufhebung der historischen Zeit aus. In der Selbstreflexion können wir Evolution sowohl als Stammbaum wie als Wurzel gemeinsamen Ursprungs direkt erfahren. Aber erst im Bild des *Rhizoms* (Wurzelstocks), das sich am vollkommensten in einer dissipativen Struktur ausdrückt, wird der Gesamtprozeß der Evolution geballt in der Gegenwart erlebbar. Dieses Erlebnis aber ist nicht mehr eine Abfolge, eine Sequenz, sondern bildet assoziative Muster. Damit werden über Raum und Zeit verstreute Bedeutungszusammenhänge sichtbar.

In einem Epilog über *Sinn* schließlich wird das zentrale Thema der dynamischen Verbundenheit des Menschen mit einem sich entfaltenden Universum noch einmal aufgegriffen. In einer Welt, die sich selbst erschafft, steht die Gottesidee nicht außerhalb, sondern liegt in der Gesamtheit ihrer Selbstorganisations-Dynamik auf allen Ebenen und in allen Dimensionen. Diese Selbstorganisations-Dynamik wurde in einem früheren Kapitel als Geist erkannt. Gott wäre dann nicht der Schöpfer, wohl aber der Geist des Universums.

Teil I

Selbstorganisation: Die Dynamik natürlicher Systeme

> Die Zeit ist ein Strom, der mich fortreißt, aber ich
> bin der Strom; sie ist ein Tiger, der mich zerfleischt,
> aber ich bin der Tiger; sie ist ein Feuer, das mich
> verzehrt, aber ich bin das Feuer.
>
> *Jorge Luis Borges*

Selbstorganisation ist das dynamische Prinzip, das der Entstehung der reichen Formenwelt biologischer, ökologischer, gesellschaftlicher und kultureller Strukturen zugrunde liegt. Aber sie beginnt nicht erst mit dem, was wir gemeinhin Leben nennen. Sie kennzeichnet eine der beiden Grundklassen von Strukturen, die in der physikalischen Realität unterschieden werden, nämlich die sogenannten dissipativen Strukturen, die sich darin von den Gleichgewichtsstrukturen grundsätzlich unterscheiden. Damit wird diese Art von Dynamik zum Bindeglied zwischen Belebtem und Unbelebtem. Leben erscheint nun nicht mehr als dünner Überbau, sondern als ein der Dynamik des Universums innewohnendes Prinzip. In den dissipativen Strukturen chemischer Reaktionssysteme haben wir jetzt die Möglichkeit, Selbstorganisation gleichsam in »reiner« Form zu studieren. Dieselben Bedingungen, die auch auf komplexeren Ebenen auftreten – Offenheit, hohes Ungleichgewicht und Eigenverstärkung von Fluktuationen –, sind hier am klarsten und einfachsten zu erkennen. Deshalb beginne ich das Buch mit einer knappen Darstellung der Theorie dissipativer Strukturen, wie sie vor allem von Ilya Prigogine und seiner Schule entwickelt worden ist.

1. Makroskopische Ordnung

> Gäbe es nicht dieses Ungeborene, Ungezeugte, Un-
> gestaltete, Ungeformte, es gäbe kein Entrinnen aus
> der Welt des Geborenen, Gezeugten, Gestalteten,
> Geformten.
>
> *Gautama Buddha*

Die Aufhebung des Reduktionismus

Aus der Alltagserfahrung wissen wir, was beim Aufdrehen eines Wasser-
hahns passiert: Der Wasserstrahl ist zunächst glatt, vollkommen rund
und durchsichtig; der Physiker nennt dies die *laminare* Strömung. Bei
weiterem Aufdrehen, das heißt bei Verstärkung des Druckes, ändert sich
dieses Bild jedoch an einem bestimmten Punkt schlagartig. Der Wasserstrahl wird strähnig und präsentiert sich in einer dynamischen Struktur,
die irgendwie »muskulös« anmutet. Dies ist das typische Erscheinungs-
bild *turbulenter* Strömung, das innerhalb eines gewissen Spielraumes der
Hahnstellung beständig bleibt und sich bei noch weitergehendem Aufdrehen jeweils schlagartig in andere, ähnliche Strukturen wandelt. Die
schöne Regelmäßigkeit des laminaren Strahles, der fast stillzustehen
schien, ist zerstört, und Unordnung scheint hereingebrochen zu sein.

Doch der Schein trügt. Gerade in der turbulenten Strömung herrscht
ein höheres Maß an Ordnung. Während in der laminaren Strömung die
Bewegung der einzelnen Wassermoleküle einem statistischen Zufalls-
gesetz folgt, werden sie in der turbulenten Strömung in kraftvollen
Teilströmen zusammengefaßt, die in ihrer Summe eine Steigerung der
Durchflußmenge ermöglichen. Die vielzitierten »Grenzen des Wachstums« werden durch die Evolution der Struktur überwunden; sie rekon-
stituieren sich als erweiterte Grenzen einer neuen Struktur. In der Natur
können Prozesse in der Regel nicht nur in einer einzigen Struktur
ablaufen, sondern in einer Folge auseinander hervorgehender Strukturen. In unserem Beispiel bewirkt die Erhöhung von Wasserdruck und
Durchflußmenge, daß die laminare Strömung instabil wird und sich eine
turbulente Struktur einstellt, die ihrerseits über eine weitere Instabilitätsschwelle zu einer neuen, von der ersten verschiedenen turbulenten
Struktur führt, und so fort. Dabei ist, was hier Struktur genannt wird,
keineswegs etwas Solides, immer aus den gleichen Bestandteilen Zusam-
mengesetztes, sondern ein dynamisches Regime, das immer neue

Wassermoleküle in den gleichen Strähnen kraftvoll durchschleust. Es handelt sich um eine Struktur von *Prozessen*.

Ein weiteres Beispiel aus der Hydrodynamik zeigt das spontane Auftreten makroskopischer Ordnung noch eindrucksvoller. Es handelt sich um die nach ihrem Entdecker benannten Bénard-Instabilitäten bei der Erhitzung einer Flüssigkeitsschicht. Stellen wir uns eine große Pfanne – noch größer als die üblichen Küchendimensionen – vor, die von unten gleichmäßig, etwa durch eine ebenso große elektrische Kochplatte erhitzt wird. Zunächst ist die Temperatur in der Flüssigkeitsschicht fast überall die gleiche, das heißt, das System befindet sich nahe seinem thermischen Gleichgewichtszustand. In diesem Zustand wird die Wärme vom erhitzten Pfannenboden durch *Konduktion* weitergeleitet, wobei die Moleküle in stärkere Schwingungen geraten und beim Zusammenstoß mit ihren Nachbarn einen Teil ihrer Wärme- (oder Schwingungs-) Energie an diese weitergeben, ohne sich im wesentlichen vom Platz zu rühren. Wird der Pfannenboden heißer und damit das Temperaturgefälle in der Flüssigkeit steiler, so nimmt das thermische Ungleichgewicht zu. Es setzt *Konvektion* ein, das heißt Wärmetransport durch die Bewegung von Molekülen. Zunächst werden die entstehenden kleineren Konvektionsströme durch die Umgebung unterdrückt. Jenseits eines kritischen Temperaturgefälles werden diese Fluktuationen jedoch verstärkt, und das dynamische Regime schlägt von Konduktion auf Konvektion um. Es bilden sich makroskopische Molekülströme, die mehr als 10^{20} Moleküle umfassen – ein Maß an Ordnung, das nach den bis vor kurzem allein bekannten thermodynamischen Prinzipien unerklärbar war. Eine neue makroskopische Ordnung entsteht, die auch als Makrofluktuation aufgefaßt werden kann, stabilisiert durch den Energieaustausch mit der Umgebung. Diese Ordnung wird im Auftreten von regelmäßigen, wabenförmigen Konvektionszellen, den sogenannten *Bénard-Zellen,* sichtbar (Abb. 1). Vom Blickpunkt der Moleküle aus betrachtet, entspricht dieses Strukturierungsphänomen einer höheren Ebene von Kooperation. Wie noch zu erörtern sein wird, spielt dabei das hohe thermische Ungleichgewicht eine ausschlaggebende Rolle.

Makroskopische Ordnung, wie sie sich in diesen Phänomenen ausdrückt, spielt in unserer Alltagserfahrung eine bedeutende, ja sogar beherrschende Rolle. Dies trifft sogar auf den unbelebten Bereich zu. Von Wasserstrudeln und Sanddünen bis zu Sternen und Galaxien sehen wir Strukturen, die makroskopische Ordnungsprinzipien ausdrücken. Die reiche Formenwelt dynamischer Systeme übte schon immer einen

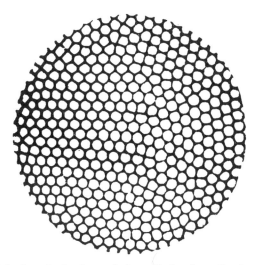

Abb. 1. Beispiel einer hydrodynamischen dissipativen Struktur: Die Bénard-Instabilität tritt bei einer von unten erwärmten Flüssigkeitsschicht jenseits eines kritischen Temperaturgradienten auf. Es dominiert dann kooperatives Verhalten in Form von makroskopischen Konvektionsströmungen, die, von oben betrachtet, regelmäßige hexagonale Zellen bilden.

besonderen ästhetischen Reiz aus, der manchmal den Anstoß zu tieferem Nachdenken und systematischer Forschung gab. Besonders die photographischen Studien des 1973 verstorbenen Basler Arztes Hans Jenny (1967, 1972) wurden unter dem Namen »Kymatik« zum Vorläufer einer allgemein an makroskopischer Ordnung interessierten empirischen Forschung. In jüngster Zeit tritt vor allem Ralph Abraham (1976) an der Universität von Kalifornien in Santa Cruz mit seinem »Makroskop« Jennys Erbe an. Im Makroskop wird mittels akustischer Schwingungen ein wechselnder Energiedurchsatz durch eine zähe Flüssigkeitsschicht erzeugt. Es bildet sich eine Prozeß-Struktur, die mit Erhöhung der Frequenz durch eine Folge von Instabilitäten und neuen Strukturen evolviert.

Auf der anderen Seite hat sich die Physik bisher erstaunlicherweise auf das Studium weniger Einzelphänomene aus diesem weiten Bereich beschränkt. Allgemeine theoretische Ansätze, für die der Anstoß aber interessanterweise vor allem aus der Biologie kam, wurden in den 40er Jahren in Form der Allgemeinen Systemtheorie (Ludwig von Bertalanffy) und der Kybernetik (Norbert Wiener und andere) entwickelt. Beide gelangten zu einem guten und im Bereich der Technik fruchtbaren

Verständnis der Stabilisierung vorgegebener Strukturen. Die Vision ihrer Begründer aber, makroskopische Ordnung über die Grenze zwischen belebter und unbelebter Welt hinweg als Phänomen von Selbstorganisation zu verstehen, blieb noch vage.

Für die Biologie und die Sozialwissenschaften wurde die makroskopische Betrachtung der Dynamik kohärenter Systeme – Systeme, deren Struktur nicht starr bleibt, sondern sich in zusammenhängender Weise entwickelt – immer wichtiger. Organismen aller Art und Ökosysteme stellen ebenso kohärente Systeme dar wie Städte, Gemeinschaften und gesellschaftliche Institutionen. Diesem Bedürfnis stand aber die reduktionistische Ausrichtung der westlichen Physik entgegen, die alle Phänomene auf *eine* Erklärungsebene reduzieren wollte und diese im Mikroskopischen, in der Grundstruktur der Materie, zu finden hoffte. Es ist nicht ohne Ironie, daß die Heisenbergsche Unbestimmtheitsrelation – die Erkenntnis der Unmöglichkeit, sowohl Ort wie Geschwindigkeit eines beobachteten Teilchens gleichzeitig mit hoher Präzision zu bestimmen – zuerst im subatomaren, mikroskopischen Bereich formuliert wurde. In der Physik ist sie dort von Bedeutung, da in diesem Bereich die Einwirkung des Beobachters auf den beobachteten Vorgang nicht mehr vernachlässigt werden kann. Beobachtung im Mikroskopischen ist verglichen worden mit dem Vorgehen eines Uhrmachers, der dem Miniaturwerk einer Damen-Armbanduhr mit einem unförmigen Hammer zu Leibe rückt.

Im Bereich des Lebens und in noch höherem Maße in den Bereichen gesellschaftlicher und psychologischer Beziehungen ist eine solche Einbeziehung des Beobachters aber noch viel offensichtlicher. Mit jeder Handlung, mit jedem Gedanken – und auch mit jeder Beobachtung und jeder Theorie – greifen wir in den Gegenstand unseres Studiums ein. Es mutet daher eher seltsam an, daß viele Physiker heute den Berührungspunkt zwischen dem Physischen und dem Psychischen, ja sogar den Nachweis des freien Willens ausschließlich im mikroskopischen Bereich der Quantenmechanik suchen. Die in diesem Bereich von Niels Bohr formulierte Komplementarität der Konzepte einerseits einer unabhängigen Bewegung einzelner Kernteilchen und andererseits des ganzheitlichen Verhaltens des gesamten Atomkern-Systems ist in den makroskopischen Bereichen biologischer und gesellschaftlicher Beziehungen schon immer offenkundig gewesen. Dafür, daß sie aber auch gesehen wurde, bedurfte es einer neuen Grundeinstellung zu den Phänomenen, die uns etwas angehen.

Der traditionelle Reduktionismus der westlichen Physik beruht nicht nur auf dem Glauben an die »Einfachheit des Mikroskopischen« (wie Prigogine es ausdrückt), sondern auch auf einer statischen Betrachtungsweise, die vor allem an räumlichen Strukturen interessiert ist. Eine starre Struktur kann man im allgemeinen auseinandernehmen und wieder zusammensetzen. Man kann sie meistens auf Kombinationen aus wenigen Normbauteilen zurückführen. Makroskopische Eigenschaften wie Gewicht, Stabilität oder Festigkeit sind in diesem Falle auf die Eigenschaften der Komponenten und ihrer Konfiguration zurückführbar.

In einem echten System folgen aber nicht alle makroskopischen Eigenschaften aus Komponenteneigenschaften und ihren Kombinationen. Sie ergeben sich oft nicht aus statischen Strukturen, sondern aus den dynamischen Wechselwirkungen, die innerhalb des Systems ebenso wie zwischen dem System und seiner Umwelt spielen. Ein Organismus ist nicht durch die Summe der Eigenschaften seiner Zellen definiert. In chemischen Reaktionssystemen können bestimmte Moleküle, die selbst gar nicht in die Reaktion eingehen, unter bestimmten Voraussetzungen katalytische Wirkung ausüben und damit das gesamte dynamische System auf entscheidende Weise beeinflussen. Ein Mensch, der sich – vielleicht nur einmal in seinem ganzen Leben – verliebt, verändert das Leben der Gemeinschaft, der er angehört. Damit ist aber schon angedeutet, daß eine systemhafte Betrachtungsweise auch zwingend zu einer dynamischen Perspektive führt, denn es sind ja in der Regel die Wechselwirkungen, durch die ein System als solches beobachtbar und definierbar wird. Die eingangs geschilderten hydrodynamischen Strukturen (oder auch die einer Flamme) bestehen überhaupt nicht aus dauerhaften Komponenten, sondern sind reine Prozeß-Strukturen.

Drei Betrachtungsebenen der Physik

Mit einer solchen systemhaften und dynamischen Sicht ist aber der Reduktionismus der Physik (und wir wollen hier noch nicht von den Bereichen des Lebendigen sprechen) bereits zum Teil überwunden. Einem Vorschlag Ilya Prigogines folgend, müssen wir heute im Bereich der Physik mindestens drei aufeinander nicht reduzierbare Betrachtungsebenen unterscheiden.

Die *klassische* oder *Newtonsche Dynamik,* deren Entwicklung mit Namen wie Laplace und Hamilton verbunden ist, macht ihre Aussagen in Begriffen der Mechanik wie Position und Geschwindigkeit von Teilchen. Sie reduziert die Welt auf Trajektorien oder Raum-Zeit-Linien einzelner materieller Punkte. Die Bewegung des Teilchens vom Punkt A zum Punkt B ist dabei völlig umkehrbar. Die Zeit tritt in Gleichungen auf, aber ohne ausgezeichnete Richtung. Der Impuls für die Bewegung muß von außen kommen; es gibt keine Selbstorganisation. Die einsam durch die Welt schweifenden Teilchen treten in keine Beziehung zueinander. Damit wird die klassische Dynamik zum idealisierten Fall der reinen Bewegung eines Teilchens oder Wellenpakets, zu einem bloßen Denkmodell, das freilich in vielen Fällen nutzbringend angewandt werden kann. Die »schmutzige« Wirklichkeit aber besteht aus Zusammenstößen, Begegnungen, Austauschwirkungen, wechselseitigen Anregungen, Herausforderungen und Zwängen vielerlei Art. Das Kollektiv mit all seiner Komplexität läßt sich praktisch nirgends verleugnen.

Schon im neunzehnten Jahrhundert brach sich jedoch mit der *Thermodynamik* eine makroskopische Betrachtungsweise Bahn, die sich mit ganzen Populationen von Teilchen befaßte. Ihre dynamischen Aussagen faßte sie in Begriffe wie Temperatur und Druck, die Mittelwerte aus Bewegungen einer großen Anzahl von Molekülen darstellen. Diese Ebene der Beschreibung erfaßt Prozesse, das heißt die Ordnung des Wandels in den makroskopischen Größen. Die Ordnung dieser Prozesse oder die Evolution des durch sie charakterisierten Systems fand 1850 ihre erste gültige Formulierung in dem bekannten *zweiten Hauptsatz der Thermodynamik* (Clausius, aufbauend auf Carnot): Die sogenannte Entropie eines isolierten Systems kann nur zunehmen, bis das System sein thermodynamisches Gleichgewicht erreicht hat. Es mag hier genügen, den komplexen Begriff der Entropie als Maß für jenen Teil der Gesamtenergie zu verstehen, der nicht frei verfügbar ist und nicht in gerichteten Energiefluß oder Arbeit umgesetzt werden kann.* Mit ande-

---

* Dies wird in der Regel so geschrieben: $E = F + TS$, wobei E die Gesamtenergie, F die frei verfügbare Energie, T die absolute Temperatur in Graden Kelvin (entsprechend Celsius-Grade plus 273.15) und S die Entropie darstellen. Die Entropie zeigt sich zum Beispiel darin, daß die Umwandlung von Wärme in einem Kraftwerk oder in einer Wärmekraftmaschine (wie etwa einem Automotor) beschränkt ist. Nach Carnot ist der ideale Wirkungsgrad der Umwandlung von Wärme in Arbeit (ohne innere Reibung oder andere Verluste) gegeben durch $(T_2 - T_1)/T_2$, wobei T_1 die untere und T_2 die obere Prozeßtemperatur darstellen. Erhitzt man also den Wärmeträger auf 600 °K und kühlt die Restwärme bei Umgebungstemperatur (300 °K) weg, so ist der höchste zu erzielende Wirkungsgrad der Umwandlung in Arbeit $(600-300)/600 = 0.50$. Moderne Kraftwerke haben einen Wirkungsgrad von etwa 42 bis 44 Prozent, der Rest wird als Wärme an das Wasser oder an die Luft der Umgebung abgegeben.

ren Worten, Entropie ist ein Maß für die Qualität der im System befindlichen Energie. Damit wird, im Gegensatz zur mechanischen Beschreibung, *Irreversibilität* (Nicht-Umkehrbarkeit) oder Gerichtetheit zeitlicher Abläufe als Kennzeichen dieser neuen Betrachtungsebene eingeführt. Jeder zukünftige makroskopische Zustand des isolierten Systems kann nur gleiche oder höhere Entropie aufweisen, jeder vergangene nur gleiche oder niedrigere als der gegenwärtige Zustand. Eine Umkehrung dieser Zustandsänderung ist nicht möglich. Alle irreversiblen Prozesse erzeugen Entropie. Ludwig Boltzmann interpretierte vor mehr als hundert Jahren diese Entropiezunahme als fortschreitende Desorganisation, als Evolution auf einen »wahrscheinlichsten« Zustand maximaler Unordnung hin. Ließ die mechanische Betrachtungsweise die Welt als eine stationär funktionierende Maschine erscheinen, so drängte sich nun das düstere Bild vom unentrinnbaren »Wärmetod« der Welt auf, das die pessimistische Philosophie und Kunst um die Jahrhundertwende und bis in unsere Zeit so nachdrücklich beeinflußt hat.

Wir haben es hier mit einer der beiden Grundklassen physikalischer Systeme, nämlich mit *Gleichgewichtssystemen,* zu tun. Handelt es sich um ein isoliertes System, ein System ohne Umwelt, so wird es also eine besondere Art von Selbstorganisation (oder, genauer gesagt, von Selbst-*des*organisation) haben: Es wird auf seinen Gleichgewichtszustand hin evolvieren. Der realistischere und allgemeinere Fall ist ein teilweise offenes System unter Bedingungen, die so beschaffen sind, daß es auf ähnliche Weise zu seinem Gleichgewichtszustand tendiert. Dort angekommen, hört der Austausch mit der Umwelt auf. Auch solche Systeme werden vom Boltzmann-Ordnungsprinzip bestimmt, das irreversible Evolution auf den Gleichgewichtszustand hin stipuliert.

Mit Irreversibilität treten die Begriffe von Prozeß und Geschichte auf. Die Zeit erhält eine Richtung ihres Ablaufes, die von der Vergangenheit in die Zukunft weist. Der Prozeß, von dem hier die Rede ist, ist durch eine Abfolge von ganzheitlichen Systemzuständen gekennzeichnet, die auf der Skala eines einzigen makroskopischen Systemparameters, nämlich der Entropie, angeordnet werden können. In mikroskopischer Sicht gewinnt das System die interne Erfahrung unzähliger Begegnungen und Energieaustausche zwischen Systemkomponenten, aber in makroskopischer Sicht ändert sich nur die innere Beziehung zwischen freier Energie und Entropie im Gesamtsystem. Obwohl die Zeitskala nicht absolut vorgegeben ist, sondern von den internen Prozessen abhängt, sind Weg und Ziel der makroskopischen Systemevolution eindeutig vorgegeben.

Innerhalb der Erfahrung eines Systems dieser Art bestimmt der Gleich-gewichtszustand ohne innere und äußere Prozesse (bis auf eine thermi-sche Bewegung, eine Art »Zittern am Ort«) den Ursprung des Systems ebenso wie seinen Tod. Er ist der einzige Selbstbezugspunkt des Sy-stems.

Im allgemeinen führt in der Thermodynamik Irreversibilität zur Zer-störung von Strukturen, was allerdings nicht absolut gilt. Bei tiefer Temperatur und dem Vorhandensein von Bindekräften können Struktu-ren auch bei der Annäherung an den Gleichgewichtszustand entstehen. Kristalle, Schneeflocken und biologische Membranen sind solche Gleichgewichtsstrukturen mit höherer Entropie als der flüssige Zustand, aus dem sie hervorgegangen sind. Die Entstehung von Formen bei Zunahme von Entropie spielt auch bei Kondensationsmodellen des Universums eine bestimmte Rolle (wie in Kapitel 5 gezeigt werden wird). Es gibt aber noch eine andere Art der Neubildung von Strukturen, und sie soll uns hier vor allem interessieren: die spontane Bildung von Strukturen in offenen Systemen, die Energie und Materie mit der Umwelt austauschen. Solche Systeme bilden die zweite Grundklasse physikalischer Systeme, nämlich Ungleichgewichtssysteme einer bestimmten Art.

Damit wird aber eine dritte Betrachtungsebene eingeführt, die als die Ebene kohärenter, evolvierender Systeme oder (um etwas vorzugreifen) als die Ebene *dissipativer Strukturen* bezeichnet werden kann. Offene Systeme haben die Möglichkeit, laufend freie Energie aus der Umge-bung zu importieren und Entropie zu exportieren. Damit muß, anders als bei isolierten Systemen, die Entropie im System nicht notwendiger-weise zunehmen; sie kann gleich bleiben oder auch abnehmen, wobei der Ausgleich jeweils über die Umgebung erfolgt. Thermodynamisch betrachtet gilt dann die allgemeine Erweiterung des zweiten Hauptsatzes für offene Systeme, die die Entropie*änderung* dS in einem vorgegebenen Zeitintervall in eine innere Komponente d_iS (Entropieproduktion infolge irreversibler Prozesse innerhalb des Systems) und eine äußere Komponente d_eS (Entropiefluß infolge Austausches mit der Umgebung) aufspaltet: $dS = d_eS + d_iS$, wobei die innere Komponete d_iS (wie beim isolierten System) nur positiv oder Null, aber niemals negativ sein kann ($d_iS \geq 0$). Der äußere Entropiefluß d_eS hingegen kann beide Vorzeichen annehmen. Daher kann die Gesamtentropie unter Umständen auch abnehmen, oder es kann ein stationärer, geordneter Zustand aufrechter-halten werden ($dS = 0$), für welchen dann gilt: $d_iS = -d_eS \geq 0$. Innere

58

Erzeugung von Entropie und Entropieexport nach außen halten einander die Waage. Da für den Gleichgewichtszustand beide Komponenten identisch gegen Null streben würden, erhalten wir hier bereits einen Hinweis darauf, daß sich offene Ordnung auf die Dauer nur im *Ungleichgewichtszustand* aufrechterhalten läßt. Es muß immer Austausch mit der Umgebung stattfinden, und das System erneuert sich ständig selbst. *Sein* und *Werden* fallen auf dieser Ebene zusammen.

Dissipative Strukturen stellen den einfachsten Fall des Phänomens spontaner Selbstorganisation in offener Evolution dar. Sie werden uns noch ausführlich beschäftigen. Hier sei jedoch bereits nachdrücklich darauf hingewiesen, daß zur Beschreibung einer dynamischen Wirklichkeit – und zwar noch vor Einschluß der komplexeren Phänomene des Lebens – zumindest diese drei Betrachtungsebenen gleichzeitig herangezogen werden müssen. Die Reduktion auf *eine* Ebene, von der die Physik geträumt hat, ist nicht mehr möglich.

Symmetriebruch als Quelle von Ordnung

Die drei Betrachtungsebenen sind vor allem deshalb nicht aufeinander reduzierbar, weil die Übergänge zwischen ihnen durch *Symmetriebrüche* gekennzeichnet werden (Prigogine, 1973). Für den Übergang von der mechanischen zur thermodynamischen Ebene ist dies unmittelbar einsichtig: Irreversibilität bedeutet einen *Bruch der zeitlichen Symmetrie* zwischen Vergangenheit und Zukunft, die in den Gleichungen für die Evolution eines klassisch mechanischen Systems noch besteht. Auf der thermodynamischen Ebene drückt zum Beispiel die Fourier-Gleichung für das irreversible makroskopische Phänomen der Wärmeleitung aus, daß aus einer ungleichförmigen Temperaturverteilung in der Zukunft eine gleichförmige Verteilung resultieren wird. Die Richtung der Zeit ist dabei nicht umkehrbar; aus einer gleichförmigen Verteilung in der Vergangenheit kann nicht von selbst eine ungleichförmige Verteilung entstehen. Gieße ich von einer Seite heißes und von der anderen kaltes Wasser in eine Schüssel, so wird daraus lauwarmes Wasser; lauwarmes Wasser hingegen teilt sich nie von selbst in heißes und kaltes Wasser.

Der Symmetriebruch zwischen Vergangenheit und Zukunft – oder zwischen »vorher« und »nachher« – führt also zu zeitlicher Ordnung oder *Kausalität* im strengen Sinne. Da ein auf der thermodynamischen Ebene beschriebener Prozeß nur in Richtung auf Gleichförmigkeit oder

Gleichgewicht hin verlaufen kann, wird jede ungleichförmige Anfangsbedingung (wie in unserem Beispiel die ungleichförmige Temperaturverteilung) als Fluktuation eingeführt; es gibt auf dieser Ebene kein Ordnungsprinzip, aus dem sie entstehen könnte.

Ein solches neues Ordnungsprinzip ist aber offenbar nötig, um die Selbstorganisation evolvierender Systeme auf der dritten Betrachtungsebene zu beschreiben. Es setzt Instabilität der thermodynamischen Ordnung voraus, die zum *Bruch der zeitlichen und räumlichen Symmetrie* führt. Früher glaubte man, Ungleichgewichtszustände enthielten keine interessante physikalische Information. Thermodynamisches Ungleichgewicht wurde eher als vorübergehende Störung von Gleichgewicht behandelt. Doch war es gerade Ilya Prigogines über mehr als drei Jahrzehnte verfolgter Gedanke, daß Ungleichgewicht eine Quelle von Ordnung, von Organisation sein könnte, der zur Entwicklung einer nichtlinearen Thermodynamik irreversibler Phänomene geführt hat, aus der sich nun eine Beschreibung von Phänomenen der spontanen Strukturierung ergibt. Das neue Ordnungsprinzip, erst seit 1967 klar erkannt, wurde *Ordnung durch Fluktuation* genannt. Es beschreibt die Evolution eines Systems zu einem völlig neuen dynamischen Regime, das eine räumliche und zeitliche Organisation repräsentiert, die dem zweiten Hauptsatz der Thermodynamik widerspräche, entwickelte sie sich nahe dem Gleichgewichtszustand.

Damit wird es nun möglich, die *Beziehungen zwischen den drei Betrachtungsebenen* zu diskutieren. An die Stelle eines sterilen Reduktionismus oder vagen Antireduktionismus tritt nun die gleichzeitige Betrachtung der physikalischen Realität auf allen drei Ebenen, wobei jeder Ebene ein klar umschriebener Bereich zugeordnet werden kann.

In den nächsten beiden Kapiteln wird die Dynamik selbstorganisierender dissipativer Strukturen näher beschrieben. Sie liegt sowohl der zeitweise global stabilisierten »Existenz« in bestimmten Strukturen oder dynamischen Regimes zugrunde als auch der Evolution zu neuen Strukturen.

2. Dissipative Strukturen: Autopoiese

NICHTS IM ÜBERMASS

Inschrift im Apollo-Tempel zu Delphi

Spontane Strukturierung

Die zu Beginn des vorigen Kapitels erwähnten Beispiele der Ausbildung hydrodynamischer Strukturen (turbulente Strömung und Bénard-Zellen) waren dadurch gekennzeichnet, daß der Energiedurchsatz – der Wasserdruck beziehungsweise die Erhitzung der Flüssigkeit – dem System gewissermaßen von außen aufgezwungen wurde. Die sich bildenden Strukturen sind charakteristisch für die Art und Weise, wie das System mit dem erhöhten Energie- und Massedurchsatz fertig wird. Noch viel interessanter aber sind jene physikalisch-chemischen Reaktionssysteme, die Energie- und Massedurchsatz im Austausch mit ihrer Umgebung ständig selbst in Gang halten und über längere Zeiträume global stabile Strukturen bilden. Dies sind die *dissipativen Strukturen* im engeren Sinn des Wortes. Sie wurden so genannt, weil sie ständig Entropieproduktion aufrechterhalten, also ständig »arbeiten« und Energie umsetzen. Man spricht in diesem Falle von dissipativer Selbstorganisation im Gegensatz zu konservativer Selbstorganisation, bei der nur die anziehenden und abstoßenden Kräfte im System selbst eine Rolle spielen.

Das Paradebeispiel für eine dissipative Struktur ist die 1958 entdeckte und nach ihren russischen Erforschern benannte Belousov-Zhabotinsky-Reaktion (Zhabotinsky, 1974) bei der Oxidation von Malonsäure durch Bromat in einer Schwefelsäurelösung und in Gegenwart von Cerium- (oder auch Eisen- und Mangan-)Ionen. Bei einer bestimmten Zusammensetzung des Gemisches lassen sich konzentrische oder spiralförmige Wellen beobachten, die Interferenzmuster ausbilden können (siehe Abb. 2). In diesen sowie ähnlichen Reaktionssystemen lassen sich manchmal über viele Stunden äußerst regelmäßige Pulsationen beobachten, so daß man von »chemischen Uhren« spricht, oder auch periodische Ausbrüche plötzlicher chemischer Aktivität, die als »chemische Vektoren« bestimmte räumliche Richtungen bevorzugen können, das Aufwallen konzentrischer chemischer Wellen und andere dynamische Phänomene, die manchmal durch das Auftreten leuchtender Farben noch spektakulärer wirken.

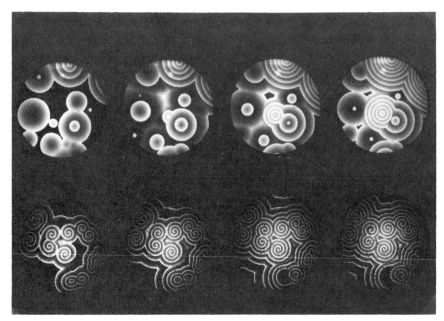

Abb. 2. Beispiel einer dissipativen Struktur in der Chemie: Bei der Belousov-Zhabotinsky-Reaktion wird Malonsäure durch Kaliumbromat in Gegenwart von Cerium-Ionen oxidiert. Wird die Reaktion in einer flachen Schale ausgeführt, so bilden sich spiralförmige Wellen aus. Photographie von A. Winfree (1978).

Für die spontane Bildung solcher Strukturen in chemischen Reaktionssystemen sind die nötigen Bedingungen gemäß einer »verallgemeinerten« Thermodynamik von Glansdorff und Prigogine (1971) präzise angebbar. Sie umfassen *Offenheit* gegenüber dem Austausch von Energie und Materie mit der Umgebung, einen Zustand *fern vom Gleichgewicht* und *auto- oder crosskatalytische Prozesse.* Der letzte Punkt bedeutet, daß bestimmte Moleküle an Reaktionen teilnehmen, in denen sie für die Bildung von Molekülen ihrer eigenen Art nötig sind (Autokatalyse) oder zuerst für die Bildung anderer Moleküle und daraufhin ihrer eigenen Art (Crosskatalyse). Daraus resultiert ein Verhalten, das man in Anlehnung an die mathematische Formulierung nichtlinear nennt und das man am besten mit einem »Davongaloppieren« vergleichen kann. In der technischen Kybernetik nennt man ein solches Verhalten positive Rückkoppelung – eine Abweichung von einem vorgegebenen Sollwert wird nicht zurückgeregelt, sondern verursacht immer höhere Abweichung. Die Bevölkerungsexplosion in der Welt ist, ebenso wie viele andere Wachstumsfaktoren, ein Beispiel für eine solche autokatalytische Nichtlinearität. In unserem Falle tritt sie aber nicht als Schreckgespenst auf, sondern als wesentlicher Faktor beim schöpferischen Akt der Gestaltbildung.

Dissipative Strukturen weisen zwei verschiedene Arten von Verhalten auf: Nahe dem Gleichgewichtszustand wird ihre Ordnung (wie bei isolierten Systemen) zerstört, während fern vom Gleichgewichtszustand Ordnung aufrechterhalten werden oder über Instabilitäten neue Ordnung entstehen kann (kohärentes Verhalten). Solange dissipative Strukturen bestehen, produzieren sie Entropie, die aber nicht einfach im System akkumuliert wird, sondern Teil eines fortwährenden Energieaustausches mit der Umgebung bildet. Nicht das statische Maß des in einem bestimmten Moment bestehenden Entropieanteils an der Gesamtenergie des Systems ist charakteristisch für eine dissipative Struktur, sondern das dynamische Maß der *Produktionsrate* der Entropie und des Austausches mit der Umgebung – mit anderen Worten, die *Intensität* des Energiedurchsatzes und -umsatzes.

Während freie Energie und neue Reaktionsteilnehmer importiert werden, werden Entropie und Reaktionsprodukte exportiert – wir haben hier *Metabolismus* oder Stoffwechsel eines Systems in einfachster Form. Mit Hilfe dieses Energie- und Materieaustausches mit der Umgebung hält das System sein inneres Ungleichgewicht aufrecht, und dieses Ungleichgewicht hält seinerseits den Austausch aufrecht. Man mag etwa an das Bild eines Menschen denken, der stolpert, sein Gleichgewicht verliert und sich nur dadurch aufrecht halten kann, daß er immer weiter vorwärts stolpert. Dabei erneuert sich die dissipative Struktur ständig selbst und hält ein bestimmtes dynamisches Regime, eine global stabile Raum-Zeit-Struktur, aufrecht. Sie scheint nur an ihrer eigenen Integrität und Selbsterneuerung interessiert.

Hier ergibt sich eine bemerkenswerte, wenn auch in ihren Konsequenzen noch kaum verstandene Parallele zu einer neuen Theorie subatomarer Teilchen, die von Geoffrey Chew (1968) in Berkeley begründet wurde und bildlich auch als »Nukleardemokratie« bezeichnet wird. Sie beruht auf reinem Prozeßdenken und betrachtet die sogenannten »Hadronen« (zu denen vor allem die Protonen und Neutronen im Atomkern zählen) als temporär stabile Konfigurationen, die sich aus der Wechselwirkung von Prozessen ergeben. Hadronen können sich ineinander umwandeln und anderen Hadronen bei deren Umwandlung helfen. Sie können als zusammengesetzte Teilchen, als Konstituenten anderer Teilchen oder als Bindekräfte auftreten. Die tatsächlich ablaufenden

Prozeßketten und die sich ergebenden Prozeßnetze sind dabei nicht vorhersagbar, aber sie gehorchen bestimmten Regeln. Diese Regeln ergeben sich aus einem einzigen Grundprinzip, der *Selbstkonsistenz.* Was entsteht, muß mit sich selbst und allem anderen konsistent (vereinbar) sein. Eine Reduktion der physikalischen Wirklichkeit auf Grundbausteine oder sogar auf Grundgesetze ist nach diesem in voller Entwicklung begriffenen Konzept nicht möglich. Wie wir später sehen werden, kann auch die offene Evolution des Makrokosmos als Folge des Prinzips der Selbstkonsistenz verstanden werden.

Eine Hierarchie kennzeichnender Systemaspekte

Es liegt in der Natur eines Systems, daß es nicht durch die Summe von Einzeleigenschaften beschrieben werden kann. Jedoch lassen sich wichtige Unterscheidungen treffen, indem besondere Aspekte – Ansichten des Gesamtsystems aus verschiedenen Blickwinkeln – betrachtet werden. Zu den wesentlichsten Systemaspekten gehören die folgenden, die in dieser Reihenfolge auch eine sich aufbauende Hierarchie von Betrachtungs- und Beschreibungsebenen darstellen.

Hinsichtlich seiner *Umweltbeziehungen* bezeichnet man ein System als offen, wenn es mit seiner Umwelt Austausch pflegt, wobei neben Materie und Energie vor allem auch Informationsaustausch in Frage kommt, und wenn es gegenüber Neuem (oder, wie wir es später ausdrücken werden, gegenüber Erstmaligkeit) offensteht. Systeme ohne Austausch mit der Umwelt nennt man abgeschlossene oder isolierte Systeme.

Austausch mit der Umwelt kann aber nur aufrechterhalten werden, wenn ein *innerer Zustand* des *Ungleichgewichts* aufrechterhalten wird. Im Gleichgewicht kommen die Prozesse zum Stillstand.

Als (logische) *Organisation* bezeichnet man das charakteristische Verknüpfungsmuster der im System ablaufenden Prozesse. Sie kann also durch eine Art Fließschema dargestellt werden. Von besonderer Bedeutung ist zyklische (kreisförmig geschlossene) Prozeßorganisation, wovon in Kapitel 10 noch ausführlicher die Rede sein wird. Die uns hier interessierenden dissipativen Systeme weisen im allgemeinen die Organisationsform des von Manfred Eigen so benannten *Hyperzyklus* auf. Ein Hyperzyklus ist ein geschlossener Kreis von Umwandlungs- oder katalytischen Prozessen, in dem ein oder mehrere Teilnehmer zusätzlich autokatalytisch (selbstvermehrend) wirken. Die erwähnte Belousov-

Zhabotinsky-Reaktion läßt sich zum Beispiel als Hyperzyklus darstellen, in dem die Zwischenprodukte X, Y und Z einen geschlossenen Prozeßkreis bilden (siehe Abb. 3). Damit sich dieser Kreis in einer bestimmten Richtung, hier im Uhrzeigersinn, dreht, muß Ungleichgewicht herrschen. Der »innere« Prozeßkreis erneuert sich ständig selbst und wirkt als Ganzes wie ein Katalysator, der Anfangs- in Endprodukte verwandelt.

Ein weiterer wichtiger Aspekt der Systemorganisation betrifft die Anordnung der Prozesse in einer oder mehreren Wirkungsebenen. Unter den vielschichtigen Systemen sind die *hierarchisch* geordneten von besonderer Bedeutung. In ihnen schließt jede Ebene alle niedrigeren Ebenen in sich ein – es bestehen also Systeme innerhalb von umfassenderen Systemen innerhalb von noch umfassenderen Systemen, und so fort bis zum Gesamtsystem. Wie später gezeigt werden wird, führt Evolution zur Differenzierung in solchen vielschichtigen, hierarchischen Systemen.

Als *Funktion* eines Systems bezeichnet man die Gesamtcharakteristik aller ablaufenden Prozesse. Sie schließt sowohl die Umweltbeziehungen wie die Organisation des Systems ein, darüber hinaus aber auch die kinetische Charakteristik der einzelnen ablaufenden Prozesse ebenso

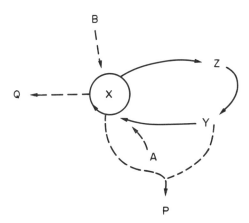

Abb. 3. Die zyklische Organisation der Belousov-Zhabotinsky-Reaktion mit einer autokatalytischen Stufe, die durch den kreisförmig geschlossenen Pfeil dargestellt wird. Anfangsprodukte $A = B = [BrO_3^-]$; Zwischenprodukte $X = [HBrO_2]$, $Y = [Br^-]$, $Z = 2\,[Ce^{4+}]$; Endprodukte P, Q. Das Zwischenprodukt X vermehrt sich autokatalytisch und hält dadurch den Zyklus in Gang, zerfällt aber laufend in Q, so daß das System in der Regel dynamisch global stabilisiert ist.

wie ihre Wechselwirkungen. Das logische Schema der Beziehungen erscheint also hier im Rahmen eines zeitlichen Ablaufes.

Von besonderer Bedeutung ist hier die Funktion der *Autopoiese* (was im Griechischen etwa »Selbsterschaffung« bedeutet), ein Begriff, der in den frühen 70er Jahren von dem chilenischen Biologen Humberto Maturana eingeführt und gemeinsam mit Francisco Varela und Ricardo Uribe weiterentwickelt worden ist (Maturana und Varela, 1975; Varela et al., 1974). Autopoietisch ist ein System, dessen Funktion darauf ausgerichtet ist, sich selbst zu erneuern – wie sich eine biologische Zelle ständig im Wechselspiel von anabolischen (aufbauenden) und katabolischen (abbauenden) Reaktionsketten erneuert und nicht über längere Zeit aus den gleichen Molekülen besteht. Ein autopoietisches System ist in erster Linie auf sich selbst bezogen und wird daher auch als *selbstreferentiell* bezeichnet. Im Gegensatz dazu bezieht sich ein allopoietisches System, wie zum Beispiel eine Maschine, auf eine von außen vorgegebene Funktion.

Unter der *Struktur* eines Systems verstand man zunächst vor allem seine räumliche Anordnung. Im Zusammenhang mit dynamischen Systemen spricht man aber von einer *Raum-Zeit-Struktur* oder, mit anderen Worten, von der räumlich-zeitlichen Ordnung von Prozessen. Struktur in räumlich-zeitlicher Sicht schließt also Funktion und damit auch Organisation, inneren Zustand und Umweltbeziehungen des Systems ein. Das kooperative Prinzip der dissipativen Selbstorganisation drückt sich in der räumlich-zeitlichen Ordnung der interaktiven Prozesse aus – eben in der Struktur. Es ist die dissipative Struktur, die die Prozeßabläufe so ordnet, daß Entstehen und Vergehen sich die Waage halten, daß autokatalytische Selbstvermehrung den »inneren« Prozeßzyklus nicht zum Platzen bringt und das autopoietische System gewissermaßen ständig in seiner eigenen Tretmühle gefangen bleibt.

Reiht man die sich über einen längeren Zeitablauf bildenden Raum-Zeit-Strukturen aneinander, so erhält man die makroskopische *Gesamtsystem-Dynamik*. Sie kann fremdorganisiert, wie etwa in einer von außen betriebenen Maschine, oder selbstorganisierend sein. In der Selbstorganisation kann wieder, wie bereits ausgeführt, zwischen konservativer und dissipativer Selbstorganisation unterschieden werden. Die Systeme, die uns hier in erster Linie interessieren, sind jene mit dissipativer Selbstorganisation.

Diese hierarchisch auf sechs Ebenen angeordneten kennzeichnenden Systemaspekte lassen sich nun so zusammenfassen, daß mit ihrer Hilfe zwei grundsätzlich verschiedene Klassen von Systemen unterschieden werden können: die strukturbewahrenden und die evolvierenden Systeme (siehe Tafel 1). Die strukturbewahrenden Systeme kann man in solche unterteilen, die bereits in ihrer Gleichgewichtsstruktur angelangt sind und dort verharren, und in solche, die sich erst auf dem Wege dahin befinden, deren Dynamik aber bereits auf das angestrebte Gleichgewicht ausgerichtet ist. Diese Dynamik kann als *Devolution* bezeichnet werden, da sie der Evolution entgegengesetzt verläuft.

Kennzeichnender Systemaspekt	Strukturbewahrende Systeme		Evolvierende Systeme
Gesamtsystem-Dynamik	statisch (keine Dynamik)	konservative Selbstorganisation	dissipative Selbstorganisation (Evolution)
Struktur	Gleichgewichtsstruktur, permanent	Devolution auf Gleichgewichtszustand hin	dissipativ (fern vom Gleichgewicht)
Funktion	keine Funktion oder Allopoiese	Bezug auf Gleichgewichtszustand	Autopoiese (Selbstbezug)
Organisation	statistische Schwankungen in reversiblen Prozessen	irreversible Prozesse in Richtung auf den Gleichgewichtszustand	zyklisch (Hyperzyklus), irreversible Drehrichtung
Interner Zustand	Gleichgewicht	nahe Gleichgewicht	Ungleichgewicht
Umweltbeziehungen	abgeschlossen oder offen (Wachstum möglich)		offen (ständiger, ausgewogener Austausch)

Tafel 1. Ein Überblick über die Hierarchie der kennzeichnenden Systemaspekte macht die Unterschiede zwischen zwei grundsätzlich verschiedenen Klassen von Systemen deutlich. Strukturbewahrende Systeme befinden sich im Gleichgewichtszustand oder bewegen sich irreversibel auf diesen zu. Evolvierende Systeme befinden sich fern vom Gleichgewichtszustand und evolvieren durch eine offene Abfolge von Strukturen.

Eigenschaften dissipativer Strukturen

Es läßt sich vielleicht die Frage aufwerfen, ob eine dissipative Struktur im Prinzip eine materielle Struktur ist, die Energieströme organisiert, oder eine energetische Struktur, die Materialflüsse organisiert. Auf dieser Ebene der Selbstorganisation sind noch beide Gesichtspunkte gleichwertig. Sie stellen lediglich zwei Seiten einer Komplementarität dar. Auf höheren Ebenen der Selbstorganisation wird sich dagegen immer stärker eine Betrachtungsweise aufdrängen, die von dynamischen Energiesystemen ausgeht, die sich in der Organisation von materiellen Prozessen und Strukturen ausdrücken.

Ein vertieftes Studium dieser neuen und faszinierenden Phänomene wurde durch Modellrechnungen möglich, die wegen der entscheidenden Rolle von Nichtlinearitäten nur in aufwendiger Weise mit Computern ausgeführt werden konnten. Man muß erst sehr viele Fälle im einzelnen durchrechnen, bevor sich ein Gesamtbild des nichtlinearen Verhaltens abzeichnet. Ein großer Teil der theoretisch-mathematischen Formulierungen wurde von der Brüsseler Schule um Ilya Prigogine am Modell einer crosskatalytischen chemischen Reaktion entwickelt, das in der Literatur seither »Brüsselator« genannt wird. Daneben gibt es noch andere Modelle, wie etwa den an der Universität von Oregon entwickelten »Oregonator«, der die Belousov-Zhabotinsky-Reaktion in vereinfachter Form darstellt.

Der »Brüsselator« stellt, wie sich zeigen läßt, den einfachsten Fall dar, um zu kooperativem Verhalten im Sinne dissipativer Strukturen zu gelangen. Er läßt sich schematisch so darstellen:

$$A \rightleftharpoons X$$
$$B + X \rightleftharpoons Y + D$$
$$2X + Y \rightleftharpoons 3X$$
$$X \rightleftharpoons E$$

wobei A, B, D und E die Ausgangs- und Endprodukte bezeichnen, X und Y die Zwischenverbindungen, deren zeitliche Entwicklung und räumliche Verteilung untersucht werden sollen. In den numerischen Berechnungen werden dabei die umgekehrten Reaktionen (im Schema von rechts nach links) in der Regel vernachlässigt. Es ist vor allem die autokatalytische dritte Stufe dieses Reaktionssystems, die jene Nichtlinearität ins Spiel bringt, die für das besondere Verhalten des Systems in erster Linie verantwortlich ist. Da sich in ihr drei Moleküle der Art X bilden, spricht man auch vom »trimolekularen Modell«.

Das System kann einen einzigen homogenen stationären Zustand annehmen, für welchen die entsprechenden Konzentrationen gegeben sind durch X = A und Y = B/A. Dieser stationäre Zustand wird jedoch instabil, wenn die Konzentrationen A, B und die Diffusionskoeffizienten (gemäß dem sogenannten Fickschen Gesetz) D_X, D_Y und gegebenenfalls auch D_A bestimmten Bedingungen genügen. Dann kann sich das System auf verschiedene Weise verhalten:

1. Sind D_X und D_Y sehr groß, so daß das System als nahezu homogen betrachtet werden kann, so können sich stabile periodische Oszillationen um einen stationären Zustand bilden, sogenanntes Grenzzyklus-Verhalten (Abb. 4). Für etwas kleinere Werte von D_X und D_Y

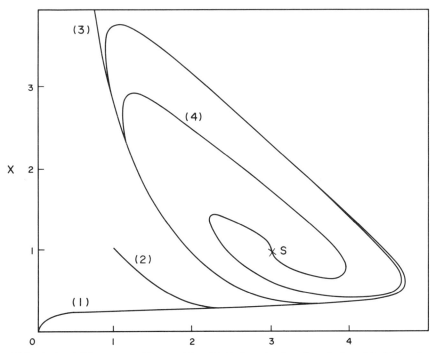

Abb. 4. Ausbildung von Grenzzyklus-Verhalten in der chemischen Modellreaktion »Brüsselator« gemäß numerischer Integration für verschiedene Ausgangszustände: (1) X = Y = 0; (2) X = Y = 1; (3) X = 10, Y = 0; (4) X = 1, Y = 3; wobei immer A = 1, B = 3. Der Punkt S entspricht dem instabilen stationären Zustand (X_s, Y_s). Von welchem Ausgangszustand auch ausgegangen wird, das System tendiert mit der Zeit zu einer einzigen wohldefinierten Lösung periodischer Oszillation. Nach R. Lefever (1968).

ergibt sich ein räumlich-zeitliches Regime, das der Ausbreitung von Konzentrationswellen oder von stationären chemischen Wellen entspricht. Die Evolution eines solchen Regimes wird in Abb. 5 an einem Beispiel deutlich.

2. Fern vom Gleichgewichtszustand (zum Beispiel für sehr kleine Konzentrationen von D und E) kann das System in Richtung auf einen neuen stabilen stationären Zustand evolvieren, in dem aber X und Y inhomogen verteilt sind. Man kann eine Wellenlänge der dissipativen Struktur definieren, die der räumlichen Ausdehnung des Systems direkt proportional ist, womit der makroskopische Charakter der entstehenden Ordnung betont wird. Abb. 6 zeigt eine solche stabile dissipative Struktur, die auch die charakteristische spontane Bildung von Polariät (höhere Konzentration von X auf einer Seite) eines Systems unter dem Einfluß einer Störung erkennen läßt. Dies wird in Abb. 7, die in Polarkoordinaten gezeichnet ist, noch deutlicher. Eine solche spontane Bildung von Polarität ist besonders wichtig für die Entwicklungsbiologie (die Entwicklung eines Embryos aus der ursprünglich homogenen Zellmasse, die durch Teilung aus der Zygote entsteht). Man vergleiche Abb. 7 mit dem mikroskopischen Skelett einer Kieselalge, das dieselbe Grundstruktur aufweist (Abb. 8).

3. Wird auch die Diffusion des Ausgangsproduktes A durch das System nicht vernachlässigbar, so entstehen jenseits einer kritischen Instabilität lokalisierte dissipative Strukturen (Abb. 9). In diesem Fall ist die räumliche Organisation auf einen bestimmten Bereich beschränkt, während außerhalb die thermodynamische Ordnung regiert.

In diesen Verhaltensweisen können Rhythmus als Ausdruck eines zeitlichen Symmetriebruches und die Ausbildung eines Feldes als Ausdruck eines räumlichen Symmetriebruches verstanden werden. Die Ausbildung dieser Phänomene ist nur in makroskopischen, kohärenten Medien möglich, da zu ihrer Ausbildung und Aufrechterhaltung eine sehr große Zahl interagierender Prozesse nötig sind.

Die aus der Theorie abgeleiteten Verhaltensarten finden in jüngster Zeit in zahlreichen physikalischen, chemischen, biochemischen, elektrochemischen und biologischen nichtlinearen Oszillationsphänomenen der verschiedensten Art eine geradezu frappierende experimentelle Bestätigung (Nicolis und Prigogine, 1977; Faraday-Symposium, 1974). Die am besten studierten dissipativen Strukturen sind dabei die schon erwähnte Belousov-Zhabotinsky-Reaktion und der für den Energieumsatz der biologischen Zelle wesentliche Glykolyse-Zyklus.

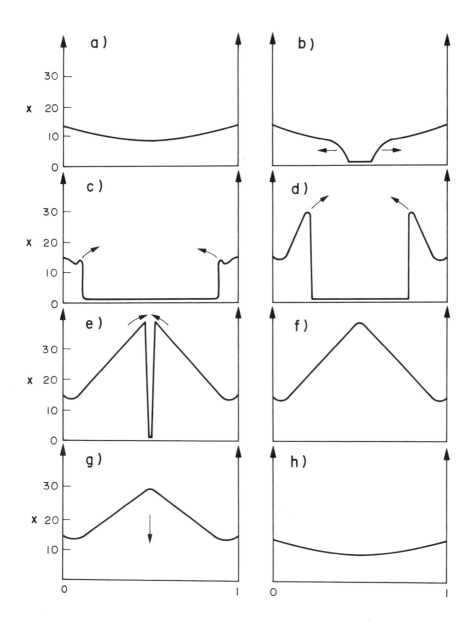

Abb. 5. Evolution einer dissipativen Struktur vom Typ »Brüsselator«. Es werden hier charakteristische Stufen in der Entwicklung der räumlichen Verteilung des Zwischenproduktes X gezeigt, die unter den folgenden Annahmen berechnet wurden: $X(0) = X(1) = 14$; $B = 77$; $D_X = 0{,}00105$, $D_Y = 0{,}00066$, $D_A = 0{,}195$. Nach M. Herschkowitz-Kaufman und G. Nicolis (1972).

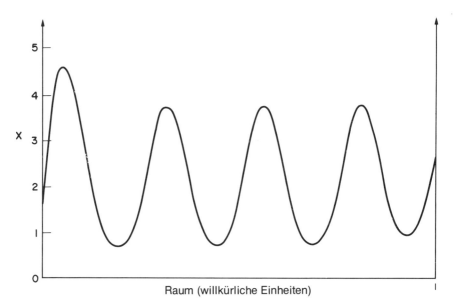

Abb. 6. Ausbildung einer stabilen dissipativen Struktur in der chemischen Modellreaktion »Brüsselator« fern vom Gleichgewicht. Die Konzentration von X wurde unter den folgenden Annahmen berechnet: $A = 2$; $B = 4,6$; $D_X = 0,0016$; $D_Y = 0,0080$. Die höhere Konzentration von X auf der linken Seite deutet auf die spontane Ausbildung von Polarität hin. Nach M. Herschkowitz-Kaufman (1973).

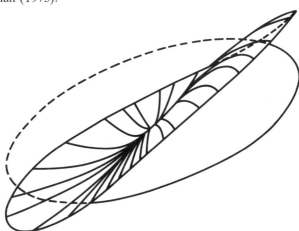

Abb. 7. Eine zweidimensionale, räumliche dissipative Struktur der chemischen Modellreaktion »Brüsselator«, in Polarkoordinaten dargestellt. Der Berechnung lagen folgende Annahmen zugrunde: Durchmesser 0,2; Durchsatz an der äußeren Begrenzung Null; $B = 4,6$; $D_X = 0,00325$, $D_Y = 0,0162$. Nach T. Erneux und M. Herschkowitz-Kaufman (1975).

72

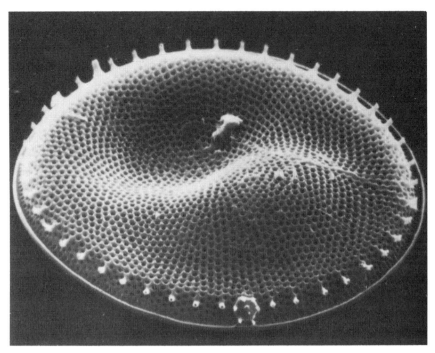

Abb. 8. Aufnahme der Kieselalge *Coscinodiscus lacustris Grun.*, deren Original-durchmesser 0,08 Millimeter beträgt. Dieser Einzeller lebt schwebend in Oberflä-chengewässern mit verschiedenem Salzgehalt und kommt häufig in der Ostsee vor. Aufnahme: Hans-J. Schrader mit ·dem Raster-Elektronenmikroskop des Geologisch-Paläontologischen Instituts der Universität Kiel.

Der oben unter Punkt 3 genannte Fall deutet schon darauf hin, daß die Dimension des Gesamtsystems einen wichtigen, wenn auch noch nicht ausreichend untersuchten Faktor bei der Bildung dissipativer Strukturen darstellt. Ein zu kleines System wird immer von den Randbedingungen beherrscht werden. Erst jenseits bestimmter kritischer Dimensionen können die Nichtlinearitäten »sich ausleben« und eine Auswahl neuer Strukturen ins Spiel bringen, so daß das System sich gegenüber der Außenwelt eine gewisse Autonomie verschaffen kann. Mit anderen Worten, eine dissipative Struktur bildet sich erst, wenn eine bestimmte kritische Größe verwirklicht werden kann, wenn zum Beispiel ein genü-gend großes Reagenzglas zur Verfügung steht. Dann aber macht es keinen Unterschied mehr, ob man ihr diese oder eine viel größere

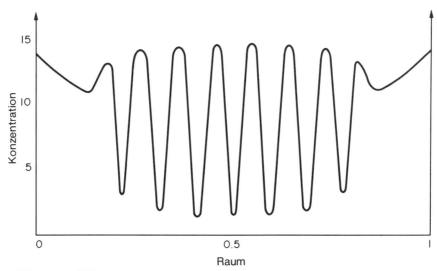

Abb. 9. Ausbildung einer lokalisierten dissipativen Struktur in der chemischen Modellreaktion »Brüsselator«. Die Konzentration von X wurde unter den folgenden Annahmen berechnet: $B = 26$; $D_A = 0,197$; $D_X = 0,00105$, $D_Y = 0,00526$. Außerhalb der dissipativen Struktur gilt die klassische thermodynamische Ordnung. Nach M. Herschkowitz-Kaufman und G. Nicolis (1972).

Umwelt zur Verfügung stellt (abgesehen von der Lebensdauer der Struktur, die natürlich von der verfügbaren »Nahrung« an freier Energie und Reaktionsteilnehmern abhängt). Tritt jedoch, wie in biochemischen Systemen, als weiterer Faktor die räumliche Konzentration der katalytisch wirkenden Moleküle auf einer Membran hinzu, so können sich dissipative Strukturen sehr kleiner Ausmaße ergeben, wie sie etwa innerhalb von biologischen Zellen wirken.

Selbstbezug und Umwelt

Ein autopoietisches Regime schließt also den Ausdruck einer besonderen Individualität ein, einer bestimmten Autonomie gegenüber der Umwelt. Ungleich einem Kristall (einem Gleichgewichtssystem), welcher ins Unbestimmte weiterwächst, wenn er in eine geeignete Lösung gelegt wird, findet und erhält eine dissipative Struktur die ihr eigene Form und Größe unabhängig von der »nährenden« Umwelt. Dabei verwirklicht das System seine ihm eigene Struktur und Funktion in desto

74

ausgeprägterer Weise, je mehr Freiheitsgrade es besitzt. Die natürliche Dynamik einfacher dissipativer Strukturen lehrt uns mithin auf ganz selbstverständliche Weise jenes optimistische Prinzip, an dem wir im komplexeren menschlichen Bereich immer wieder verzweifeln: Je mehr Freiheit in Selbstorganisation, desto mehr Ordnung!

Wird Bewußtsein als jene Autonomie definiert, die ein System in der dynamischen Beziehung zu seiner Umwelt gewinnt, dann besitzen sogar die einfachsten autopoietischen Systeme, etwa die genannten chemischen dissipativen Strukturen, eine primitive Form von *Bewußtsein*. Maturanas Beschreibung der Rückkoppelungsbeziehungen eines autopoietischen Systems zu seiner Umwelt als dessen »Kognitionsbereich« (Maturana, 1970) ist von dieser Erkenntnis nicht weit entfernt. Und eine dissipative Struktur »weiß« in der Tat, was sie zu importieren und was sie zu exportieren hat, um sich selbst zu erhalten und zu erneuern. Sie benötigt für dieses Wissen nichts als den Bezug zu sich selbst.

Aus einem anderen Blickwinkel erscheint solche Autonomie als Ausdruck einer grundlegenden *gegenseitigen Entsprechung von Struktur und Funktion,* die eines der tiefsten Gesetze der Selbstorganisation darstellt: Die sich spontan bildende Struktur entspricht ihrer Funktion (den inneren und äußeren Prozessen der Struktur) und umgekehrt. Es ist diese mehr oder weniger freie Formbarkeit, die der Möglichkeit zugrunde liegt, eine echt autopoietische, auf sich selbst bezogene Balance auf der einen Seite, aber auch Koevolution (die gemeinsame Evolution eines Systems mit seiner Umwelt) auf der anderen zu erreichen. Auch komplexere biologische, soziale, psychologische und kulturelle Systeme, die zum Teil auf der Übertragbarkeit gesicherter, das heißt starrer Information beruhen, weisen ein hohes Maß an Formbarkeit in ihrer Entwicklung auf. Gleichgewichtssysteme und Maschinen hingegen sind nicht formbar in diesem Sinne.

Die Komplementarität von Struktur und Funktion kann ganz allgemein als Ausdruck von Prozeßdenken angesehen werden: Definierte räumliche Strukturen ergeben sich aus den Wechselbeziehungen von Prozessen in einem bestimmten dynamischen Regime. Die Zirkularität vieler dieser Prozesse ruft nach einer dynamischen Formulierung in makroskopischen Begriffen, die sich auf das System als Ganzes beziehen (wie die Selbsterneuerung in der autopoietischen Existenz). Eine Zelle vereint in sich mehrere tausend biochemische Prozesse auf kleinstem Raum, von denen viele in Rückkoppelungskreisen auf komplizierte Weise miteinander verbunden sind. Wie Varela (1975) gezeigt hat, würde das mikroskopische Äquivalent des Verfolgens aller individuellen Prozeß-Wechselwirkungen unendliche Zeit in Anspruch nehmen. Das resultierende Diagramm ähnelt einem sich ins Unendliche verzweigenden Entscheidungsbaum. Sucht man aber nach dynamischen »Spielregeln« für den Ablauf dieser Prozesse und nach Kriterien des ganzheitlichen Systemverhaltens – führt man, mit anderen Worten, eine höhere semantische Ebene ein –, so kann man auf eine einfachere Darstellung hoffen. Aber es handelt sich dann eben nicht mehr um die zitierte »Einfachheit im Mikroskopischen«, sondern um eine neu zu entdeckende »Einfachheit im Makroskopischen«. Der reine Selbstbezug eines autopoietischen Systems ist das eindrücklichste Beispiel dafür. Der Preis, der einer systemhaften Betrachtung winkt, ist von unschätzbarem Wert.

Die dynamische Existenz von Ungleichgewichts-Strukturen ist aber nicht nur an und für sich durch ständige Bewegung, durch Oszillation und ständige Selbsterneuerung gekennzeichnet, sondern auch durch die Unmöglichkeit, absolute Stabilität zu erreichen. Es gibt immer eine Möglichkeit, ein bestimmtes dynamisches Regime – eine autopoietische dissipative Struktur – in ein anderes zu zwingen. Auf die gleiche Weise, in der sich die erste dissipative Struktur spontan auf dem Wege über eine Instabilität der thermodynamischen (Gleichgewichts-)Ordnung gebildet hat, kann sie selbst wieder instabil werden und in eine neue Struktur umschlagen. Die Diskussion dieser Systemevolution im folgenden Kapitel wird Gelegenheit geben, die entscheidende Rolle von Fluktuationen bei der Entstehung neuer Ordnung näher zu betrachten.

3. Ordnung durch Fluktuation: Systemevolution

> Als ich ein Knabe war und mein Vater mir Schwim-
> men beibringen wollte, warf er mich ins Wasser. Ich
> fiel und sank auf den Grund. Ich konnte nicht
> schwimmen und fühlte, daß ich nicht atmen konn-
> te . . . Ich weiß nicht, wie ich unter Wasser weiter-
> ging und plötzlich Licht sah. Ich begriff, daß ich
> mich auf seichteres Wasser zubewegte, beschleunig-
> te meine Schritte und gelangte an eine Wand. Über
> mir sah ich keinen Himmel, nur Wasser. Plötzlich
> fühlte ich physische Kraft in mir und sprang, sah
> eine Leine, ergriff sie und war gerettet.
>
> *Waslaw Nijinsky*, Tagebuch: Leben

Evolutive Rückkoppelung

Die dissipative Struktur, die sich jenseits der herkömmlichen thermodynamischen Ordnung zunächst spontan bildet, stellt nicht das Ende der
Entwicklung dar. Sie ist im Prinzip stabil, solange der Energieaustausch
mit der Umgebung aufrechterhalten wird und solange die auftretenden
Fluktuationen im Rahmen des vorgegebenen dynamischen Regimes
absorbiert werden. Doch ist grundsätzlich keine Struktur eines
Ungleichgewichtssystems aus sich heraus stabil. Jede Struktur kann
durch Fluktuationen, die eine kritische Größe überschreiten, über eine
Schwelle in ein neues Regime getrieben werden. Dies entspricht einer
qualitativen Änderung in der dynamischen Existenz des Systems. Der
Übergang zu einem neuen dynamischen Regime erneuert die Fähigkeit
der Entropieproduktion – ein Vorgang, den man mit Leben im weitesten
Sinne des Wortes in Verbindung bringen kann: Leben bricht sich immer
wieder Bahn.

Die Fluktuationen, von denen hier die Rede ist, beziehen sich keineswegs auf Konzentrationen oder andere makroskopische Parameter, sondern auf Fluktuationen in den Mechanismen, die zu Modifikationen des
kinetischen Verhaltens führen (zum Beispiel Reaktions- oder Diffu-
sionsraten). Solche Fluktuationen können das System mehr oder weniger zufällig von außen treffen, wie etwa durch Beifügung eines neuen
Reaktionsteilnehmers oder Veränderung der quantitativen Verhältnisse
des alten Reaktionssystems. Oder sie können sich innerhalb des Systems

durch positive Rückkoppelung ausbilden, die in diesem Falle »evolutive Rückkoppelung« (oder auch »evolutiver Feedback«) genannt wird:

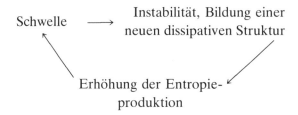

Dieser Zyklus kann sich in vielen Stufen wiederholen.

Eine solche evolutive Rückkopplung tritt zum Beispiel in chemischen Reaktionssystemen dann auf, wenn die Kinetik modifiziert und damit eine neue Nichtlinearität eingeführt wird, wie dies besonders durch das Entstehen neuer Substanzen geschehen kann. Die spezifische Energiedissipation pro Masseneinheit erhöht sich, und das System wird auf dem Wege über eine Instabilität in ein neues Regime übergeführt, das einer höheren Ebene der Interaktion zwischen System und Umwelt entspricht. Diese Konzepte sind für neuere Theorien der präbiotischen Evolution von großer Bedeutung geworden, wovon in Kapitel 6 noch ausführlicher die Rede sein wird.

An dieser Stelle sei interessehalber angemerkt, daß sich gewisse Überschneidungen mit einer alternativen Beschreibung evolvierender Systeme, nämlich der von René Thom (1972) entwickelten *Katastrophentheorie* ergeben, die von topologischen Modellvorstellungen ausgeht. Der wesentliche Unterschied zwischen den beiden Ansätzen besteht darin, daß die Katastrophentheorie in ihrer gegenwärtigen Form nur darstellen kann, wie Systeme von einem postulierten (und durch einen »Attraktor« repräsentierten) Gleichgewichtszustand in einen anderen Gleichgewichtszustand, der einem neuen dynamischen Regime entspricht, umklappen können (»Katastrophe«). Echte Selbstorganisation und interne Verstärkung von Fluktuationen gibt es dabei nicht. Sowohl die Bewegung des Systems wie das »morphogenetische Feld«, in dem sie abläuft, sind von außen vorgegeben. Bildlich gesprochen verfolgt die Katastrophentheorie also einen Golfball, der durch einen schwungvollen Schlag einen steilen Hang hinaufgetrieben wird. Fällt er vor Erreichen des Kammes zur Erde, so wird er den gleichen Hang herunterrollen und wieder nahe beim Spieler landen. Fällt er aber nur ganz knapp jenseits des Kammes zur Erde, so wird er in ein neues Tal rollen oder auch in einer hochgelegenen Mulde liegenbleiben. Die Theorie dissipativer Strukturen würde in diesem Bild hingegen den Spieler beschreiben, der den Hang aus eigener Kraft hinaufsteigt und sich seine Ruheplätze selbst aussucht – allerdings auch nicht überall, nicht in jeder Geröllhalde, sondern wo der Hang grün und einladend ist.

Noch weniger weit als die Katastrophentheorie geht das von Ross Ashby (1960) entwickelte ältere Konzept der *Ultrastabilität,* das die schrittweise Anpassung des Systems an die Umgebung bis zur Herstellung eines Gleichgewichtszustands zum Inhalt hat – also im Gegensatz zur evolutiven Rückkopplung nicht eine Intensivierung, sondern eine Beendigung der Interaktion zwischen System und Umwelt. Die Selbstorganisation von Systemen, die innere Dynamik, die sie zur Realisierung neuer Strukturen treibt, läßt sich mit solchen Modellen offenbar nicht darstellen. Gerade dies vermag jedoch die Theorie dissipativer Strukturen, indem sie der nichtlinearen Eigenverstärkung von Fluktuationen innerhalb von Ungleichgewichtssystemen eine entscheidende Rolle zuweist, die auch die Morphogenese im Lichte einer teilweisen »Selbstbestimmung des Systems« erscheinen läßt.

Tafel 2 gibt einen systematischen Überblick über die Anwendungsbereiche verschiedener dynamischer Systemansätze. Sie sind im Grunde alle auf ihre Art nützlich, sofern ihre natürlichen Beschränkungen klar erkannt werden. Dies ist aber leider nur selten der Fall, so daß sich oft bittere Fehden um alleinseligmachende Konzepte entspinnen.

Die Rolle von Fluktuationen: der Mikroaspekt

Autopoietische, globale Stabilität stellt nur einen besonderen Fall eines evolvierenden dynamischen Systems dar – jenen Fall, um genau zu sein, in welchem Fluktuationen vom Gesamtsystem absorbiert werden oder, um ein anderes Bild zu verwenden, durch die Umgebung, in der sie auftreten, gedämpft werden. Die gleichen Bedingungen, die zu Autopoiese einfachster Art führen – Offenheit, Ungleichgewicht und besonders Autokatalyse –, bereiten auch die Möglichkeit interner Selbstverstärkung von Fluktuationen und ihres schließlichen Durchbruchs vor. Ohne solche innere Verstärkungsmöglichkeit gibt es keine echte Selbstorganisation. Die mögliche Konsequenz ist die Evolution des Systems durch eine unbestimmte Folge von Instabilitäten, von denen jede zur spontanen Bildung einer neuen autopoietischen Struktur führt. Es wird nun verständlich, warum das neue Ordnungsprinzip jenseits des Boltzmann-Prinzips »Ordnung durch Fluktuation« genannt wird.

Art der Systemstruktur	Art der Systemdynamik	Makroskopische Wirkung / Mikroskopische Ursachen	Kontinuierlich (gleiches dynamisches Regime)	Diskontinuierlich (Evolution durch eine Sequenz dynamischer Regimes)
Gleichgewicht	Equilibration	Kontinuierlich (Gesetz der großen Zahl gilt)	Differentialgleichungen: a) linear: Ökonometrie b) nichtlinear: Simulation von Rückkoppelungssystemen (Forresters »System Dynamics«, Club-of-Rome-Studien)	a) Ultrastabilität (Ashby) b) Katastrophentheorie (Thom)
Ungleichgewicht	Selbstorganisation	Diskontinuierlich (Gesetz der großen Zahl aufgehoben)	a) Theorie metastabiler dissipativer Strukturen (Prigogine und Nicolis) b) statistische Kugelspiele – Autopoiese (Maturana und Varela)	a) Ordnung durch Fluktuation (Prigogine) b) statistische Kugelspiele – Evolution (Eigen und Winkler)

Tafel 2. Anwendungsbereiche dynamischer Systemansätze. Erst neuere Entwicklungen eröffnen die Möglichkeit der Modellierung und des Studiums von Selbstorganisations-Dynamik, wie sie biologisches, gesellschaftliches und kulturelles Leben charakterisiert.

Autopoiese und Evolution, globale Stabilität und kohärenter Wandel, erscheinen als komplementäre Manifestationen von dissipativer Selbstorganisation. Während Autopoiese, wie im vorigen Kapitel diskutiert, mit Hilfe der Komplementarität Struktur ↔ Funktion beschrieben werden kann, gilt für Selbstorganisation einschließlich Evolution eine dreifache Entsprechung

Mit anderen Worten, das dynamische System als Ganzes kann auch als gigantische Fluktuation verstanden werden.

Die Diskussion zwischen diesen drei Beschreibungsebenen kann sowohl aus einem mikroskopischen als aus einem makroskopischen Blickwinkel erfolgen. Die mikroskopische Beschreibung, auch stochastische (das heißt zeitabhängige) Beschreibung genannt, folgt der Bildung von Fluktuationen und ihrem weiteren Schicksal in der Nähe einer Übergangsschwelle von einer Struktur zur anderen. Sie trägt dem Zufall Rechnung, indem sie das Auftreten und die Art und Größe der Fluktuationen im allgemeinen als zufällig auffaßt. Die makroskopische Beschreibung hingegen betont ein deterministisches Element, da sie darstellt, wie das System als Ganzes in eine neue strukturell-funktionelle Ordnung gezwungen wird, die allerdings nicht absolut vorbestimmt ist, sondern (wie noch gezeigt werden wird) mindestens unter zwei möglichen neuen Strukturen wählen kann. Die Fluktuationen selbst können rein zufälliger Natur sein; was daraus wird, ist aber nicht mehr rein zufällig. Nur beide Beschreibungen gemeinsam ergeben ein realistisches Bild. *Zufall und Notwendigkeit* erscheinen hier als *komplementäre* Prinzipien, das heißt als integrale Aspekte ein und desselben Prozesses. Ganz allgemein ist die komplementäre Betrachtungsweise ein wesentlicher Ansatz im Prozeßdenken.

Die von Prigogine und seinem Mitarbeiter Nicolis entwickelte mikroskopische (stochastische) Beschreibung erlaubt es, die Bildung neuer dissipativer Strukturen als *Nukleationsvorgang* zu verstehen. Solche Vorgänge sind uns zum Beispiel von der Bildung der Regentropfen vertraut, die sich um einen Kern, wie etwa ein Staubkorn, bilden und wachsen, bis sie schwer genug sind, um zu Boden zu fallen. Bei der Nukleation neuer dissipativer Strukturen aus Fluktuationen stellt sich nun heraus, daß eine charakteristische »Nukleationslänge« der Fluktuationen eine Rolle spielt, die nur von der inneren Dynamik des Systems bestimmt wird und unabhängig ist von der Größe des Reaktionsvolumens. Nur Fluktuationen von hinreichender räumlicher Ausdehnung (jenseits einer entsprechend definierten »kritischen« Fluktuationsgröße) können also das System zur Instabilität und darüber hinaus in ein neues Regime treiben. In diesem Falle gilt nicht das sogenannte »Gesetz der großen Zahl«, nach welchem eine adäquate Beschreibung von heterogenem Geschehen mit Hilfe von Durchschnittswerten möglich ist. Hier verändern Fluktuationen, die gegenüber dem Gesamtsystem klein sein mögen, die wirkenden Werte auf nachdrückliche Art und Weise. Wie bei Phasenübergängen (etwa von Wasser zu Dampf), die durch verblüffend ähnliche Gleichungen beschrieben werden können, bricht in der Instabilitätsphase des Überganges zur neuen Struktur jeder Modellansatz zusammen. Doch wird von der Art der Aktivität in dieser Phase eine Gerichtetheit, ein Vektor, eingeführt, der schon andeutet, in welcher Richtung sich die neue Struktur vorbereitet.

Für das chemische Reaktionssystem, das uns schon bisher als Modell gedient hat, nämlich den Brüsselator, ergibt sich als Resultat des Wettbewerbs zwischen fluktuationsverstärkenden chemischen Reaktionen und fluktuationsdämpfender (da zur Homogenisierung tendierender) Diffusion das Schema in Abbildung 10. Liegt der charakteristische chemische Parameter k unterhalb des »makroskopischen« Schwellenwertes k_c, so werden alle Fluktuationen gedämpft. Jenseits dieser Schwelle werden Fluktuationen nur dann verstärkt und führen Instabilität des Gesamtsystems herbei, wenn sie die kritische Nukleationslänge übertreffen. Die Fluktuationen »testen« gewissermaßen laufend die Stabilität der Struktur. Sind sie zu klein, so verharrt das System auch jenseits der »makroskopischen« Schwelle in einem Zustand, den man als *metastabil* bezeichnet.

Dieses Resultat läßt sich auch dahingehend interpretieren, daß die Umgebung eines »innovierenden«, individualistisch abweichenden Subsystems immer versuchen wird, die Fluktuationen zu dämpfen und das Gesamtsystem im stabilen Zustand zu halten, auch wenn dieser vom Standpunkt der makroskopischen Theorie bereits instabil sein sollte. Dies ist ein Beispiel dafür, wie der in den Fluktuationen verkörperte »Zufall« und die aus der Koppelung der Subsysteme innerhalb des Gesamtsystems erwachsende »Notwendigkeit« in der zeitlichen Evolution dissipativer Strukturen als Komplementarität auftreten.

82

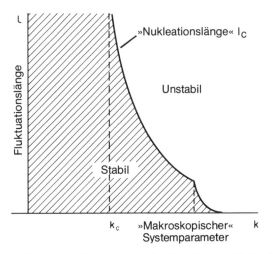

Abb. 10. Metastabilität der chemischen Modellreaktion »Brüsselator« für den Fall, daß die Fluktuationen jenseits des »makroskopischen« kritischen Parameters k_c nicht die räumliche Ausdehnung einer kritischen »Nukleationslänge« l_c erreichen. In diesem Falle erzwingt die Umgebung eines fluktuierenden Subsystems Stabilität auch dann, wenn das System vom Standpunkt der makroskopischen Theorie bereits instabil sein sollte. Nach G. Nicolis und I. Prigogine (1971).

Neben der Dimensionierung des für die Entwicklung verfügbaren Gesamtraumes spielen also auch die Packungsdichte und der Grad der Koppelung der Subsysteme untereinander in der Ausbildung von dissipativen Strukturen eine wesentliche Rolle. Eine Anzahl vereinzelter, isolierter Revolutionäre bringt ebensowenig eine Revolution zustande wie ein wohlorganisierter Haufen von Revolutionären, der seine Pläne vor der Umgebung nicht geheimhalten kann (hohe Diffusionsrate). Das Durchdringen von Fluktuationen und damit die Bildung neuer dissipativer Strukturen bedingen also hinreichend dichte Packung einerseits und nicht zu starke und starre Koppelung der Subsysteme andererseits.

Makroskopische Unbestimmtheit

Die makroskopische Betrachtungsweise befaßt sich zum einen mit der Lokalisierung von Übergangs- und Instabilitätsschwellen zwischen zwei Strukturen, rechnet dabei aber, wie wir gesehen haben, mit unendlich großen Fluktuationen, so daß im realistischen Fall die alte Struktur noch weit jenseits der Instabilitätsschwelle weiterbestehen kann. Zum anderen versucht sie zu erkennen, welche neuen dynamischen Regimes »bereitstehen«, in denen sich das System jenseits der Schwelle wiederfinden kann. Für das Modell des Brüsselators haben dabei Nicolis und Herschkowitz-Kaufmann in Brüssel sowie Auchmuty an der Indiana-Universität mit Hilfe einer *Bifurkationsanalyse* zeigen können, daß jeder symmetriebrechende Übergang mindestens zwei mögliche neue Regimes (oder Strukturen) zur Wahl stellt. Die in Abbildung 6 (S. 72) dargestellte dissipative Struktur etwa könnte sich entweder wie abgebildet oder seitenverkehrt (mit der höheren Konzentration von X auf der anderen Seite) realisieren. Interessant ist dabei, daß sich je nach den Symmetrieeigenschaften des kritischen Zustandes verschiedene Formen des Übergangs ergeben. Für gerade kritische Wellenzahlen erfolgen Symmetriebruch und »glatter« Übergang zu zwei alternativen stabilen dissipativen Strukturen (Abb. 11a); für ungerade kritische Wellenzahlen

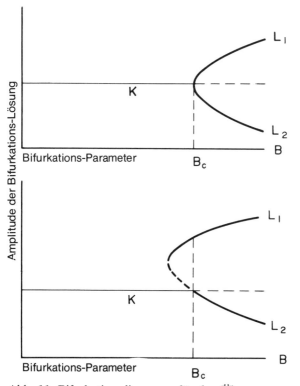

(a) Für eine gerade kritische Wellenzahl tritt »glatter« Übergang zu einer der beiden neuen Lösungen L_1 und L_2 auf.

(b) Für eine ungerade kritische Wellenzahl erfolgt der Übergang über einen bistabilen Bereich, wobei die neue Lösung L_1 durch einen Sprung von der thermodynamischen Ordnung K getrennt ist.

Abb. 11. Bifurkationsdiagramm für den Übergang von der thermodynamischen Ordnung K auf zwei mögliche dissipative Strukturen L_1 und L_2 bei Erreichen einer kritischen Instabilität, gegeben durch den kritischen Bifurkationsparameter B_c (Konzentration von B). Nach G. Nicolis (1974).

84

ergeben sich sowohl Symmetriebruch als auch bistabiles Verhalten, verbunden mit Hysterese (Abb. 11b).

Diese Bifurkation setzt sich im Prinzip fort bei jedem neuen kritischen Wert des Bifurkationsparameters (in Abb. 11 die Konzentration von B), von dem es unendlich viele gibt. Bei jedem Übergang werden spontan zwei neue dynamische Regimes verfügbar, aus denen das System eines auswählt. Dabei treten jeweils neue räumliche Symmetriebrüche auf. Welchen Weg die Evolution des Systems bei zunehmender Entfernung vom thermodynamischen Gleichgewicht unter den sich bei jedem Übergang verzweigenden Möglichkeiten einschlägt, ist *nicht voraussagbar*. Je weiter sich das System vom thermodynamischen Gleichgewicht entfernt, desto größer wird die Anzahl der möglichen Strukturen. Die möglichen Wege der Evolution ähneln einem Entscheidungsbaum mit Verzweigungen an jeder Instabilitätsschwelle (Abb. 12). Die Analogie zum mikroskopischen Prozeßmodell einer autopoietischen Struktur – wie wir im

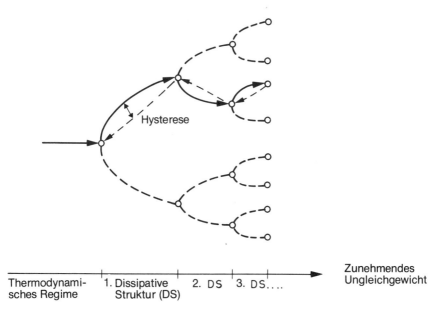

Abb. 12. Makroskopische Unbestimmtheit in der Evolution einer dissipativen Struktur. An jeder Instabilitätsschwelle entscheidet sie sich frei für eine von mehreren (mindestens zwei) Möglichkeiten. Wird aber das Ungleichgewicht von außen her wieder vermindert, so krebst die Struktur auf demselben Weg zurück, den sie gekommen ist, abgesehen vom sogenannten Hysterese-Effekt, der die geleistete Arbeit bei der Umstrukturierung ausdrückt. Die Struktur »erinnert sich« jeweils an ihre Ausgangsbedingungen.

vorigen Kapitel gesehen haben, ebenfalls ein sich ins Unbestimmte verzweigender Entscheidungsbaum – legt die Frage nahe, ob auch hier vielleicht eine ganzheitliche Beschreibung nicht nur einer Struktur, sondern der gesamten Systemevolution durch viele Strukturen hindurch gelingen wird.

Ein neues Element der Unbestimmtheit tritt damit auf der Ebene kohärenten Systemverhaltens in die Physik ein. Neben die quantenmechanische Unbestimmtheit, die in der Heisenbergschen Unschärferelation ihren Ausdruck findet, tritt nun die *makroskopische Unbestimmtheit* in der Strukturbildung. Die weitreichende Bedeutung dieses Umstandes wird uns noch in späteren Kapiteln beschäftigen. Man beginnt auch, bei dissipativen Strukturen von einer »makroskopischen Quantisierung« zu sprechen, da die Eigenschaften der entstehenden qualitativ verschiedenen Strukturen durch einige wenige »Quantenzahlen« bestimmt werden, die den Einfluß der kinetischen Konstanten und Diffusionskoeffizienten sowie der räumlichen Symmetrie und der Randbedingungen zum Ausdruck bringen.

Wird eine dissipative Struktur gezwungen, ihren Evolutionsweg zurückzukrebsen (etwa durch Änderung des Ungleichgewichts), so tut sie dies, solange keine wesentlichen Störungen auftreten, auf demselben Weg – abgesehen von sogenannten Hystereseschleifen, in denen sich die Arbeit reflektiert, die zur Strukturveränderung eingesetzt werden mußte (siehe Abb. 12). Dies verweist auf ein primitives ganzheitliches *Systemgedächtnis,* das schon auf dieser Ebene auftritt. Das System »erinnert« sich an die Ausgangsbedingungen, die eine bestimmte Entwicklung ermöglicht haben, an den Beginn jeder neuen Struktur, die es durchlebt hat. Es ist der *Re-ligio* fähig, der Rückwendung zum eigenen Ursprung. Indem es diese Rückwendung vollzieht, erlebt eine dissipative Struktur ihre eigene Erfahrung wieder – nicht in separierbaren Details, sondern in einer Folge ganzheitlicher autopoietischer Regimes. In einem bestimmten autopoietischen Regime ist das System selbstreferentiell in bezug auf eine bestimmte Raum-Zeit-Struktur. In einer weiteren Perspektive können wir das System nun als *selbstreferentiell in bezug auf seine eigene Evolution* charakterisieren – in bezug auf sich selbst als ein dynamisches System mit dem Potential, sich in einer Vielfalt von Strukturen zu manifestieren, nicht in zufälliger Abfolge, sondern in kohärenten evolutionären Sequenzen.

Die Ebenen globaler Stabilität oder autopoietischer Existenz, die auf einem solchen evolutionären Pfad erreicht werden, sind dabei nicht vorgegeben, sondern resultieren zum Teil aus der Interaktion zwischen System und Umwelt. In dieser Hinsicht stellen sie echte *Erfahrung* dar. Wir können also auch sagen: Wissen drückt sich darin aus, daß das System selbst zur Stabilität gegenüber Fluktuationen gefunden hat, und dieses Wissen stellt nichts anderes dar als die in ein bestimmtes Beziehungssystem gebrachte Erfahrung der Wechselwirkung zwischen System und Umwelt. In diesem Sinne ist alles Wissen Erfahrung; objektives und subjektives Wissen werden zur Komplementarität.

Für chemische dissipative Strukturen scheint ein Kriterium optimaler Stabilität in der Möglichkeit zum optimalen Energieaustausch (oder optimalen Energiedurchsatz durch das System) zu liegen. In Kapitel 12 werden Kriterien zur Sprache kommen, die für andere Stufen der Evolution gelten.

Ein besonderer Aspekt dieser Selbstbestimmung ist das *Prinzip der maximalen Entropieproduktion,* welches für die Instabilitätsphase gilt, in der eine neue Struktur gebildet wird. Tendiert die Entropieproduktion nahe dem autopoietischen stabilen Zustand zu einem Minimum, so erhöht sie sich während des Übergangs erheblich. Mit anderen Worten, für den schöpferischen Aufbau einer neuen Struktur werden keine Kosten gescheut – und mit Recht, solange ein offenes System in seiner Umgebung ein unerschöpfliches Reservoir freier Energie vorfindet. Nur ein auf Sicherheit ausgehendes etabliertes System muß haushalten. Dies gilt nicht nur für dissipative Strukturen, sondern anscheinend allgemein für evolvierende Systeme. So wurde zum Beispiel die spezifische Wärmeentwicklung in befruchteten Hühnereiern am vierten Tag mit 0,32 Watt pro Gramm gemessen, während sie am sechzehnten Tag auf ein Sechstel dieses Wertes abgesunken war. Das oft zitierte Prinzip der geringsten Entropieproduktion ist für natürliche Prozesse nicht allgemein gültig, sondern bezieht sich nur auf voll etablierte Strukturen. Doch sogar dann bezieht es sich auf Strukturen, die nach dem Kriterium des optimalen Energiedurchsatzes organisiert sind.

Erstmaligkeit und Bestätigung

Ordnung wird oft auch in Begriffen von Information ausgedrückt. Dies ist für die Diskussion von Selbstorganisation schon deshalb von besonderem Wert, weil in unserem allgemeinen Paradigma nicht nur die Selbstorganisation materieller Strukturen, sondern auch die von geistigen

Strukturen wie Ideen, Konzepten oder Visionen inbegriffen sein soll. Für die Biologie hat P. Fong (1973) Information als jede nichtzufällige räumliche oder zeitliche Struktur oder Beziehung von Größen definiert, und Carl Friedrich von Weizsäcker (zitiert bei E. v. Weizsäcker, 1974) nennt Information das, was neue Information erzeugt. Hier klingt schon das Selbstorganisations-Motiv an.

Aber die üblicherweise angewandte mathematische Informationstheorie, die Claude Shannon und Warren Weaver in der zweiten Hälfte der 40er Jahre begründeten, ist wie die zur gleichen Zeit formulierte Theorie der Kybernetik auf Gleichgewicht und Stabilisierung von Strukturen ausgerichtet. Wie im thermodynamischen Ordnungsprinzip Boltzmanns die Bewegung nur in Richtung auf Gleichgewichtsstrukturen verlaufen kann, so kann in der Theorie von Shannon und Weaver (1949) neue Information praktisch nur bestehende Informationsstrukturen bestätigen und festigen. Die Menge der Information ist vorgegeben, sie kann durch Übertragung infolge unvermeidlicher Rauscheffekte nur abnehmen, wie in der Gleichgewichts-Thermodynamik Ordnung nur abnehmen kann. Diese Art von Informationstheorie zieht nur die *syntaktische* Ebene in Betracht, die Anordnung der Zeichen, was bei der Entwicklung von Maschinencodes ohne Zweifel sehr wertvoll ist.

Im Bereich der Selbstorganisation – und vor allem des Lebens – besteht das Wesen der Information jedoch darin, daß sie nicht in Einwegprozessen übertragen, sondern in Kreisprozessen ausgetauscht wird und neu entsteht. Dieser Austausch erfolgt in einem semantischen Kontext, das heißt in einem bestimmten Sinnzusammenhang. Wenn ich sage »Ich möchte essen«, so folgen daraus ganz verschiedene Handlungen, je nachdem, ob ich mich in meiner Junggesellenwohnung, in einem Restaurant, in einem Flugzeug oder in einem Obstgarten befinde. Doch Information, die unter autopoietischen Systemen ausgetauscht wird, ist mehr als semantisch, sie ist *pragmatisch,* das heißt auf Wirkung ausgerichtet. Daß Information in einem Sinnzusammenhang steht, wird erst daran voll erkennbar, daß sie *wirkt.* »Die Semantik der Semantik ist die Pragmatik«, wie es Ernst von Weizsäcker (1974) ausgedrückt hat. Pragmatische Information verändert jedoch den Empfänger. Eine Maschine mag nach dem Eintreffen einer Nachricht unverändert auf das Eintreffen einer gleichartigen oder ähnlichen Nachricht warten, ein Mensch wird seine Erwartung ändern. Hören wir zum Beispiel im Radio von einem nahenden Wirbelsturm, so wird einen halben Tag später die Nachricht von erheblichen Zerstörungen im betreffenden Gebiet nicht mehr so überraschend kommen wie etwa die Nachricht von Zerstörungen durch ein unvorhergesehenes Erdbeben.

Austausch mit der Umwelt, wie er autopoietische Strukturen charakterisiert, bedeutet aber auch, daß jede Struktur gleichermaßen Sender und Empfänger von Information ist. Da pragmatische Information den Empfänger verändert, verändert sie in ihm auch den potentiellen Sender. Damit können wir nun mit Ernst von Weizsäcker die oben zitierte Definition seines Vaters wie folgt modifizieren: »Information ist, was Informationspotential erzeugt.«

Ernst und Christine von Weizsäcker haben einen gedanklichen Ansatz zur Darstellung von pragmatischer Information gegeben, der für die Diskussion von Ordnung durch Fluktuation geradezu maßgeschneidert erscheint (E. v. Weizsäcker, 1974). Pragmatische Information (und nicht nur diese, aber um andere geht es hier nicht) setzt sich aus zwei komplementären Aspekten zusammen: aus *Erstmaligkeit* und *Bestätigung*. Der Zusammenhang ist schematisch in Abbildung 13 dargestellt. Reine Erstmaligkeit, das heißt Einmaligkeit, enthält keine Information; sie ist Chaos. Reine Bestätigung bringt nichts Neues; sie ist Stagnation

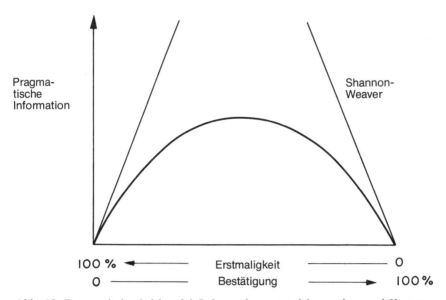

Abb. 13. Pragmatische (wirkende) Information setzt sich aus den zwei Komponenten Erstmaligkeit und Bestätigung zusammen und erreicht in der Balance zwischen beiden Komponenten ein Maximum. Nach C. und E. von Weizsäcker (E. v. Weizsäcker, 1974).

oder Tod. Dazwischen aber muß es je nach der Komplexität der ausge-
tauschten Information, einschließlich der Komplexität von Sender und
Empfänger, ein endliches Maximum geben. Aus diesem Denkansatz
wird nebenbei auch deutlich, daß die Theorie von Shannon und Weaver
nur in Fällen anwendbar ist, deren Kennzeichen hohe Bestätigung und
ganz geringe Erstmaligkeit sind.

Wir können nun leicht die Verbindung mit dem Ordnungsprinzip in
Gleichgewichtsstrukturen und jenem in dissipativen Ungleichgewichts-
strukturen herstellen (Abb. 14). Hundert Prozent Bestätigung entsprechen einem System im thermodynamischen Gleichgewicht. Dem Null-
wert der pragmatischen Information an diesem Punkt entspricht die
Unmöglichkeit, irgendeine gerichtete Wirkung hervorzurufen. Hundert
Prozent Erstmaligkeit hingegen können als jene Instabilitätsphase
gedeutet werden, in der stochastische Prozesse die alte Struktur nicht
mehr bestätigen, während die neue noch nicht festgelegt ist. Alles, was in
dieser Phase getestet wird, ist erstmalig. Dazwischen, in der Balance
zwischen Erstmaligkeit und Bestätigung, liegt der Bereich der Autopoiese.

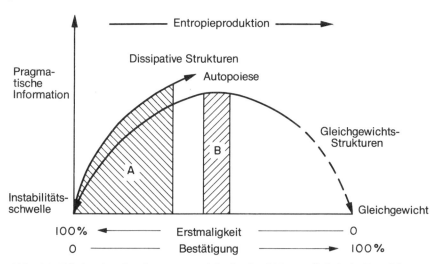

Abb. 14. Dissipative Strukturen wandeln laufend Erstmaligkeit in Bestätigung
um, während Gleichgewichtsstrukturen sich auf einen Zustand maximaler Bestätigung hin entwickeln. Dissipative Strukturen können über Zustände maximaler
Erstmaligkeit (Instabilitätsschwelle) zu einer neuen Balance zwischen Erstmaligkeit und Bestätigung (Autopoiese) gelangen. Dabei erreicht die Entropieproduktion ein Maximum (Fläche A), während sie in der Autopoiese ein Minimum
(Fläche B) beträgt.

An Hand dieses Schemas kann aber auch noch dargestellt werden, wie sich die Entropieproduktion bei der Bildung einer neuen dissipativen Struktur ändert. Entropieproduktion ist in diesem Zusammenhang nichts anderes als Produktion von Struktur, was gleichzeitig mehr Information und mehr Bestätigung heißt. Unmittelbar nach dem »Chaos« der Instabilitätsschwelle ist ein Maximum an Entropieproduktion nötig, um ein gewisses Maß von Bestätigung zu erreichen. Die Fläche A in Abb. 14 muß sehr rasch »erarbeitet« werden. Nach dem Aufbau einer auto-poietischen Struktur hingegen oszilliert das System in der Balance von Erstmaligkeit und Bestätigung und muß nur so viel Arbeit leisten, als Erstmaligkeit laufend zu bewältigen ist, also zum Beispiel die Fläche B in der Zeiteinheit. Diese Arbeit oder Entropieerzeugung wird aber niemals Null, da die Struktur im Austausch mit der Umwelt ständig von Erstmaligkeit »in Atem gehalten« und auf der Kurve nach links gedrängt wird, so daß die Ausbalancierung immer wieder neue Arbeit (die nach rechts gerichtete Bewegung auf der Kurve) erfordert. So wird laufend Erstmaligkeit in Bestätigung umgewandelt. Erkenntnis ist kein linearer Prozeß, sondern ein Kreisprozeß zwischen System und Umwelt.

Autopoiese aber bedeutet nach diesem Schema eine Existenz nahe dem Maximum austauschbarer pragmatischer Information – eine Schlußfolgerung, die intuitiv als realistisch erkannt werden kann. Wir werden die Darstellung von Selbstorganisation in den anschaulichen Begriffen von Erstmaligkeit und Bestätigung noch häufig anwenden.

Systemdynamik und Geschichte

Allgemein ausgedrückt beschreibt die Theorie dissipativer Strukturen die besondere räumlich-zeitliche Selbstorganisation der Energieumsetzung in Systemen, die mit ihrer Umwelt in Austauschbeziehungen stehen. Sie kann auch als elementare Beschreibung der Evolution von historischen Systemen – Systemen mit *Geschichte* – aufgefaßt werden, deren Entwicklung von der Vergangenheit jedes Subsystems abhängt. Damit stellt sich die Frage, in welchem Maße eine solche auf die einfachste phänomenologische Ebene ausgerichtete Beschreibung Grundformen einer Dynamik erfaßt, die auch für das Verständnis biologischer und gesellschaftlicher Systeme wesentlich – mehr noch: ihnen wesensverwandt – sind. Mit anderen Worten, ob wir hier eine spezielle oder eine allgemeine dynamische Systemtheorie vor uns haben.

91

Ist diese Theorie von allgemeinem Wert, so liegt darüber hinaus auf der Hand, daß Betrachtungen über die Nukleation von neuen Strukturen, über die Rolle von Fluktuationen und über metastabile Zustände auch für biologische und gesellschaftliche Systeme mit ihrer ausgeprägten und flexiblen Koppelung vieler Subsysteme (besonders auch durch Informationsfluß) von großer Bedeutung sind. Das gleiche mag für die Funktionen des Gehirns und des Nervensystems gelten. Das alte Thema des Zusammenhangs von Komplexität und Stabilität und die Frage nach einer möglichen Grenze der Komplexität, die gerade in unserer Zeit so wichtig geworden ist, erhalten damit ganz neue Akzente. Eine Zunahme an Komplexität bedingt sicherlich nicht immer einen Verlust an Stabilität, wie dies mathematische Modelle suggerieren, die unter Gleichgewichtsannahmen aufgestellt wurden (May, 1973). Für ökologische und gesellschaftliche Systeme scheint oft das Gegenteil zuzutreffen.

Im nächsten Kapitel sollen daher einige erweiterte Anwendungen dieser noch sehr jungen Theorie vorgestellt werden. Sie sprechen dafür, daß die Theorie dissipativer Strukturen geeignet ist, den Kern einer allgemeinen dynamischen Theorie aller natürlichen Systeme zu bilden.

4. Modellstudien selbstorganisierender Systeme

Wie oben, so unten; wie unten, so oben.
Entsprechungsgesetz der hermetischen Philosophie

Homologe Dynamik natürlicher Systeme

Erinnern wir uns, welche Art von Dynamik die Theorie dissipativer Strukturen beschreibt. Die drei grundlegenden Bedingungen für das Auftreten dissipativer Strukturen in chemischen Reaktionssystemen waren Offenheit gegenüber der Umwelt und Austausch von Energie und Materie mit ihr, ein Zustand fern vom Gleichgewicht und die Beteiligung von autokatalytischen Stufen. Haben wir ein System vor uns, das diesen Bedingungen genügt und das überdies relativ stabile »Reaktionsteilnehmer« aufweist, so können wir es in vielen Fällen als »Reaktionssystem« beschreiben, dessen Dynamik denselben Grundgleichungen genügt, auch wenn die Prozesse nicht chemischer Natur sind.

Der im Frühjahr 1972 beim Terroranschlag auf den Flughafen von Tel Aviv ums Leben gekommene bedeutende Biophysiker Aharon Katchalsky hat dies schon früh erkannt. Er postulierte (1971), daß jedes System, das eine große Zahl nichtlinearer Elemente einschließt, die diffus gekoppelt sind und daher fast wie in einem Kontinuum interagieren, durch erhöhten Energiedurchsatz in hohes Ungleichgewicht getrieben werden kann und dann das typische Verhalten dissipativer Strukturen, nämlich Autopoiese und Systemevolution, aufweist. Katchalsky wirkte als bedeutender Katalysator früher Anwendungen der verallgemeinerten Theorie auf biologische und neurophysiologische Systeme.

Tatsächlich charakterisieren autopoietische Existenz und evolutionäre Selbstorganisation durch Eigenverstärkung von Fluktuationen vor allem viele biologische, soziobiologische und soziokulturelle Systeme. Die recht erfolgreichen Versuche, ihre Dynamik mit Hilfe des gleichen formalen Ansatzes zu beschreiben, der für dissipative Strukturen entwickelt worden ist, darf nicht als Physikalismus – als Reduktion auf eine Ebene rein physikalischer Prozesse – verstanden werden. Welcher Art die Prozesse und die sich bildenden Strukturen sind, ist eine Frage, die die ihnen zugrunde liegende Dynamik nicht direkt zu berühren braucht. Genauso wie die abstrakten Beziehungen des Gleichungssystems, das wir unter dem Namen Brüsselator kennengelernt haben, eine Fülle von dynamischen Verhaltensformen generieren, die oft erst im nachhinein ihre empirische Bestätigung finden, kann ein dynamisches Verhalten der gleichen Art nun auch auf anderer Ebene modelliert werden. Dabei bedarf es einer gewissen Phantasie, um die Entsprechungen zwischen realen und abstrahierten Vorgängen herzustellen. In einem Ökosystem zum Beispiel besteht die autokatalytische Stufe in der Selbstreproduktion einer bestimmten Art beim Vorhandensein eines hinlänglich großen Angebots von Nahrung in der Umwelt. Sie kann aber, vor allem bei den Fleischfressern, in starkem Maße von der Autokatalyse einer anderen Art (der Beute) abhängen, die dann das Systemverhalten wesentlich mitbestimmt.

Die Modelle, die auf diese Art aufgestellt werden können, sind durch die gleiche Komplementarität von stochastischen und deterministischen Elementen – von Zufall und Notwendigkeit – gekennzeichnet wie die Evolution chemischer dissipativer Strukturen. Nahe der Instabilitätsschwelle, die den Übergang von einer Struktur zur anderen markiert, bricht das Modell zusammen. Hier wirkt nicht mehr das Allgemeine, sondern das Besondere, Individuelle – mit einem Wort: das Schöpferische. Der Zeitpunkt des Auftretens einer wesentlichen genetischen Mutation in einer Art (oder des Auftretens einer neuen Art in einem Ökosystem) kann im allgemeinen ebensowenig vorhergesagt werden wie ihre Eigenschaften, mit der Umwelt in Beziehung zu treten. Sind aber diese Eigenschaften einmal bekannt, so läßt sich voraussagen, ob sie schließlich dominieren werden.

Die Verwandtschaft in der Selbstorganisations-Dynamik materieller und energetischer Prozesse auf vielen Ebenen, von der Chemie über die Biologie zur Soziobiologie und darüber hinaus, deutet darauf hin, daß es zumindest in diesem sehr weitgespannten Bereich eine allgemeine dynamische Systemtheorie geben dürfte. Die in den letzten Jahrzehnten entwickelte Allgemeine Systemtheorie hat eine solche Verwandtschaft bisher hauptsächlich im Hinblick auf die Erhaltung und Stabilisierung von Strukturen (durch negative Rückkoppelung) formuliert. Mit der verallgemeinerten Theorie dissipativer Strukturen tritt nun der dynamische Aspekt einer allgemeinen Systemtheorie in den Vordergrund, wobei vor allem die »makroskopische Quantisierung« der Strukturen und die schöpferische Rolle von Fluktuationen wesentlich sind.

Wenn aber, was noch im einzelnen zu diskutieren sein wird, diese Grundform autokatalytischer Selbstorganisations-Dynamik beobachtbaren Phänomenen in einem so weiten Bereich zugrunde liegt, handelt es sich nicht mehr nur um Analogie oder formale Ähnlichkeit, sondern um echte *Homologie* oder innere *Wesens*verwandtschaft. Obwohl diese Phänomene sehr verschiedenen Erscheinungsebenen angehören, die sich nicht aufeinander reduzieren lassen, sind sie *durch Homologie ihrer Dynamik miteinander verbunden.* Darin liegt der eigentliche Triumph des neuen Prozeßdenkens: Während es die Entfaltung der Realität in vielschichtige, irreduzible Erscheinungs- und Koordinationsformen nachvollzieht, einigt es zugleich weite Bereiche dieser Realität in dynamischen Konzepten. Ob es je gelingen wird, damit auch die Gestaltungsprozesse der kosmischen Evolution einerseits und der Synthese der Grundstrukturen der Materie (wie Atome und Nuklearteilchen) andererseits auf einen Nenner zu bringen, ist derzeit allerdings noch eine eine weit offene Frage.

In diesem Kapitel werden einige der ersten Anwendungen der Theorie dissipativer Strukturen auf komplexere Systeme kurz skizziert. Natürlich handelt es sich dabei bisher vor allem um Studien von charakteristischem dynamischem Verhalten unter stark vereinfachten Annahmen. Sie lassen uns die *Qualität* einer Welt fühlen, die Vielfalt und Ordnung in stetem Wandel immer von neuem aus sich heraus gebiert. Es geht nicht um Voraussage, sondern um Verständnis des Systemverhaltens. Vorher aber sei noch kurz auf die Möglichkeit eingegangen, Modellstudien mit dem alternativen Ansatz der Katastrophentheorie durchzuführen. Sie kann wenig über die stochastischen Vorgänge im System selbst aussagen, doch wertvolle qualitative Schlußfolgerungen darüber liefern, welcher Art die neuen Strukturen jenseits der Instabilitätsschwelle sein können.

Katastrophentheorie als Alternative

Anwendungen der Katastrophentheorie in einem sehr weitgespannten Bereich sind vor allem der Einfallskraft des englischen Mathematikers Christopher Zeeman (1977) zu verdanken. Sie reichen von physikalischen Anwendungen wie dem Flimmern der Sterne und der Stabilität von Schiffen bis zu biologischen, psychologischen und sozialpsychologischen Phänomenen so komplexer Art wie geistigen Störungen oder Gefängnisrevolten. Besonders wichtig ist die Anwendung auf Probleme der Entwicklungsbiologie (der Entwicklung des Embryos) geworden. Hier trifft sich die Katastrophentheorie mit den von Conrad Waddington eingeführten Begriffen der epigenetischen Landschaft (der Topologie des Entwicklungsprozesses), der Chreoden (durch Evolution festgelegte

Entwicklungslinien, die die Ontogenese steuern) sowie der Kanalisierung von Entwicklung entlang solcher Chreoden.

Bei der Anwendung der Katastrophentheorie ist immer wesentlich, daß *diskontinuierliche* Wirkungen *kontinuierlicher* Ursachen modelliert werden. So kann zum Beispiel eine Entscheidungssituation, in der sich ein Land unter äußerer Bedrohung befindet, durch die beiden Gruppen der »Falken« und der »Tauben« charakterisiert sein (Abb. 15). Steigt die Bedrohung stark an, so werden sich schließlich die Tauben genötigt sehen, ihr Gedankenregime aufzugeben und auf jenes der Falken einzuschwenken. Das Umgekehrte passiert bei einem Nachlassen der Drohung. Aber der Übergang von einem Regime zum anderen findet nicht kontinuierlich am gleichen Punkt der Bedrohung statt. Jede Gruppe wird an ihrem Denken so lange wie möglich festhalten (eine Art von Metastabilität), bis schließlich ein diskontinuierliches Umklappen in das andere Regime erfolgt. Diese einfachste Katastrophe nennt man Falte.

Von großer Bedeutung sind topologische Stabilitätsbetrachtungen auch für Modelle ökologischer und epigenetischer Evolution. Man kann sich das Grundproblem etwa so vorstellen, daß ein Ball, der in einem welligen Gelände normalerweise einen Talboden entlangrollt oder an seiner tiefsten Stelle verharrt, auch in einer höher gelegenen Mulde an

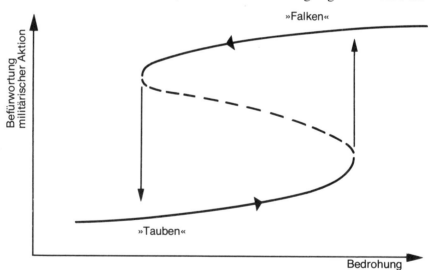

Abb. 15. Einfachstes Beispiel einer Katastrophe (Diskontinuität): die Falte. Nimmt die Bedrohung immer weiter zu, so wird schließlich ein Punkt erreicht, an dem die »Tauben« sprungartig das Verhaltensmuster der »Falken« annehmen, und umgekehrt. Nach C. A. Isnard und E. C. Zeeman (Zeeman, 1977).

einem Hang liegenbleiben kann – sofern er irgendwie dorthin gelangt (zum Beispiel durch äußere Fluktuationen wie einen Sturm). Gerät ein biologischer Phänotyp (ein Individuum) von seiner ausgebildeten ökologischen Nische in eine solche sekundäre Position von Stabilität, so wird er diese Position mit der Zeit zur Hauptnische umgestalten (Abb. 16).

Bei dieser Modellierung ist aber wesentlich, daß die Bewegung selbst nicht erklärt wird. Sie ist von außen vorgegeben, im ersten Beispiel etwa durch die Handlungen des bedrohenden Landes oder auch durch die Interpretation der Lage in den Massenmedien. Echte Selbstorganisation durch Eigenverstärkung von im System selbst auftretenden Fluktuationen kann auf diese Weise nicht modelliert werden. Gerade dies aber leistet die Theorie dissipativer Strukturen. Man wird also jeweils genau unterscheiden müssen, ob echte Selbstorganisation oder Morphogenese (Formbildung) bei vorgegebener Dynamik dargestellt werden sollen. Im Rahmen dieses Buches geht es vor allem um Selbstorganisation.

Physikalisch-chemische Systeme

In dissipativen Strukturen kann die sich selbst auf bestimmte Weise organisierende Materie ohne die zusätzliche Annahme einer anti-entropisch wirkenden Kraft (etwa der früher angenommenen Lebenskraft, eines *élan vital*) Ordnung aufbauen und aufrechterhalten. Es erscheint daher verlockend, auf diesem Prinzip eine umfassende *Kosmologie* aufzubauen. Diesbezügliche Versuche sind aber nicht weit gelangt. Die

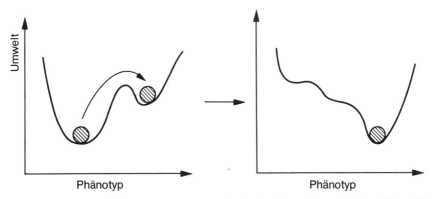

Abb. 16. Epigenetische Evolution in topologischer Betrachtungsweise. Eine sich zufällig ergebende, stabile Position wird zur neuen ökologischen Nische ausgebaut und bestimmt damit die weitere Evolution der Art.

thermodynamische Betrachtungsweise reicht offenbar nicht aus, um zu einer ganzheitlichen Sicht kosmischer Evolution zu gelangen. Vor allem muß vorderhand offenbleiben, wie Entropie unter Einbeziehung von Wechselwirkungen auf große Distanz (Gravitation) definiert werden kann. Vielleicht ist es überhaupt unmöglich, die Zustände des Universums mit Hilfe einer einzigen Sequenz (auf einer Entropie-Skala) zu ordnen. Man hat die Entropie des Universums auch mit dem noch weitgehend ungeklärten Phänomen der »schwarzen Löcher« in Verbindung gebracht, was neue Schwierigkeiten mit sich bringt, da in diesen singulären Zuständen die normale Physik in Unordnung gerät.

Immerhin läßt sich vermuten, daß thermodynamisches Ungleichgewicht und dissipative Strukturen lokal für den Fortgang der Evolution sehr wesentlich sind. Wir können also vorderhand dissipative Selbstorganisation in ein »intermediäres« Paradigma kleiden, das weder an die Grenzen des Raumes noch an die der Zeit heranreicht. Die Dinge liegen mit Sicherheit sehr viel komplizierter als in dem aus thermodynamischen Gleichgewichtsannahmen gewonnenen Bild vom allgemeinen Zerfall physischer Strukturen bis hin zu einem »Wärmetod«. Sie sind aber sicher auch nicht mit einem einfachen Kondensationsmodell der Strukturbildung zu erklären. Diese Problematik wird im folgenden Kapitel erörtert.

Im Bereich der *Geologie* wird die Kontinentaldrift als Ausdruck einer dissipativen Struktur vermutet. Etwas überraschend mag die Idee erscheinen, die Förderung von Erdölrückständen in porösem Gestein dadurch zu erleichtern, daß die Oberflächenspannung durch eine erzwungene Evolution des Systems vermindert wird. *Meteorologische* dissipative Strukturen können von lokalen Konvektions-Gewittern und Wirbelstürmen bis zu Großwettersystemen mit Instabilitätsfronten reichen. Ein besonders interessanter Fall des Durchdringens einer ursprünglich kleinen Fluktuation mit nachfolgender dramatischer Änderung des makroskopischen Systemverhaltens stellt wohl das praktisch bereits vielfach angewendete »Besäen« von Wolken mit Trockeneis oder Silberjodid dar – sei es, um Regen fallen zu lassen oder um Wirbelstürme in ihrer Wanderrichtung zu beeinflussen.

Schließlich können auch eine Reihe von *elektrischen* Phänomenen, etwa die Ausbreitung der sogenannten Alfvén-Wellen in der Magnetogasdynamik und in Nordlichtern, sowie gewisse Effekte aus der Plasmaphysik vom Standpunkt dissipativer Strukturen diskutiert werden. Es sind allerdings bisher keine wesentlichen Versuche zur Modellierung solcher Phänomene bekannt geworden.

Biologische Systeme

Biologische Systeme sind durch Eigenschaften gekennzeichnet, die der Bildung dissipativer Strukturen besonders förderlich sind:

- Sie sind mit ihrer Umgebung durch einen Energieaustausch verbunden, der die Aufrechterhaltung eines Zustandes fern vom Gleichgewicht ermöglicht.
- Sie weisen eine große Zahl von chemischen Reaktionen und Transportphänomenen auf, deren Regelung in hohem Maße von nichtlinearen Faktoren molekularen Ursprungs abhängt (wie etwa Aktivation, Inhibition, direkte Autokatalyse etc.).
- Sie befinden sich nicht nur vom Standpunkt der Energie, sondern auch des Materieaustausches im Ungleichgewicht, da die Reaktionsprodukte entweder vom System ausgeschieden oder an andere Stellen verbracht werden, um dort andere Funktionen zu erfüllen.

In der Tat stehen biologische Systeme im Mittelpunkt der empirischen und theoretischen Forschung, die sich mit dissipativen Strukturen befaßt. Es geht dabei wohlgemerkt nicht etwa darum, die Phänomene organischen Lebens auf die Ebene einer physikalisch-chemischen Analogie zu reduzieren. Ebensowenig besteht aber der früher angenommene Gegensatz zwischen »anti-entropischem« Leben und »entropischer« unbelebter Welt. Es gilt hier nun, die Strukturierung biologischer Systeme als *besonders akzentuierten Ausdruck* – als ganz bestimmte Koordination – der Gesetze der Physik unter präzise angebbaren Bedingungen zu verstehen.

Die Theorie dissipativer Strukturen kann offenbar zur Klärung der Vorgänge in entscheidenden Phasen der *präbiotischen Evolution* – der Entstehung des Lebens aus organischen Molekülen – wesentliches beitragen (Prigogine et al., 1972). Davon wird in Kapitel 6 noch ausführlicher zu reden sein. Vorweggenommen sei hier, daß im Licht einer solchen Selbstorganisation dissipativer Strukturen Leben nicht mehr als der extrem unwahrscheinliche Zufall erscheint, wie es einer reduktionistischen Betrachtungsweise entspricht. Mikroskopischer Zufall und makroskopische Notwendigkeit sind auch bei der Entstehung des Lebens als *komplementäre* – und nicht wie bei Jacques Monod (1971) als sequentielle – Aspekte zu verstehen.

Ein weiterer Forschungskomplex beginnt sich um die Rolle dissipativer Strukturen in der *Funktionsweise von Bioorganismen* (Erhaltung des Lebens) aufzubauen. Eines der wesentlichsten Ergebnisse in diesem

Bereich wurde durch Boiteux und Hess (1974) vom Max-Planck-Institut für Ernährungsphysiologie in Dortmund mit dem experimentellen Nachweis von dissipativen Strukturen im Glykolyse-Zyklus, einem auch für die interzelluläre Kommunikation wichtigen biochemischen Reaktionssystem, geliefert. Dabei wurden in enger Übereinstimmung mit der Theorie (Goldbeter und Lefever, 1972) sowohl Grenzzyklus-Verhalten und chemische Wellen in mehreren stabilen Bereichen als auch die Übergänge zwischen diesen beobachtet. Ganz allgemein scheinen biologische Rhythmen der verschiedensten Arten mit dissipativen Strukturen zusammenzuhängen.

Von einer deutschen Forschergruppe wurde ein Modell entwickelt, das Morphogenese bei der Entwicklung oder Regeneration einfacher vielzelliger Organismen – im besonderen die Bildung von Fortsätzen und Tentakeln an Süßwasserpolypen – zu simulieren vermag (Gierer, 1974). Das Modell enthält als wichtigste Annahmen: eine experimentell festgestellte Aktivatorsubstanz, die Trägerin morphogener Information ist, bei Süßwasserpolypen anscheinend aus kleinen Eiweißmolekülen besteht und im Gewebe zwischen verschiedenen Zellen ausgetauscht wird; ferner eine Inhibitorsubstanz, die besser als die Aktivatorsubstanz im Gewebe diffundiert, langsamer abgebaut wird und die Ausbreitung des Aktivators unterdrücken kann; und schließlich einen autokatalytischen Mechanismus, mit dessen Hilfe der Aktivator seine eigene Bildung und Verbreitung beschleunigen kann. Aus einer anfänglich homogenen Mischung von Aktivator- und Inhibitorsubstanz strukturiert sich bei hohem Ungleichgewicht ein Muster diskreter, stabiler Regionen mit hoher Aktivatorkonzentration, das bereits die späteren Körperformen vorwegnimmt. Dieser Prozeß bezieht sich allerdings auf die Bildung von Körperteilen, bei denen Präzision in Form und Zahl praktisch keine Rolle spielt. Bei höher entwickelten Tieren ist die Kanalisierung von Entwicklungslinien viel schärfer ausgeprägt.

Aus der Pflanzenphysiologie ist bekannt, daß Wachstum und Morphogenese wesentlich durch die Wechselwirkungen zwischen wachstumsfördernden Hormonen (deren Konzentration von der Spitze des Sprößlings nach unten abnimmt) und wachstumshemmenden Hormonen (deren größte Konzentration im oberen Teil der Wurzel auftritt) bestimmt wird. Es bilden sich stehende Wellen aus, die die Morphogenese vorwegnehmen.

An verschiedenen Orten werden dissipative Strukturen im *Zentralnervensystem* sowohl experimentell wie theoretisch oder in einer Kombination beider Richtungen studiert. Auf mikroskopischer Ebene wurde dabei gefunden, daß die erregbare *Membran* einer Nervenzelle, die evolutionär viel älter als die Zelle selbst ist und schon in einzelligen Protozoen festgestellt werden kann, einer dissipativen Struktur entspricht. Das Ungleichgewicht im polarisierten Zustand wird durch die entgegengesetzten Ionenladungen auf den beiden Seiten der Membran aufrechterhalten. Dabei kann eine Instabilität entstehen, die sich zu zyklischer Depolarisierung entwickelt. Kürzlich gelang die experimentelle Synthese solcher bimolekularer Lipidmembranen und die Anregung künstlicher Nervenimpulse durch kanalbildende Moleküle in diesen Membranen (Baumann, 1975).

Auf makroskopischer Ebene wird, vor allem von Walter Freeman in Berkeley, das Verhalten von *Neuronenpopulationen* – derzeit bis zu einer Größenordnung von zehn Millionen Neuronen – studiert. Die Voraussetzung für eine Modellierung mit Hilfe der Theorie dissipativer Strukturen ist in mehrfacher Weise gegeben. An den Synapsen, den Verbindungsstellen der Dendriten eines Neurons mit der Axonspitze eines anderen Neurons (die Struktur des Neurons wird in Kapitel 9 noch erläutert), treten nichtlineare Transformationen auf. Ferner schaffen zahlreiche Rückkoppelungsverbindungen zwischen dicht gepackten Neuronen praktisch ein Kontinuum. Und schließlich wirkt der Aktivitätsfluß innerhalb der Neuronen und über Synapsen hinweg wie die Diffusion in chemischen Reaktionssystemen. Bei hinreichendem Ungleichgewicht zwischen großen interaktiven Neuronengruppen ergeben sich lokalisierte »aktive« Zustände, die bei weiterer positiver Rückkoppelung zwischen den Gruppen instabil werden und dissipative Strukturen bilden können. Insbesondere ist eine Art von Grenzzyklus-Verhalten zu beobachten, das mit einem entscheidenden Schritt im Kodieren von Sinneseindrücken in Zusammenhang gebracht wird.

Vielleicht wird man eines Tages auch die zahlreichen auf intuitiver Basis entwickelten Ansätze zu einer sogenannten *holistischen Medizin* als Anregung bestimmter kooperativer Verhaltensformen und Übergänge in psychosomatischen dissipativen Strukturen verstehen. Die bioenergetischen Techniken wie Akupunktur, Esalen-Massage, Handauflegen, Yoga und das Intonieren spezieller Mantras ebenso wie die geistigen Techniken der Hypnose und der verschiedenen Meditationssysteme (deren heilungsfördernde Wirkung in amerikanischen Krebskliniken systematisch zur Unterstützung konventioneller Therapien herangezogen wird) bewirken tatsächlich Effekte, die am besten durch Übergänge zwischen verschiedenen dynamischen Regimes erklärbar sind – wobei aber die Natur der daran beteiligten Prozesse nicht immer klar ist. Die westliche Medizin würde sich dann nur mit einer Art Alltags- oder Grundregime befassen, während Heilvorgänge in anderen Regimes anders und manchmal auch viel schneller ablaufen können.

Innerhalb eines Organismus gibt es noch viele selbstorganisierende Systeme, die für sich eine halbautonome Dynamik aufrechterhalten, sich dabei aber doch eher auf das autopoietische Verhalten des Organismus als Ganzes beziehen. Ein Beispiel dafür ist die *rhythmisch-motorische Aktivität* in Wirbeltieren, etwa beim Gehen oder Laufen (Pearson, 1976). Sie wird von einem oszillierenden Zellsystem erzeugt und zeitweise in das Gesamtverhalten des Organismus »eingekuppelt«; dazwischen läuft der Rhythmus im »Leerlauf«. Selbstorganisierende Systeme jenseits einer kritischen Größe können auch ausgekuppelt werden und dann Gefahr für den Organismus hervorrufen. Dies ist der Fall beim Übergang vom normalen Zustand des »Mikrokrebses« zum pathologischen Zustand des »*Makrokrebses*«. Wir haben alle Krebszellen in uns, seien es vererbte oder durch Umwelteinflüsse entstandene. Sie können als eine Fluktuation aufgefaßt werden, die unterhalb einer kritischen Größe von der gesunden Zellumgebung gedämpft, jenseits davon hingegen verstärkt wird. Prigogines Mitarbeiter Lefever und Garay (1977) haben ein Modell entwickelt, das hier neue qualitative Einsichten entwickelt.

Nur am Rande sei erwähnt, daß die Theorie dissipativer Strukturen auch für die Entwicklung der *industriellen Biochemie* außerordentlich wichtige Beiträge zu liefern verspricht. Vor allem ermöglicht die Immobilisierung von katalytischen Enzymen auf Membranen – wie es auch die Natur macht – in hohem Grade nichtlineare Prozesse und steigert damit die Ausbeute enorm. Hier sind die Arbeiten von Daniel Thomas in Compiègne bahnbrechend.

Soziobiologische Systeme

Die mathematische Modellierung der Entstehung makroskopischer Ordnung in Tierpopulationen ist dort nicht sehr schwierig, wo sie auf einfacher Chemotaxis (durch bestimmte chemische Substanzen ausgelöste Anziehung) beruht (Prigogine, 1976). Besonders gut ist Chemotaxis bei Einzellern beobachtbar, etwa bei den Amöben, die sich während bestimmter Perioden zum Schleimpilz *Dictyostelium discoideum* vereinen. In Zeiten von Nahrungsmangel stellen die Amöben die Zellteilung ein und bilden spontan Aggregationen, deren Zentren alle drei bis fünf Minuten chemische Pulse von zyklischem AMP (Adenosinmonophosphat) aussenden, was zu rhythmischer Chemotaxis führt (Abb. 17). Wie Theorie und empirische Beobachtung in guter Übereinstimmung zeigen, wird dabei das für die Produktion von zyklischem AMP verantwortliche autokatalytische Enzymsystem instabil und tritt in ein Grenzzyklus-Verhalten ein. Das chemotaktische Aggregationssystem selbst ist auch wieder autokatalytisch. Im weiteren Verlauf bildet sich das Pseudoplasmodium, eine Zellmasse, die zwischen 10 und 500 000 Zellen enthalten kann und sich als wurmförmiger Körper, 0,1 bis 2 Millimeter lang, fortbewegt. Diese Masse strukturiert sich weiter, indem sie eine flache Basis aus Zellen mit hohem Zellulosegehalt und einen großen runden »Kopf« aus Zellen mit hohem Polysaccharidgehalt bildet. Nach dieser Entwicklung, die 20 bis 50 Stunden in Anspruch nehmen kann, löst sich der vielzellige Körper wieder in individuell existierende Einzeller auf, die sich durch Zellteilung vermehren – bis der Zyklus wieder von vorne beginnt (Bonner, 1959).

Neben dem Schleimpilz wurden von Prigogine und seiner Brüsseler Gruppe auch weitere chemotaktisch ausgelöste Phänomene auf der Basis der Theorie dissipativer Strukturen modelliert, so die Marschordnung von Ameisen (bei der Instabilitäten als Verzweigungen sichtbar werden) und der Bau von Termitenhaufen (Prigogine, 1976). Der letztere beginnt offenbar als ungeordnete Materialdeponierung, bis durch zufällige Fluktuationen in der Materialverteilung die chemotaktische und mechanische Stimulierung zu einer autokatalytischen Phase koordinierter Aktivität überleitet. Ein komplexes Beispiel liefert auch

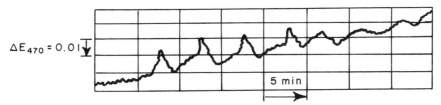

Abb. 17. Rhythmische Chemotaxis bei der Aggregation von Amöben, die zur Ausbildung des Schleimpilzes führt. Der Rhythmus der Aussendung von zyklischem AMP geht auf Grenzzyklus-Verhalten des für die Produktion verantwortlichen Enzym-Systems zurück. Die zunehmende Aggregation wurde hier durch Lichtstreuung gemessen. Nach A. Boiteux und B. Hess (1974).

die Bildung und Emigration neuer Schwärme in übervölkerten Bienen-
stöcken, wobei die Instabilität dadurch hervorgerufen wird, daß ein
durch den Stock diffundierendes Enzym, das hemmend auf die Produktion einer neuen Königin wirkt, jenseits bestimmter Stockdimensionen
die latenten Fluktuationen nicht mehr unterdrücken kann. Besonders
interessant erscheint auch das dank gleichzeitig auftretender chemotak-
tischer und mechanischer Faktoren (wie gewisse Windströmungen) in
hohem Maße autokatalytische System, das über Afrika zur Bildung
gigantischer Heuschreckenschwärme führt, die Hunderte von Kubik-
kilometern Umfang erreichen können.

Ökologische Systeme

Die kinetischen Gleichungen für die Reproduktion lebender Organismen sind dieselben wie für die Autokatalyse nichtlebender Systeme.
Daher bringt die Anwendung der Formeln der Selbstorganisations-
Dynamik auf ökologische Systeme, in denen verschiedene Tier- und
Pflanzenarten miteinander in Wechselwirkung treten, besonders eindrucksvolle Resultate (Allen, 1976). Man kann den Aufbau eines
einfachen Ökosystems schrittweise nachzeichnen und dabei immer realistischer werden. Ein autokatalytisches System in einer Umwelt unbe-
grenzter Ressourcen – zum Beispiel Pflanzenfresser, deren Nahrungsaufnahme von der Regeneration des Pflanzenwuchses weit übertroffen
wird und für die sonst keinerlei Einschränkungen gelten – weist im
Prinzip ein exponentielles Wachstum auf (Abb. 18a). Die Zuwachsrate
entspricht dabei immer dem gleichen Anteil der vorhandenen Menge in
der Zeiteinheit (zum Beispiel 10% pro Jahr). Sind die Umwelt-Ressour-
cen begrenzt, so ergibt sich eine sogenannte logistische Wachstumskurve
(Abb. 18b), die asymptotisch einem Sättigungswert zustrebt. Wie man
aus Insektenversuchen im Laboratorium weiß, tritt diese charakteristische Entwicklung auch bei Nahrungsüberfluß infolge anderer soziobiologischer Einschränkungen (Reproduktion, »Übervölkerung«) auf.
Interessanter wird es mit der zusätzlichen Annahme eines Auftretens
von Mutanten der gleichen Art oder von neuen Arten (x_1, x_2), deren
Fähigkeit zur Ausnutzung einer gegebenen Umwelt größer oder kleiner
ist als die der ursprünglichen Population x_0. Solche neu hinzutretenden
»Konkurrenten« können als »ökologische Fluktuationen« aufgefaßt
werden. Es läßt sich zeigen (Allen, 1976), daß sie durchdringen und die

bisherige Population verdrängen, wenn sie die gleichen Ressourcen – die ökologische Nische – besser auszunützen vermögen (Abb. 18c). Die hier dargestellte Kombination der Faktoren Reproduktion, Variation und Selektion entspricht der einfachsten Form des darwinistischen Prinzips

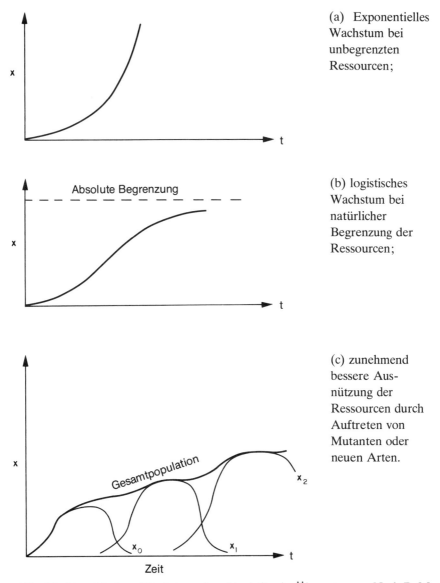

(a) Exponentielles Wachstum bei unbegrenzten Ressourcen;

(b) logistisches Wachstum bei natürlicher Begrenzung der Ressourcen;

(c) zunehmend bessere Ausnützung der Ressourcen durch Auftreten von Mutanten oder neuen Arten.

Abb. 18. Verschiedene Wachstumscharakteristika in Ökosystemen. Nach P. M. Allen (1976).

vom »Überleben des Tüchtigsten«. Sie ist allerdings insofern unvollständig und unrealistisch, als sie keine Querverbindung zwischen den konkurrierenden Arten oder Mutanten in Rechnung zieht und auch keine Änderung der Umwelt. Mit anderen Worten, für die einfachste Darstellung von Koevolution müssen weitere Annahmen eingeführt werden.

Der außerordentlich wichtige Begriff der *Koevolution* wurde im »magischen« Jahr 1965 von den amerikanischen Biologen Paul Ehrlich und Peter Raven geprägt – so jedenfalls stellt die Zeitschrift *CoEvolution Quarterly* in ihrem Impressum den Ursprung ihres Namens dar. Ehrlich und Raven bemerkten, daß bestimmte Pflanzen große Mengen von Alkaloiden enthalten, deren Produktion einen großen Energieaufwand erfordert. Der Zweck ist offenbar Schutz vor Raupen, für die diese Alkaloide giftig sind. Einige Raupenarten jedoch, wie etwa die Raupe des Monarch-Schmetterlings, konnten sich anpassen und die Giftstoffe nicht nur vertragen, sondern damit auch Vögel abschrecken, für welche sie selbst die Beute darstellen. Monarchen werden von niemandem gefressen, weshalb sie auch von anderen ungiftigen Schmetterlingen, wie dem Hypolimnus, nachgeahmt werden. Das Nachahmen betrifft einerseits den langsam schaukelnden Flug, andererseits die leuchtend orangene Farbe und die Flügelmuster (was wohl kaum durch einfache Mutation und darwinistische Selektion zu erklären sein dürfte). Die Vögel wiederum lernen zwischen Original und Imitation zu unterscheiden, und die Pflanzen diversifizieren ihre Alkaloid-Kombinationen, so daß die Raupen sich auf bestimmte Pflanzen spezialisieren müssen. Was seinerseits wieder zu einer Diversifizierung der Raupen führt, und so fort.

Es gibt noch viele solche Jäger-Beute-Geschichten, zum Beispiel von anderen Vogel- und Insektenarten, die sich gegenseitig an Schlauheit immer wieder überbieten. Diesen »Wettkampf« gewinnt keine Seite – für den Jäger wäre dies ja auch geradezu der schlimmstmögliche Ausgang. Aber beide Seiten werden zu weiterer Entwicklung angespornt, sie koevolvieren. Neben der Jäger-Beute-Beziehung werden uns in den folgenden Kapiteln noch andere Manifestationen von Koevolution beschäftigen, nämlich einerseits die Symbiose und andererseits die Koevolution eines Systems mit seiner Umwelt, besonders auch unter dem Aspekt der Koevolution des Makro- und Mikrokosmos.

Doch zurück zur Jäger-Beute-Beziehung. Schon in den 20er Jahren unseres Jahrhunderts stellten Alfred Lotka (1956) und Vito Volterra (1926) ein solches dynamisches System allgemein durch ein Gleichungssystem mit zwei autokatalytischen Stufen dar, das auf einfachste Weise so geschrieben werden kann:

$$X + A \rightarrow 2X$$
$$X + Y \rightarrow 2Y$$
$$Y \rightarrow E$$

worin X zum Beispiel eine pflanzenfressende Beutepopulation, Y eine fleischfressende und sich von X ernährende Population darstellen, A den energie- und materieliefernden Pflanzenwuchs und E den Abgang der an Altersschwäche sterbenden Y-Mitglieder (die letzten Endes wiederum A zugute kommen). Aus diesem Gleichungssystem ergibt sich im Phasenraum (in dem jeder Punkt einem Kombinationspaar der Zahl von X und von Y entspricht) eine unendliche Vielfalt von geschlossenen Bahnen um einen bestimmten Punkt (Abb. 19a). Das System »springt« zwischen diesen Bahnen hin und her und läßt sich nicht stabilisieren. Es ist gegenüber der geringsten Fluktuation instabil. Dies reflektiert jedoch nur die unrealistisch vereinfachten Annahmen. Werden als zusätzliche Faktoren Zeitverzögerungen, koordinierte Angriffe der Jäger (anstelle zufälliger Begegnungen) und eine Mindestdichte der Beutebevölkerung eingeführt, unterhalb welcher keine Reproduktion stattfindet (Holling und Ewing, 1971), so ergibt sich als allgemeiner Fall ein »Attraktionsbereich« (Abb. 19b). Innerhalb dieses Bereiches streben alle Bahnen zu einem Gleichgewichtszustand, außerhalb von ihm spiralen sie weg und führen früher oder später zum Aussterben einer der beiden Populationen.

Der Vergleich von Theorie und empirischer Beobachtung hat zu der Erkenntnis geführt, daß »gesunde« und widerstandsfähige Ökosysteme sich in der Regel fern vom Gleichgewichtszustand befinden, der durch einen Punkt innerhalb des »Attraktionsbereiches« dargestellt werden kann. Sie sind durch hohe räumliche und zeitliche Fluktuationen gekennzeichnet, sind also im Phasenraum ständig in Bewegung und halten sich bevorzugt nahe den Grenzen des Attraktionsbereichs auf. Gerade diese kontinuierliche lokale Instabilität ist dabei der globalen Stabilität des autopoietischen Regimes in höchstem Maße förderlich, wobei typischerweise Grenzzyklus-Verhalten (Abb. 19c) oder komplexere Verhaltensformen beobachtet werden. Man kann geradezu von einer neuen Ungleichgewichts-Ökologie sprechen, wie sie vor allem von C. S. Holling in Vancouver entwickelt wird (Holling, 1976). Je näher das

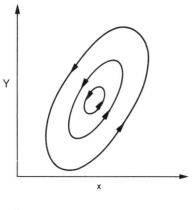

(a) Neutral stabile Bahnen; ein (im allgemeinen unrealistisches) Lotka-Volterra-System springt ständig zwischen diesen Bahnen hin und her;

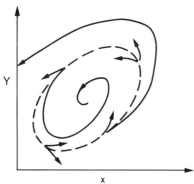

(b) Attraktionsbereich, begrenzt durch die gestrichelt gezeichnete Ellipse; innerhalb dieses Bereiches tendieren alle Entwicklungen auf ein Gleichgewicht hin, außerhalb desselben führen sie zu Instabilität;

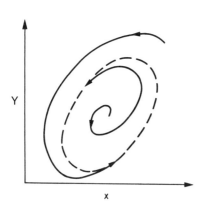

(c) Stabiler Grenzzyklus; alle Bahnen tendieren zu einem global stabilen Regime zyklischer Schwingungen, dargestellt durch die gestrichelt gezeichnete Ellipse (siehe auch Abb. 4, in der das Grenzzyklus-Verhalten einer dissipativen Struktur dargestellt ist).

Abb. 19. Darstellung dynamischen Systemverhaltens mit Hilfe sogenannter Phasendiagramme. Als charakteristische Parameter eines Ökosystems wurden hier zwei Tierpopulationen X und Y gewählt, die zum Beispiel in einem Jäger-Beute-Verhältnis stehen können.

System dem Gleichgewichtszustand kommt, desto weniger widerstandsfähig wird es, desto leichter kann es durch irgendeine zufällige Fluktuation, etwa durch klimatische Schwankungen oder das Auftreten einer neuen Art, völlig zerstört werden.

Solche Fälle wurden tatsächlich an Systemen beobachtet, die durch menschliches Eingreifen nahe an einen Gleichgewichtszustand herangeführt worden waren, etwa Fischbestände in den nordamerikanischen Großen Seen, deren plötzlicher katastrophaler Rückgang, teilweise bis zu völligem Aussterben, bisher unerklärlich schien. In Kalifornien ist an vielen Orten der Nachwuchs für die riesigen Sequoia-Bäume, die ein Alter von zwei- bis dreitausend Jahren erreichen können, praktisch zum Stillstand gekommen. Junge Bäume wachsen nur auf »reinem« Waldboden ohne artfremdes Unterholz, was bisher durch den natürlichen Rhythmus von Waldbränden infolge Blitzschlages (im Durchschnitt etwa alle acht Jahre) gewährleistet war. Die dicke Rinde schützte dabei die Bäume vor Brandschäden. Durch menschlichen Eingriff – und wer hätte bezweifelt, daß die Bekämpfung von Waldbränden in jeder Hinsicht positiv zu bewerten ist! – wurde dieser Rhythmus unterbrochen. Selbst wenn man heute die Möglichkeit kontrollierten Abbrennens erwägt, kann der natürliche Rhythmus nicht einfach wieder in Gang gesetzt werden. Das Unterholz ist mittlerweile so hoch gewachsen, daß die Flammen zum Teil die empfindlichen Kronen der Bäume in Mitleidenschaft ziehen würden. Aus diesen Beispielen ergeben sich wichtige Hinweise für Management-Strategien nicht nur in der Ressourcen-Behandlung, sondern auch im gesellschaftlichen Bereich (Holling, 1976).

Man kann nun die Evolution solcher Systeme auch unter der Annahme eines Auftretens von Mutanten verfolgen. Betrachten wir wieder ein einfaches System mit Jäger-Beute-Beziehung. Bei der Beuteart ergibt sich dann aus den Mutationen eine bessere Ausnützung der verfügbaren Ressourcen sowie eine erhöhte Fähigkeit, dem Jäger zu entwischen. Bei der Jägerart ergibt sich eine erhöhte Fähigkeit, Beute zu machen und die eigene Sterberate zu vermindern. Das Resultat ist eine langsame Zunahme der Jägertiere im Verhältnis zu den Beutetieren, wobei aber sowohl die Geburtsrate bei den Beutetieren steigt als auch die Sterberate bei den Jägertieren abnimmt (Abb. 20). Beide Arten profitieren also letzten Endes von dieser Evolution – das Ergebnis echter Koevolution (Allen, 1976).

Nur kurz seien zwei weitere Aspekte aufgezeigt, die sich aus den

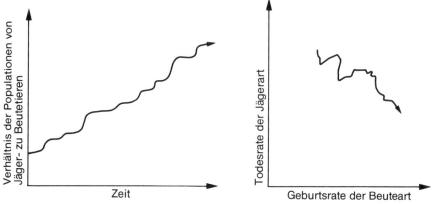

Abb. 20. Koevolution begünstigt im Prinzip sowohl Jäger- wie Beuteart. Nach P. M. Allen (1976).

gleichen Evolutionskriterien ergeben. Der eine Aspekt bezieht sich auf die Entwicklung von »Spezialisten«, die sich auf eine oder wenige Ressourcen einstellen, und von »Generalisten«, die sich auf eine Vielfalt von Ressourcen stützen. Ein reiches Milieu, in dem alle Ressourcen in großer Menge verfügbar sind, begünstigt die Entwicklung von Spezialisten, während ein karges Milieu bevorzugt Generalisten hervorbringt (Allen, 1976). Dies ließ sich an den Finken der Galapagos-Inseln nachweisen. Je größer dabei die Umweltfluktuationen (zum Beispiel Klimaschwankungen) sind, desto klarer müssen die »Nischen« der Generalisten voneinander abgegrenzt sein und desto geringer wird die Zahl der koexistierenden Arten. Die Tropen sind viel reicher an spezialisierten Arten als die polnahen Regionen mit ihren relativ wenigen Generalisten.

Im »Ökosystem« der Weltwirtschaft steht es übrigens gerade umgekehrt. Die reichen Länder sind Generalisten und die armen Spezialisten, die oft alles auf die Karte von ein oder zwei Exportgütern setzen müssen. Das Ergebnis ist ein System, das immer lebensunfähiger wird und nur mit Machtmitteln daran gehindert werden kann, instabil zu werden. Aber wohl nicht für sehr lange.

Ein weiterer Aspekt bezieht sich auf die Möglichkeit, die Überlebensfähigkeit nicht nur durch allgemeine Arteigenschaften an jedem Individuum, sondern vor allem durch Eigenschaften der *Gruppe* – zum Beispiel einer Insektenkolonie – zu sichern. Diese Möglichkeit wird dort geschaffen, wo die Komplexität der Gruppe die Aufteilung von Funktionen, vor allem Arbeitsteilung, sowie hierarchische Beziehungen und Mechanismen zur Bevölkerungskontrolle (wie etwa durch Teilung der Kolonie beim Schwärmen von Bienen) einschließt. Dies ist eine Ausdrucksform jener Koevolution des Makroskopischen mit dem Mikroskopischen, von der im weiteren Verlauf des Buches noch ausführlich die Rede sein wird.

Soziokulturelle Systeme

Die theoretische Behandlung von Systemen, an denen der Mensch wesentlich beteiligt ist, ist schwieriger, da es sich hier nun nicht mehr, wie in der subhumanen Welt, um den Wettbewerb oft hochspezialisierter Systeme handelt, sondern um die Interaktion vielseitiger Individuen. Auch sind Mannigfaltigkeit und Komplexität der Kommunikationsmechanismen bedeutend höher. Vor allem aber tritt zum Austausch physischer Energie nun auch noch der Austausch sozialer und geistiger Energie-Äquivalente hinzu, wie sie in dieser Art erst in der Menschenwelt auftreten. Die Fähigkeit zur Selbstreflexion stellt, wie in Kapitel 9 zu zeigen sein wird, vieles auf den Kopf. Andererseits aber ergeben sich aus der empirischen Beschreibung zahlreicher nichtlinearer Phänomene im menschlichen Bereich frappante Ähnlichkeiten mit der Evolution physischer nichtlinearer Ungleichgewichtssysteme. Es erscheint daher naheliegend, versuchsweise zu postulieren, daß die Theorie dissipativer Strukturen eine allgemeine Beschreibung der Dynamik selbstorganisierender Systeme liefert, wobei die in die Raum-Zeit-Strukturen eingehenden Parameter sowohl physischer als auch sozialer und mentaler Art sein können.

Im menschlichen Bereich tritt das autokatalytische Prinzip in sehr vielfältiger Weise auf, vom Bevölkerungswachstum bis zum ökonomischen Prinzip der Mehrproduktion von Geld durch den Einsatz von Geld. In vielen Fällen kommt gerade in unseren Tagen der Übergang von exponentiellen Wachstumskurven der Art, wie sie Abbildung 18a (S. 105) darstellt, zu logistischen Kurven nach Art der Abbildung 18b als Schock. In diesem Übergang drücken sich natürliche Systemgrenzen aus, vor allem auch die Begrenztheit von Ressourcen im Einwegverfahren ihrer Nutzung. Es handelt sich hier in der Regel um materielle Begrenzungen, wobei mit Hilfe stetig verbesserter Technik eine Zunahme der Nutzung wie in Abbildung 18c möglich wird.

Besonders interessant ist die Ähnlichkeit im Evolutionsverhalten mentaler Prozesse, wobei wiederum die Technik – einerseits ihre Entwicklung und andererseits ihre verbreitete Anwendung (Innovation) – das beste Beispiel liefert (Jantsch, 1967). Die Evolution technischer Leistungsparameter wie etwa Geschwindigkeit, Temperaturfestigkeit oder Umwandlungswirkungsgrad verläuft bei Ausnützung einer bestimmten »Ressource«, das heißt eines bestimmten wissenschaftlich-technischen Prinzips, in einer logistischen Kurve gemäß Abbildung 18b. In der Regel evolviert das »System« einer bestimmten technischen Leistung durch viele »Mutanten« oder verschiedene »Arten«, das heißt durch die Entwicklung und Verwertung verschiedener wissenschaftlich-technischer Prinzipien. Daraus ergibt sich eine Hüllkurve, die wiederum einer großen logistischen Kurve gleicht – einem großen S, das auf den evolvierenden kleinen S-Kurven reitet (Abb. 21). So hat sich zum

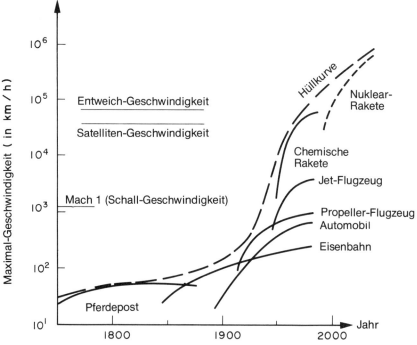

Abb. 21. Beispiel einer logistischen Hüllkurve, wie sie für die technische Evolution charakteristisch ist. Durch Einführung immer neuer technischer Prinzipien wird die Begrenzung des gleichen Grundparameters (hier die maximale Geschwindigkeit für Menschentransport) immer näher an absolute Grenzen herangeschoben, die die Hüllkurve bestimmen. Hier stellt letzten Endes die Lichtgeschwindigkeit eine solche absolute Grenze dar.

Beispiel die Geschwindigkeit des Personentransports durch viele verschiedene Techniken, vom Pferdewagen über Eisenbahn, Auto, Kolben- und Jetflugzeuge bis zu Raketen, gewaltig gesteigert. Vor zehn Jahren glich die entsprechende Hüllkurve noch einer exponentiellen Wachstumskurve, die für das Jahr 2010 bereits die Überschreitung der Lichtgeschwindigkeit verhieß! Doch hat man gerade in der Technik früher als in anderen menschlichen Bereichen einsehen gelernt, daß Wachstumsprozesse natürlichen Begrenzungen unterliegen – was zum Beispiel die Wirtschaftswissenschaften noch keineswegs allgemein wahrhaben wollen. Dazu treten bei der Technik in erster Linie jene Besinnungsprozesse auf, die einem autokatalytischen Wachstum soziale und psychologische, also auf höherer Ebene wirksam werdende Grenzen entgegensetzen. So wird im Bereich der Technik zum ersten Mal jene Art normativer, langfristiger Planung wirksam, die materielles und technisches Wachstum in seinen Auswirkungen für die Gesamtgesellschaft überprüft. In Kapitel 16 werden wir sie als *evolutionsgerechte Planung* kennenlernen.

Die Anwendung der Technik und ihre weite Verbreitung – kurz, die technische Innovation – folgen weitgehend der gleichen Kurve von Systemevolution wie die sukzessiv verbesserte Ausnützung einer ökologischen Nische durch Mutanten (siehe Abb. 18c auf S. 105). Statt Mutanten sind hier technische Produkte oder Prinzipien einzusetzen. Wie in der Ökologie ist dabei wesentlich, daß jede neue Technik, die eine alte verdrängt, nicht nur dasselbe zu leisten vermag, sondern in der Regel darüber hinaus neue Gelegenheiten schafft. So hat der Transistor die Vakuumröhre nicht nur ersetzt, sondern eine ungeheure Entwicklung in der Mikroelektronik eingeleitet. Das tragbare Radio war nur der Beginn, doch zeigte sich schon damals die Ausweitung der Funktionen ebenso wie die Schaffung neuer Probleme.

Ein weiteres, besonders interessantes Beispiel für die Anwendung der Theorie dissipativer Strukturen ist das Studium der Evolution von Städten oder Agglomerationen nach Ansätzen, die von der Brüsseler Gruppe Prigogines entwickelt worden sind (Allen et al., 1977). Dabei wird angenommen, daß ein Bezirk desto mehr Einwohner anzieht, je entwickelter seine wirtschaftliche Funktion ist. Diese spielt hier eine autokatalytische Rolle, hängt aber dabei sowohl vom lokalen Bedarf – und vom Bedarf anderswo, der jedoch durch Transportkosten in Abhängigkeit von der Entfernung begrenzt wird – wie auch von der Konkurrenz benachbarter Produktionsstätten ab. Die wirtschaftliche Funktion kann somit als eine Fluktuation aufgefaßt werden, die die ursprünglich gleichmäßige Bevölkerungsverteilung in eine ausgeprägte heterogene Struktur zwingt (Abb. 22). Die Struktur selbst ist im Grunde nicht voraussagbar, da es darauf ankommt, welche Fluktuation (wirtschaftliche Funktion) durchdringt. Es können auch allgemeine Schlußfolgerungen gezogen werden, etwa hinsichtlich der Begünstigung weniger großer Aktivitätszentren durch Verbesserung der Verkehrsverhältnisse. Die Idee, daß wirtschaftliche Aktivität autokatalytisch wirkt, ist dabei nicht neu. Der schwedische Nobelpreisträger Gunnar Myrdal (zit. bei Allen et

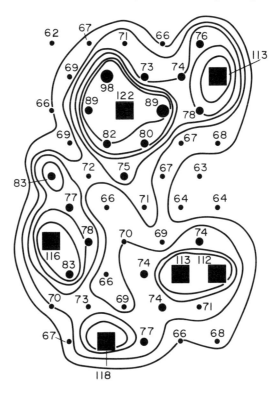

■ Zentren mit vier wirtschaftlichen Funktionen
● Zentren mit drei wirtschaftlichen Funktionen
• Zentren mit zwei wirtschaftlichen Funktionen
· Zentren mit einer wirtschaftlichen Funktion

Abb. 22. Evolution einer Stadt. Sowohl hinsichtlich der wirtschaftlichen Funktionen als auch der damit eng verbundenen Siedlungsdichte bildet sich nach einiger Zeit ein ausgesprochen heterogenes Verteilungsmuster heraus. Die Zahlen über jedem Punkt geben die Bevölkerungsdichte an. Nach einer Computersimulation von P. M. Allen (persönliche Mitteilung, 1978).

al., 1977) hat schon in den 50er Jahren darauf basierende Modelle interregionaler Entwicklung vorgeschlagen. Erst jetzt aber hat man detaillierte Computerstudien in Angriff genommen. Auf ähnliche Weise läßt sich die Evolution von Stadtkernen und heterogenen Wohnmustern studieren, die zum Beispiel jenes für amerikanische Städte typische Muster ergibt, nach dem die arme Bevölkerung im Stadtkern sowie in einem zweiten Ring um die Nobelvororte wohnt.

Weitere Beispiele von Bereichen, in denen die Theorie dissipativer Strukturen zumindest qualitative Hinweise geben kann, reichen von der Besiedelung von Neuland bis zur Organisation des Raumes in der globalen geopolitischen Evolution, von lokalem gesellschaftlichem Wandel bis zur Revolution, von individueller Perzeption und Apperzeption bis zum Gesamtsystem der Wissenschaften, etwa im Sinne von Thomas Kuhns Theorie wissenschaftlicher Revolutionen (Kuhn, 1962), von individueller Kreativität bis zu den großen Strömungen der Kunst, von der Persönlichkeitsentwicklung bis zur Evolution umfassender kultureller Leitbilder und Religionen (Jantsch und Waddington, Hg., 1976). Stets handelt es sich dabei um offene Systeme fern vom Gleichgewichtszustand, die durch Fluktuationen über eine oder mehrere Instabilitätsschwellen getrieben werden und in neue koordinierte Phasen ihrer Evolution eintreten können.

In all diesen Ansätzen wird ein tiefgehender Bruch mit der dominierenden Tradition der Beschreibung menschlicher Systeme vollzogen, der von immenser Bedeutung ist für die Beurteilung der gegenwärtigen Annäherung an eine Instabilität und für die Gestaltung der Zukunft der Menschheit. Die konventionellen, verhaltenswissenschaftlich orientierten Weltmodelle gehen von global oder regional homogenisierten Gleichgewichtszuständen aus, für welche jede Fluktuation und jede positive Rückkoppelung als strukturgefährdend erscheinen muß. Sie postulieren mechanistische Systeme, die nicht evolvieren, ihre Struktur nicht ändern können. Die daraus abgeleitete Norm einer forcierten Stabilisierung des Gleichgewichtszustands erweist sich als Zirkelschluß, der fatale Mißverständnisse hervorbringt.

Tatsächlich entfernt sich die Menschheit, global gesehen, immer weiter von einem Gleichgewichtszustand und drängt zu einer neuen Struktur, die offenbar nur über eine größere Instabilität erreicht werden kann. An Fluktuationen (Erdölkrise und Rezession) sowie autokatalytischen Reaktionen (Eskalation von Spannungen) fehlt es dabei nicht. Interessanterweise können aber gerade die potentiell stärksten autokatalytischen Faktoren, wie die Bereitstellung von Kernwaffenarsenalen und die Strategien gegenseitigen »Schlagabtausches«, auch hemmende Wirkungen ausüben. Allgemein gesprochen, können Fluktuationen, die an Systemgrenzen »anzustoßen« drohen, auch in *antizipativer* Weise von diesen Grenzen gedämpft werden, sicherlich auch die mit Recht betonte Ausbeutung nicht-erneuerbarer Ressourcen. Darin zeigt sich ein wesentlicher Unterschied zwischen selbstreflexiven und lediglich physischen autopoietischen Strukturen. Viele dieser Fragen werden in späteren Kapiteln noch aufgegriffen werden.

Die entscheidende Frage aber ist nun jene nach den verfügbaren und neu erschließbaren *Freiheitsgraden*. Kann sich ein globales autopoietisches System überhaupt auf allen drei Ebenen – physisch, sozial, kulturell – ausleben? Mit welcher Umwelt stände es dann in Austausch, um sein Ungleichgewicht aufrechtzuerhalten? In welchem Maße ist es zulässig, den natürlichen Energieaustausch mit Sonne und Weltraum durch Freisetzung von innerhalb des Systems gespeicherter Energie zu ergänzen? Ganz allgemein scheint eine »kybernetische« Rezirkulations-Technik anstelle einer immer klarer als »unnatürlich« erkannten Einweg-Technik in den Vordergrund zu rücken. Vielleicht auch sollten wir auf sozialer und kultureller Ebene unser Augenmerk eher auf die Symbiose subglobaler autopoietischer Systeme richten, auf Pluralismus und Ungleichgewicht anstatt auf Weltregierung und Weltkultur. Und uns nicht vor Evolution fürchten, denn, wie der Philosoph Alfred North Whitehead vor Jahrzehnten schrieb: »Es ist die Aufgabe der Zukunft, gefährlich zu sein ... Die großen zivilisatorischen Fortschritte sind Prozesse, bei denen es für die Gesellschaften, in denen sie auftreten, auf Biegen oder Brechen geht« (Whitehead, 1933).

Vielleicht aber liegt die Antwort letzten Endes wieder in einer Komplementarität: Indem wir Pluralismus zum schöpferischen Prinzip erheben, ordnen wir Menschheitsgeschichte in ihrer Gesamtheit sinnvoll ein in eine in ihrer Dynamik ganzheitlich wirkende Evolution. Indem wir uns selbst als Ganzes realisieren, werden wir zum integralen Aspekt einer universalen Ganzheit. Indem wir voll aus uns heraus leben, überwinden wir die kosmische Kälte und Einsamkeit. Ob wir demnächst Kontakt zu außerirdischer Intelligenz herstellen oder nicht – wir sind nicht allein.

Teil II

Koevolution von Makro- und Mikrokosmos: Naturgeschichte in Symmetriebrüchen

Der Himmel tut nichts;
sein Nichtstun ist seine Stille.
Die Erde tut nichts;
ihr Nichtstun ist ihre Rast.
Aus der Vereinigung dieser beiden
Arten von Nichtstun
wird alles geschaffen.
Chuang-Tzu, Vollkommene Freude

Die Evolution des Universums ist die Geschichte der Entfaltung von differenzierter Ordnung oder Komplexität. Entfaltung ist nicht dasselbe wie Aufbau. Aufbau betont Struktur und beschreibt die Entstehung hierarchischer Ebenen durch Zusammenschluß »von unten nach oben«. Entfaltung hingegen bedeutet das Ineinander-Weben von Prozessen, die zu Strukturationsphänomenen auf verschiedenen hierarchischen Ebenen gleichzeitig führen. Evolution wirkt im Sinne einer gleichzeitigen und wechselseitig abhängigen Strukturierung der Makro- und Mikrowelt. Komplexität entsteht aus der gegenseitigen Durchdringung von Prozessen der Differenzierung und Integration, die gleichzeitig »von oben nach unten« und »von unten nach oben« verlaufen und hierarchische Ebenen von beiden Seiten her hervortreten lassen. Mikroevolution (wie etwa die entstehenden biologischen Lebensformen) schafft sich selbst die makroskopischen Bedingungen für ihre Kontinuität, und Makroevolution schafft sich die mikroskopischen katalytischen Elemente, um ihre eigenen Prozesse in Gang zu halten. Diese Komplementarität ist das Kennzeichen einer offenen Evolution, die sich immer neue Dimensionen von Offenheit und Erstmaligkeit erschließt. Nicht Anpassung an eine vorgegebene Umwelt, sondern Koevolution von System und Umwelt auf allen Ebenen, von Mikro- und Makrokosmos, machen das Wesen einer einheitlich wirkenden Gesamtevolution aus. Sie ist unbestimmt, imperfekt und betont in der Wahl ihrer Strategien dynamische vor morphologischen Kriterien. Sie ist schöpferisch.

5. Kosmisches Vorspiel

Letzten Endes wird alles, was wir hier auf der Erde
tun können, von denselben Gesetzen begrenzt, die
den Haushalt der astronomischen Energiequellen
regeln. Die umgekehrte Aussage kann aber ebenso-
gut stimmen. Es wäre nicht überraschend, wenn sich
herausstellen würde, daß Ursprung und Schicksal
der kosmischen Energie nicht voll verständlich werden, wenn man sie von den Phänomenen des
Lebens und des Bewußtseins trennt.

Freeman J. Dyson, Energy in the Universe

Evolution als symmetriebrechender Prozeß

Seit mehr als zweitausend Jahren ist das Hauptanliegen der westlichen
Physik die Erkenntnis von Struktur. Von Demokrit bis in unsere Zeit
suchte man nach den letzten Grundbausteinen der Materie, ob sie nun
Atome, subatomare Teilchen oder – nach einem zeitgenössischen Konzept – Quarks genannt werden. Auf diese Grundbausteine hoffte man
die Eigenschaften der Materie zurückführen und das Ganze auf seine
Teile reduzieren zu können. In den letzten Jahren wurden jedoch in
zunehmendem Maße Zweifel daran angemeldet, daß die Grundprinzipien, nach denen die Materie sich aufbaut, überhaupt vollständig aus
ihren Komponenten abgeleitet werden können. In den Vordergrund trat
die Idee einer letzten Ebene grundlegender Symmetrien, wie sie vor
allem Werner Heisenberg in den Jahren vor seinem Tode vertreten hat.
Diese Idee entspricht nicht mehr einer atomistischen Sicht, wie die
Suche nach Grundbausteinen, sondern einer systemhaften Sicht, die
Beziehungen *zwischen* Komponenten, nicht deren Eigenschaften, in den
Mittelpunkt des Interesses rückt. Das Interessanteste an dieser Idee ist
die Art und Weise, wie sie von einer statischen Betrachtungsweise –
einer Sezierung der Materie – zwingend zu einer dynamischen hinführt.
Zu den räumlichen Dimensionen tritt die zeitliche; anstelle einer zeit-
losen Struktur der Materie rücken die Prozesse einer Evolution der
Materie in den Vordergrund oder, genauer gesagt, der evolvierenden
Organisation der Materie.

Es erscheint heute möglich, das physikalische Universum auf grundlegende Symmetrien zurückzuführen, indem man seinen Weg in der Zeit
bis nahe an seinen Ursprung zurückverfolgt, oder jedenfalls bis an den

Beginn jener expandierenden Phase, in der es sich heute befindet. Üblicherweise nehmen wir heute gemäß einem sogenannten »Standardmodell« ein offenes Universum an, das sich, von einem »Urknall« vor etwa 15 bis 20 Milliarden Jahren ausgehend, ins Unendliche ausdehnt. Gerade in letzter Zeit findet man allerdings immer mehr Hinweise auf ungeheure Massen dunkler, gasförmiger Materie, die zwischen den leuchtenden Formen dichterer Materie, den in Galaxien angeordneten Sternen und Nebeln, vorkommt und vielleicht so schwer ins Gewicht fällt (das heißt die Gesamtmasse des Universums um einen Mindestfaktor 10 bis 20 erhöht), daß ein *pulsierendes* Universum nicht auszuschließen ist. So gelangt etwa der amerikanische Kosmologe Lloyd Motz (1975) zur Annahme einer Pulsationsperiode von 80 Milliarden Jahren. Ein pulsierendes Universum könnte die hohe Zahl der Photonen (etwa eine Milliarde pro Materieteilchen) als kumulativen Effekt einer Art innerer Reibung im Universum über viele Zyklen erklären. Tatsächlich wird diese Zahl als ein Maß für die Entropie im Universum interpretiert. Sie würde sich nach dieser Annahme mit jedem Expansions-Kontraktions-Zyklus erhöhen. Andere Modelle der jüngsten Zeit nehmen eine ständige Zunahme der Länge der Zyklen an, die schließlich in eine offene Expansion einmünden können (Hönl, 1978).

In jüngster Zeit scheinen direkte Messungen der Fluchtgeschwindigkeit sehr weit entfernter Galaxien, deren Licht bereits Milliarden von Jahren alt ist, wenn es uns erreicht, die Annahme eines geschlossenen Universums mit sich verlangsamender Ausdehnungsgeschwindigkeit zu stützen. Auch scheinen die Bewegungen innerhalb des Universums möglicherweise komplizierter zu sein, als es einem einfachen Auseinanderstreben entspräche. Die Situation ist derzeit einigermaßen verwirrend, da gleichzeitig auch die Argumente für ein offenes Universum an Gewicht gewinnen (Huber und Tammann, 1977). Solange es uns in diesem Buch aber nicht um ein allumfassendes, sondern nur um ein »intermediäres« Paradigma geht, spielt das alles keine große Rolle. Was wir gemeinhin Evolution nennen, bezieht sich auf eine Entwicklung, die in der gegenwärtigen Expansionsphase des Universums eingeschlossen ist.

Ob offenes oder geschlossenes Universum, in beiden Fällen steht am Beginn der Ausdehnungsphase ein außerordentlich dichtes und heißes Universum, in dem ganz andere Zustände und Prinzipien herrschen als in unserer Umwelt. Dort, im Schmelztiegel ungeheurer Temperaturen, manifestiert sich die Einfachheit und Einheit der Natur auf direkte

Weise, offenbaren sich in physischen Phänomenen grundlegende Symmetrien zwischen Teilchen und ihren Wechselwirkungen, die im expandierenden, kälter werdenden Universum gewissermaßen »ausgefroren« und ins Unkenntliche verzerrt worden sind. Diese verlorengegangene Einfachheit und Einheit der Natur kann heute nur noch mit Hilfe abstrakter Mathematik, den sogenannten »Eichtheorien« *(gauge field theories)* rekonstruiert werden. Es geht dabei um gewisse Invarianzen bei Transformationen; doch um diese schwierigen Details brauchen wir uns hier nicht zu kümmern. Wesentlich ist dabei nur, wie es Steven Weinberg (1977) in seiner Darstellung der Anfänge des Universums ausdrückt, daß eine Parallele zwischen der Geschichte des Universums und seiner logischen Struktur besteht. Eine solche Parallele aber, dies darf hinzugefügt werden, bedeutet nichts anderes als die Realität von Evolution – oder die Entstehung von Strukturen in geschichtlichen Prozessen.

Die gesuchten grundlegenden Symmetrien ergeben sich also aus der Rückwendung auf den geschichtlichen Ursprung. Daraus folgt, daß in umgekehrter Richtung Evolution, die Entfaltung von Geschichte, durch eine *Folge von Symmetriebrüchen* gekennzeichnet ist. Solche wesentlichen Symmetriebrüche lassen sich in der Tat nicht nur durch die physikalisch-kosmologische Geschichte des Universums, sondern auch durch die Geschichte des Lebens und des Geistes in unserer lokalen Welt verfolgen. Dies wird in der Schilderung der Evolution noch im Detail aufgezeigt werden. Symmetriebrüche bringen jeweils neue dynamische Möglichkeiten der Morphogenese, der Entstehung von Formen ins Spiel und signalisieren damit einen Akt der Selbstüberschreitung oder Selbsttranszendenz. Durch Symmetriebrüche wird Komplexität erst möglich. Die Welt, die daraus hervorgeht, wird immer weniger reduzierbar auf eine einzige Ebene grundlegender Prinzipien, deren Einheitlichkeit eben nur im gemeinsamen Ursprung und abstrakt zu fassen ist. Was entsteht, ist eine vielschichtig koordinierte Realität.

Der asymmetrische Ursprung der Materie

Einer dieser Symmetriebrüche nahe dem Ursprung des expandierenden Universums ist die Grundbedingung dafür, daß überhaupt eine Materiewelt entstehen konnte. Nämlich der *Symmetriebruch zwischen Materie und Antimaterie,* genauer gesagt, zwischen der Zahl der einander entsprechenden Teilchen und Antiteilchen. In seinen Konsequenzen der wohl offensichtlichste Symmetriebruch, ist er in seiner logischen und zeitlichen Lokalisierung noch immer der geheimnisvollste. Wir wissen nicht einmal, ob dieser Symmetriebruch so zu verstehen ist, daß in einem mehr oder weniger homogenen Universum irgendwann – in den ersten Momenten seiner Neugeburt oder als kumulativer Effekt über viele Expansions-Kontraktions-Zyklen hinweg – ein Überschuß an Materie entstanden ist, oder so, daß es neben unserer Materiewelt noch eine Antimateriewelt gibt, von der unsrigen räumlich getrennt, vielleicht aber auch nicht und nur aus irgendwelchen Gründen an jener Interaktion gehindert, die zur gegenseitigen Annihilation – zur Zerstrahlung – führen müßte. Oder vielleicht auch so, daß sich ein Materieüberschuß aus fortwährender Neubildung und Verschwinden von Materie und Antimaterie im Universum ergibt, wie dies im Zusammenhang mit spekulativen Theorien um sogenannte »Schwarze und Weiße Löcher« (*black holes* und *white holes*) nicht ausgeschlossen erscheinen mag.

In Weißen Löchern wäre der Zustand der Anfangsphase des Universums wiederhergestellt. In Schwarzen Löchern würde Materie verschwinden, aber gleichzeitig neue Materie geschaffen werden. Schwarze Löcher können vielleicht auch für die Asymmetrie zwischen Materie und Antimaterie verantwortlich sein. Im Universum bilden sich laufend Paare von Materieteilchen und ihren entsprechenden Antiteilchen. Quantenmechanische Überlegungen (Hawking, 1977) haben ergeben, daß bei einem solchen Ereignis nahe einem Schwarzen Loch ein Teilchen im Loch eingefangen werden kann, während das andere entweicht und sich nicht mehr mit dem ersten vereinigen kann. Damit allein ist allerdings die beobachtete Asymmetrie nicht erklärt. Ein geschlossenes Universum würde seine Kontraktionsphase in einem Schwarzen Loch beenden; die alte Symmetrie würde in einem solchen Falle wiederhergestellt werden.

Vom Standardmodell abweichende Theorien (vgl. Benz, 1975), wie jene des schwedischen Nobelpreisträgers Hannes Alfvén (1966), nehmen ein Anfangsstadium des Universums mit relativ niedrigem Druck an. Es expandieren dann scharf voneinander getrennte Räume in der Größe von »Superhaufen« (Haufen von Galaxienhaufen) oder noch größer, die jeweils nur Materie oder Antimaterie enthalten. Anzeichen für eine solche Trennung wurden allerdings in Beobachtungen bisher nicht gefunden.

Vor wenigen Jahren wurde von dem amerikanischen Astronomen

Edward Tryon (1974) die bestechende Idee vorgebracht, das Universum als eine gigantische Vakuum-Fluktuation aufzufassen, ein nach der Quantenfeldtheorie zu erwartendes und im kleinen auch schon beobachtetes Phänomen. Eine solche Vakuum-Fluktuation stellt eine spontane Plus/Minus-Polarisierung des Vakuums auf solche Weise dar, daß die Summe *aller* physikalischen Kenngrößen über den gesamten Bereich der Fluktuation jeweils Null bleibt. Nicht nur könnte in diesem Fall die symmetrische Entstehung von Materie und Antimaterie aus dem Nichts erklärt werden, das Universum hätte auch in keinem Augenblick einen Netto-Energieinhalt, da die in Masse und Bewegung aufscheinende Energie der negativ aufgerechneten Gravitationsenergie genau die Waage hielte und die Gesamtsumme der Energie immer Null wäre – eine quantitativ nicht unmögliche Annahme, wie Berechnungen gezeigt haben. Solch ein Universum würde im Gegensatz zum Standardmodell durch spontane *Erschaffung* von Symmetrien aus dem Nichts entstehen, wobei dann freilich sofort lokale Symmetriebrüche eintreten müßten, um die wechselseitige Annihilation zu verhindern und die weitere Evolution zu ermöglichen. Materie und Antimaterie müßten also sehr rasch voneinander getrennt werden und eigene Evolutionsrichtungen einschlagen – bis sie einander am Ende wieder treffen und das Nichts wiederherstellen, aus dem sie hervorgegangen sind. Eine solche Theorie ist natürlich insofern verlockend, als sie über Beginn und Ende des Universums keine weiteren Annahmen mehr zu treffen braucht. Vorher und nachher ist buchstäblich nichts vorhanden – ein Nichts, das sich symmetrisch auseinanderfaltet und wieder in sich schließt, ohne eine Spur zu hinterlassen. Das Standardmodell hingegen muß sich nicht nur mit einem Materieüberschuß, sondern auch mit einer Anfangsenergie und einem Bewegungsimpuls herumschlagen und kann die Frage des Vorher und Nachher nicht einmal sinnvoll diskutieren. Doch abgesehen von den Schwierigkeiten der Anfangsbedingungen erhält das Standardmodell derzeit laufend Rückenstärkung aus neuen Beobachtungsresultaten. Vielleicht ergibt sich eines Tages eine zumindest teilweise Synthese all dieser Denkrichtungen, die einander bislang auszuschließen scheinen.

Grundlage unserer Diskussion der kosmischen Evolution soll hier jedoch das Standardmodell bleiben. Steven Weinberg hat von ihm in seinem Buch *Die ersten drei Minuten* (1977) eine außerordentlich klare Darstellung gegeben, auf die sich ein wesentlicher Teil des folgenden stützt.

Im Rahmen dieses Standardmodells glauben wir einigermaßen sicher zu wissen, daß in einer sehr frühen und heißen Phase – jenseits eines Schwellenwertes von etwa sechs Milliarden Grad Kelvin, entsprechend etwa den ersten acht Sekunden in der Geschichte des expandierenden Universums – ein Gemisch aus Elektronen und Positronen (den Antiteilchen der Elektronen) sowie den masselosen Teilchen Photonen, Neutrinos und Antineutrinos existierte. Solange es weit vom Schwellenwert entfernt war, befand es sich mehr oder minder im thermischen Gleichgewicht. Es gab von jeder Art ungefähr gleich viele Teilchen, die alle ständig miteinander zusammenstießen. Die Kollisionen von Photonen produzierten fortwährend neue Elektron/Positron-Paare, während die Kollisionen von Elektronen und Positronen zur Annihilation und damit wieder zu Photonen führten. Strahlung und Materie/Antimaterie verwandelten sich ständig ineinander.

Als die Temperatur noch mindestens tausend- oder zehntausendmal höher war, während weniger als der ersten Hundertstelsekunde des expandierenden Universums, entstanden und vergingen auf die gleiche Weise laufend auch jene schweren Teilchen, aus denen sich später die Atomkerne zusammensetzen sollten, nämlich Protonen und Neutronen, jeweils paarweise mit den entsprechenden Antiprotonen und Antineutronen. Die Vorgänge in dieser sehr frühen Phase waren allerdings so komplex, daß wir wenig Sicheres darüber wissen, vor allem auch hinsichtlich jenes Symmetriebruchs zwischen der Zahl der Nuklearteilchen und ihrer Antiteilchen. Wäre die Symmetrie in der paarweisen Erzeugung und Annihilation von Materie und Antimaterie in Form dieser Teilchen stets vollständig gewahrt worden, so wäre bei Unterschreitung der Schwellentemperatur ihrer spontanen Erzeugung aus Strahlung nichts übriggeblieben. Es hätten sich später niemals Atome bilden können. Wäre dann auch noch dieselbe Symmetrie in der Erzeugung und Annihilation von Elektronen und Positronen gewahrt worden, so hätte das Universum fortan im wesentlichen nur aus Strahlung bestanden.

In Wirklichkeit ist aber – zumindest in unserer Ecke des Universums – ein zunächst winzig anmutender Überschuß an Materieteilchen zurückgeblieben, der auf etwa ein Proton oder Neutron pro Milliarde Photonen geschätzt werden kann. Nur ein Milliardstel der ursprünglichen Materiemasse hat also überlebt. Aus diesem unscheinbaren Rest, der bis auf Umwandlungen zwischen Neutronen und Protonen (mit einem resultierenden höheren Anteil an Protonen) – und der nicht auszuschließenden Möglichkeit späterer lokaler Materieerzeugung – seither im wesentlichen immer gleichgeblieben ist, entstand unsere Materiewelt mit all ihrem Formenreichtum, entstanden Atomkerne, Atome, Moleküle, Sterne, Galaxien, entstanden schließlich auch lebende und in Verbindung damit geistige Strukturen im Universum. Materie ist in hohem Maße beständig und kann als eine Art von »Ausfrierung« ursprünglich frei verwandelbarer Energie angesehen werden. Bei der Nuklearspaltung und -fusion wird ein Teil dieser in Form von Masse oder Materie gespeicherten Energie wieder freigesetzt, der größte Teil bleibt aber im neugebildeten Atomkern gebunden. Im Gegensatz dazu nimmt die Energie der Strahlung mit der Temperatur, und damit auch mit der Expansion des Universums ab. Aus einer kleinen »Verunreinigung« in einem Universum, dessen Energie fast völlig in Form von Strahlung auftrat, wurde so mit der Zeit ein zunehmend materiebetontes Universum, dessen Energie zum größten Teil in Materie investiert ist.

Der Übergang vom strahlungs- zum materiebetonten Universum erfolgte bei einer Temperatur von ewa 4000 °K (Grad Kelvin), durch Zufall oder dank eines uns unbekannten logischen Zusammenhanges sehr nahe jener Temperatur von 3000 °K, bei welcher die freien Elektronen – der Anzahl nach gleich den übriggebliebenen Protonen, um die elektrische Ladung auszugleichen – von den bis dahin hüllenlosen Atomkernen eingefangen wurden, um vollständige Atome zu bilden. Damit aber wurde das Universum für Strahlung durchlässig, und der bis dahin enorme Strahlungsdruck wurde unwirksam. Da jedes Teilchen oder Photon ungefähr gleich viel zum Gesamtdruck beigetragen hatte, bedeutete der Wegfall der um einen Faktor von etwa einer Milliarde zahlreicheren Photonen eine unerhört dramatische Senkung des Gesamtdruckes um denselben Faktor. Damit aber konnte zum ersten Mal die Schwerkraft als formender Faktor ins Spiel gelangen und den inneren Druck überwinden. Die nach dem in den ersten Jahrzehnten unseres Jahrhunderts wirkenden Astrophysiker Sir James Jeans benannte Jeans-Masse, die Mindestmasse bei vorgegebenem Druck und Dichte, bei der die Schwerkraft beginnt, Ballungswirkung auszuüben, sank in kürzester Zeit von der millionenfachen Masse einer großen Galaxie auf etwa ein Zehnmillionstel der Masse einer solchen Galaxie (da sie proportional zur Potenz 3/2 des Druckes ist und dieser sich um den Faktor 10^9 verringerte, wurde die Jeans-Masse um einen Faktor von mehr als 10^{13} kleiner).

Das Universum war rund 700000 Jahre alt, als es auf diese Weise begann, die heute erkennbaren makroskopischen Formen auszubilden. War der Symmetriebruch zwischen Materie und Antimaterie die Vorbedingung für das Auftreten von Materie überaupt – das heißt, für den Beginn der kosmischen Mikroevolution –, so spiegelt ihre weitere Ausformung im Mikroskopischen (Synthese schwerer Elemente) wie im Makroskopischen (Galaxien, Sterne etc.) einen weiteren, noch früher eingetretenen Symmetriebruch von ebenso fundamentalem Charakter, nämlich den Symmetriebruch zwischen den verschiedenen physikalischen Kräften.

Symmetriebruch zwischen physikalischen Kräften: Die Aufspannung des Raum-Zeit-Kontinuums für die Entfaltung von Evolution

Nach unserem heutigen Wissen unterscheiden wir vier physikalische Kräfte, von denen wir allerdings nur zwei in unserem unmittelbaren Wahrnehmungsbereich direkt verspüren, nämlich die jeweils mit dem Quadrat der Entfernung abnehmenden elektromagnetischen und die Gravitationskräfte. Während jedoch die elektromagnetischen Kräfte der *Summe* der elektrischen Ladungen proportional sind, ist die Schwerkraft dem *Produkt* der sich gegenseitig anziehenden Massen proportional. Im mikroskopischen Bereich ist die Schwerkraft sehr viel schwächer als die elektromagnetischen Kräfte – im Falle eines Elektron/Proton-Paares etwa um den kaum vorstellbaren Faktor 2×10^{39}, der sehr nahe bei dem bereits erwähnten, von Dirac vermuteten Korrelationsfaktor 10^{40} zwischen Makro- und Mikrokosmos liegt. Im makroskopischen Bereich sehr großer Massen wird sie jedoch dominierend und wirkt auf sehr große Entfernungen. In unserem Alltagsbereich hingegen wirken, von der praktisch uniformen Anziehungskraft der Erde abgesehen, vor allem die elektromagnetischen Kräfte, die für den Aufbau der Atome aus elektrisch positiv geladenen Kernen und negativ geladenen Elektronenhüllen, für die molekulare Bindung und damit für alle Chemie und Biologie sowie für Kristallbildung verantwortlich sind – kurz, für das Auftreten makroskopischer Strukturen in einem Zwischenbereich zwischen den subatomaren und kosmischen Extrembereichen.

Es gibt jedoch noch zwei weitere Arten von physikalischen Kräften, die nur auf außerordentlich kurze Distanz wirksam werden. Es handelt sich dabei einerseits um die sogenannten starken Austauschkräfte zwischen den im Atomkern zusammengehaltenen Teilchen, den Protonen und Neutronen. Auch die weiteren zur Gruppe der sogenannen »Hadronen« gehörigen Teilchen unterliegen ihnen, doch interessieren sie uns hier nicht. Die Reichweite dieser starken Austauschkräfte ist im wesentlichen auf die Dimensionen eines Atomkerns, nämlich auf die Größenordnung 10^{-13} Zentimeter beschränkt. Auf der anderen Seite finden wir wir in diesem mikroskopischen, subatomaren Bereich auch die sogenannten schwachen Austauschkräfte, die für gewisse radioaktive Zerfallsprozesse verantwortlich sind, aber auch bei der Bildung von Atomkernen eine Rolle spielen.

Während die starken Austauschkräfte auf entsprechend kurze Distanz die elektrische Abstoßungskraft zwischen zwei positiv geladenen Protonen um das Hundertfache übertreffen (so daß es überhaupt zum Zusammenschluß einer Vielzahl von Protonen und elektrisch neutralen Neutronen im Atomkern kommen kann), sind die schwachen Austauschkräfte in typischen Reaktionen millionenfach schwächer als die elektromagnetischen Kräfte in ähnlichen Reaktionen. Sie sind aber dafür verantwortlich, daß wir eine stabile, stetig Wasserstoff in Helium umwandelnde Sonne haben. Schwerer Wasserstoff, Deuterium genannt, besitzt einen Kern aus einem Proton und einem Neutron und kann in der Wasserstoffbombe oder in zukünftigen Fusionsreaktoren mittels der starken Austauschkräfte explosionsartig zu Helium umgewandelt werden. Die Proton-Proton-Reaktion des einfachen Wasserstoffs hingegen läuft über die schwachen Austauschkräfte 10^{18}mal so langsam ab wie eine Reaktion mit starken Austauschkräften bei gleicher Temperatur und Dichte. (Die Bedeutung dieser Verzögerung läßt sich ermessen, wenn man sich vergegenwärtigt, daß das Verhältnis einer Sekunde zum Alter des Universums von derselben Größenordnung 10^{18} ist.) Die starken Austauschkräfte zwischen zwei Protonen wirken zwar wie in anderen Fällen auch, sind aber gerade um einige Prozent zu schwach, um eine Bindung zu ermöglichen. Dieser wie zufällig erscheinende Umstand ist für die volle Entfaltung evolutionärer Mechanismen im Universum von ausschlaggebender Bedeutung. Das differenzierte Spiel hochgradig heterogener physikalischer Kräfte bewirkt also eine Regelung des zeitlichen Ablaufes evolutionärer Prozesse. Wir können auch sagen, ein solches Zusammenspiel generiert kosmische Zeit. Wie wir sofort sehen werden, bestimmt es jedoch auch den Raum, in dem sich kosmische Evolution entfaltet.

Die in den letzten Jahren ausgearbeiteten, bereits erwähnten Eichtheorien haben die grundlegenden Symmetrien zwischen diesen vier physikalischen Kräften zum Inhalt. Diese Symmetrien werden aber nur jenseits sehr hoher Temperaturen – und damit sehr früher Phasen in der Expansion eines heißen Universums – direkt wirksam. So scheint es nach diesen Theorien, daß die elektromagnetischen und die schwachen Austauschkräfte jenseits einer Temperatur von 3×10^{15} Grad Kelvin praktisch einander gleich sind. Beide nehmen mit dem Quadrat der Entfernung ab, und beide sind ungefähr gleichstark. Bei noch viel höheren Temperaturen wird die Energie von Teilchen im thermischen Gleichgewicht so groß, daß die Schwerkraft zwischen ihnen – die nicht nur durch Masse, sondern durch alle Formen von Energie hervorgerufen wird – gleichstark wird wie die starken nuklearen Austauschkräfte. Aus den heute verfügbaren Ansätzen zu einer Quantentheorie der Schwerkraft läßt sich abschätzen, daß dies jenseits einer Temperatur von 10^{32} Grad Kelvin, entsprechend einem Zeitpunkt 10^{-34} Sekunden nach Beginn der Expansion eines unendlich dichten Universums, der Fall gewesen sein müßte. Es ist nicht klar, ob ein solcher Moment in der Geschichte des Universums real aufgetreten ist; nach einer Theorie von Dirac und Canuto ergaben sich die Veränderungen erst allmählich und ergeben sich immer noch (Maeder, 1978). Für unsere Betrachtungen ist das auch nicht so wichtig. Es ist nicht einmal ausschlaggebend, ob die weitgehende Symmetrie zwischen den physikalischen Kräften überhaupt irgendeinmal Realität war oder ob sie nur eine logische Extrapolation darstellt vor dem Hintergrund jener ungeheuren Singularität des Beginns von Raum und Zeit mit der Ausdehnung eines ursprünglich unendlich dichten und heißen Universums. Worauf es uns hier ankommt, sind die Auswirkungen dieses Symmetriebruchs in der Geschichte des Universums.

Der entscheidende und früheste Symmetriebruch zwischen den starken nuklearen Austauschkräften und der Schwerkraft bedeutet, daß strukturierende Kräfte für eine gleichzeitige Evolution im extrem mikroskopischen wie im extrem makroskopischen Bereich bereitgestellt werden. Der Symmetriebruch zwischen den schwachen und den elektromagnetischen Austauschkräften fügt Kräfte für mittlere Bereiche hinzu, wobei die elektromagnetischen Kräfte später für die Evolution der komplexesten uns bekannten Systeme, der biologischen und der geistigen, zentrale Bedeutung gewinnen. Jedoch ist es vor allem die *Wechselwirkung* zwischen den Kräften, die die Evolution des Universums bestimmt. Man kann vielleicht sogar sagen, daß erst der Symmetriebruch, der zu ihrer Auffächerung führte, Raum und Zeit für alle folgenden Evolutionen aufspannte. Es ist bemerkenswert, daß der Symmetriebruch zwischen den extrem mikroskopisch und den extrem makroskopisch wirkenden Kräften zu einer Zeit auftrat, als es Raum in unserem Sinne noch gar nicht gab: Ein mit Lichtgeschwindigkeit sich fortbewegendes Signal hätte den Bereich eines einzigen Teilchens noch nicht verlassen, und das gesamte beobachtbare Universum wäre auf dieses eine Teilchen beschränkt gewesen.

Schon Augustinus sprach von der Entstehung der Zeit *mit* der Schöpfung. Raum und Zeit werden im westlichen Denken oft als metaphysische Kategorien im Sinne Kants aufgefaßt, das heißt als a priori existierender leerer Raum, der sich nach und nach mit den Formen der Evolution füllt, sowie als absolute Zeitskala, in welche die Evolution sich ergießt wie Wasser in ein trockenes Flußbett. Diese Art von Zeit- und Raumverständnis ist in der Sicht der Selbstorganisation nicht mehr aufrechtzuerhalten. Selbstorganisation bedeutet auch, daß das Raum-Zeit-Kontinuum der Systemevolution *vom System selbst generiert wird.* Physikalisch ausgedrückt, besteht ein Zusammenhang zwischen Energiedichte und Zeit. Der Idee Kants kommt vielleicht jener Umstand nahe, daß die Aufspannung des Raum-Zeit-Kontinuums durch die Bereitstellung eines heterogenen, interaktiven Systems physikalischer Kräfte der Evolution selbst vorausgeht und Bedingungen und Möglichkeiten schafft, die erst nach und nach wirksam werden. Das aber ist gerade das Kennzeichen eines Raum-Zeit-Kontinuums, in dem Raum und Zeit untrennbar sind.

So spielt die Schwerkraft bis zum erwähnten Zusammenbruch des Gasdruckes nach etwa 700000 Jahren kaum eine formgebende Rolle; sie bremst lediglich die Ausdehnung des Universums. Dann aber dominiert sie die makroskopische Evolution, bis sie in der Entwicklung von Sternen und heißen Galaxiezentren ihre Rolle in Wechselwirkung mit starken nuklearen Austauschkräften weiterspielt. Die elekromagnetischen Kräfte machen sich bei hohen Temperaturen nur als Verzögerer von formgebenden Prozessen bemerkbar, indem sie den starken nuklearen Austauschkräften ihre Opposition entgegenstellen und indem sie die an Zahl stark überwiegenden Photonen zu einer Existenz als Gas im thermischen Gleichgewicht mit freien Ladungsträgern zwingen. Viel später aber werden sie zum dominierenden Faktor beim Aufbau der Moleküle und komplexer biologischer, sozialer und mentaler Strukturen.

Die unmittelbare Folge des Symmetriebruchs der physikalischen Kräfte ist die Gleichsetzung von Makro- und Mikroevolution im Universum. Makroskopische Strukturen werden zur Umwelt von mikroskopischen und beeinflussen die Evolution der letzteren in entscheidender Weise oder ermöglichen sie überhaupt erst. Umgekehrt wird die Evolution der mikroskopischen Strukturen (nukleare, atomare und molekulare Synthese) zu einem maßgeblichen Faktor in der Ausbildung und Evolution makroskopischer Strukturen. Diese wechselseitige Abhängigkeit ist nichts anderes als ein Aspekt von *Koevolution,* jenem Prinzip, das im Bereich des Lebens eine so vielseitige Rolle spielt. Es besagt mit anderen Worten, daß jedes System mit seiner Umwelt über Kreisprozesse verbunden ist, die eine Rückkoppelung in der Evolution beider Seiten bewirken. Dies gilt nicht nur zwischen zwei Systemen der gleichen hierarchischen Stufe, wie in der im letzten Kapitel erörterten Jäger-Beute-Beziehung oder in der Symbiose. Der ganze Komplex System-plus-Umwelt evoliert als ein Ganzes. Aber auch das Umgekehrte gilt, daß nämlich die Umwelt nicht einseitig einem machtvoll eingreifenden System angepaßt werden kann, wie wir es heute in den Beziehungen des technisch ausgerüsteten Menschen zu seiner Umwelt erfahren.

Zwischenspiel: Strukturierung durch Kondensation

Im ersten Stadium der Entwicklung des Universums läuft die Koevolution von Makro- und Mikrokosmos nur zögernd an. Der Makrozweig der kosmischen Evolution bringt dabei mit der Expansion des Universums eine stete Änderung der physikalischen Grundbedingungen – Druck, Temperatur und thermisches Gleichgewicht – ins Spiel, während die Mikroevolution vorderhand stagniert. Noch gibt es keine pluralistischen Ökosysteme von Teilchen, besteht die Materie im expandierenden, homogenen Universum doch im wesentlichen nur aus Wasserstoffkernen (freien Protonen) und Heliumkernen in einem Massenverhältnis von etwa 22 bis 28 Prozent Helium sowie aus freien Elektronen, deren Zahl der Gesamtzahl der Protonen entspricht. Die freien Protonen oder Wasserstoffkerne sind vom Materieüberschuß bei der Materie/Antimaterie-Annihilation übriggeblieben, und die Heliumkerne sind unterhalb einer Temperatur von 900 Millionen Grad Kelvin (entsprechend einem Alter des Universums von drei Minuten und sechsundvierzig Sekunden) aus der Verschmelzung von Protonen und Neutronen gebildet worden, bis praktisch keine freien Neutronen mehr übriggeblieben sind. Obwohl bei weiterer Abkühlung die Bedingungen für die Entstehung schwerer Atomkerne gegeben wären, passiert nichts, da fast alle Neutronen in

Heliumkernen gebunden sind – ein Umstand, der auch durch eine auf Helium folgende Zone instabiler Isotopen begünstigt worden ist. Die mikroskopische Evolution der Materie wäre damit an ihr Ende gelangt, brächte der schon erwähnte Zusammenbruch des Gasdrucks nach 700000 Jahren nicht die Schwerkraft als maßgeblichen (wenn auch nicht alles erklärenden) Strukturierungsfaktor der Makroevolution ins Spiel. Damit werden lokal die Bedingungen eines heißen und dichten Universums wiederhergestellt und sogar über längere Zeit stabilisiert und bringen die Mikroevolution wieder in Gang.

War in den ersten Minuten des Universums der Mikrozweig der Evolution aktiv, so tut sich nach einer Pause von 700000 Jahren nun wieder etwas auf dem Makrozweig. Es bilden sich »von oben her« hierarchische Strukturebenen – hierarchisch in dem Sinne, daß die höheren jeweils die niedrigeren umfassen. Die größten uns heute bekannten Strukturen im Universum sind Galaxien, Galaxienhaufen und Superhaufen (Haufen von Galaxienhaufen), ja vielleicht sogar Super-Superhaufen. Galaxien umfassen im Durchschnitt 100 Milliarden Sterne (unser Milchstraßensystem, soweit wir wissen, ungefähr 400 Milliarden Sterne) und weisen Durchmesser zwischen 5000 und 500000 Lichtjahren auf (das Milchstraßensystem etwa 100000 LJ*). Die Hälfte der 10 Milliarden Galaxien im beobachtbaren Universum gehört zu Galaxienhaufen, die etwa 1 bis 25 Millionen LJ Durchmesser haben. Der »regelmäßige« Typ dieser Haufen enthält Tausende von Galaxien, vor allem solche der elliptischen, nichtspiralförmigen Art. Der »unregelmäßige« Typ enthält 20 bis 2500 Galaxien aller Arten. Unser Milchstraßensystem gehört zu einem unregelmäßigen Haufen mit nur zwanzig Mitgliedern und drei Millionen Lichtjahren Durchmesser. Superhaufen schließlich, die eine weitere hierarchische Ebene repräsentieren, enthalten Zehntausende von Galaxien und erstrecken sich linear über 150 bis 300 Millionen Lichtjahre. Nach jüngsten Forschungen (Longair und Einasto, Hg., 1978) scheinen die Superhaufen zellenartige, ineinandergreifende Einheiten einer an Spitzengewebe erinnernden Superstruktur darzustellen, deren »Löcher« tausendmal geringere Dichte aufweisen. Wären diese Strukturen gleich zu Beginn des Universums entstanden, so hätte die Gezeitenwirkung sie sofort wieder auseinandergerissen. Nach 700000 Jahren aber ist die Temperatur auf 3000 Grad Kelvin gesunken, was nicht nur stabile Atomkerne (Kerne mit Elektronenhüllen) ermöglicht,

---

* Ein Lichtjahr (LJ) entspricht der Entfernung, die das Licht in einem Jahr zurücklegt: praktisch 10^{13} (zehn Billionen) Kilometer.

sondern neben den mikroskopischen Bindekräften nun auch die makroskopische Bindekraft der Gravitation ins Spiel bringt. Damit kann die weitere Ausdehnung des Universums auch makroskopisch teilweise mit dem von Carl Friedrich von Weizsäcker (1974) vorgeschlagenen *Kondensationsmodell* beschrieben werden. Dieses besagt, daß bei Vorhandensein einer Bindungsenergie und hinreichend niedriger Temperatur ein thermodynamisches Gleichgewichtssystem Strukturen ausbildet. Ebert (1974) hat dies für kosmische Bedingungen mit Einschluß von Gravitation direkt zeigen können. Das Wesentliche an dieser Schlußfolgerung ist, daß auch bei Zunahme der Entropie und nahe dem thermischen Gleichgewichtszustand, bei dem sie ja ein Maximum erreicht, die Ausbildung von Strukturen begünstigt wird. Hohe Entropie ist nicht mit gestaltenarmer Gleichförmigkeit identisch. Der Wärmetod, wie Weizsäcker in einem anschaulichen Vergleich betont, gliche bei hinreichend niedrigen Temperaturen nicht einem Brei, sondern einer Ansammlung komplizierter Skelette.

Wir können uns also diese Phase der kosmischen Evolution so vorstellen, daß makroskopische Strukturen »ausfrieren«, so wie Schneekristalle aus dem Wasserdampf der Wolken ausfrieren. Auch die vorangegangene kurze Mikroevolution, die mit der Bildung von Wasserstoff- und Heliumkernen abrupt abbrach, glich ja einem solchen »Ausfrieren« von Materie aus dem ursprünglichen Gemisch von Strahlung, Materie und Antimaterie.

Selbstorganisation kosmischer Strukturen

Es bleibt aber nicht bei bloßer Kondensation. Die makroskopische Differenzierung in Regionen, aus denen mit der Zeit Superhaufen, Galaxienhaufen und Galaxien entstehen, führt nicht nur zu Gleichgewichtssystemen. Dies wird zumindest teilweise schon auf der Ebene der Galaxien sichtbar, in denen sich – vielleicht nicht nur durch die Kontraktionswirkung der Schwerkraft – sehr dichte Kerne ausbilden können. In sogenannten Quasaren und in Seyfert-Galaxien (Galaxien mit sehr hellem und turbulentem Kern) sind solche dichten Kerne der Schauplatz unvorstellbar gewaltiger Explosionen, deren Ursache noch weitgehend im dunklen liegt. Quasare (für »quasi-stellare Objekte«) ändern ihre Helligkeit manchmal im Zeitraum eines Tages, können also im Durchmesser nicht viel größer als ein Lichttag sein (26 Milliarden Kilometer, etwa das Neunzigfache des Erdbahndurchmessers); sonst würden sich diese Helligkeitsänderungen verwischen. Dennoch strahlen sie hundertmal soviel Energie ab wie eine ganze Galaxie mit 100000 Lichtjahren Durchmesser. Manche lassen den Ausstoß von Materie in einem scharf begrenzten Strahl erkennen (Maeder, 1977).

Mit dem großen Radioteleskop in Westerbork (Holland) – 12 Reflektoren auf einer geraden Strecke von 1,6 Kilometer – wurden in den letzten Jahren Radiogalaxien riesiger Ausmaße entdeckt, die offenbar das Resultat gigantischer Explosionen darstellen (Strom et al., 1975). Die größte mißt 18 Millionen Lichtjahre in ihrer längsten Ausdehnung, also 180mal soviel wie unser Milchstraßensystem. Was aber an ihnen besonders auffällt, ist ihre Doppelstruktur, die dadurch entsteht, daß bei der Explosion heißes Gas wie durch Düsen gleichzeitig in zwei entgegengesetzte Richtungen entweicht. Dieses energiereiche Gas wirkt als ausgedehnte Quelle von Radiostrahlung. Bewegen sich die Kerne der Radiogalaxien mit großer Geschwindigkeit, so bilden sich Gasschweife, deren Teile aus verschiedenen Phasen der Geschichte dieser Objekte stammen. Aus der Struktur dieser Schweife kann man auf periodische Explosionen des Kerns schließen. Die als NGC 1265 klassifizierte Radiogalaxie im Perseushaufen zum Beispiel weist einen Gasschweif auf, der aus solchen periodischen Explosionen stammt, wobei die drei letzten, wie deutlich erkennbar ist, in Abständen von vier bis sechs Millionen Jahren stattgefunden haben müssen. Dem äußeren Anschein nach könnte hier ein Grenzzyklus-Verhalten in räumlich wie zeitlich gigantischen Dimensionen vorliegen. Doch wissen wir zu wenig über die Dynamik und vor allem die energetischen Prozesse in solchen Objekten, um bereits auf dieser Ebene den Anschluß an die Selbstorganisations-Dynamik autopoietischer, evolvierender Systeme wagen zu können. Man vermutet auch Gravitations- oder Schockwellen als Auslöser solcher Explosionen.

Ein solcher Langzeitrhythmus spielt vielleicht auch innerhalb von Galaxien bei der Entstehung von Sternen eine Rolle. Der in Princeton wirkende englische Kosmologe Freeman J. Dyson (1971) vermutet einen solchen Rhythmus von Gravitations- oder Schockwellen, die einen bestimmten Sektor einer Galaxie alle 100 Millionen Jahre wie ein rotierender Scheinwerfer überstreichen. Dies würde die Kondensation großer Gasmassen zu Sternen beschleunigen. Die massenreichsten Sterne würden dann ein paar Millionen Jahre lang sehr hell scheinen und als »Supernovae« in gigantischen Explosionen sterben. Von außen erschiene diese relativ kurze Periode hoher Leuchtkraft als leuchtender Spiralnebelarm. Die weniger massenreichen Sterne dagegen würden ihre Evolution durch Milliarden von Jahren fortsetzen. Die Explosion einer nahen Supernova, wie sie allem Anschein nach auch bei der Geburt unseres Sonnensystems eine Rolle gespielt hat, fördert nicht nur durch lokale Schockwellen das Auskondensieren von Sternen und Planetensystemen, sondern mischt in die protostellare Wolke auch die schweren Elemente, aus denen sich die Planeten bilden. Im Falle unseres Sonnensystems deutet vieles tatsächlich auf zwei lokale Supernova-Explosionen vor 4,7 und 4,6 Milliarden Jahren hin. Die erste mischte schwere Elemente in die protosolare Wolke, die zweite führte zu ihrer Auskondensierung.

Der Nachweis von Plutoniumspaltung in Meteoriten, die zur gleichen Zeit wie das Sonnensystem entstanden und »Kältefallen« zur Einfrierung der ursprünglichen Chemie darstellen, sowie die Isotopenverhältnisse anderer Elemente verleihen der Hypothese einer nahen Supernova-Explosion innerhalb einer halben bis einer Million Jahre vor der Bildung des Sonnensystems und in einer Entfernung von nicht mehr als 60 Millionen Lichtjahren Gewicht (Schramm und Clayton, 1978). Vielleicht stammt auch das Drehmoment, das die Planeten um die Sonne rotieren und nicht in sie hineinstürzen läßt, von einem solchen nahen gewaltigen Ereignis. Wir können also geradezu von einer Hierarchie von Schockwellen – einer Hierarchie dynamischer Phänomene – sprechen, die einer vielschichtigen kosmischen Morphogenese zugrunde liegt oder sie zumindest beschleunigt.

Quasare, Seyfert- und andere Radiogalaxien sowie normale spiralförmige Galaxien bilden ein fast kontinuierliches Spektrum von Makroobjekten mit abnehmender Energieabstrahlung. Gleichzeitig stellen sie in dieser Reihenfolge eine Skala abnehmender durchschnittlicher Entfernung dar. Damit stammt auch die beobachtete Strahlung aus Ereignissen, die in dieser Skala zeitlich immer weniger weit zurückliegen. Der Gedanke liegt daher nahe, in Quasaren und Radiogalaxien Vorstufen zu Spiralgalaxien zu erblicken. Dies aber würde bedeuten, daß die Entstehung von Galaxien und Superstrukturen nicht aus einem einfachen Kondensationsmodell erklärt werden kann, sondern daß hier schon erhebliche Wechselwirkungen zwischen Schwerkraft und nuklearen Kräften, zwischen Makro- und Mikroevolution, stattfinden. Auch erhebliche elektromagnetische Felder, das heißt physikalische Kräfte auf einer mittleren Ebene, spielen anscheinend eine bedeutende Rolle.

Galaxien und größere Strukturen bilden sich anscheinend heute nicht mehr neu. Doch treten Galaxien vor allem im Schwerkraft-Mahlstrom dichter Haufen in dramatische Wechselwirkungen ein, »rauben« einander Sterne und tragen zum Wachstum gigantischer Galaxien im Zentrum bei (Gorenstein und Tucker, 1978). Die Geburt neuer Sterne setzt sich noch heute mit Sicherheit permanent fort, wenn auch anscheinend nur in spiralförmigen Galaxien. Gerade während ich dies niederschreibe, melden die Zeitungen die Entdeckung eines Sterns, der nicht älter als 2000 Jahre (plus Reisezeit seines Lichts) sein kann, was an seinem Gasausstoß meßbar ist. Unsere Sonne ist erst 4,7 Milliarden Jahre alt, sie hat also nur rund ein Viertel vom Alter des Universums. Die ersten regulären Sterne entstanden etwa fünf Milliarden Jahre nach dem Beginn der Expansion des Universums.

Die Entstehung von Sternen stellt man sich nach dem einfachen Kondensationsmodell (Cameron, 1975; Steinlin, 1977) so vor, daß Wolken interstellarer Materie bei einer Temperatur von etwa 10 bis 100 Grad Kelvin infolge der Gravitationswirkung in eine Vielzahl von protostellaren Wolken auskondensieren. Sterne entstehen in Haufen, vor allem auch in den spektakulären Kugelhaufen, die 20 bis 400 Lichtjahre Durchmesser haben. Daneben gibt es offene Haufen mit 5 bis 30 Lichtjahren Durchmesser. Im Falle der Sonne reichte die protostellare Wolke bis über die Plutobahn hinaus. Bei Erreichen einer Mindestdichte von 10^{-13} Gramm pro Kubikzentimeter stürzt eine solche protostellare Wolke mit freier Fallgeschwindigkeit in sich zusammen. Bei dieser sehr raschen Kontraktion – man schätzt, daß die Sonne sich in etwa einem Jahrzehnt von einem Durchmesser entsprechend der Plutobahn auf einen Durchmesser entsprechend der Merkurbahn zusammenzog – nehmen Druck und Temperatur natürlich enorm zu. Damit werden erneut Bedingungen geschaffen, die einer frühen Phase des Universums entsprechen, jedoch der Ausbildung schwerer Kerne günstiger sind. Die makroskopische Evolution bringt die ins Stocken geratene Mikroevolution wieder in Gang.

Im einzelnen stellt man sich die Entwicklung eines typischen Sternes so vor (Maeder, 1975), daß in seinem Zentralgebiet bei etwa 5 Millionen Grad Kelvin die Umwandlung des Wasserstoffs (aus dem sich der Stern zu 70 Prozent zusammensetzt) in Helium beginnt. In Anwesenheit von Kohlenstoff, der aus der Explosion älterer Sterne in die protostellare Wolke gelangt ist (was zum Beispiel bei der Sonne der Fall ist), kann sich dabei ein von Hans Bethe und Carl Friedrich von Weizsäcker vorgeschlagener katalytischer Zyklus bilden (Abb. 23). In ihm werden vier Wasserstoffkerne (Protonen) in einen Heliumkern umgewandelt, wobei die sich zyklisch bildenden Kohlenstoff-, Stickstoff- und Sauerstoff-isotopen jeweils rekonstituiert werden. Dabei wird Energie freigesetzt, die zumindest zum Teil für die Sonnenstrahlung verantwortlich gemacht wird. Da radioaktiver Zerfall im Zyklus eine Rolle spielt, diktieren hier die langsamen schwachen nuklearen Austauschkräfte den Rhythmus – wie bereits erwähnt, ist es dieser Umstand, der für eine lang andauernde, stete Energiefreisetzung anstelle einer heftigen Explosion verantwortlich ist. Das Auftreten und Aufrechterhalten eines solchen Zyklus, der irreversibel in einer bestimmten Richtung abläuft und seine Teilnehmer (und damit sich selbst) ständig rekonstituiert, ist nur fern vom Gleichge-wichtszustand möglich. Wir haben also ein autopoietisches Reaktionssy-stem vor uns, das sich in seiner Gesamtheit als Katalysator einer bestimmten Umwandlungsreaktion verhält.

Ein makroskopischer Selbstregelmechanismus sorgt nun dafür, daß die aus dem Wasserstoffabbau resultierende geringere Reaktionswahr-scheinlichkeit durch eine Temperaturerhöhung ausgeglichen wird, um die Energieproduktion aufrechtzuerhalten. Ist schließlich der Wasser-

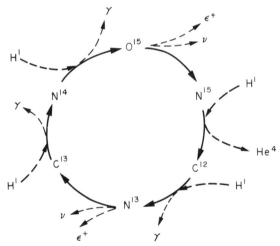

Abb. 23. Der Kohlenstoffzyklus nach H. Bethe und C. F. v. Weizsäcker, der im Gesamteffekt die Fusion von vier Wasserstoffkernen (Protonen) H^1 in einen Heliumkern He^4 katalysiert. Die verschiedenen Isotopen von Kohlenstoff (C), Stickstoff (N) und Sauerstoff (O) werden im Zyklus jeweils rekonstituiert. Energie wird in Form von γ-Strahlung sowie Positronen (ϵ^+) und Neutrinos (ν) dissipiert.

stoff im Zentrum weitgehend abgebrannt, so erfolgt eine Kontraktion des Sterninneren, wodurch nun auch die Randschichten hinlänglich heiß werden, um dort die Wasserstoffumwandlung in Helium in einer Schalenbrandzone fortzusetzen. Im inaktiven Heliumkern steigen Dichte und Temperatur, bis bei etwa 80 bis 100 Millionen Grad Kelvin eine neue Fusionsreaktion einsetzt, die Helium in Kohlenstoff verwandelt. Da die Energie rascher freigesetzt als abtransportiert wird, steigt die Temperatur im Inneren auf 500 Millionen Grad Kelvin, wodurch die Heliumumsetzung fast explosiv – im sogenannten »Heliumflash« – erfolgt. Die daraus resultierende rasche Ausdehnung der inneren Sternregionen führt wiederum zu ruhigerem Heliumbrand und erneuter Stabilität. Dies kann sich mehrfach wiederholen. Schließlich wird auch Helium im Inneren abgebrannt sein und nur noch in einer Schalenbrandzone weiter in Kohlenstoff umgewandelt werden. Dieser Mechanismus wiederholt sich nun beim Aufbau immer schwererer Elemente, wobei multiple Schalenbrandzonen ein recht komplexes Gesamtbild ergeben können. In Sternen, deren Masse größer ist als die Sonnenmasse, können sich weiter durch Verschmelzung von Helium mit den verschiedenen Isotopen von Kohlenstoff und Sauerstoff bestimmte Elemente bis zum Eisen, Fe^{56}, bilden. Der Rest sowie Elemente, die schwerer als Eisen sind, können nur unter den außerordentlichen Bedingungen entstehen, wie sie beim Ausbruch einer Supernova gegeben sind – bei der Explosion eines Sternes, dessen Masse größer sein muß als sechs Sonnenmassen.

Ich habe den Grundmechanismus der Sternevolution deshalb relativ ausführlich geschildert, weil hier das Zusammenwirken makroskopisch und mikroskopisch wirkender Kräfte (im wesentlichen der Schwerkraft und der starken nuklearen Austauschkräfte) ein Musterbeispiel dafür liefert, was Koevolution von Makro- und Mikrokosmos bedeutet. Nicht nur schaffen sich hier Makro- und Mikroevolution gegenseitig die Bedingungen für ihre stark beschleunigte Fortführung, sie führen auch zur Ausbildung einer erstaunlichen Stabilität der makroskopischen Struktur (des Sternes) oder, besser gesagt, zu einer erstaunlich langen Reihe von global stabilen Strukturen, die sich über Instabilitäten hinweg in neue stabile Strukturen verwandeln. Dabei kann ein außerordentlich breites Spektrum von Existenzbedingungen realisiert werden. Die Dichte von Sternen variiert über nicht weniger als 21 Größenordnungen, während die Temperatur von praktisch null bis 10^{12} (eine Billion) Grad Kelvin betragen kann.

Wir finden schon hier im kosmischen Bereich jene Formen von Systemexistenz, die uns im Prinzip von dissipativen Strukturen bekannt sind: eine evolvierende Sequenz autopoietischer Strukturen, deren oberstes Regelkriterium jeweils darauf hinausläuft, eine dynamische Struktur – ein bestimmtes Regime von Kernumwandlungsprozessen – aufrechtzuerhalten. Das System selbst, der durch verschiedene dynamische Strukturen sich entwickelnde Stern, scheint die Evolution dieser Strukturen so zu regeln, daß die Kontinuität der Umwandlung von Masse in Energie gewahrt bleibt, wobei sich die Umsetzungsrate und die Mechanismen über lange Zeiträume ändern. Bei dieser Selbstregelung ist die Ausbildung von Konvektionsschichten, also von selbstorganisierenden kooperativen Strukturen (analog zu den hydrodynamischen Bénard-Zellen in Kapitel 1),wesentlich.

Der Unterschied zu der uns von dissipativen Strukturen bekannten Form von Autopoiese besteht im Prinzip darin, daß dort die Energie im Austausch mit der Umgebung beschafft wird, während sie hier aus der Umwandlung von Konstituenten des Systems hervorgeht. Wie eine dissipative Struktur bildet aber auch der Stern eine echte Individualität aus; er regelt seine Dimensionen und Prozesse unabhängig von der Umgebung. Struktur und Funktion entsprechen einander. Wie eine dissipative Struktur oszilliert er zudem in charakteristischen Rhythmen. So pulsiert unsere Sonne in Perioden, die gemäß den bisherigen Beobachtungen mindestens sechs bis sieben Größenordnungen umspannen. Die kleinste beobachtete Periode betrifft die Ausdehnung der Sonnenkorona um 1000 Kilometer alle 10 bis 12 Minuten. Die längsten beobachteten Perioden sind der bekannte 11jährige Sonnenfleckenzyklus und ein anscheinend überlagerter Zyklus von 80 bis 90 Jahren.

Spätestens bei Sternen ist auch jene Autonomie eines selbstorganisierenden Systems erreicht, die die entstehenden Strukturen von der Expansionsdynamik des Gesamtuniversums unabhängig macht. Bei Galaxien und ihren Superstrukturen können wir in dieser Hinsicht nicht ganz sicher sein. Dehnen Superhaufen und Galaxien als Teile eines expandierenden Universums sich ebenfalls aus, oder ziehen sie sich noch mehr zusammen? Gemäß der bereits erwähnten, von Dirac aufgestellten kosmologischen Theorie (Maeder, 1978) schwächt sich die Gravitationskonstante mit der Zeit ab, und alle kosmischen Systeme dehnen sich immer weiter aus. Dieser Effekt hat erhebliche Auswirkungen allerdings nur in den größten Systemen. Je kleiner die betrachteten Systeme sind, desto klarer ergibt sich das Bild von Inseln in einem Ozean der Leere, die sich immer weiter voneinander entfernen und dabei ihre »optimale« Struktur nach eigenen Gesetzen finden.

Materietransfer und kosmische »Phylogenese«

Alte Sterne bestehen praktisch nur aus der Urmaterie des undifferenzierten Universums, nämlich aus Wasserstoff und Helium, während junge Sterne in der Regel zwei bis vier Prozent schwerere Elemente enthalten. Unsere relativ junge Sonne bestand ursprünglich aus etwa 70% Wasserstoff, 28% Helium und 2% schwereren Elementen, die zu einem großen Teil in jenen äußeren Teilen der protostellaren Wolke verblieben, aus denen kurz nach Entstehung der Sonne, vor ungefähr 4,6 Milliarden Jahren, das Planetensystem auskondensierte. Ein Teil dieser schwereren Elemente stammt aus der Explosion von Supernovae, ein anderer wurde in den Instabilitätsperioden älterer, größerer Sterne ausgeschleudert. Im letzteren Falle gelangten auch Moleküle, die sich in den relativ kühlen Hüllen aufgeblähter Riesensterne bilden konnten, in den Weltraum. Dadurch wurden die kosmischen Wolken, deren Grundmaterie Wasserstoff und Helium aus der Frühzeit des Universums bildeten, angereichert. Man kann daraus vielleicht schließen, daß nur jüngere Sterne Planetensysteme besitzen können, deren Mitglieder feste Oberflächen – und damit Bedingungen für komplexeres Leben – aufweisen. Die Erde, auf der wir stehen, besteht also wesentlich aus Materie, die im Schoße fremder Sterne aufgebaut wurde. Vielleicht stammt der größte Teil davon aus jener Supernova-Explosion, für deren Geburtshilfe bei der Auskondensierung der Sonne und ihres Planetensystems sich immer mehr Anzeichen ergeben. Dazu kommt wahrscheinlich noch eine erstaunliche Vielfalt von organischen Molekülen, die in den letzten Jahren durch die Radioastronomie in interstellarer Materie nachgewiesen wurden und deren Ursprung zumindest zum Teil im Zentrum der Galaxie liegen dürfte. Dieses Zentrum selbst ist durch dunkle Wolken wie durch Schleier unserer direkten Beobachtung entzogen, die bestenfalls einen Zipfel lüften kann. Es erscheint aber nicht als unwahrscheinlich, daß gewisse Ausgangsmaterialien für den Aufbau von Leben nicht nur lokal entstehen, sondern auch von der Galaxie »zentral« bereitgestellt werden.

Wir können hier geradezu von einer kosmischen »Phylogenese« (Stammesgeschichte) sprechen, in der die Produkte – und damit die

Erfahrung – verschiedener Phasen und Entwicklungslinien der Evolution des Universums und insbesondere der Galaxie wie in einem Stammbaum zusammenkommen. Man kann aber auch an die Rezirkulationsprozesse des Lebens denken, in denen nach dem Tod eines Lebewesens seine gesamte Materie, jedes einzelne Molekül, wieder für neues Leben nutzbar gemacht wird. Anders als in der Phylogenese des Lebens wird aber nicht Information übertragen – Programme, für deren Realisierung lokale Ressourcen eingesetzt werden –, sondern Materie. Das Wechselspiel der physikalischen Kräfte organisiert diese Materie immer neu in Systemen, die durch Materieumwandlung Energie abgeben und damit die Selbstorganisation der komplexeren Systeme des Lebens unterhalten. In der kosmischen Rezirkulation von Materie erfolgt kein Abbau der Komplexität wie in der biologischen Rezirkulation, in der Makromoleküle nur teilweise (in Form von Nahrung) direkt weiterverwendet werden, im Tod jedoch die Komplexität durch Zerfall auf einfache Moleküle und chemische Elemente reduziert wird. In der kosmischen Evolution wird Materie im allgemeinen stetig komplexer.

Ohne eine solche materielle Phylogenese/Rezirkulation über Milliarden von Jahren wäre unser Sonnensystem hinsichtlich Leben wohl auf immer steril geblieben. Unsere Sonne ist nach 4,6 Milliarden Jahren noch immer fleißig dabei, Wasserstoff in Helium umzuwandeln, und sie wird noch etwa 5 Milliarden Jahre dabei verbleiben. Danach wird sie es wahrscheinlich bis zum Aufbau von Kohlenstoff und Sauerstoff bringen, aber nicht weiter. Die vielfältigen Bedürfnisse komplexen Lebens wird sie aus eigener Kraft nie befriedigen können. Im Gegenteil, sie wird im Verlaufe ihrer eigenen Evolution bis zum Ende des Wasserstoffabbrandes ihre Leuchtkraft auf das Hundertfache steigern, später vielleicht bis auf das Zehntausendfache und ihren Radius bis auf das Fünfzigfache, um dann wahrscheinlich vom Stadium des Roten Riesen weiter zum planetarischen Nebel zu evolvieren und weiter zur Nova, bevor sie als weißer und schließlich als schwarzer, erloschener Zwerg endet. In dieser gewaltigen Steigerung ihrer Energieabgabe und ihrer Dimension wird sie wohl alles Leben auf der Erde und auf eventuellen sonstigen inneren Planeten auslöschen. Auf dem Gipfelpunkt ihrer Selbstverwirklichung aber wird die Sonne einen Teil ihrer Masse in den Weltraum abgeben und damit an neuentstehende Sterne und Planetensysteme weiterreichen, also vielleicht einen Beitrag zur Entstehung von Leben auf Planeten liefern, die noch ungeboren sind. Etwas größere Sterne (bis zu zwei oder drei Sonnenmassen) scheinen als »Pulsare« zu enden, als unerhört dichte und rasch (mit 30 Umdrehungen pro Sekunde!) rotierende Neutronensterne. Noch größere Sterne können in die schon erwähnten »Schwarzen Löcher« zusammenfallen.

Die kosmische Koevolution gelangt schließlich an ihr Ende, wenn sich die Dimensionen aus beiden Richtungen treffen, wie es auf den kalten Planeten nach der Bildung von Kristallen am Ende des Mikrozweigs und von Felsformationen am Ende des Makrozweigs eintritt (Abb. 24). Dieses Schließen der Lücke, die eine voll durchgebildete physikalische Welt signalisiert, obliegt den elektromagnetischen Kräften. Es wird nun deutlich, daß Koevolution weder Aufbau von Grundbausteinen noch auch permanente Differenzierung eines ursprünglich homogenen Universums bedeutet, sondern die Ausbildung von hierarchisch geordneter Komplexität bis zur völligen Durchstrukturierung aller hierarchischen Ebenen.

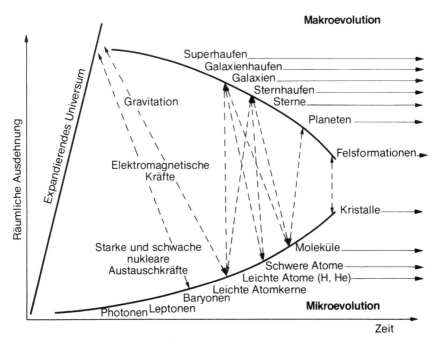

Abb. 24. Kosmische Koevolution von Makro- und Mikrostrukturen. Durch die asymmetrische Auffächerung der vier physikalischen Kräfte kommen der Reihe nach neue Strukturebenen sowohl von der makro- wie von der mikroskopischen Seite her ins Spiel und stimulieren wechselseitig ihre Evolution.

Der Pfeil kosmischer Zeit

Bevor wir an die Weiterführung dieses Schemas im Bereich biochemischer Evolution gehen können, muß aber noch von einem weiteren Symmetriebruch die Rede sein, nämlich jenem der *Zeit*. Mit dem Urknall erhielt die Zeit auf dem makroskopischen Zweig der kosmischen Evolution eine Richtung. Die Ausdehnung des Universums ist ein irreversibler Prozeß, entweder im absoluten Sinne (wenn das Universum offen ist) oder während einer Expansionsphase, die jedenfalls noch länger dauern wird, als sie schon gedauert hat. Anders steht es mit dem mikroskopischen Zweig der kosmischen Evolution. In der frühesten Phase, als sich Materie und Strahlung laufend ineinander umwandelten, konnten die ablaufenden Prozesse als umkehrbar gelten. Materie/Antimaterie entstand und verging; innerhalb der entsprechenden Temperaturgrenzen ließ das Materie/Antimaterie/Strahlungs-Gemisch keine Evolution erkennen. Alles war im thermischen Gleichgewicht; alle Prozesse waren reversibel. Die Zeit hatte noch keine ausgezeichnete Richtung. Vergangenheit und Zukunft waren innerhalb des Beobachtungsraumes qualitativ noch nicht voneinander geschieden, abgesehen vielleicht von einer relativ unbedeutenden »inneren Reibung« bei diesen Prozessen.

Die makroskopische Richtung der Zeit jedoch, die irreversible Ausdehnung des Universums, bewirkte laufend eine Verminderung von Dichte und Temperatur und damit Phasenübergänge, die der Reihe nach wichtige Irreversibilitäten in die Mikroevolution einführten: Die Erzeugung von Baryonen (vor allem Protonen und Neutronen mit ihren Antiteilchen) kam unwiederholbar zu ihrem Ende, dann die Erzeugung von Leptonen (Elektronen und Positronen). Die übriggebliebene Materie und die Photonen zerstörten und schufen einander nicht mehr, sondern tauschten bei Zusammenstößen kinetische Energie aus. Das heißt, sie verhielten sich nun nach den Regeln der statistischen Mechanik als ein geschlossenes, wenn auch expandierendes, thermodynamisches System. Damit galt nun auch die thermodynamische Irreversibilität, die qualitative Unterscheidung in der makroskopischen Entwicklung der Energiegehalte des Universums. Es wurde bereits erwähnt, daß die Zunahme der Entropie im reinen Kondensationsmodell durchaus mit einer Zunahme des Gestaltenreichtums vereinbar ist. Durch die Energieumwandlung und -freisetzung bei der Sternevolution und in den Zentralgebieten von Galaxien kompliziert sich dieses Bild später wieder.

Eine letzte grundlegende Frage sei hier aufgeworfen, die die moderne Kosmologie immer stärker beschäftigt: Ist das Universum mit seinen makroskopischen Kenngrößen und der dadurch bestimmten Dynamik ein Zufallsprodukt – oder stehen dahinter bis zu einem gewissen Grade Selbstorganisation und Selbstregelung? Es wird immer deutlicher, daß ein gestaltenreiches Universum, wie wir es heute vor uns haben, nur unter Einhaltung einiger sehr eng begrenzter Randbedingungen entstehen konnte. Diese Randbedingungen betreffen zum Beispiel die am Beginn des Universums geforderte hohe Isotropie (Gleichförmigkeit nach allen Richtungen), da sonst die sich bildenden Strukturen durch Gezeitenwirkung sofort wieder auseinandergerissen worden wären. Ferner hätten sich kleinste lokale Störungen katastrophal ausgewirkt und die Galaxienbildung verhindert, läge die Ausdehnungsgeschwindigkeit des Universums nicht nahe bei der Fluchtgeschwindigkeit (der Grenzgeschwindigkeit zwischen einem offenen, unendlich expandierenden und einem geschlossenen, pulsierenden Universum). Mit dem letzteren Faktor hängt auch die Dichte des Universums zusammen, so daß auch das Ausmaß des Symmetriebruches zwischen Materie und Antimaterie und damit die Masse der übrigbleibenden Materie hier mitspielt. Daß auch im Mikroskopischen ziemlich enge Randbedingungen eingehalten wurden, kam zur Sprache anläßlich der Wirkungsgrenzen zwischen starken und schwachen nuklearen Austauschkräften und der Bedingungen für einen langsamen Abbrand von Wasserstoff zu Helium. Der »Zufälle«, von denen man immer mehr entdeckt, scheint es viele gegeben zu haben.

Man hatte natürlich sofort eine »darwinistische« Erklärung zur Hand: Es können viele Universen entstehen, von denen viele gestaltarm und steril bleiben – bis eben durch Zufall die Bedingungen für die Gestaltenbildung günstig sind, was gerade in unserem Universum der Fall ist. In den weniger günstigen Fällen entsteht kein Leben, das zur Beobachtung und Selbstreflexion dieser Universen führt. Das gleiche Argument wurde auch für das erwähnte Modell einer Vakuum-Fluktuation angeführt. Unter unzähligen kleineren Fluktuationen dieser Art entsteht ganz selten eine, die hinlänglich groß und dauerhaft ist, um intelligentes Leben zu entwickeln; von den anderen werden wir nie erfahren. Genauso aber, wie wir heute Leben als einen selbstorganisierenden Prozeß verstehen, der sich seine Bedingungen teilweise selber schafft und ein weit höheres Maß an Selbstbestimmung ausüben kann, als es der darwinistischen Vorstellung von der Bewährung oder Elimination blinder Zufallsmutationen entsprach, genauso werden wir vielleicht einmal die selbstorganisierenden Prozesse eines Universums verstehen, das nicht durch eine blinde Auswahl von Anfangsbedingungen determiniert ist, sondern teilweise Möglichkeiten zur Selbstbestimmung hat. Wir wissen zum Beispiel heute nicht, ob sich die »Konstanten« und Gesetze der Physik mit der Evolution des Universums ändern. Wir wissen auch nicht, ob die Symmetriebrüche zwischen den physikalischen Kräften, die das Raum-Zeit-Kontinuum für die Entfaltung von Evolution aufspannen, in lediglich einer Weise oder auf mehrere Arten erfolgen können. Vielleicht evolvieren in einem pulsierenden Universum (doch ob es überhaupt pulsiert, wissen wir auch nicht) die Wechselwirkungen zwischen den physikalischen Kräften und damit das gesamte Raum-Zeit-Kontinuum der Evolution in jeder Periode des Zyklus. Vielleicht hat sich über viele Zyklen eine Art Optimierung der veränderlichen Parameter und Beziehungen in einem solchen Sinne ergeben, daß die Entstehung von Gestaltenreichtum immer stärker begünstigt wird. Vielleicht hat die kosmische Evolution ein solches Generalthema mit der Evolution des Lebens gemeinsam. Vielleicht . . .

Was wir aber heute schon hinlänglich genau wissen, um darüber wenigstens in allgemeinen Grundzügen diskutieren zu können, ist die Art und Weise, wie sich Leben die Bedingungen für seine so reich differenzierte Entfaltung selber schafft. Davon soll im nächsten Kapitel die Rede sein.

6. Biochemische und biosphärische Koevolution

> Alles echte Leben ist Begegnung. Begegnung liegt
> nicht in Zeit und Raum, sondern Raum und Zeit
> liegen in der Begegnung.
>
> *Martin Buber*

Energiefluß als Anstoß zur chemischen Evolution

Das Alter der Erde wird heute mit 4,6 Milliarden Jahren angenommen,
also rund einem Viertel vom Alter des Universums. Die Weltmeere
bildeten sich vor 4,4 bis 4,1 Milliarden Jahren, und die ersten Schmelz-
gesteine erschienen vor 4,1 Milliarden Jahren auf der vulkanübersäten
Erdoberfläche, auf der sich noch für lange Zeit starke Verschiebungen
ergaben. Heute wissen wir, daß der größte Teil der Geschichte der Erde
mit der Entfaltung von Leben verbunden ist. Seit der Bildung von
Sedimentgesteinen, deren älteste 3,75 Milliarden Jahre zurückreichen,
finden sich fossile Spuren von Leben. Die ältesten bekannten Fossilien
stammen von Einzellern, die vor ungefähr 3,5 Milliarden Jahren lebten.
Die Bedingungen auf der Erde scheinen also von allem Anfang an für
die Entstehung von primitivem Leben günstig gewesen zu sein. Daß sie
für die weitere Entwicklung günstig blieben, ist allerdings weniger
erstaunlich. Denn einmal entstanden, schuf sich das Leben zu einem
guten Teil seine Bedingungen selbst, wie noch zu zeigen sein wird.
Immerhin deuten die Beispiele der anderen inneren Planeten – Merkur,
Venus und Mars – darauf hin, daß für eine über Milliarden von Jahren
mehr oder minder kontinuierliche Evolution zu immer höherer Komplexität offenbar kein allzu großer Spielraum besteht.

Für den ersten Schritt zum Leben reichen die anorganischen Moleküle, die sich bei der Kondensation des Planeten und während seiner
weiteren Abkühlung gebildet haben, nicht aus. Während zwar einerseits
die Ausbildung von Gleichgewichtsstrukturen eine hinlänglich stabile,
energiereiche und dichte Umgebung schafft, um die Entfaltung von
Komplexität zu ermöglichen, ist andererseits die Temperatur nicht hoch
genug, um den Fortgang der Evolution zu großen organischen Molekülen zu gewährleisten. Doch sorgen elektrische Entladungen, das heißt
Blitze, kurzzeitig und lokal für außerordentlich hohen Energiedurchsatz,
der bewirkt, daß auf kleinem Raum chemische Reaktionen bei hohen
Temperaturen bis zu 30000 Grad Kelvin ablaufen, in denen Radikale

und Ionen dominieren. Die sehr schnellen Reaktionen führen zu einer nichttrivialen chemischen Kinetik, deren Gleichgewichtsverteilung bereits hochstrukturierte organische Moleküle einschließt. Bei der folgenden Abkühlung werden die stabilsten dieser komplexen Chemikalien »ausgefroren«. Sie fallen gewissermaßen als »Asche« jener Hochtemperatur-Reaktionssysteme an und finden sich in einer Umgebungstemperatur wieder, bei der sie zunächst chemisch nicht weiter reagieren. Doch diese Asche enthält die Grundbausteine des Lebens: Kohlehydrate, Nukleinsäuren, Aminosäuren (aus denen sich die Proteine zusammensetzen) und sogar ganze kleinere Proteinmoleküle. Die beiden letztgenannten Molekülarten sind hervorragende Katalysatoren mit der Fähigkeit, weitere Phasen der Mikroevolution in Gang zu bringen. Der Anstoß zum Beginn der Mikroevolution des Lebens kam also vom Makrozweig, aus den Energieprozessen einer planetarischen Umwelt. Dabei scheint auch die energiereiche Ultraviolettstrahlung der Sonne, die in Abwesenheit von atmosphärischem Sauerstoff ungehindert die Erdoberfläche erreichen konnte, eine Rolle gespielt zu haben.

Als im Jahre 1953 Stanley Miller, damals noch Student, den berühmt gewordenen Versuch unternahm, eine aus Wasser, Methan, Stickstoff, Spuren von Ammoniak und kleinen Mengen von Wasserstoff nachgebildete »präbiotische Suppe« zu verdampfen und mehrere Tage lang elektrische Funken durch den Dampf zu senden, erhielt er gleich beim erstenmal organische Substanzen wie Zucker, Basen und vor allem Aminosäuren. Obwohl damit der wichtige Evolutionsschritt von einfachen anorganischen zu komplexen organischen Molekülen im Prinzip geklärt und experimentell erhärtet war, verstand man das Resultat nicht gleich. An Stelle des erwarteten sehr breiten Spektrums von Verbindungen in jeweils sehr geringen Mengen ergab sich ein außerordentlich selektives Spektrum teilweise hochkomplexer Moleküle. Heute versteht man im allgemeinen, warum gerade diese Auswahl von Molekülen aus der Hochtemperatur-Kinetik mit nachfolgender rascher Abkühlung stabil hervorgeht. Interessanterweise wird die Fortführung der Evolution eher durch kühle Temperaturen zwischen 0 und 25 Grad Celsius gefördert (Miller und Orgel, 1973).

Organische Moleküle, einschließlich Aminosäuren, gelangen auch aus dem Weltraum auf die Erde. Spuren organischer Substanzen einwandfrei außerirdischen Ursprungs wurden in Meteoriten gefunden und kommen auch in Kometen vor. Sie sind offenbar zugleich mit dem Sonnensystem entstanden, was der Hypothese eines hochenergetischen

Ereignisses, etwa einer nahen Supernova-Explosion zu jener Zeit, weitere Nahrung gibt. In diesem Falle wäre es möglich, daß Sonne, Planetensystem und die organischen Substanzen, aus denen das Leben entstehen sollte, alle auf ein und denselben Ursprung zurückgehen, auf eine gewaltige Fluktuation, die vermutlich in Gestalt von Schockwellen die protostellare Gaswolke zur makro- und mikroskopischen Strukturierung zwang. Organische Moleküle wären dann vielleicht nicht erst auf der Erde aufgetreten, sondern schon in der Gaswolke, aus welcher sich die Planeten bildeten. Auf die weitere Möglichkeit, organische Substanzen aus dem Zentrum der Galaxie zu beziehen, wo sie ja auch festgestellt wurden, konnte die Erde offenbar verzichten. Doch läßt sich daraus vielleicht schließen, daß auch bei sehr verschiedenen Ausgangslagen im Universum die ersten Stufen zum Leben einander sehr ähneln.

Ein kosmischer Ursprung von Produkten späterer Phasen der Evolution des Lebens wird von der alten »Panspermie«-Hypothese angenommen, die immerhin in jüngster Zeit von so namhaften Wissenschaftlern wie Nobelpreisträger Francis Crick und Leslie Orgel wiederbelebt worden ist. Sie glauben sogar an die Möglichkeit einer »gerichteten« Panspermie, geplant und ausgeführt von außerirdischen intelligenten Wesen. Doch dies wäre nur eine örtliche Verschiebung. Die Grundfrage bleibt bestehen: Wie konnte sich Leben (irgendwo) durch Selbstorganisation entwickeln?

Präbiotische Selbstorganisation:
Dissipative Strukturen und Hyperzyklen

Die Entstehung und Entfaltung des Lebens ist oft aus berufenerem Munde und ausführlicher dargestellt worden, als ich es hier vermag. Doch geht es mir in diesem Kapitel vor allem um die Hervorhebung verschiedener Ebenen evolutionärer Prozesse, um die Natur der Symmetriebrüche, die sie voneinander trennen, und um die Koevolution der Mikro- und Makrowelt des Lebens. Daß dabei die Zusammenhänge erst mit Hilfe neuer und zum Teil noch umstrittener Theorien – alles Produkte jener in der Einleitung skizzierten Metafluktuation – dargestellt werden können, kommt nicht überraschend. Obwohl es für die Entstehung des Lebens kein »Standardmodell« wie für die Kosmologie gibt, bilden die Ideen, die ich hier in eine vorläufige logische Struktur bringe, für viele sensible Wissenschaftler intuitiv eine Einheit.

Der erste Symmetriebruch in einer Welt, die sich im Laufe ihrer Kondensation in Gleichgewichtssystemen wie Kristallen und Felsformationen strukturiert hat, ist das Auftreten dissipativer Strukturen. Wie in Kapitel 1 dargestellt, entspricht dies einem räumlichen Symmetriebruch. Hierbei sind die katalytischen Eigenschaften jener organischen »Asche« aus Hochtemperatur-Reaktionen von entscheidender Bedeutung. Die charakteristische Selbstorganisations-Dynamik dissipativer Strukturen kann zur Klärung der nächsten zwei Schritte einer präbiotischen Evolution einen entscheidenden Beitrag liefern (Prigogine et al., 1972). Es handelt sich hierbei um autokatalytische Stufen, die mit Hilfe von quantitativen Modellen einer evolutiven Rückkoppelung (siehe Kapitel 3) studiert werden können.

Die erste Stufe betrifft die Bildung von Biopolymeren aus Monomeren, im besonderen die *Polynukleotid-Polymerisation,* für die Agnès Babloyantz (1972) in Brüssel ein Modell entwickelt hat. Dieses Modell beschreibt den Wettbewerb zwischen zwei Arten der Polymerisation, nämlich linearem Kettenwachstum, wie es im Gleichgewichtszustand dominiert und zu einem stationären Zustand mit relativ niedriger Polymerkonzentration führt, und der von Eigen (1971) vorgeschlagenen kooperativen Polymerisation auf komplementären molekularen »Matrizen« gemäß der Paarungsregel von Watson-Crick. Diese nach den Entdeckern der Doppelhelix-Struktur der genetischen Moleküle, James Watson und Francis Crick, benannte Regel besagt, daß sich die vier elementaren »Basen« in der Doppelhelix auf ganz bestimmte Weise paaren, nämlich Adenin mit Thymin und Guanin mit Cytosin. Für lineares Kettenwachstum kann normaler Lehm mit Metallspuren oder Silikatgestein als Katalysator wirken. Wird das Ungleichgewicht aber durch stärkere Konzentration von Monomeren erhöht, etwa in Ablagerungen am Rande einer »präbiotischen Suppe«, so dominiert der autokatalytische kooperative Modus und führt zu einer markanten Zunahme der Polymerkonzentration. Unter bestimmten Voraussetzungen resultieren daraus Instabilität und die Bildung einer dissipativen Struktur. In der Matrizen-Polymerisation spielt bereits eine neue Art von Gedächtnis eine Rolle, nämlich chemische Stereospezifität oder die Fähigkeit von Molekülen, einander an ihrer Form, ihrer räumlichen Struktur zu erkennen. Dies kann als der erste Schritt zu genetischer Kommunikation angesehen werden, die auf der Speicherung von Information auf konservativen Strukturen beruht.

Dissipative Strukturen bringen eine außerordentliche Intensivierung

148

und Beschleunigung von Prozessen mit sich, die sonst vielleicht im Sande verlaufen würden. Einfache Katalyse führt zu linearem Wachstum, Autokatalyse hingegen zu exponentiellem. Ging es, wie wir gesehen haben, bei der kosmischen Evolution zuweilen um Bremsung von Prozessen der Energiefreisetzung, um Evolution zur vollen Entfaltung zu bringen, so geht es hier um Beschleunigung. Ein weiterer Effekt liegt in der räumlichen Konzentration, wie sie dissipative Strukturen mit sich bringen, sowie in der relativen Autonomie von der Umgebung. Früher nahm man an, daß mechanische Isolation nötig sei, um sehr langsame Evolutionsprozesse nicht auseinanderbrechen zu lassen. Der russische Chemiker Andreas Oparin (1938), der vor einem halben Jahrhundert die erste biophysikalisch und biochemisch fundierte Theorie der Entstehung des Lebens formuliert hat, postulierte den Einschluß von Biopolymeren in Lipoproteinmembranen und die Bildung kugelförmiger Koazervate (»Unterwasserseifenblasen«), die zwar selektiv ionendurchlässig waren, aber eine weitgehende Isolation der primitiven Biosphäre von der Umwelt bewirkten. Solche Bläschen von etwa einem Hundertstel Millimeter Durchmesser sind tatsächlich in Experimenten der Protein-Polymerisation gefunden worden. Aber weder Proteine noch Nukleotide können in solcher Abgeschiedenheit jene Komplexität erlangen, wie sie für das Leben charakteristisch ist. Nur eine gemeinsame, wechselseitig bedingte Weiterentwicklung scheint dorthin zu führen. Auf diesem Wege bewahren dissipative Strukturen ihre Offenheit und selektive Austauschfähigkeit auch ohne vorherigen mechanischen Abschluß. Sie können selbst Membranen bilden und damit sowohl die Reaktionskinetik durch Konzentration von Katalysatoren beschleunigen als auch chemische Prozeßwege voneinander trennen. Das erheblich flexiblere Prinzip der Autonomie selbstorganisierender Systeme löst das Prinzip der Isolation ab. Schließlich bedürfen dissipative Strukturen zur Aufrechterhaltung der selbstorganisierenden Prozesse auch keines Antriebs von außen, wie er (in Form von natürlichen Schwankungen der Umweltfaktoren) von anderen Theorien angenommen werden muß, zum Beispiel von Hans Kuhns (1973) Theorie zufälliger Reproduktion in der Halbisolation von Felsporen.

Im Grunde geht es bei diesem Wettstreit der Theorien darum, daß bei der Entstehung des Lebens manches im Prinzip auch durch dumpfen Zufall erklärt werden könnte, der sich aus Konstellationen ergibt, die im langsamen Rhythmus geophysikalischer Schwankungen und chemischer katalytischer Prozesse schwingen. Doch für jeden langsamen Zufallsmechanismus der Gleichgewichtswelt gibt es die außerordentlich beschleunigten und intensivierten Prozesse der Ungleichgewichtswelt, der dissipativen Strukturen, die mikroskopische Selbstorganisation ermöglichen. Die Wahl fällt indessen kaum schwer, wenn man berücksichtigt, daß wohl erst jenseits gewisser kritischer Schwellen die Kontinuität einer zu höherer Komplexität führenden Dynamik gewahrt bleibt.

Für die erwähnte gemeinsame Weiterentwicklung von Proteinen und Nukleotiden hat Manfred Eigen (1971) in Göttingen ein Modell vorgeschlagen, das ein genialer Wurf genannt zu werden verdient: Nach der Bildung hinlänglich komplexer Moleküle von Proteinen (Polypeptiden) und Polynukleotiden geht es im folgenden um einen vielstufigen Weg der Interaktion von Populationen der beiden Molekülarten. In einem von Eigen so benannten »*selbstreproduzierenden katalytischen Hyperzyklus*« (Abb. 25) tragen die Polynukleotide I_i sowohl die Information

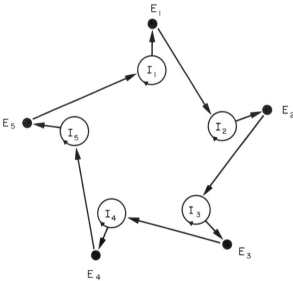

Abb. 25. Ein selbstreproduzierender katalytischer Hyperzyklus zweiten Grades, wie er wahrscheinlich in der präzelluaren Evolution eine entscheidende Rolle gespielt hat. Jeder Informationsträger I_i (ein Nukleinsäuremolekül) enthält die Instruktion für seine eigene Selbstreproduktion (dargestellt durch den im Kreis geschlossenen Pfeil) wie auch für die Produktion eines Enzyms (Proteinmoleküls) E_i. Das letztere leistet für die Bildung des nächsten Informationsträgers I_{i+1} katalytische Hilfestellung. Ein geschlossener Hyperzyklus dieses Typs ist in hohem Maße zur Fehlerkorrektur in seiner Selbstreproduktion und damit zur Bewahrung und Übertragung komplexer Information fähig. Nach M. Eigen und P. Schuster (1977/78).

für ihre eigene autokatalytische Selbstreproduktion in sich, wobei sie sich der katalytischen Aktion der vorausgegangenen Polypeptid-Kette E_{i-1} bedienen, als auch Information für die Synthese der nächsten Polypeptid-Kette E_i. Wegen dieser Doppelfunktion spricht man hier von einem Hyperzyklus zweiten Grades (Eigen und Schuster, 1977/78). Ist der Hyperzyklus geschlossen, so daß das letzte Enzym E_n der Katalysator für die Bildung des ersten Polynukleotids I_1 wird, so ist das Gesamtsystem autokatalytisch. Wir können in dieser Verzahnung bei der Entwicklung von zwei Molekülsorten vielleicht eine erste Form von *Symbiose* erblicken. Jede Molekülsorte hat etwas anzubieten, was die andere nicht hat: Polynukleotide sind infolge ihrer Molekülstruktur die bestgeeigneten Informationsträger, und Proteine sind sehr gute Katalysatoren; beide Eigenschaften gemeinsam erst ermöglichen Selbstreproduktion.

Eigen und Schuster (1977/78) zeigen an einem von ihnen angenommenen einfacheren Vorgänger dieses Hyperzyklus, an dem nur zwei Polynukleotide (Guanin und Cytosin) mit zwei Proteinen teilnehmen, daß dieser nur evolvieren kann, wenn jedes Protein jeweils bevorzugt das andere Polynukleotid katalysiert, wechselseitige Förderung also den Vorrang vor Selbstförderung genießt. Altruismus ist also bereits auf dieser Stufe ein Prinzip der Evolution.

Durch »Kopierfehler« in der Reproduktion mittels des Matrizen-Mechanismus können nun neue Substanzen entstehen, die neue Nichtlinearitäten ins Spiel bringen, wodurch das System über eine Instabilität in ein neues Regime gezwungen wird. Dieser Vorgang kann sich viele Male wiederholen. Dabei kann die Entropieproduktion im Bereiche dieses Übergangs jeweils um mehrere Größenordnungen ansteigen. Man kann also in der »Aufbauphase« der präbiotischen Evolution von dem schon erwähnten Prinzip der maximalen Entropieproduktion sprechen. Das »ökonomische« Prinzip minimaler Entropieproduktion gilt für einen stationären Zustand. Er kommt hier ins Spiel, wenn die Evolutionskette unterbrochen wird, wenn also zum Beispiel das System optimale Stabilität gegenüber Fluktuationen und seinen eigenen Fehlern erreicht hat. Die im Informationsgehalt der entstehenden Nukleinsäuremoleküle gespeicherte Geschichte dieser Entwicklung kann dabei als *Vorläufer des genetischen Codes* angesehen werden.

Lineare Selbstreproduktion – der vertikale Aspekt genetischer Kommunikation

Der Eigensche Hyperzyklus stellt in reiner Form jene Koevolution von Nukleinsäuren und Proteinen dar, die sich auch noch im weiteren Verlauf der Entwicklung in einzelligen und mehrzelligen Organismen fortsetzt. Voll ausgebildet ergibt sich daraus der Grundprozeß genetischer Kommunikation, der im folgenden kurz skizziert werden soll.

Informationsträger sind dabei die DNS-Moleküle (Desoxyribonukleinsäure), die im Zellkern in Doppelhelixfäden auftreten, wobei die einzelnen Teile (Nukleotide) der einander gegenüberliegenden Fäden nach der schon erwähnten Paarungsregel von Watson-Crick zusammengesetzt sind. Die DNS des Menschen besitzt nicht weniger als 2,3 Milliarden Nukleotide, die in nahezu einer Million Genen zusammengefaßt sind. Bei der Replikation trennen sich die beiden Fäden und verdoppeln sich durch Anlagerung der jeweils komplementären Nukleotide. Dabei spielt ein Protein, die DNS-Polymerase, die Rolle des Katalysators. Bei der Zellteilung kann auf diese Weise eine komplette Kopie des DNS-Moleküls weitergegeben werden.

Das DNS-Molekül enthält die Information zur Produktion von Proteinen, also zum Aufbau und zur ständigen Regenerierung der Zelle. Dabei wird das DNS-Molekül durch einsträngige Boten-RNS-Moleküle (Ribonukleinsäure) kopiert, die nur einige Minuten lang stabil sind. In den sogenannten Ribosomen werden dann mit Hilfe einer weiteren Art von RNS-Molekülen, Transfer-RNS, die durch je drei Boten-RNS-Nukleotide (»Codons«) angesprochenen zwanzig verschiedenen Arten von Aminosäuren zu Proteinen zusammengesetzt. So entsteht eine große Vielfalt von Proteinen, die ihrerseits als Katalysatoren für außerordentlich differenzierte biochemische Prozesse dienen, die gleichzeitig und nebeneinander verlaufen. Für einige dieser Prozesse konnte nachgewiesen werden, daß sie sich im Rahmen winziger dissipativer Strukturen innerhalb der Zellen organisieren. Die Fixierung der Katalysatoren auf Membranen ermöglicht enge räumliche Begrenzung ebenso wie Intensivierung der Prozesse und damit auch die Ausbildung komplexer Netze biochemischer Prozeßwege.

Im Eigenschen Hyperzyklus wird also das Prinzip der chemischen Autokatalyse durch das Prinzip der Selbstreproduktion ganzer zyklisch organisierter Prozeßsysteme abgelöst, das auf einer höheren Ebene wieder autokatalytische Funktionen einführt. Diese neue Art der Autokatalyse erweitert die auf eine einzige Generation bezogene Autopoiese durch Kopierung auf eine Folge von Generationen. Wir können auch von linearer Selbstreproduktion sprechen. Linear deshalb, weil es sich dabei um die strikte Replikation einer vorgegebenen Struktur handelt. Es entstehen identische Abgüsse ein und desselben Individuums. Aber die Fluktuationen, die durch Kopierfehler entstehen, werden gleicherweise weitergegeben. Anders als in der kosmischen Evolution wird aber nicht Materie weitergegeben, sondern Information für die Organisation von Materie. Eine neue Dimension von Offenheit wird eingeführt, da Information die kumulative Erfahrung aus vielen Generationen übertragen kann. Während eine chemische dissipative Struktur nur zur Ontogenese fähig ist, zur Evolution ihrer eigenen Individualität, und ihr Gedächtnis auf die Erfahrung im Laufe ihrer eigenen Existenz beschränkt ist, wird nunmehr auch Phylogenese (Stammesgeschichte) möglich. Dabei ist der Stamm vorderhand kein Stammbaum, sondern eine einzige dünne Linie. Die Erfahrung früherer Generationen, aber auch die Fluktuationen und Evolutionen, werden vertikal weitergegeben, das heißt entlang der Zeitachse. Diese Zeitbindung ermöglicht die Entwicklung höherer Komplexität, als sie in der Ontogenese materieller Systeme möglich erscheint.

Anders als bei den Hyperzyklen, die einfachen dissipativen Strukturen zugrunde liegen und in denen Entstehen und Vergehen sich die Waage halten, geht es hier um Nettovermehrung. Die Teilnehmer am Hyperzyklus sind im Vergleich zu den in Minuten ablaufenden Prozessen ihrer Kopierung relativ stabil, so daß ihr Zerfall in erster Näherung vernachlässigt werden kann. Das Resultat ist nicht die Aufblähung des ursprünglichen Systems, sondern seine Multiplizierung. Im Idealfall ergibt sich, wie Eigen (1971) gezeigt hat, hyperbolisches Wachstum, also ein Wachstum, das noch schneller verläuft als das exponentielle. Während beim exponentiellen Wachstum die Verdopplungszeit jeweils gleich bleibt, vermindert sie sich bei hyperbolischem Wachstum laufend. Durch mehrere hundert Jahre wuchs die Weltbevölkerung hyperbolisch; jede weitere Verdopplung nahm nur die Hälfte der Zeit in Anspruch wie die vorhergehende. Hyperbolisches Wachstum der Hyperzyklen aber bedeutet, wie ebenfalls aus theoretischen Überlegungen Eigens hervorgeht, daß in einem Wettbewerb zwischen zwei oder mehreren Grundformen selbstreproduzierender Biomoleküle ein für allemal eine klare Entscheidung für eine von ihnen erzwungen worden sein muß. So erklärt man sich, daß alles Leben auf der Erde, tierisches wie pflanzliches, auf denselben genetischen Strukturen beruht. Allerdings müssen die Moleküle nicht völlig identisch gewesen sein, sondern bildeten wohl, wie Eigen und Schuster (1977/78) es nennen, eine »Quasi-Art«, deren Mitglieder einander sehr ähnlich waren.

Die Vermehrung der Hyperzyklus-Teilnehmer und ihre jeweilige Formierung in neuen selbstreproduzierenden Hyperzyklen war aber offenbar nur dadurch möglich, daß gleichzeitig für den rapid zunehmenden Stoffwechsel gesorgt wurde. Dies bedeutet, daß die Funktionsweise und Selbstreproduktion von Hyperzyklen abhängig waren von der Ausbildung und Multiplizierung dissipativer Strukturen. Auf der gegenwärtigen Stufe des Lebens ist die metabolische Funktion in einfacheren Hyperzyklen – wie dem der Selbstreproduktion von Transfer-RNS – im Aufbau neuer RNS aus energiereichen Molekülen bei Ausscheidung energiearmer Moleküle direkt mit eingeschlossen. In kompletten Zellen hingegen wird sie von vielen Hilfskreisläufen wahrgenommen. Daneben gibt es die Viren, die nur aus genetischem Material (meist RNS) in einer Eiweißhülle bestehen und keines eigenen Stoffwechsels fähig sind; um sich zu vermehren, müssen sie in Fremdzellen eindringen und sich als eine Art molekulares Kuckucksei deren metabolischen Mechanismus dienstlich machen (Campbell, 1976). Der Weg zu den ersten Zellen aber hing offenbar nicht nur von der Fähigkeit des Kopierens komplexer Informationen ab, sondern auch von der Sicherstellung des Stoffwechsels in den selbstreproduzierenden und evolvierenden Einheiten selbst. Ob sich aber die dissipativen Strukturen so ohne weiteres auf hyperbolisches Wachstum einließen, muß vorerst dahingestellt bleiben. Wie vieles konnte da unter den Tisch fallen, ohne sofort in neuen Hyperzyklen strukturiert zu werden? Vielleicht kam es zu kurzen, hyperbolischen Wachstumsstößen in den einzelnen Hyperzyklen und dazwischen zu einem beschaulichen, autopoietischen Dasein. Dies würde der Theorie dissipativer Strukturen insofern entsprechen, als nach ihr bei der Bildung einer neuen Struktur eine um mehrere Größenklassen erhöhte Entropieproduktion zu erwarten ist, die im »etablierten« Zustand wieder abnimmt.

Jedenfalls können wir heute schon in der präbiotischen Phase, noch vor Entstehung der ersten Zellen, von Materiesystemen sprechen, die Stoffwechsel besitzen, sich selbst reproduzieren, durch Mutation evolvieren und sich im Wettbewerb gegen andere durchzusetzen vermögen. Wer hätte das noch vor kurzem zu behaupten gewagt? Die erwähnten Eigenschaften – und vor allem ihre Kombination – wurden ja geradezu einer Definition des Lebens zugrunde gelegt. Heute erkennen wir, daß es sich um allgemeine Eigenschaften handelt, die aus dissipativer Selbstorganisation hervorgehen und eine Brücke schlagen zwischen den Bereichen des Belebten und des Unbelebten.

Betrachtet man ausschließlich die Mikroevolution des Lebens, also Hyperzyklen auf dem Wege zur ersten Zelle, so kann man mit Eigen und Schuster darwinistische Selektion insofern annehmen, als Evolution des Phänotyps (des Individuums) in dieser Phase ja mit genetischer Veränderung zusammenfiele. Der Phänotyp dieser präzellulären Stufe bestand aus nicht viel mehr als seinem genetischen Material. Es gab keinen Spielraum für die flexible Nutzung dieses genetischen Materials in der Auseinandersetzung mit der Umwelt – ein Thema, das erst später als Epigenetik in Erscheinung treten sollte. Es mag ironisch anmuten, daß strenger Darwinismus – also die These von der Evolution des Genotyps durch umweltbedingte Regelung der Reproduktionschancen des Phänotyps – zwar für hochentwickelte Organismen formuliert wurde, vielleicht aber nur für den molekularen Bereich voll zutrifft.

Für eine streng darwinistische Auslese in hartem Wettbewerb sprechen nach Eigen und Schuster (1977/78) verschiedene hochspezifische Eigenarten der genetischen Prozesse und Informationsträger. Es fällt zumindest schwer, eine oft äußerst präzis anmutende Optimierung von Eigenschaften anders zu erklären. Dies würde aber bedeuten, daß auf dieser Stufe keine Koevolution von Makro- und Mikrokosmos wirksam war; oder genauer gesagt, daß einseitige Wirkungen alternierten. Nach Bereitstellung der organischen Ausgangsmaterialien durch das planetarische System und vielleicht darüber hinausgehende Makrosysteme folgte nun eine Phase reiner Mikroevolution. Vielleicht war es wirklich so. Wie wir sehen werden, wird die Verbindung von Makro- und Mikroevolution aber spätestens mit der Entstehung der ersten primitiven Einzeller dauerhaft.

Es ist vielleicht trotzdem der Mühe wert, die Möglichkeit im Auge zu behalten, daß es gerade umgekehrt war. In der Evolution des Lebens tritt Individualismus erst spät auf. Primitiveres Leben wird in hohem Maße durch Makrosysteme wie Kolonien, Gesellschaften und Ökosysteme bestimmt. Könnte dann der Beginn dieser Entwicklung nicht von einer Art planetarischem, präbiotischem Ökosystem bestimmt gewesen sein? Der namhafteste Vertreter einer solchen Sicht ist der spanische Ökologe Ramón Margalef (1968). Er unterscheidet zwischen drei Kanälen, in denen im Bereich des Lebens Information übertragen wird. Der Kanal *ökologischer Information* besteht seit Beginn des Lebens und verbreitert sich langsam. Erst später tritt der sich zunächst rasch und später langsam verbreiternde Kanal *genetischer Information* hinzu. Als letzter, noch schneller zunehmend, tritt schließlich der Kanal *verhaltensmäßiger und kultureller Information* hinzu.

In diesem Schema ist der Beginn des Lebens durch den Primat ökologischer Information gekennzeichnet. Margalef spricht sogar von einem Ökosystem der »verschiedenen Teile einer chemodynamischen Maschine« vor dem Auftreten selbstreproduzierender Moleküle – ein Gedanke, mit dem er dissipative Strukturen zu antizipieren scheint. Tatsächlich ist die Existenz dissipativer Strukturen fast völlig durch horizontale, ökologische Beziehungen mit der Umwelt bestimmt; es gibt zwar Ontogenese, aber keine Phylogenese, gewissermaßen persönliche Erfahrung, aber keine Übertragung derselben entlang eines Stammes. Die Entsprechung von Struktur und Funktion, die für eine dissipative Struktur gilt, könnte aber auch Ökosysteme regeln, die nicht aus biologischen Organismen, sondern aus dissipativen Strukturen aufgebaut sind. Die Entstehung der Fähigkeit zur Selbstreproduktion wäre in dieser Sicht also nicht als Kampf vertikaler Entwicklungen ums Überleben zu verstehen, sondern als Koevolution vieler dissipativer Strukturen, die ihre Information in Form von Molekülen dauernd austauschen und gemeinsam die Nukleinsäure-Lösung produzieren. Die fast völlige Offenheit gegenüber ökologischer Information hieße dann, daß Fluktuationen periodischer oder unregelmäßiger Art großen Einfluß ausgeübt haben. Das gesamte, noch wenig emanzipierte Ökosystem schwang mit diesen Fluktuationen mit. Für eine solche Koevolution der Subsysteme eines Ökosystems haben Ballmer und Weizsäcker (1974) in anderem Zusammenhang die Bezeichnung *Ultrazyklus* vorgeschlagen. In einem solchen Ultrazyklus ergibt sich eine Evolution zu höherer Komplexität nicht aus Wettbewerb, wie beim Hyperzyklus, sondern durch wechselseitige Abhängigkeit innerhalb eines übergeordneten Systems. Ballmer und Weizsäcker haben diese Idee allerdings nicht für die präzelluläre Phase, sondern für Ökosysteme in späteren Phasen der Evolution formuliert.

Immerhin, im Prinzip scheinen sowohl mikroskopische wie makroskopische Prinzipien, verkörpert in den Ideen des Hyperzyklus und des Ultrazyklus, als Wegbereiter der Evolution zur primitiven Zelle nicht ausgeschlossen – oder vielleicht eine Verbindung beider Prinzipien. Während aber die Idee der individuellen Durchsetzung von Hyperzyklen bereits einen imposanten theoretischen Unterbau aufweisen kann, ist der präzelluläre Ultrazyklus derzeit nichts als eine vage Idee. Die Uniformität der Grundstrukturen des Lebens ist aber wohl kaum auf molekularer Basis allein verständlich. Vielleicht haben erst die Zellen die Auswahl unter dem Angebot vorgenommen. Als sich in einer späteren Phase der Evolution vielzellige Organismen bildeten, gab es bereits viele Millionen Arten von Einzellern; aber auch der komplexeste Organismus, wie der des Menschen, besteht aus nicht mehr als etwa zweihundert Zelltypen, die noch dazu alle aus einer einzigen Zelle hervorgehen.

Horizontale genetische Kommunikation – die Stufe prokaryotischer Zellen

Nach den chemischen und biochemischen dissipativen Strukturen, zu denen auch die einzelnen Stufen in der Evolution der Hyperzyklen zählen, stellt die primitive Zelle die nächsthöhere Stufe eines Systems dar, das sich in autopoietischen Strukturen stabilisiert und zyklisch organisiert. Es ist diese Zelle, die die Funktionen der Nukleinsäuren und Proteine auf komplexer Stufe koordiniert und separiert. Entscheidend dafür war die Bildung von Membranen, die sowohl die Separierung wie die Verstärkung biochemischer Prozeßketten und -zyklen erlaubten. Diese erhöhen das lokale Ungleichgewicht. Eine Zelle kann viele dissipative Strukturen winzigster Dimensionen in sich vereinigen. Sie stellen gegenüber den reinen Prozeßsystemen chemischer dissipativer Strukturen durch Einführung solider Elemente hochminiaturisierte Strukturen dar.

Eine Zelle verkörpert makroskopische Ordnung auf einer höheren Ebene der Komplexität, wobei sich diese Ordnung schon auf sehr kleinem Raum ausbilden kann. Die kleinsten frei lebenden Zellen, pleuropneumoniaartige Organismen, haben einen Durchmesser von etwa 0,0001 Millimeter, was nur ungefähr dem tausendfachen Durchmesser eines Wasserstoffatoms entspricht. Sie kommen mit 1200 Biomolekülen aus (Morowitz und Tourtelotte, 1962). Der Durchmesser von Bakterien ist im Durchschnitt etwa zehnmal größer als diese Minimaldimension des Lebens, der von Gewebezellen eines Säugetiers hundertmal und der eines Protozoons (wie der Amöbe) tausendmal. Noch dramatischer fällt ein Vergleich der entsprechenden Massen aus, die im Verhältnis von eins zu einer Milliarde variieren. Die Masse der kleinsten

Zelle beträgt 5 x 10^{-16} Gramm. Eine mit Nährstoffen angereicherte Zelle, etwa der Dotter eines Vogeleis, kann dabei noch viel größer und schwerer werden als selbst Protozoen.

Die koordinierende Funktion der Zelle tritt mit der Entwicklung komplexer, mehrstufiger Stoffwechselprozesse in Erscheinung. Diese dienten zunächst der Gärung (Fermentierung) von Stoffen aus der Umgebung. Eine erste Flexibilität wurde dabei dadurch entwickelt, daß die absolute Abhängigkeit vom Vorkommen bestimmter Stoffe durch die Ausbildung von Vorstufen gebrochen wurde, in denen diese Stoffe innerhalb der Zelle durch Enzyme aus anderen Ausgangsmaterialien hergestellt werden. Neben diesen fleißigen und erfindungsreichen *Autotrophen* (Selbsternährern) gab es aber wahrscheinlich schon sehr früh *Heterotrophe,* die Zellbruchstücke oder kleinere Zellen fraßen und sich damit die metabolischen Kosten der Produktion und Weitergabe entsprechender Gene ersparten. Damit war vielleicht ein Vorteil für die Selektion verbunden.

Die Mikroorganismen, von denen hier die Rede ist, waren kernlose Einzeller oder *Prokaryoten* (von griechisch *karyos,* »Kern«), die in zwei Grundtypen auftraten. Die direkten Nachkommen der einen sind die heutigen Bakterien, die meisten aber gehörten dem anderen Typus an, dem der viel größeren, fadenförmigen Blaualgen, die noch heute in vielen Umwelttypen vorkommen, auch in solchen, in denen keine andere Vegetation existieren kann (Echlin, 1966). Die meisten von ihnen leben in Süßwasser. In feuchten Tropengebieten können sie weite Landstriche mit einer gelatineartigen Masse überziehen. In gemäßigten Breiten bedecken sie in feuchten Tälern oft Felsen und Baumstrünke.

Einseitig darwinistisches Denken stellt sich ihre Evolution so vor, daß es zur Übervölkerung und damit zu einer Krise der Nahrungsbeschaffung kam, aus der dann jene Arten, die sich neue und wirkungsvollere Energiequellen und Verarbeitungsmethoden erschließen konnten, als Überlebende hervorgingen. Ein solches lineares Denken, das den Wettbewerb von Entwicklungslinien (Arten oder Stämme) betrachtet, die als separierbar angenommen werden, stößt aber zumindest bei den Bakterien auf eine unerwartete Schwierigkeit: Bei ihnen gibt es gar keine Arten im strengen Sinne.

Bakterien pflanzen sich nicht streng vertikal durch Weitergabe ihrer Erbmasse an die nächste, durch Teilung hervorgegangene Generation fort. Eigentlich handelt es sich bei der Zellteilung gar nicht um eine Abfolge von echten Generationen, sondern um eine Multiplizierung wie bei den Hyperzyklen. Es gibt keinen natürlichen Tod, der Generationen voneinander trennt. Die volle genetische Information, in mehreren Kopien vorhanden, wird weitergegeben. Jede Zelle lebt immer weiter fort und strukturiert sich durch fortwährende Teilung in einer sich erweiternden Raum-Zeit-Struktur. Es mutet daher kaum überraschend an, daß genetische Information nicht nur dadurch multipliziert wird, daß in der Zellteilung die frei in der Zelle herumschwirrenden, identischen DNS-Kopien auf die Tochterzellen aufgeteilt werden, sondern daß auch ein Rückkoppelungsmechanismus besteht, über den Bakterien der gleichen Generation genetischen Austausch pflegen.

Bei Bakterien spielt der horizontale Austausch von Genen unter einzelnen Zellen sogar eine ganz erhebliche Rolle. Dabei können Gene in Form gelöster DNS-Moleküle oder auf Zellteilen übertragen werden, oder eines der zwei bis vier identischen Bakterien-Chromosomen wird über eine temporär gebildete Brücke übertragen (»Konjugation«) oder auch mittels eines Trägers, vor allem eines Virus. Bei der Konjugation ergibt sich eine erste Vorform von Sexualität, wenn eine »männliche« Zelle ihr Chromosom an eine »weibliche« überträgt. Der Unterschied zwischen »männlich« und »weiblich« liegt allerdings nur in einem bestimmten Gen, das diesen pseudosexuellen Prozeß initiiert. Wird es an die »weibliche« Zelle übertragen, so wird diese »männlich« und ergreift beim nächsten Mal die Initiative (Broda, 1975). Transsexualität ist also bei Bakterien etwas Alltägliches. Übrigens spielt die horizontale Genübertragung durch Viren, die sich in die DNS einer Gastzelle »einpassen« und ihr integraler Bestandteil werden, auch beim Menschen eine bisher möglicherweise unterschätzte Rolle (Campbell, 1976).

Diese sogenannte parasexuelle Genübertragung ist anscheinend unter allen Bakterienarten möglich, stufenweise sogar zwischen sehr verschiedenen Typen. Dabei ist die Rolle der letzteren so bedeutend, daß vorgeschlagen wurde (Hedges, 1972), Bakterien als einen einzigen gemeinsamen Genvorrat (»Gen-Pool«) zu betrachten, aus dem vorübergehend definierbare »Arten« jene genetische Information beziehen, die sie für wechselnde Situationen, das heißt für ihre Beziehungen zu einer sich wandelnden Umwelt, benötigen. Es wird hier bereits ein Mechanismus vorweggenommen, der in späteren Stufen des Lebens *epigenetischer Mechanismus* genannt wird. Dieser Begriff, den Conrad Waddington 1947 eingeführt hat, drückt die selektive Nutzung der genetischen Information, die ein Organismus in sich trägt, in Abhängigkeit von den lebendigen und stetig sich wandelnden Umweltbeziehungen dieses

Organismus aus. Hier handelt es sich im Grunde um die gleiche flexible Nutzung, wobei aber der gesamte Gen-Pool anstelle einer überdeterminierten Erbmasse eines individuellen Organismus zur Verfügung steht. Man kann bei den Bakterien vielleicht von *externer Epigenetik* sprechen im Gegensatz zur *internen Epigenetik* auf höheren Stufen der Evolution.

Der Abruf dieser Information aus einer allgemein zugänglichen »Zentralbibliothek«, die die Gesamtheit der Mutationen speichert – und damit auch die Gesamtheit der Erfahrung aller Bakterien –, geschieht wohl weniger gezielt als die Benutzung der genetischen »Privatbibliotheken«, die auf höheren Stufen der Evolution mittels Reifeteilung und Sexualität vererbt werden. Doch selbst ein völlig ungeordneter horizontaler Austausch sorgt dafür, daß Mutationen mit Überlebenswert rasche Verbreitung finden, während »schlechte« Mutationen rasch eliminiert werden. Vielleicht spielt horizontale Genübertragung auch bei der raschen Entstehung resistenter Bakterienstämme, die einer bestimmten Chemotherapie widerstehen, eine wichtigere Rolle als die vertikale Weitergabe zufälliger Mutationen. In Kapitel 16 wird dargestellt, wie Bakterien mit einer Taktik, die auf dem sogenannten »Irrflug mit Bevorzugung« beruht, unfehlbar zur optimalen Nahrungskonzentration in ihrer Umgebung finden. Bakterien scheinen wahre Meister im Verfolgen von Zwecken mit Hilfe zufälliger Prozesse zu sein.

Wieder stehen wir vor der Frage, ob die Vorstellung von der Mikroevolution des Lebens nicht einseitig und irreführend ist. Bei den Hyperzyklen war keine eindeutige Antwort möglich. Hier, bei den ersten einzelligen Mikroorganismen hingegen, wird offenkundig, daß es sich um eine Koevolution von Makro- und Mikrosystemen handelt. Das Makrosystem umfaßt hier zumindest die Gesamtheit aller Bakterien. Die Evolution dieser Gesamtheit gibt den einzelnen Bakterien erst die Möglichkeit zur Entfaltung, und die Mutationen in dieser Entfaltung halten das Gesamtsystem lebendig und in Bewegung. Die horizontale Austauschbarkeit mikroskopischer Information garantiert jene epigenetische Flexibilität, die vielleicht in dieser Periode unerfahrenen Herumtastens die beste Möglichkeit bietet, langsam makroskopische Erfahrung zu sammeln. Die Fluktuationen, die einzelne Individuen, aber auch ganze Kolonien oder Arten gefährden oder zu sprunghafter Evolution stimulieren konnten, wirken im makroskopischen Rahmen einerseits stark gedämpft, andererseits befruchtend für die Allgemeinheit.

Man kann die Strategie der Evolution in jenem Frühstadium vielleicht mit der einer vielköpfigen Expedition in gefährliche, unbekannte

Gegenden vergleichen. Einzelne Expeditionsteilnehmer mögen an Krankheiten oder Angriffen wilder Tiere oder feindlicher Bewohner zugrunde gehen. Tauschen sie aber jeden Tag ihre Erfahrungen aus, so wird nicht nur jeder von ihnen besser fähig, in dieser Umgebung zu überleben, sondern es bedarf auch nur eines einzigen Heimkehrers, um die Ergebnisse der ganzen Expedition zu retten – sofern er hinlänglich Generalist ist, um die spezialisierten Arbeiten seiner Kollegen zu verstehen. In der Welt der Prokaryoten sind alle mehr oder weniger Generalisten, auch wenn sie zeitweise als Spezialisten wirken.

Wir sehen hier bereits, daß es in einem mehrschichtigen System, das zumindest auf einer mikroskopischen und einer makroskopischen Ebene selbstorganisierend wirkt, nicht mehr gleichgültig ist, ob wir annehmen, daß Energie Materie organisiert oder das Umgekehrte der Fall ist. Liegt die Betonung auf Materiesystemen, die Energie organisieren, so folgt daraus eine mikroskopische darwinistische Beschreibung. Liegt sie dagegen auf dem Aspekt des Energiesystems, das Materie organisiert, so drängt sich eine makroskopische Beschreibung in Begriffen von Ultrazyklen auf, in denen sich ganze Ökosysteme zu höherer Komplexität entwickeln.

In dieser ersten Phase des Lebens auf der Erde war im Grunde die gesamte Biosphäre Gegenstand der Evolution, das heißt die Welt der Prokaryoten und der weniger bedeutenden Archäbakterien, die nur in ökologischen Nischen mit extremen Lebensbedingungen vorkamen. Dies wird an der Geschichte der Entstehung freien Sauerstoffs deutlich, die erst die Bedingungen für die Evolution komplexerer Lebensformen schuf. Sie ist die Geschichte einer massiven Umgestaltung der Erdoberfläche und der Atmosphäre, in der sich das schöpferische Prinzip der Koevolution von Makro- und Mikrokosmos vielleicht am glänzendsten manifestiert.

Der Aufbau einer sauerstoffreichen Atmosphäre – Leben schafft sich selbst die Bedingungen für seine weitere Evolution

Bis etwa Mitte der 60er Jahre war man hinsichtlich des Lebens in diesen frühen Phasen der Evolution fast ausschließlich auf Spekulationen angewiesen. Mit Ausnahme einiger mattenförmigen Strukturen, die später als fossile Mikrobioten identifiziert wurden, waren die ältesten bekannten Fossilien die etwas mehr als 500 Millionen Jahre alten Trilobiten und andere wirbellose Meerestiere. Erste mikroskopische Pflanzen aus früher Zeit wurden 1954 gefunden. In den letzten Jahren aber konnten mit neuentwickelten Methoden an einer Reihe von Orten Mikrofossilien, Versteinerungen einzelliger Lebensformen, entdeckt werden, die Milliarden von Jahren alt sind. Man nimmt heute an, daß in dieser Frühperiode Prokaryoten und »Archäbakterien« (im Grunde auch Prokaryoten, aber von noch einfacherer Struktur) gleichzeitig auftraten. Bei den letzteren waren »Methanogene«, die Kohlendioxid und Wasserstoff in Methangas verwandelten, als Energiequelle also Wasserstoff einsetzten, besonders wichtig. Ihre heute noch lebenden Nachfahren kommen in absolut sauerstofffreier Umgebung vor, auf dem Meeresboden, in Abwasserschlamm, in den heißen Quellen des Yellowstone-Nationalparks in Nordamerika und – in Kuhmägen. Man neigt derzeit zur Ansicht, daß Archäbakterien und Prokaryoten von einem gemeinsamen, noch einfacher aufgebauten und rasch evolvierenden Vorgänger abstammen. Es erscheint sogar plausibel, daß sie in der sauerstofffreien Uratmosphäre durch einen Wasserstoff/Methan-Kreislauf auf ähnliche Weise verbunden waren wie heute Tiere und Pflanzen durch einen Sauerstoff/Kohlendioxid-Kreislauf, wobei photosynthetisierende Prokaryoten den Wasserstoff lieferten und das Methan aufbrachen (Neue Zürcher Zeitung, 1978). Ohne einen solchen Kreislauf hätten sich die Gase bald erschöpft.

Die ältesten Sedimentgesteine lagerten sich vor 3,75 Milliarden Jahren ab. Die ältesten Mikrofossilien sind kaum jünger – ein Anzeichen dafür, daß Leben auf der Erde schon sehr frühzeitig, vielleicht schon vor etwa vier Milliarden Jahren entstand. Fast neun Zehntel der Erdgeschichte sind also mit Leben verbunden. Bezüglich der Mikrofossilien, die man gehäuft in Swasiland im östlichen Transvaal (Südafrika) fand, war man sich erst nicht ganz sicher. Doch eine kürzlich von Barghoorn und Knoll (1977) nachgewiesene Gruppe von etwa 200 fossilierten Zellen, von denen sich viele in verschiedenen Stadien der Zellteilung befanden, konnte einwandfrei als Blaualgen identifiziert werden, die vor 3,4 Milliarden Jahren in warmen und relativ tiefen Gewässern gelebt haben. In diesen Prokaryoten von 0,0025 Millimeter Durchmesser war anscheinend bereits die komplexe Prozeßkette der Photosynthese organisiert, das heißt, sie konnten aus Kohlendioxid und Wasser unter Ausnützung von Sonnenenergie in Form von Licht und unter Abgabe von Sauerstoff Kohlehydrate herstellen. Darauf läßt zumindest das für Photosynthese charakteristische Isotopenverhältnis im Kohlenstoff schließen, auf das weiter unten noch eingegangen werden wird. Nach jüngsten Berichten sollen in Westaustralien gefundene fossilierte Zellen, die ebenfalls Zellteilung erkennen lassen, mit 3,5 Milliarden Jahren sogar noch etwas älter sein als die Swasiland-Funde.

Etwas jünger sind die sogenannten Stromatoliten, zentimeter- bis meterlange riffartige, dicht gepackte und gestapelte Lagen organischer und kalkiger Ablagerungen, die unzweifelhaft von Prokaryoten-Vergesellschaftungen herrühren, in denen Blaualgen dominierten (Schopf, 1978). Die ältesten dieser Funde gehören zur sogenannten Bulawayo-Gruppe in Rhodesien und sind 2,9 bis 3,2 Milliarden Jahre alt. Die Steeprock-Lake-Stromatoliten in Kanada kommen mit 2,6 Milliarden Jahren Alter an nächster Stelle. Diese ältesten Funde unterscheiden sich in keiner Weise von wesentlich jüngeren, was für eine zeitweilige »Stagnation« in der Mikroevolution spricht und vor allem auch für die frühe Entwicklung der Photosynthese. Seit etwa 2,3 Milliarden Jahren treten die Stromatoliten, vor allem in Afrika und Australien, wesentlich gehäufter auf. Man hat bisher 45 Fundstätten solcher Mikrobioten (Vergesellschaftungen von Mikroorganismen) entdeckt – alle außer drei nach 1968 –, deren Alter zwischen 2250 und 725 Millionen Jahren liegt. Man geht wohl nicht fehl, diesen quantitativen Evolutionsschub im Zeitalter des sogenannten Poterozoikums mit der Entstehung von freiem atmosphärischem Sauerstoff in Verbindung zu bringen. Stromatoliten bilden sich auch heute noch an einigen Stellen wie Shark Bay (Australien), wo der hohe Salzgehalt des Meeres das Vorkommen von Muscheln unterbindet, die sonst die Prokaryoten auffressen.

Organischer Sauerstoff fällt bei der aeroben (sauerstoffabhängigen) Photosynthese an. Mit dieser von den Blaualgen, aber in anderer Form auch von Bakterien offenbar schon sehr früh erfundenen Kunst öffnet sich nicht nur der Zugang zu unerschöpflichen Energieströmen und damit zu bedeutend höherer Flexibilität. Sie markiert auch den Einbezug der kosmischen Umwelt in das Ungleichgewichtssystem der Biosphäre. Ohne einen solchen Einbezug hätten sich die energiereichen organischen Stoffe bald erschöpft, die Entropie der Biosphäre hätte zugenommen und schließlich alles Leben erstickt.

Der aeroben Photosynthese der Blaualgen war eine auf Schwefelwasserstoff statt Wasser beruhende anaerobe (sauerstofffreie) Photosynthese von Bakterien vorausgegangen. Die aerobe Photosynthese ist mit Sicherheit älter als 2,2 Milliarden Jahre, da aus dieser Zeit spezialisierte, dickwandige Zellteile fossil überliefert sind, sogenannte Heterozysten, deren Funktion es war, die Enzyme vor Sauerstoff zu schützen. Wie schon erwähnt, spricht aber manches dafür, daß die aerobe Photosynthese noch viel älter ist.

Bei der Photosynthese geben ein oder zwei Photonen einen Teil ihrer Energie an ein Elektron ab, das dadurch angeregt wird und seinerseits die Überschußenergie in mehrere biochemische Prozeßstufen investiert. Auf diese Weise kann im Endprodukt, vor allem im Glukose-Molekül, Energie gespeichert und später wieder abgebaut und anderweitig verwendet werden. Soll man es Zufall nennen, daß viele chemische Prozesse – vor allem die biochemischen – Energiesprünge in der Größenordnung von einem Elektronvolt voraussetzen, während zugleich die Energie eines typischen Photons im sichtbaren Bereich des Sonnenlichts zwei bis drei Elektronvolt* beträgt, also leicht um den »richtigen« Betrag abgereichert werden kann? Bereits kurzwellige Ultraviolett-Strahlung mit etwa der doppelten Energie zerstört biochemische Prozesse, während Infrarot-Wärmestrahlung mit etwa der halben Energie zu energiearm ist, um davon ein Elektronvolt abzugeben. Doch das Maximum der einfallenden Sonnenstrahlung liegt gerade richtig, um die subtilen biochemischen Prozesse zu ermöglichen. Ist dies das Resultat von Koevolution in dem Sinne, daß Leben eine bestimmte chemische Richtung einschlug? Ist ohne diesen günstigen Zusammenhang Leben nur auf der Basis von Gärung und daher auf niedrigster Stufe möglich? Oder ist Leben überhaupt nur im Lichte eines Sterns von der Spektralklasse unserer Sonne möglich? Wir können diese Fragen derzeit kaum schlüssig beantworten.

Erforderte die phantastisch anmutende Entwicklung von anorganischen Molekülen bis zur lebenden Zelle und von einfachen dissipativen Strukturen bis zur Photosynthese seit Entstehen der Erde nicht viel mehr als eine Milliarde Jahre, so passierte während der nächsten zwei Milliarden Jahre in der Mikroevolution nicht viel Neues. Um so aktiver aber waren die Wechselbeziehungen zwischen mikroskopischem Leben und planetarischem Makrosystem. Eine gewaltige Umgestaltung der Erdoberfläche und der Atmosphäre füllte diese Phase der irdischen Evolution. Die erste, primitiv anmutende Stufe des Lebens schuf damit die Bedingungen für die Entstehung komplexerer Lebensformen. Diese Bedingungen schließen das Vorkommen von freiem Sauerstoff in der

---

* Ein Elektronvolt entspricht der Energie, die ein Elektron beim Durchlaufen eines Spannungspotentials von einem Volt gewinnt. In metrischen Einheiten sind das 1,602 x 10^{-19} Joule oder Wattsekunden.

Atmosphäre ein. Erst sauerstoffatmende Zellen mit Kern können sich zu Geweben zusammenschließen und vielzellige Organismen bilden. Die kernlosen Prokaryoten aber machten sich an die Arbeit, diesen Sauerstoff zu schaffen. Dies war deshalb nicht so einfach, weil es dazu eines unendlich lang scheinenden Umweges bedurfte, nämlich der Oxidierung der gesamten Erdoberfläche.

Im allgemeinen kommen für die Frühzeit der Erde zwei Mechanismen der Sauerstoffherstellung in Frage (Junge, 1976). Neben der Photosynthese, in der Sauerstoff als Nebenprodukt anfällt, kann auch die Photodissoziation (Zersetzung durch Licht) von Wasserdampf mittels kurzwelliger Ultraviolett-Strahlung in den höheren Schichten der Atmosphäre Sauerstoff liefern; der Wasserstoff würde infolge seines leichten Atomgewichtes aus dem Schwerefeld der Erde entweichen. Es bestehen aber gute Gründe für die Annahme, daß der letztgenannte, nichtbiologische Prozeß keine große Rolle gespielt haben kann. So wird zum Beispiel die Ultraviolett-Strahlung durch den entstehenden Sauerstoff in zunehmendem Maße abgeschirmt, und das Rückkoppelungs-System Sauerstoffbildung–Abschirmung pendelt sich auf den »Urey-Punkt« ein, benannt nach dem amerikanischen Chemiker Harold Urey, der 1959 darauf hinwies. Dieser Punkt wird schon bei etwa einem Tausendstel der heutigen Sauerstoffkonzentration erreicht. Geht die für weitere Evolution des Lebens so wesentliche Abschirmung der Ultraviolett-Strahlung, jenes Geburtshelfers des Lebens in der präbiotischen Phase, aber auf biogen produzierten Sauerstoff zurück, so haben wir hier ein besonders markantes Beispiel für die Koevolution von Makro- und Mikrokosmos auf der Erde.

Vor allem aber bestehen auch die ältesten kohligen Ablagerungen, die aus einer Zeit vor 3,3 bis 3,4 Milliarden Jahren stammen und die Fundstätten der ältesten Mikrofossilien einschließen, zu 80 Prozent aus biogen produziertem Kohlenstoff, der in der Photosynthese aus der Umwandlung von Kohlendioxid entsteht. Dies läßt sich mit großer Sicherheit aus dem Verhältnis der Kohlenstoff-Isotopen C^{13} und C^{12} nachweisen. Es ist für biogenen Kohlenstoff um 2,5 Prozent kleiner als für nichtbiologisch entstandene Karbonate. Allerdings läßt sich auf diese Weise nicht entscheiden, ob es sich um aerobe Photosynthese auf Sauerstoffbasis oder um anaerobe auf Schwefelbasis handelte.

Andererseits aber deuten oxidierte Eisenmineralien schon in den frühesten Sedimentgesteinen, die man in Grönland gefunden hat und die zwischen 3,75 und 1,9 Milliarden Jahre alt sind, auf das Vorhandensein von Sauerstoff hin. Allerdings kann es sich dabei kaum um freien atmosphärischen Sauerstoff gehandelt haben, bildeten sich doch noch später auf verschiedenen Kontinentalschilden große Lager von Pyrit- und Uraninit-Seifen in Form von glatten, runden Körnern, die in Gegenwart von Sauerstoff rasch verwittert wären. Diese Funde sind folglich nur so zu deuten, daß es in einer Zeitspanne, die vor etwa 3,2 Milliarden Jahren begann und vor 2 Milliarden Jahren endete, keine wesentlichen Sauerstoffvorkommen in der Atmosphäre gab.

Solche scheinbaren Widersprüche lassen sich aber lösen, wenn man den Ursprung der sehr alten, oxidierten Eisenminerale in einem frühen Ozean vermutet, der zweiwertiges Eisen gelöst enthielt (Junge, 1976). Dieses zweiwertige Eisen wurde von Mikroorganismen im Ozean mit dem nötigen Sauerstoff zur Bildung von unlöslichem dreiwertigem Eisenoxid Fe_2O_3 versehen und von ihnen ausgeschieden. Ein weiteres Argument für den biogenen Ursprung dieser ältesten Sedimente wird durch den Nachweis von Bruchstücken des Chlorophyll-Moleküls in ihnen geliefert.

Sauerstoff ist für Zellen, die ihn nicht kontrolliert für ihre bioenergetischen Prozesse einsetzen können, eine außerordentlich gefährliche Substanz. Er verbrennt das auf Kohlenstoff aufgebaute Zellmaterial. Doch spielt dieser Umstand so lange keine Rolle, als der bei der Photosynthese dieser ersten Zellen entstehende Sauerstoff sofort bei der Oxidierung der Sedimente verbraucht wird. Nur fünf Prozent allen Sauerstoffs, der in der Geschichte der Erde gebildet worden ist, kommen heute frei in der Atmosphäre vor – wo er bekanntlich 21 Prozent der Luft ausmacht – oder sind in Wasser gelöst (eine kleine Menge, die nur etwa ein Prozent des Luftsauerstoffs ausmacht). Der Rest wurde durch Oxidation in Mineralien gebunden, etwa 56 Prozent an Schwefel (SO_4) und 39 Prozent an Eisen (Fe_2O_3). Kein Wunder, daß dieses gewaltige Arbeitspensum einen so langen Zeitraum in Anspruch nahm. Dabei sind aber die Prokaryoten, die es erfüllten, keineswegs langsame Arbeiter gewesen. Man hat ausgerechnet, daß ein Gramm von ihnen bei völlig unbegrenztem Wachstum unter idealen Bedingungen die gesamte heute in der Atmosphäre anwesende Menge von Sauerstoff in lediglich 40 Jahren produzieren könnte.

Erst als die Oxidation der Sedimente weit fortgeschritten war, konnte sich ein Sauerstoff-Partialdruck in der Atmosphäre bilden. Das gehäufte Auftreten von Prokaryoten-Vergesellschaftungen seit etwa 2,3 Milliarden Jahren deutet darauf hin, daß zu dieser Zeit die Sauerstoffzufuhr zunahm. Die massive Ablagerung von gebänderten Eisenoxiden aus dieser Zeit dauerte bis vor etwa 1,8 Milliarden Jahren. Tatsächlich finden sich verschiedene Hinweise darauf, daß freier Sauerstoff in erheblichen Mengen seit etwa 2 Milliarden Jahren in der Atmosphäre vorkommt. Aus dieser Zeit stammen die ersten Rotsandsteine, deren Färbung auf die Oxide des dreiwertigen Eisens zurückzuführen ist. Vor 1,8 bis 1,9 Milliarden Jahren dürfte der Sauerstoffgehalt der Luft etwa ein Prozent des heutigen betragen haben, womit bereits eine recht erhebliche Abschirmung der Ultraviolett-Strahlung der Sonne einsetzte, und vor etwa 1,5 Milliarden Jahren dürfte die heutige Konzentration erreicht worden sein. Dies ging wohl nicht ohne erhebliche Schwankungen ab, und es ist in diesem Zusammenhang bemerkenswert, daß die Biochemie der heutigen Prokaryoten optimal auf nur 10 % Sauerstoffgehalt der Luft, also die Hälfte der heutigen Konzentration, abgestimmt zu sein scheint (Schopf, 1978).

Mit der Freisetzung des Sauerstoffs begann seine Ausnutzung. Die Funktion der Atmung dient dem Abbau der in Glukosemolekülen gespeicherten Energie. Ohne Sauerstoff konnte diese nur zu weniger als 5 % zurückgewonnen werden; mit Sauerstoff hingegen wächst der Wirkungsgrad auf etwa 65 % – eine Steigerung um etwa das Fünfzehnfache. Die biochemische Prozeßkette wird aber nicht gänzlich neu gestaltet. Die Sauerstoff-Verbrennungsstufe ersetzt nur das Ende der alten Prozeßkette, die mit alkoholischer Gärung oder der Bildung von Milchsäure zu enden pflegte. Diese Bildung von Milchsäure erleben wir noch immer – nämlich als Müdigkeit, wenn Sauerstoffmangel zur Reaktivierung des alten Endes der Prozeßkette führt.

Zu den ersten Prokaryoten, die sich an Sauerstoff gewöhnten, zählten die gleichen Blaualgen, die ihn zum größten Teil produziert hatten. Wahrscheinlich wurde Atmung aber durch photosynthetisierende Bakterien eingeführt (Broda, 1975). Der Fluß der energieübertragenden Elektronen ebenso wie die biochemische Prozeßkette sind bei der Photosynthese und bei der Atmung sehr ähnlich und in beiden Fällen mit Hilfe von Membranen in einzelne Stufen geordnet. Damit liegt die Möglichkeit nahe, daß eine ganze Klasse photosynthetisierender Bakterien diese Entwicklung »obligatorisch« oder zumindest in vielen Parallelfällen durchgemacht hat. Doch gibt es auch heute noch viele Prokaryoten, die nur in sauerstoffarmer Umgebung – in der Erde, im Schlamm oder in Körperhöhlen von Organismen – leben können. Hieran wird besonders deutlich, daß schöpferisches Ausgreifen mit all seinen Gefahren und Risiken dem Wesen der Evolution viel eher entsprechen als Anpassung und Stabilisierung.

Wie bei jeder »Erfindung« eines neuen Prinzips durch das Leben stehen wir wiederum vor der Frage, wie diese Innovation entstanden und durchgedrungen ist. Eine strikt darwinistische Anschauung plaziert die Fluktuation in ein einziges Individuum, das infolge besserer Anpassung an die Umwelt dann mehr Nachkommen hat, die wiederum in jeder Generation ein bißchen besser dran sind als ihre Artgenossen, bis nach vielen Generationen nur noch Nachkommen der erfolgreichen Mutanten übrigbleiben. Darwinismus baut auf vertikaler genetischer Informationsübertragung auf. Bei den Bakterien spielen aber horizontale genetische und ökologische Mechanismen eine bedeutende Rolle. Ohne eine detaillierte Vorstellung von den Vorgängen zu haben, können wir vielleicht annehmen, daß sich Fluktuationen gegebenenfalls außerordentlich rasch horizontal verbreiten und damit verstärken konnten, wodurch große Gruppen von Individuen in lokalen Bioten in neue Beziehungssysteme zu ihrer Umwelt gezwungen wurden. Bei einer so tiefgreifenden Veränderung wie dem Auftreten von Sauerstoff in der Atmosphäre ließen geeignete biochemisch-biophysikalische Fluktuationen wohl nicht lange auf sich warten. Ihr Durchdringen konnte dann durch horizontale Genübertragung beschleunigt und erleichtert werden.

Gaia – das erdumspannende Selbstregelsystem von Bio- und Atmosphäre

Dank der Photosynthese wird die Biosphäre in direktem Sinne zu einem System, das hinsichtlich Energieaustausch offen ist, wenn auch im allgemeinen nicht hinsichtlich der Materie- und Informationsflüsse, läßt man die Meteoriten beiseite und die erwähnte »Panspermie«-Hypothese von der Sporenübertragung durch den Weltraum. Die Offenheit dieses Systems ermöglicht es ihm, freie Energie aus der Sonneneinstrahlung zu beziehen und Entropie mit der nächtlichen Abstrahlung in den Weltraum zu exportieren. Die Atmosphäre wirkt dabei wie ein Puffersystem, in dem die entstehende Wärme gespeichert und die Abstrahlung so geregelt wird, daß keine extremen Temperaturdifferenzen entstehen. Könnte es also nicht sein, daß die Biosphäre gemeinsam mit der gesamten Atmosphäre als eine Art autopoietisches System wirkt, das sich selbst organisiert und regelt? Dies ist in der Tat die geniale Idee der

168

amerikanischen Mikrobiologin Lynn Margulis und des englischen Chemikers und Erfinders James Lovelock (1974). Der Schriftsteller William Golding, Autor des Buches *Herr der Fliegen,* fand den rechten Namen, um Gewicht und Würde einer Idee auszudrücken, die das Leben auf unserer Erde in seiner Gesamtheit anspricht: *Gaia-Hypothese,* zu Ehren der Erdmutter in der griechischen Mythologie.

Die Gaia-Hypothese stellt einer statischen Betrachtungsweise (die Atmosphäre besteht aus 79 % Stickstoff, 21 % Sauerstoff und Spuren weiterer Gase) eine dynamische gegenüber. Sie geht davon aus, daß eine ganze Reihe von biogenen Gasen, in Molen ausgedrückt, die Atmosphäre in fast gleichen Durchsatzmengen durchströmen, die ungefähr einem Hundertstel des Sauerstoff-Kohlendioxid-Zyklus entsprechen. Nur ist die Verweildauer sehr verschieden. Man kann sich dies am Beispiel einer Badewanne verdeutlichen, in die man Wasser genauso schnell einlaufen läßt, wie es wieder ausläuft. Der Durchfluß ist immer der gleiche, ob die Wanne vorher gefüllt war oder halbvoll oder praktisch leer ist. Außerdem befindet sich die Atmosphäre ständig in äußerst hohem chemischem Ungleichgewicht. Von mehreren Gasen ist bis zu 10^{30}mal soviel in der Atmosphäre anwesend, als in einem Gleichgewichtssystem mit der vorgegebenen Sauerstoffmenge zulässig wäre. Erinnern wir uns, daß Ungleichgewicht eine der Grundbedingungen für selbstorganisierendes und autopoietisches Verhalten von dissipativen Strukturen ist. Tafel 3 zeigt die Daten für die wichtigsten Gase.

Die autokatalytischen Elemente in diesem System, die die Bildung einer dissipativen Struktur fern vom Gleichgewicht ermöglichen und den Durchsatz der verschiedenen Gase aufrechterhalten, sind niemand anderes als die Prokaryoten. Es scheint, daß sie nach der gründlichen Umgestaltung der Erdoberfläche durch Oxidierung der Sedimentgesteine und nach der Akkumulierung von freiem Sauerstoff das System Biosphäre plus Atmosphäre in eine globale autopoietische Stabilität gebracht haben, die seit anderthalb Milliarden Jahren anhält. Abbildung 26 zeigt einen Vergleich der Entwicklung, die die Erdatmosphäre ohne Leben genommen hätte, mit der tatsächlichen Entwicklung des Gaia-Systems. Die bereits erwähnte Möglichkeit eines Methan/Wasserstoff-Zyklus, der von Archäbakterien und Prokaryoten in der frühen, sauerstofffreien Atmosphäre aufrechterhalten wurde, deutet auf eine mögliche Evolution früherer Strukturen des Gaia-Systems hin.

Wir haben es hier offenbar nicht nur mit der größten, sondern auch mit der dauerhaftesten autopoietischen Struktur auf unserem Planeten

Gas	Statische Konzentration in Anteilen pro Million (ppm)	Mittlere Verweilzeit (Abklingen auf $1/e = 0{,}368\ldots$) in Jahren
Stickstoff (N_2)	790 000	$10^6 - 10^7$
Sauerstoff (O_2)	210 000	1 000
Kohlendioxid (CO_2)	320	$2 - 5$
Methan (CH_4)	1,5	7
Wasserstoff (H_2)	0,5	2
Stickoxid (N_2O)	0,3	10
Kohlenmonoxid (CO)	0,08	0,3
Ammoniak (NH_3)	0,006	0,01
Kohlenwasserstoffe ($(CH_2)_n$)	0,001	0,003

Tafel 3. Die wichtigsten Gase in der Erdatmosphäre. Eine dynamische Betrachtung (Durchsatz pro Jahr) ergibt ein von der gewohnten statischen Betrachtungsweise sehr verschiedenes Bild. Bei der Rezirkulation von Gasen überwiegend organischen Ursprungs spielen Sauerstoff und Kohlendioxid die Hauptrolle; aber sechs weitere Gase bilden eine weitere Gruppe mit ungefähr einem Hundertstel des Durchsatzes von Sauerstoff/Kohlendioxid, in Molen gemessen (ein Mol entspricht der Masse

zu tun. Ihren Energieaustausch pflegt sie mit dem Kosmos, aber ihren Materieaustausch besorgt sie mit der anorganischen Welt der Erdoberfläche mittels biochemischer Prozesse, die in hocheffizienten mikroskopischen Subsystemen organisiert sind. Hinzu treten für die Selbsterneuerung und Selbstregelung offenbar entscheidende Prozesse des Materieaustausches zwischen den Subsystemen, wofür heute das gängigste Beispiel der geschlossene Zyklus zwischen oxidierenden Prozessen in Tieren und Pflanzen (Sauerstoff ein, Kohlendioxid aus) und reduzierenden Prozessen in Pflanzen (Kohlendioxid ein, Sauerstoff aus) ist. Sind also die Prokaryoten nicht mehr am Werk oder nicht mehr ausschließlich? Doch, in gewissem Sinne sind es noch immer diese primitivsten Lebensformen, die den gesamten Energiehaushalt der Biosphäre managen, auch wenn sie es »in Verkleidung« tun. Dies gehört eigentlich schon ins nächste Kapitel. Hier sei nur so viel vorweggenommen, daß die Nachfahren der Prokaryoten als Bestandteil höher entwickelter Zellen im Grunde noch immer die gleichen Aufgaben wahrnehmen. Daneben

Chemischer Ungleichgewichtsfaktor	Durchsatz pro Jahr		Inorganischer Anteil an der Durchsatzmenge	
	in 10^{13} Molen	in 10^9 Tonnen	Natur	menschliche Technik
10^{10}	3,6	1	0,001	–
	344	110	0,00016	–
	354	156	0,01	0,10
10^{30}	6,0	1	–	–
10^{30}	4,4	0,09	0,00016	–
10^{13}	1,4	0,6	< 0,01	–
10^{30}	2,7	0,75	< 0,001	0,20
10^{30}	8,8	1,5	–	–
		0,4		0,50

eines Stoffes, die in Gramm ebenso groß ist wie das Atom- oder Molekulargewicht dieses Stoffes oder, mit anderen Worten, der Masse von $6,023 \times 10^{23}$ Atomen oder Molekülen, der sogenannten Avogadro-Zahl, des Stoffes). Man beachte das hohe chemische Ungleichgewicht, bezogen auf den anwesenden Sauerstoff. Nach Margulis und Lovelock (1974), mit Ergänzungen nach Margulis und Lovelock in *Co-Evolution Quarterly,* No. 6, Sommer 1975.

spielen im Gaia-System auch heute noch freilebende Prokaryoten, vor allem die Bodenbakterien, eine bedeutende Rolle.

Wie aus Tafel 3 hervorgeht, wirkt sich der nichtbiologische Beitrag menschlicher Technik nur vereinzelt aus, vor allem in der Zunahme der Kohlendioxid-Konzentration. Bemerkenswert ist dabei, daß die damit verbundene Erwärmung infolge des »Glashauseffekts« von Kohlendioxid durch einen unerklärten Abkühlungstrend ausgeglichen worden ist, der sich seit 1945 in der nördlichen Hemisphäre bemerkbar macht. Vielleicht machen wir uns die falschen Sorgen um gleichgewichtsstörende Auswirkungen der Technik auf die Atmosphäre (Stumm, Hg., 1977). Es geht viel eher darum, die Aufrechterhaltung des Ungleichgewichts nicht zu stören. Was sich aber im Gaia-System leicht von selbst ausregelt und welche Fluktuationen empfindliche Punkte berühren und vielleicht eine neue autopoietische Struktur – und damit eine neue Struktur der Biosphäre – herbeiführen, davon haben wir mit unserem Gleichgewichtsdenken bisher überhaupt keine Ahnung.

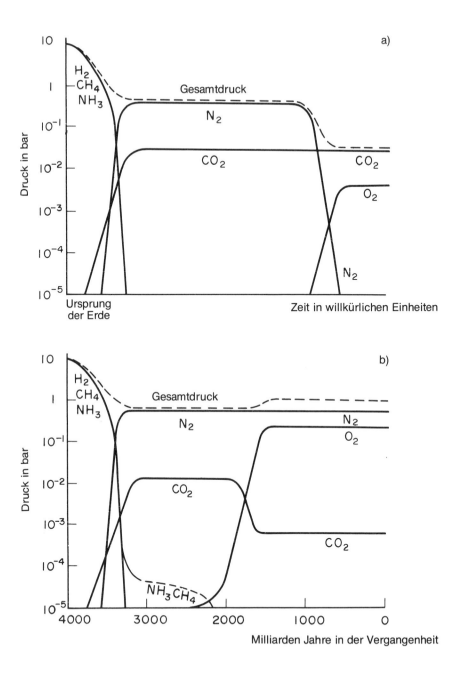

Abb. 26. Vergleich der Entwicklung der Erdatmosphäre: (a) unter der Annahme,
die Erde wäre unbelebt geblieben; (b) tatsächliche Entwicklung in Koevolution
mit irdischem Leben (Gaia-System). Nach L. Margulis und J. Lovelock (1974).

Es scheint, daß Gaia nicht nur die Zusammensetzung der Atmosphäre und die Durchsatzraten der für das Leben wesentlichen Gase, sondern auch die mittlere Temperatur über Milliarden von Jahren stabilisiert hat. Schon vor dem Erscheinen freien Sauerstoffs hatte wahrscheinlich Ammoniak diese Regelfunktion übernommen. Heute fällt die Hauptrolle bei der Temperaturregelung der Infrarotstrahlung zu, die vom Kohlendioxid stammt, dessen Anteil an der Atmosphäre nur 0,03 Prozent beträgt. Nach konservativen Schätzungen hat die Sonneneinstrahlung seit der Entstehung der Erde um mindestens ein Viertel zugenommen, vielleicht um noch mehr. Dementsprechend ließe sich extrapolieren, daß die Erdoberfläche vor mehr als zwei Milliarden Jahren gefroren gewesen sein müßte. Sie war es aber nicht, wie die Sedimentgesteine beweisen. Ein Anteil von einem Hunderttausendstel Ammoniak an der Atmosphäre – ebenfalls durch biologische Aktion aufrechterhalten – hätte ausgereicht, um die Temperatur über dem Gefrierpunkt zu halten. Die Bedeutung dieser Temperaturregelung für die Evolution des Lebens auf der Erde ist offenkundig. Komplexeres Leben kommt ja fast ausschließlich in jenem schmalen Temperaturband zwischen 0° C und 50° C vor, das es zu sichern galt. Schwankungen innerhalb dieser Grenzen, die zum Beispiel in höheren Breiten als Eiszeiten in Erscheinung traten, wird man vielleicht eines Tages als Pulsationen im dynamischen Gaia-System verstehen.

Auf jeden Fall aber beginnt sich mit dieser in hohem Maße plausiblen Gaia-Hypothese abzuzeichnen, was die Koevolution makroskopischer und mikroskopischer Aspekte des Lebens auf der Erde bedeutet. Hier spielen auch noch weitere Faktoren hinein, wie die Abschirmung der lebensfeindlichen Ultraviolett-Strahlung durch Freisetzung von Sauerstoff, nachdem die gleiche Ultraviolett-Strahlung bei der Bildung von Makromolekülen in der präbiotischen Phase wertvolle Dienste geleistet hatte. Leben schafft sich in der Tat seine Bedingungen zu einem guten Teil selbst. Mit dieser Erkenntnis ist der Darwinismus, der Leben einseitig als Anpassung an eine vorgegebene Umwelt ohne Rückkoppelungswirkung versteht, bereits überwunden.

Mit dem Auftreten von freiem atmosphärischem Sauerstoff kam auch nach zwei Milliarden Jahren die Mikroevolution des Lebens wieder in Gang. Ein völlig neuer Zelltyp entstand, und damit wurde ein radikaler Neubeginn möglich, der jedoch die Errungenschaften der Prokaryoten nicht in Frage stellte, sondern auf ihnen aufbaute. Die physischen

Aufgaben des Energie- und Materieaustausches blieben diesen Dienern beziehungsweise Herren des Lebens auf der Erde – es kommt nur auf den Betrachtungswinkel an – unbenommen. Die neue Aufgabe des Lebens aber bestand darin, die Funktionen für das Management höherer Komplexität zu schaffen.

7. Die Erfindungen der Mikroevolution des Lebens

> Zeit ist Erfindungskraft, oder sie ist gar nichts.
> *Henri Bergson*, L'Evolution créatrice

Entstehung der eukaryotischen Zelle aus Symbiose

Der nächste bedeutende Evolutionsschritt, der wahrscheinlich schon bald auf das Erscheinen freien Sauerstoffs folgte, war die Entstehung der eukaryotischen Zelle, der Zelle mit einem echten Kern, in dem das in Chromosomen organisierte genetische Material zusammengefaßt ist. Alle Eukaryoten sind auf Sauerstoff angewiesen, auf eine atmende Lebensweise. Man nimmt heute an, daß die ersten freien Eukaryoten etwa vor anderthalb Milliarden Jahren auftraten, also genau zu dem Zeitpunkt, als der Sauerstoffgehalt der Luft seine heutige Konzentration erreichte. Die ältesten Mikrofossilien mit einer den heutigen Eukaryoten ähnlichen Differenzierung der Zellstruktur wurden in Nordaustralien gefunden und sind 1,5 bis 1,4 Milliarden Jahre alt. In jüngerem Gestein treten sie häufig auf. Es handelt sich dabei um Fossilien freischwebender Algen, die im Gegensatz zu den Prokaryoten keine Vergesellschaftung bildeten. Allerdings sind in letzter Zeit Zweifel an der Deutung dieser Mikrofossilien als Eukaryoten aufgetaucht, und die Frage nach ihrem ersten Auftreten muß vorderhand offenbleiben. Mit absoluter Sicherheit sind Eukaryoten erst in den frühesten vielzelligen Organismen vor etwa 750 Millionen Jahren nachzuweisen.

Die klassische Theorie der Entstehung von Eukaryoten ist, wie heute so vieles, von einem Modell verblendet, das schon seit über hundert Jahren Staub ansetzt. In diesem Falle handelt es sich um Ernst Haeckels Lehre von den getrennt entstandenen »Reichen« der Pflanzen- und Tierwelt. Ihr zufolge wäre in parallelen Entwicklungen jeweils der gleiche Weg der Zelldifferenzierung beschritten worden. Diese noch immer dominierende Sicht läßt sich jedoch immer weniger halten. An ihre Stelle tritt die vor allem von Lynn Margulis entwickelte Theorie der *endosymbiotischen* Entstehung der eukaryotischen Zelle (Margulis, 1970). Endosymbiose heißt innere Symbiose und kann auch als eine Fusion bezeichnet werden, bei der die Teilnehmer ihre Identität nicht völlig aufgeben.

Die Teilnehmer an dieser Fusion waren verschiedene Prokaryoten, das Ergebnis die eukaryotische Zelle, in der die nun *Organellen* genannten früheren Prokaryoten enthalten sind. Ein wesentliches Argument für diesen Zusammenschluß ursprünglich freilebender Prokaryoten liegt darin, daß die Organellen auch innerhalb der neuen Zelle ihr eigenes genetisches Material und die Rudimente einer eigenen Proteinherstellung mit sich führen, also DNS, RNS und Ribosomen. Wie der neu entstehende Zellkern sind auch die Organellen durch eine doppelte Membran klar vom Rest des Zellinhalts geschieden. Ihre recht weitgehende Autonomie führt also zwei semantische oder Bedeutungsebenen ein: erstens die der endosymbiotischen Organellen und zweitens die der Gesamtzelle, welche die Tätigkeit der Organellen koordiniert. Dieses nicht vollständige Aufgehen, dieses Bewahren von Individualität und teilweiser Autonomie in einer mehrschichtigen Semantik ist charakteristisch für Aufbau und Management von Komplexität im Bereich des Lebens, worauf wir später noch zurückkommen werden.

Die Fusion erfolgte schrittweise und begann nach Margulis mit dem Verschlucken einer sauerstoffatmenden (aeroben) prokaryotischen Zelle durch eine fermentierende prokaryotische Zelle. Die integrierte sauerstoffatmende Zelle wird nun *Mitochondrion* genannt. Die verbesserte Energieversorgung führte in der nächsten Stufe zur Einverleibung einer weiteren prokaryotischen Zelle, einer *Spirochäte,* die ein Bewegungssystem besaß, aus dem später Fortbewegungssysteme wie Geißeln (Flagella) oder Flimmerhaare (Cilia) entstehen sollten, die alle nach derselben Formel 9 + 2 konstruiert sind (neun Mikroröhrchen umgeben kranzförmig zwei zentrale Röhrchen).

Der gleiche Bewegungsapparat (Cytoplasma) ermöglichte nun auch die Bildung eines echten Zellkerns, in dem das genetische Material säuberlich geordnet und in einer Membran verpackt aufbewahrt wird. Bei der ungeschlechtlichen Körperzellteilung (Mitosis) teilt sich auch der Kern, wobei der erwähnte Bewegungs- und Kontraktionsapparat mit großer Präzision die 23 Chromosomenpaare voneinander trennt und je eine Hälfte, die die vollständige genetische Information repräsentiert, den neu entstehenden Kernen zuweist. Dieser Vorgang ist auf Sauerstoff angewiesen. Als dritter Teilnehmer an dieser Endosymbiose wird schließlich eine photosynthetisierende Blaualge integriert, die man dann *Chloroplast* nennt. Chloroplasten tragen ihr ursprüngliches genetisches Material viel vollständiger mit sich als Mitochondrien, was für eine viel spätere Integration spricht. Die wahrscheinlich zuerst integrierten Mitochondrien sind schon zum Teil auf Proteine angewiesen, die nicht mit Hilfe ihrer eigenen DNS, sondern der des Zellkerns hergestellt und

»zentral versandt« werden. Man hat festgestellt, daß in den Zellen ein und desselben Organismus die DNS aller Mitochondrien gleichartig ist, wie es auch für die Zellkerne und deren DNS gilt. Dies deutet auf einen Ausgleich über sehr lange Zeiträume hin.

Heute bestehen die meisten lebenden Arten – Grünalgen, höhere Pflanzen, Pilze, Protozoen (Einzeller) und Tiere – aus eukaryotischen Zellen. Nur diese höher entwickelten Zellen besitzen die Fähigkeit, sich zu Geweben zusammenzuschließen und damit komplexe vielzellige Organismen zu bilden. Die Zahl der Mitochondrien in einer eukaryotischen Zelle schwankt zwischen einem und mehreren tausend (in Wirbeltieren), die Zahl der Chloroplasten zwischen einem (in Grünalgen) und mehreren hundert. Der entscheidende Faktor aber ist, daß die Organellen nicht einfach ihre Fähigkeiten summieren. Die eukaryotische Zelle stellt eine neuentstandene Koordinationsebene dar, eine neue autopoietische Systemebene.

Die Anwesenheit der Organellen ermöglicht eine vollständig neue Organisation der Zellfunktionen auf einer Ebene bedeutend höherer Komplexität. Der wesentliche Unterschied scheint im Regelmodus zu liegen (Stebbins, 1973). Bei den Prokaryoten werden Gruppen von Genen durch die Produkte von spezifischen Inhibitorerzeugern in der Zelle aktiviert oder deaktiviert, wobei oft Störungen durch Fremdmoleküle eintreten. Bei den Eukaryoten hingegen wird eine stets verfügbare Grundaktivität normalerweise unterdrückt und auf spezifische Weise aktiviert, indem die Unterdrückung nur für die entsprechenden Funktionen aufgehoben wird. Der Unterschied kann am Beispiel der Regelung einer Hausbeleuchtung deutlich gemacht werden (Stebbins, 1973): Während Kerzen- oder Petroleumlampen individuell an- und ausgemacht werden müssen, ist Elektrizität in den verzweigten Drähten eines modernen Hauses stets überall verfügbar, bleibt jedoch unterdrückt, solange sie nicht für eine einzelne Lampe oder für ganze Gruppen von Lampen zentral eingeschaltet wird. Die zentrale Regelung durch allgemeine Inhibierung und selektive Aktivierung spielt auch auf anderen Ebenen der Koordination im Leben eine wichtige Rolle.

Den Mitochondrien werden bei dieser zentralen Regelung zum Teil Funktionen entzogen, die von der Gesamtzelle übernommen werden. Ähnlich ergeht es den Chloroplasten. Was den grünen (eukaryotischen) Pflanzenzellen erhöhte Flexibilität verleiht, ist vor allem die strikte Trennung der Prozeßketten, die einerseits zur Photosynthese und andererseits zur Atmung dienen; bei den Prokaryoten überlappen beide.

Wieder erhebt sich die Frage, wie die Fluktuationen, die zu dieser stufenförmigen Endosymbiose führten, entstanden und durchgedrungen sein können. Der erste Schritt der Integration von Mitochondrien ist dabei am einfachsten zu erklären. Die entstehende Zelle ist gegenüber horizontaler genetischer Informationsübertragung noch ebenso offen wie die Prokaryoten, und der entscheidende energetische Vorteil der Sauerstoffatmung wirkt sich in horizontalen ökologischen Beziehungen sehr direkt aus. Aber schon beim nächsten Schritt, der Bildung eines teilbaren Zellkerns, komplizieren sich die Dinge. Die horizontale genetische Offenheit der Prokaryoten wird abrupt gestoppt. Das genetische Material wird durch eine Membran abgesondert. Mit der ungeschlechtlichen Teilung der Zelle wird der genetische Vektor praktisch völlig auf vertikale Informationsübertragung umgestellt. Damit tritt erstmals der wichtige Faktor der Isolation einer Entwicklung auf. Doch bedeutet dies deshalb keinen Rückfall in streng darwinistische Genselektion, da in der eukaryotischen Zelle das Chromosom nicht mehr starr ist, sondern sich, wie auch die übrigen Teile der Zelle, ständig auf- und abbaut. Wir werden auf diese Chromosomenfeldtheorie von Lima-de-Faria (1976) im nächsten Kapitel noch ausführlicher zu sprechen kommen. Hier sei nur angedeutet, daß damit epigenetische Entwicklung – selektive Nutzung genetischer Information in Rückkoppelung mit den Umweltbeziehungen – neben die rein genetisch bedingte Entwicklung tritt.

Mit der geordnet ablaufenden Kernteilung erhielt der vertikale genetische Vektor nichtsdestoweniger große Durchschlagskraft. Doch in der Anlaufzeit der Epigenetik dominierte die Vertikalität und verhinderte größere genetische Innovationen. Neben Zufallsmutationen (etwa verursacht durch die kosmische Höhenstrahlung), Fehlern bei der Selbstreproduktion und ersten epigenetischen Verschiebungen spielte vielleicht auch das Zellplasma bei den Mutationen eine fördernde Rolle. Aber viel tat sich offenbar nicht. So ist es kein Wunder, daß wieder eine längere Zeitspanne verging, etwa 500 Millionen Jahre, bevor mit der Sexualität etwas Entscheidendes passierte. Eine Ausnahme bildet die Integration der Chloroplasten, die zur Grundlage für die Entwicklung höherer Pflanzen wurde. Obwohl hier, anders als bei der Integration der Mitochondrien, die horizontale genetische Offenheit nicht mehr bestand, läßt sich annehmen, daß horizontale ökologische Prozesse die Entstehung eines photosynthetisierenden Gegenstücks zu den sauerstoffatmenden Eukaryoten außerordentlich begünstigten.

Die weitgehend starren Linien genetischer Evolution müssen in den horizontalen Prozessen selbstorganisierender und evolvierender Ökosysteme erhebliche Spannungen verursacht haben. Damit verstärkte sich offenbar der Selektionsdruck und begünstigte Diversifizierung. So läßt sich vielleicht nicht nur die Entstehung echter Arten, sondern auch die Trennung der großen Entwicklungslinien der »Reiche« in Tiere, Pflanzen und Pilze erklären. Pflanzen vererben vier getrennte Sätze von Genen – die des Zellkerns, der Mitochondrien, der Chloroplasten und des Bewegungsapparates. Grüne Pflanzen benötigen neben den photosynthetisierenden Chloroplasten auch Mitochondrien, da sie die in der Photosynthese in Glukose gespeicherte Energie auf gleiche Weise mit Hilfe von eingeatmetem Sauerstoff abbauen wie die Tiere. Nur können sie das entstehende Kohlendioxid gleich wieder für die Photosynthese einsetzen, während Tiere es ausatmen. Zwischen Tag und Nacht verschiebt sich dabei die Betonung, die auf den einzelnen Prozessen liegt. Tiere vererben nur drei Sätze von Genen, da bei ihnen die Chloroplasten fehlen. Die Entwicklungslinie der nicht photosynthetisierenden, von organischem Fremdmaterial lebenden Pilze scheint sich erst später von jener der Tiere abgespalten zu haben. Abbildung 27 zeigt das Evolu-

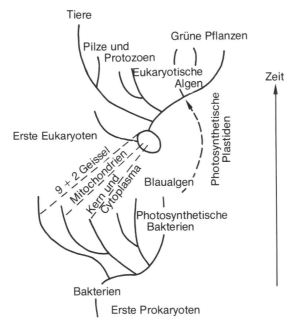

Abb. 27. Endosymbiotische Entstehung der eukaryotischen Zelle (Zelle mit echtem Kern) aus dem Zusammenschluß verschiedener prokaryotischer (kernloser) Zellen. Nach L. Margulis (1970).

tionsschema, das sich aus der endosymbiotischen Theorie von Margulis (1970) ergibt.

Trotz ihrer nur teilweisen Unabhängigkeit kann man die Funktionsweise der Organellen so interpretieren, daß sie die Tätigkeit der Prokaryoten im Rahmen des Gaia-Systems weiterführen. Sie spielen noch immer die Hauptrolle in jenem wichtigsten aller makroskopischen biochemischen Kreisprozesse, der in der einen Richtung als Oxidation und Energiequelle für die Tiere und Menschen erscheint und in der anderen als Reduzierung und lebensnotwendig für die Pflanzen. Wie innerhalb der mikroskopischen Zelle wird nun auch makroskopisch deutlich, daß in einer sich entfaltenden vielschichtigen Welt die einzelnen Schichten halbautonom funktionieren. Das Gaia-System wird in seinem atmosphärischen Aspekt vor allem auf der Ebene der Prokaryoten gesteuert. Während diese vertikal in komplexeren Zellen und diese wiederum in vielzelligen Organismen organisiert sind, bleibt es ihnen unbenommen, mit der Umwelt nach ihren eigenen Gesetzen horizontalen Austausch zu pflegen. Daß dieser Austausch erst die Bedingungen für die Entstehung der höheren Zellen und Organismen schafft, ist Ausdruck einer systemhaften Koevolution.

Sexualität

Man nimmt an, daß Sexualität vor einer Milliarde Jahren bereits voll entwickelt war. So alt sind zumindest die ältesten Mikrofossilien sporenartiger Zellen, die meiotischen Ursprungs, das heißt aus der Reifeteilung entstanden zu sein scheinen. Sexualität bedeutet die Fusion zweier eukaryotischer Zellen, wobei das vollständige genetische Material beider Elternzellen (je eine Hälfte der duplizierten Chromosomenpaare) im Kern der neuen Zelle vereinigt wird. Dort entscheidet sich, welche Gene der einen und welche der anderen Elternzelle dominieren werden. Das zur Wirkung gelangende genetische Material soll ja nicht mehr Gene aufweisen als jede Elternzelle – bei Verdoppelung würden die Grenzen der Komplexität rasch gesprengt werden. Die darauffolgende Teilung der neuen Zelle vererbt also Information, die aus zwei getrennten Entwicklungslinien der Vergangenheit stammt. Entsprechend erscheint dieses Schema der Vereinigung vergangener Erfahrungen wie ein Baum, und in der Tat nennen wir es Stammbaum.

Das Ergebnis ist die Entstehung einer außerordentlichen genetischen

Vielfalt. Sie ist sogar so groß, daß nur ein Teil davon im Laufe eines normalen Lebens benötigt wird – der Rest bildet den Spielraum für epigenetische Flexibilität. Die Balance zwischen horizontaler und vertikaler Informationsübertragung ermöglicht nun erstmals in der Evolutionsgeschichte echte Phylogenese, das heißt echte Stammesgeschichte. Aus der Ad-hoc-Genetik der Bakterien, in der sich horizontale und vertikale Vektoren ziemlich wild mischten, ist nun über den Weg dominierender Vertikalität (in der Körperzellteilung) die geordnete Sicherstellung eines Zusammenwirkens vertikaler und horizontaler genetischer Vektoren geworden. Ist die horizontale Informationsübertragung vor allem durch *Erstmaligkeit* gekennzeichnet, so liefert die vertikale *Bestätigung*. Die Evolution der genetischen Informationsübertragung bringt also diese beiden Aspekte pragmatischer Information (siehe Kapitel 3) in eine bestimmte ausgewogene Beziehung zueinander. Damit wird die Wirksamkeit der Information nahezu optimiert. Wir können auch sagen, daß die Evolution in Richtung größerer genetischer Autonomie, das heißt erhöhter Ausbildung von Individualität, verläuft – aber nicht bezogen auf das Individuum, sondern auf den dynamischen Prozeß der Generationsabfolge.

Aus diesem Blickwinkel betrachtet wird nun auch deutlich, daß Sexualität nur die eine Seite eines Prinzips darstellen kann, dessen andere Seite *Tod* (des Individuums) oder Devolution in der Ontogenese heißt. Es ist der Tod, der die horizontale Genpaarung in jeder Generation neu erzwingt. In der rein vertikalen Fortpflanzung durch Körperzellteilung gibt es keinen natürlichen Tod, nur einen gewaltsamen. Amöben sterben nicht. Die sich teilenden Zellen altern nicht und teilen sich unter günstigen Umweltbedingungen unentwegt weiter. Die heute lebenden Prokaryoten sind noch immer dieselben, die zu Beginn des Lebens die Erde bevölkerten – allerdings aufgespalten in eine nahezu unendliche Vielzahl von Individuen.

Es sind aber gerade diese Umweltbedingungen, die das Bevölkerungswachstum der Amöben kontrollieren. Schon bei den Einzellern, die teils sexueller, teils asexueller Reproduktion fähig sind, wie etwa der Grünalge *Paramecium,* altert eine Zellkolonie, auch wenn sie sich durch längere Zeit asexuell fortpflanzt. Im Menschen gibt es nur noch wenige Zelltypen, die sich teilen. Unsere Organe können sich (mit Ausnahme von Leber und Milz) nicht regenerieren. Die meisten Zellen aber, die sich noch teilen, tun es nicht mehr unbegrenzt, nur etwa vierzig- bis sechzigmal (die nach ihrem Entdecker benannte Hayflick-Zahl).

Bei der Erfindung der Sexualität wäre es noch am ehesten möglich, eine vorwiegend vertikale Verbreitung und damit ein Durchdringen der Fluktuation anzunehmen. Doch muß es sich anfänglich mindestens um eine ganze Gruppe von zur Sexualität fähigen Zellen gehandelt haben, sonst wäre wohl über lange Zeit keine starke Variation im genetischen Material aufgetreten. Der Anfangsbestand durfte nicht zu klein gewesen sein, sollte die Variation nicht zufälligen, im Laufe einer langen Zeitspanne sich ergebenden Mutationen überlassen bleiben.

Sexualität war jedoch nur einer von zwei wesentlichen Faktoren, die eine außerordentliche Beschleunigung der Evolution und die Entstehung einer Vielfalt von Lebensformen bewirkten. Der andere Faktor ist die Heterotrophie oder die Fähigkeit, anderes Leben zu fressen. Sie hatte schon bei frühen fermentierenden Lebensformen eine gewisse Rolle gespielt; in Verbindung mit atmenden Protozoen wird sie zur Quelle vielschichtiger Entfaltung.

Heterotrophie – Leben nährt sich von Leben

Schon die ersten Prokaryoten traten in Mikrobioten auf, die eine Vergesellschaftung verschiedener Arten darstellten. Doch waren im höheren Präkambrium (in der Frühzeit der Prokaryoten) die Mikrobioten noch von wenigen Arten photosynthetisierender Autotrophen (Selbsternährern) beherrscht, vor allem von fadenförmigen Blaualgen. Auf der höheren Ebene der Eukaryoten trat nun mit der Sexualität ein erster Evolutionsschub ein, der eine systematisch geförderte Vielfalt ins Spiel brachte. Das war vor etwa einer Milliarde Jahren.

Vor 800 Millionen Jahren ergab sich dann mit dem massiven und geordneten Auftreten von Heterotrophie ein zweiter entscheidender Evolutionsschub. Heterotrophie bezeichnet die Fähigkeit eines Organismus, von anderen Organismen zu leben – seien diese Pflanzen, Tiere oder Einzeller. Auf der heutigen Stufe der Evolution sind (abgesehen von fermentierenden Bakterien wie der Hefe) praktisch nur noch die Pflanzen autotroph, während die Tiere entweder Pflanzen- oder Fleischfresser sind oder (wie die meisten Menschen) beides. Das Geheimnis der autotrophen Organismen ist natürlich vor allem die Photosynthese, die ihnen eine direkte Umwandlung der Sonnenenergie erlaubt und damit eine Synthese organischer Moleküle aus anorganischen (Lithotrophie). Sie war bereits das Geheimnis der in den Mikrobioten dominierenden

Arten. Photosynthese war der Fermentierung (Gärung) organischer Stoffe aus der Umgebung so weit überlegen, daß die photosynthetisierenden Arten sich bevorzugt ausbreiten konnten. Aber es blieb bei der quantitativen Ausbreitung. Die photosynthetisierenden Blaualgen verfügten offenbar nicht über jene horizontale Genübertragung, die bei den Bakterien das Ad-hoc-Auftreten und -Verschwinden vieler Millionen von Pseudoarten zur Folge hatte.

Anscheinend verloren mit der Variierung durch Sexualität einige Arten die Fähigkeit zur Photosynthese. So erklärt man sich das gehäufte Auftreten der ersten heterotrophen Organismen, die zuerst wahrscheinlich Allesfresser waren und wahllos organischen Abfall und kleine lebende Zellen fraßen. Später spezialisierten sie sich und spalteten sich in Pflanzenfresser und Fleischfresser auf. Mit dem Auftreten der Heterotrophen wurde das Monopol der photosynthetisierenden Autotrophen auf die besten Plätze in den Mikrobioten gebrochen. Die Heterotrophen schafften Platz. Dadurch erst wurde im Ökosystem größere Komplexität möglich.

Sexualität und Heterotrophie arbeiteten also bei der Entwicklung von Vielfalt Hand in Hand. Die Ökologie, die mit der Heterotrophie eigentlich erst so recht begann, kam in Richtung auf größere Komplexität in Bewegung. Es bildeten sich zahlreiche Arten vielzelliger Organismen. Diese Entwicklung setzte wahrscheinlich vor mehr als 750 Millionen Jahren – also nicht lange nach dem Überhandnehmen der Heterotrophie – mit dem Auftreten von Würmern ein. Das mit Fossilien reich belegte Kambrium begann vor etwa 580 Millionen Jahren mit einer wahren Evolutionsexplosion, bei der viele verschiedene Arten von wirbellosen Tieren mitsamt ihrer Beute, den vielzelligen Algen, in dem relativ kurzen Zeitraum von 10 bis 20 Millionen Jahren auftraten. Das Leben hatte sich glücklich selbst die makro- und mikroskopischen Bedingungen zur Entfaltung jener reichen Formen- und Beziehungswelt geschaffen, die uns heute umgibt und der wir selbst angehören. Zuerst wurden diese Bedingungen im Wasser realisiert, wobei wohl die dort gegebene Abschirmung der Ultraviolett-Strahlung eine Rolle gespielt hatte. Danach, vor etwa 450 Millionen Jahren, begann die Kolonisierung des Landes durch Pflanzen, was unter anderem nur dank der Ultraviolett-Abschirmung durch den inzwischen gebildeten atmosphärischen Sauerstoff möglich war (die jedoch kaum der auslösende Faktor gewesen sein kann, da der Sauerstoff ja schon viel früher aufgetreten war). Etwa 50 Millionen Jahre später folgten die Tiere den Pflanzen aufs Land.

Der Drang zur Vielzelligkeit

Die Gewebebildung, die nur den eukaryotischen Zellen möglich ist, hängt offenbar eng mit der Vergesellschaftung von Einzellern zusammen. Allerdings liegt die Entstehung vielzelliger Organismen noch weitgehend im dunklen. Es gibt Theorien, die davon ausgehen, daß die ersten mehrzelligen Organismen aus der Differenzierung ein und derselben Zelle entstanden sind. Der Embryo entsteht schließlich auch aus der Teilung und Differenzierung einer einzigen Zelle, der Zygote. Doch gibt es auch heute noch so viele Zwischenstufen auf der Skala zwischen gesellschaftlicher Organisation von Einzellern und echten Vielzellern, daß ein horizontaler Zusammenschluß, wie schon bei der eukaryotischen Zelle, zumindest eine bedeutende Rolle gespielt haben dürfte. Eigen und Schuster (1977/78) vermuten in diesem Zusammenhang eine neue Ebene von evolvierenden Hyperzyklen, in denen die Teilnehmer eukaryotische Zellen sind.

Die Kommunikationsmechanismen zwischen in Kolonien zusammengeschlossenen Zellen scheinen im Prinzip die gleichen zu sein wie jene, die die Zellkooperation in Geweben garantieren. Sie übermitteln metabolische Information und beruhen auf chemischen und elektrischen (Ionenfluß-)Prozessen. Zellen erkennen einander und verbinden sich mit ihrer eigenen Art. Gibt man Schwämme verschiedener Art, zum Beispiel gelbe und orangefarbene, zusammen mit Wasser in einen Mixer, stellt eine homogene Suspension aus einzelnen Zellen her und läßt diese stehen, so bilden sich nach einigen Stunden wieder gelbe und orangefarbene Schwämme. Noch Interessanteres geschieht, wenn man kleine, fünf Millimeter lange Süßwasserpolypen mechanisch in ihre einzelnen Zellen zerteilt, von denen sie etwa 100000 besitzen, geordnet in einem Dutzend Zelltypen. Nach einer ersten Phase, in der sich Zellklumpen bilden, findet eine Selbstorganisation statt, die zu Monstergebilden führt, in denen Kopf-, Darm- und Fußregionen wild durcheinanderwuchern. Mit der Zeit können sich aus solchen Gebilden dann wieder normale Tiere absondern. Offenbar kommen gewisse Substanzen, die morphogenetische Information im Zellgewebe austauschen, zunächst auf ungeordnete Weise zur Wirkung. Man hat eine solche Substanz isoliert, die in sehr niedrigen Konzentrationen die Tentakelbildung in der Kopfregion aktiviert (Gierer, 1974; s. auch Kapitel 4). Bringt man sie mit Zellen des Darmtraktes in Kontakt, so beginnen sich auch dort Fangarme zu bilden, was bei normaler Entwicklung nicht vorkommt.

184

In einem vermischten Brei lebender Zellen schließen sich Leberzellen mit Leberzellen und Retinazellen mit Retinazellen zusammen und versuchen, die Organe, denen sie entnommen wurden, wieder aufzubauen. In gewissen Fällen kooperieren sogar spezialisierte Zellen, die die gleiche Funktion in verschiedenen Arten von Organismen ausüben. Wie die Biomoleküle mit ihrer räumliche Formen erkennenden Stereospezifizität besitzen auch die Zellen auf ihrer Ebene ein Erkennungsgedächtnis, das aber offenbar nicht nur räumliche Formen, sondern auch Austauschprozesse, das heißt die dynamische Prozeßstruktur, erkennt. Eine neue Art von Kommunikation, die sogenannte *metabolische Kommunikation,* tritt damit in Erscheinung. Sie liegt der Bildung autopoietischer Einheiten zugrunde, die aus Zellpopulationen bestehen – seien es Organismen oder Vergesellschaftungen.

Die Prozeßnatur der Erkennungskriterien wird am Beispiel des Schleimpilzes besonders deutlich (siehe auch Kapitel 4). Ein solcher Schleimpilz ist eine zeitlich begrenzte Aggregation von Amöben, bakterienfressenden eukaryotischen Protisten. In Perioden, in denen leicht Nahrung zu beschaffen ist, funktionieren sie als unabhängige Individuen. In kargen Perioden hingegen erfolgt die ständige Sekretion chemischer Stoffe in charakteristischen Pulsationen, die auf dissipative Strukturen innerhalb der Zellen zurückgehen. Dadurch ziehen sie einander unwiderstehlich an, ein Vorgang chemischer Verhaltenskontrolle, der als Chemotaxis bezeichnet wird. Der entstehende Schleimpilz (der mit einem Pilz nichts als den Namen gemeinsam hat) bewegt sich auf der Suche nach günstigeren Nahrungsplätzen fort und zerfällt nach ein oder zwei Tagen wieder in individuelle Amöben, die sich durch Zellteilung vermehren.

Es ergibt sich hier eine bemerkenswerte Parallele zum Verhalten einer menschlichen Gesellschaft (Friedman, 1975). Das burmesische Bergvolk der Kachin lebt in guten Zeiten in mehreren Stämmen, die untereinander Handelsbeziehungen pflegen, politisch aber voneinander unabhängig sind. In Zeiten der Not jedoch, wenn die Ernten schlecht sind, bilden sie eine hierarchische Ordnung, in welcher der Häuptling eines Stammes als König über das ganze Kachin-Volk herrscht. Jede dieser alternierenden Phasen dauert normalerweise Jahrzehnte. Dieser Wechsel charakterisiert das Gesellschaftssystem der Kachin offenbar seit vielen Jahrhunderten. Er ist Ausdruck einer mehr oder minder geschichtslosen Dynamik, die sich jeweils nach den horizontalen Gegebenheiten richtet und kaum vertikale Entwicklung aufweist.

Doch zurück zu den Bemühungen der Einzeller, Gesellschaften zu bilden. Offenbar gelingt dies auf dauerhafte Weise nur photosynthetisierenden Eukaryoten. Sie können sich mit feinen Protoplasma-Fäden untereinander verbinden, was ein viel schneller wirkendes und zuverlässigeres Kommunikationssystem ergibt als etwa die Chemotaxis der Amöben. Hier erst darf wohl der Beginn mehrzelliger Organismen angesetzt werden. Unter den heute vorkommenden Arten lassen sich viele Stufen der Entwicklung studieren, von völlig gleichartigem Verhalten aller individuellen Zellen innerhalb einer Kolonie bis zu Gesellschaften mit ausgeprägten Führungsfunktionen und noch weitergehender Differenzierung.

Larison Cudmore beschreibt in ihrem hochinteressanten Buch (1977) die Grünalge *Volvox* als Krönung dieser Entwicklung. Dieser Einzeller bildet kugelschalenförmige Kolonien mit je 500 bis 500000 Zellen, die sich mit dem koordinierten Schlag ihrer Geißeln (Flagella) fortbewegen. Jede Zelle ist mit sechs anderen durch Protoplasma-Fäden verbunden. In der südlichen Hemisphäre dieser Kugelkolonien sind wenige Zellen (zwischen 2 und 50) dazu ausersehen, neue Kolonien zu bilden. Sie können sich durch bloße Zellteilung oder sexuell vermehren. Im ersten Fall bildet sich innerhalb der ursprünglichen Kolonie eine neue Kugelschale, deren Zellen noch keine Flagella aufweisen und deren »Köpfe« nach innen gerichtet sind. Zu gegebener Zeit geschieht etwas, was wie eine Geburt anmutet. Die innere Kugelschale kehrt sich von innen nach außen und tritt dabei gleichzeitig durch eine Pore in der Wand der Mutterkolonie ins Freie. Dort, Köpfchen nun nach außen gerichtet, wachsen den jungen Zellen Flagella, und die neugeborene Kolonie schwimmt in ihr eigenes Leben davon. Da aber diese neuen Kolonien nicht geboren werden können, bevor für die Mutterkolonie die Zeit zu sterben gekommen ist, kann es geschehen, daß die Tochterkolonien noch vor ihrer Geburt ihrerseits Tochterkolonien, also Enkel der ursprünglichen Kolonie, entwickeln. Drei Generationen existieren dann gleichzeitig, doch nur die älteste lebt frei. Die Reproduktionszellen können aber auch männliche und weibliche Geschlechtszellen (Gameten) bilden. Die männliche Zelle kann sich von der Kolonie lösen und eine weibliche suchen. Erst nach der Befruchtung kann sich auch die weibliche Zelle lösen und einen harten, stachligen Schutzmantel bilden. Die Kolonie, die sich darunter bildet, bleibt unbeweglich auf dem Boden des Teiches, bis sie im Frühjahr ihr volles Leben entfaltet.

Bei der Bildung von vielzelligen Systemen scheint aber – wie bei dissipativen Strukturen – die Größe des Systems eine entscheidende Rolle zu spielen. Zellen von Organismen differenzieren sich nur in Zellkulturen, wenn sie sich in einer Aggregation von bestimmter Mindestgröße befinden. Bei der normalen Entwicklung des Embryos wächst die sich differenzierende Zellmasse bis zu einer bestimmten Größe an. Dann erfolgt Polarisierung (zum Beispiel durch Ausbildung eines Kopfes), und von da ab besteht ein »positionelles Feld«, das die weitere Entwicklung entlang der oben erwähnten Chreoden bestimmt (Nicolis und Prigogine, 1977). Mit dieser Polarisierung ist offenbar eine neue Ebene von Selbstorganisation erreicht, die sichtbar durch einen räumlichen Symmetriebruch gekennzeichnet ist. Die Komplementarität stochastischer und deterministischer Faktoren, von Erstmaligkeit und Bestätigung, tritt auf neuer Ebene in Erscheinung. Die Entwicklung entlang der Chreoden wird von jenen Regulator-Genen gesteuert, von denen man annimmt, daß sie bei höher entwickelten Tieren bis zu 95 % der Gene ausmachen. Ihre Wirkung ist ähnlich der des neuralen Geistes, der in Kapitel 9 zur Sprache kommen wird. Es werden laufend Konzepte ausgegeben, ihr Zusammenpassen mit anderen Konzepten geprüft, Mutationen rückgängig gemacht oder eingepaßt, kurz, es entfaltet sich ein teils offener, teils heuristischer Lernvorgang. Wie Wolfgang Stegmüller (1975) betont, spielt hier insbesondere auch die Fähigkeit der Antizipation, der »gedanklichen« Vorwegnahme noch nicht verwirklichter Vorgänge, eine Rolle.

Der schwierige Ausgleich zwischen Erstmaligkeit und Bestätigung

Lassen wir die wichtigsten Stationen mikroskopischer Evolution des Lebens noch einmal Revue passieren, so ergibt sich ein Bild gemäß Tafel 4. In den mehr als drei Milliarden Jahren vor dem Erscheinen der ersten vielzelligen Organismen treten in der Mikroevolution nacheinander drei Hauptebenen autopoietischer Existenz auf: dissipative Strukturen, Prokaryoten und Eukaryoten. In der Makroevolution hingegen ist die Identifizierung schwieriger. Immerhin scheint es, daß als Pendant zu den Prokaryoten das autopoietische Gaia-System fungiert, das die gesamte Biosphäre der Prokaryoten zusammen mit der Atmosphäre umfaßt und sich vor anderthalb Milliarden Jahren stabilisiert hat. Dem Auftritt der Eukaryoten entspricht auf dem Makrozweig die Bildung von Ökosyste-

Vergangene Zeitspanne (in Millionen Jahren)	Ereignis/Nachweis
4 600	Entstehung der Erde
~ 4 000	Beginn des Lebens in Form gemeinsamer Vorfahren von Archäbakterien und Prokaryoten?
3 500 - 3 100	Älteste Mikrofossilien; Prokaryoten (Bakterien und Blaualgen) dominieren; anaerobe Photosynthese, Hinweise auf aerobe (sauerstoffliefernde) Photosynthese
3 400 - 3 300	Älteste Kohlenablagerungen organischen Ursprungs (aus Photosynthese)
3 200 - 2 900 ?	Älteste Stromatoliten (Ablagerungen von Prokaryoten-Vergesellschaftungen)
2 350 - 725	Gehäuftes Auftreten von Stromatoliten, Proterozoikum
2 200	Mikrofossiler Nachweis aerober Photosynthese (Heterozysten)
2 000	Erscheinen von freiem Sauerstoff in der Atmosphäre
2 100 - 1 900 ?	Atmung
1 500 ?	Atmosphäre (Gaia-System) stabilisiert
1 500 ?	Eukaryoten, Mitosis (Körperzellteilung)
1 200 ?	Sexuelle Reproduktion, Meiosis (Reifeteilung)
800	Weit verbreitete Heterotrophie
750	Mikrofossiler Nachweis von vielzelligen Organismen
580	Beginn des Kambriums mit zahlreichen Fossilien wirbelloser Tiere
510	Erste Wirbeltiere
450	Kolonisierung von Land durch Pflanzen
400	Kolonisierung von Land durch Tiere
370	Erste Amphibien und geflügelte Insekten
330	Erste Bäume und Reptilien
200	Beginn der Dinosaurier-Periode
165	Erste Säugetiere
130	Erste Blumen
64	Dinosaurier sterben abrupt aus
14	Ramapithecus, erster aufrecht gehender Vorfahre des Menschen

Tafel 4. Stationen der Entstehung des Lebens auf der Erde.

men, die mit der Entfaltung mehrstufiger Heterotrophie rasch sehr viel komplexer werden. Dem Auftritt von Vielzellern schließlich entspricht auf dem Makrozweig die Bildung echter arbeitsteiliger Gesellschaften. Diese Zusammenhänge in der Koevolution von Makro- und Mikrokosmos bei der Entfaltung des Lebens auf der Erde werden in Abbildung 28 schematisch dargestellt.

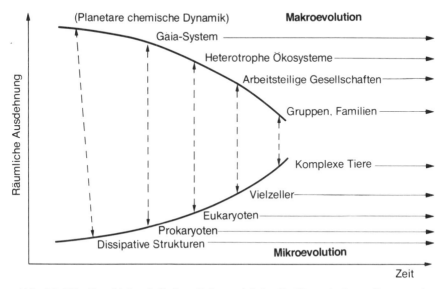

Abb. 28. Die Geschichte irdischen Lebens drückt die Koevolution selbstorganisierender Makro- und Mikrosysteme in immer höherer Differenzierung aus.

Fragen wir nun, wodurch die drei mikroskopischen autopoietischen Ebenen – dissipative Strukturen, Prokaryoten und Eukaryoten – wesentlich charakterisiert sind, so können wir beim jeweiligen Übergang zwischen ihnen entscheidende Symmetriebrüche feststellen. Wie schon in der kosmischen Evolution spannen also auch hier wieder Symmetriebrüche Raum und Zeit für eine bestimmte Systemdynamik auf. Dissipative Strukturen markieren räumlichen Symmetriebruch (siehe Kapitel 1). Mit Prokaryoten, oder eigentlich schon mit ihren Vorgängern, den Eigenschen Hyperzyklen, kommt zum erstenmal Selbstreproduktion, das heißt vertikale Informationsübertragung, ins Spiel. Damit wird die Zeitsymmetrie der Erfahrung gebrochen. Erfahrung ist nicht mehr symmetrisch zu ihrer Gewinnung in der Gegenwart und in den Austauschprozessen mit der Umwelt. Auch die Erfahrung der Vergangenheit kann nun in der Gegenwart wirksam werden. Diesem Symmetriebruch entspricht mithin eine Zeitverschränkung besonderer Art. Allerdings tritt die vertikale genetische Informationsübertragung auf dieser Ebene stark vermischt mit direkter horizontaler Übertragung auf. Während also die zeitliche Symmetrie genetischer Informationsübertragung gebrochen wird, bleibt die räumliche Symmetrie zunächst im Prinzip bestehen. Sie wird erst von den Eukaryoten gebrochen, die mit der Sexualität die systematische Einbeziehung vergangener Erfahrung aus einem ganzen Stammbaum entwickeln. Vertikalität und Horizontalität verbinden sich auf geordnete Weise. Nicht aus dem gesamten Genvorrat kann die Information stammen, wie im Prinzip bei der horizontalen Genübertragung der Bakterien, sondern nur aus einer bestimmten Struktur vergangener Erfahrungsbildung – eben dem Stammbaum. Damit wird ein zweistufiger räumlicher Symmetriebruch auf der Ebene der Eukaryoten vollendet, der über das lineare Prinzip einer mehr oder minder identischen Generationenabfolge in der mitotischen Zellteilung zum Prinzip des Stammbaums in der Sexualität führt.

Was hierbei vor allem auffällt, ist der Umstand, daß bedeutende Erfindungen der Mikroevolution, wie die Atmung der Prokaryoten und die Sexualität der Eukaryoten, erst »erarbeitet« werden müssen. Symmetriebrüche können modifiziert werden. Evolutionäre Mechanismen stellen zunächst ein einseitiges Prinzip zur Diskussion, das im weiteren Verlauf verfeinert und mit anderen Prinzipien in Verbindung gebracht wird. Man könnte dies geradezu so ausdrücken, daß die Vollkommenheit des komplementären Prozeßprinzips sich nicht immer gleich auf den ersten Anhieb einstellt und mit etwas ungelenker Dialektik erst eingerenkt werden muß.

Das für das Leben grundlegende Prinzip der Selbstreproduktion beruht nicht auf Materieübertragung, sondern auf Informationsübertragung. Genauer gesagt, es werden Prozeßprogramme übertragen, die die Anleitung für den Aufbau von Strukturen enthalten – Strukturen, die nicht nur aus Materie, sondern auch aus Beziehungen und Prozessen bestehen, mit anderen Worten also dynamische Raum-Zeit-Strukturen. Dies erscheint uns selbstverständlich. Aber erinnern wir uns an die kosmische Evolution. Dort war es die direkte Übertragung von Materie, die eine gewisse Raum- und Zeitverschränkung in der Evolution bewirkte. Insbesondere stammt, wie wir gesehen haben, die Materie unseres Planeten und der auf ihm entstehenden Lebensformen zu einem großen Teil aus der Explosion fremder Sterne, nicht aus der homogenen Urmaterie und nicht von der Sonne. Demgegenüber hat sich das Leben eine viel größere Flexibilität gesichert. Es reicht die Prozeßprogramme weiter, die lokal im Austausch einer autopoietischen Struktur mit ihrer Umwelt zur schöpferischen Anwendung gelangen. Diese Offenheit, die sich in den Austauschprozessen mit der Umwelt manifestiert, ist also geradezu die Voraussetzung, um Information an die Stelle von Materie treten zu lassen. Sendet ein Architekt den Plan eines Hauses an einen fernen Bauplatz, so muß er zuvor sichergehen, daß die dort vorhandenen Beziehungen zur nahen und fernen Umwelt es zum Beispiel gestatten, Lehm aufzutreiben und Ziegel zu brennen, Maurer zu engagieren, Marmor aus Italien einzuführen und laufend Wasser für den Garten abzuzweigen.

Bei der Evolution dieser Informationsübertragung geht es nun offenbar darum, den rechten Ausgleich zwischen den zwei komplementären Aspekten pragmatischer Information, Erstmaligkeit und Bestätigung, zu finden. Bei den Prokaryoten ergibt sich dieser Ausgleich noch aus einer offenbar situationsbedingten Ad-hoc-Vermengung vertikaler und horizontaler Vektoren – eine echt anarchistische Lösung', die im Prinzip jede Kombination zuläßt. Ordnung kommt erst mit den Eukaryoten herein, zunächst in Form übermäßiger Betonung von Bestätigung in linearer Selbstreproduktion durch Zellteilung. Der Beginn epigenetischer Rückkoppelung mit der Umwelt und die Überreste horizontaler Genübertragung (wohl nur noch durch Viren) bringen demgegenüber nur wenig Erstmaligkeit ins Spiel. Erst mit der Sexualität wird der Ausgleich gefunden, der sofort zu einer außerordentlichen Beschleunigung der Evolution und zu einer explosionsartigen Vervielfältigung der Lebensformen führt.

Relativ kurz nach der Sexualität entsteht sodann mit der Heterotrophie ein Gewebe horizontaler ökologischer Prozesse, das im Grunde auch nicht materieller Art ist, sondern Energie- und Informationsübertragung darstellt. Wohl passiert etwas Materielles, wenn ein Jägertier ein Beutetier frißt, aber es geht dabei nicht um die rasch wieder ausgeschiedene Materie, sondern um Energie, die eigentlich das Wesen von Nahrung darstellt. Wenn Insekten Pollen von Pflanzen übertragen, so ist auch dieser Prozeß im Grunde keine Übertragung von Materie, sondern von genetischer Information. Der Bereich ökologischer Prozesse – wir können auch sagen: ökologischer Information – ist also zunächst sehr stark horizontal ausgerichtet und betont damit Erstmaligkeit gegenüber Bestätigung. Auch dies führt zu rascher Vervielfältigung. Mit der zunehmenden Bedeutung epigenetischer Entwicklung in vielzelligen Organismen, also mit der aktiven Rückkoppelungsbeziehung zwischen Organismus und Umwelt, verbindet sich schließlich der horizontale Vektor mit einem vertikalen, verbindet sich Erstmaligkeit mit Bestätigung. Einerseits können sich Organismen nun besser an ihre Umwelt anpassen, andererseits treiben sie die Evolution dieser Umwelt nun aktiv voran.

Geht die Mikroevolution des Lebens also von Bestätigung aus, so beginnt die Makroevolution am anderen Ende mit Erstmaligkeit. Der von beiden Seiten zunehmende Ausgleich und damit die Optimierung pragmatischer Information kann als Triumph des Prinzips der Koevolution von Makro- und Mikrokosmos im Bereich des Lebens gedeutet werden.

8. Soziobiologie und Ökologie: Organismus und Umwelt

> Vater: Das Leben ist ein Spiel, dessen Zweck
> darin besteht, die Spielregeln zu entdek-
> ken, die sich aber ständig ändern und
> unentdeckbar bleiben.
> Tochter: Aber das ist doch kein *Spiel*, Papa.
> Vater: Vielleicht nicht. Ich würde es Spiel nen-
> nen, oder jedenfalls »Spielen«. Aber es
> ist sicherlich nicht wie Schach oder Ka-
> nasta. Es ist eher von der Art wie das,
> was kleine Katzen und Hunde tun. Viel-
> leicht. Ich weiß es nicht.
> . . .
> Tochter: Papa, warum spielen kleine Katzen und
> Hunde?
> Vater: Ich weiß nicht – ich weiß es nicht.
>
> *Gregory Bateson,*
> Metalogue: About Games and Being Serious

Eine Klarstellung zur Terminologie

Etwa um die Mitte der 60er Jahre drang der Begriff der *Ökologie* (was etwa mit »Haushaltswissenschaft« zu übersetzen wäre) in ein weiteres Bewußtsein, ein Jahrzehnt später der engere Begriff der *Soziobiologie*. Beide entstammen ursprünglich einer statischen Betrachtungsweise von Fließgleichgewichten. Sowohl Soziobiologie wie Ökologie handeln in ihrer heutigen Form vor allem von horizontalen Beziehungen unter biologischen Organismen und Gruppen. Beide führen aber in einem dynamischen Kontext zum Prinzip der Koevolution.

Der Begriff der Soziobiologie wird heute meist so verwendet, daß damit ein rein genetischer Ursprung von Verhalten anvisiert wird (Wilson, 1975; Barash, 1977). Eine solche unrealistische Einschränkung liegt aber den Betrachtungen dieses Kapitels fern. Ich möchte hier den Begriff der Soziobiologie so fassen, daß er alle kooperativen materiellen Prozesse zwischen biologischen Systemen ein und derselben Art umschließt, gleich ob diese Prozesse zwischen individuellen Organismen oder aus ihnen zusammengesetzten Gruppen und Systemen stattfinden. Die Einschränkung auf Prozesse materieller Art ist hierbei wesentlich;

sie dient der Abgrenzung gegen soziokulturelle Prozesse, von denen im nächsten Kapitel die Rede sein wird. Der viel weitere Begriff der Ökologie hingegen soll alle kooperativen Prozesse umfassen, die innerhalb eines selbstorganisierenden Systems stattfinden, das seinerseits aus biologischen selbstorganisierenden Systemen zusammengesetzt ist. Der Ausdruck »kooperativ« ist hier jeweils vom Standpunkt des Gesamtsystems gemeint und schließt Wettbewerb und Jäger-Beute-Beziehungen ein, obwohl es für die betroffenen Individuen schwierig wäre, den kooperativen Aspekt zu erkennen. Sowohl Soziobiologie wie auch Ökologie sind also durch mindestens zwei semantische oder Bedeutungsebenen gekennzeichnet: durch die der individuellen Organismen und die des Makrosystems. Die Zahl der semantischen Ebenen kann natürlich auch größer als zwei sein, wenn sich das Makrosystem entsprechend differenziert.

Soziobiologie im eigentlichen Sinne beginnt also mit Arbeitsteilung unter den Mitgliedern einer Vergesellschaftung. Dies war trotz der Kooperation bei der horizontalen Genübertragung unter Bakterien noch nicht der Fall. Erst Kolonien aus eukaryotischen Zellen entwickeln, wie wir gesehen haben, Ansätze zu einer Spezialisierung, womit Arbeitsteilung einsetzt. Zu ihrer vollen Blüte gelangt Soziobiologie aber erst mit dem Auftreten vielzelliger Organismen.

Ökologie im weitesten Sinne beginnt mit den von Prokaryoten getragenen Beziehungen innerhalb des Gaia-Systems von Bio- plus Atmosphäre. Sie wird rasch komplexer, wenn Symbiose und Heterotrophie hinzutreten. In der Symbiose liegt der Vorteil der Kooperation zwischen zwei Organismen in der verbesserten Lebensfähigkeit des entstehenden Gesamtsystems, das eine übergeordnete Ebene repräsentiert. Heterotrophie baut auf einer ersten autotrophen Ebene auf, die Energie aus der Photosynthese gewinnt. Die Pflanzenfresser stellen schon eine zweite Ebene dar, während die Fleischfresser eine dritte und gegebenenfalls weitere Ebenen ins Spiel bringen.

Optimale Ausnützung von Energie

Nichts demonstriert die Prozeßnatur des Lebens eindrücklicher als die Energiezyklen in einem Ökosystem. Die Primärenergie kommt praktisch ausschließlich aus der Sonnenenergie. Sie tritt ein als Strahlung im sichtbaren Bereich und wird ausgeschieden als langwellige Wärmestrahlung niederer Photonenenergie. Man kann die Grenzen eines Ökosystems sinnvoll so definieren, daß sie alle energetischen Prozesse vom Eintritt bis zum Austritt der Photonen (das heißt ihrer Abstrahlung in den Weltraum) umfassen. Im Durchschnitt wird nur etwa ein Prozent der beteiligten Sonnenenergie von den Pflanzen in der Photosynthese umgewandelt und gespeichert. Der höchste Wirkungsgrad liegt bei etwa drei Prozent. Der Rest wird entweder reflektiert oder im Rahmen der autopoietischen Austauschprozesse der Pflanze direkt als Wärme abgegeben.

In einem Ökosystem mit mehreren Trophen (Ebenen in der Nahrungshierarchie) wird das eine Prozent gespeicherter Sonnenenergie von pflanzenfressenden Tieren dazu genützt, um wieder zwei verschiedene Prozesse zu alimentieren. Der eine davon dient dem Aufbau und Wachstum des Tierkörpers, also der Speicherung von Energie, was wieder mit einem sehr geringen Wirkungsgrad vor sich geht, der ebenfalls von der Größenordnung eines Hundertstels ist. Fast die gesamte Energie wird für den Stoffwechsel, also die direkten Austauschprozesse in der Autopoiese aufgewandt. Ein erwachsener Mensch nimmt im Durchschnitt 2700 Kalorien pro Tag auf, was etwa drei Kilowattstunden entspricht, gibt aber davon fast alles in einem steten Wärmestrom von 100 bis 150 Watt wieder an die Umgebung ab. Die geringere Wärmeproduktion im Kindesalter mit eingerechnet, ergibt sich für zwanzig Jahre Lebenszeit eine Wärmeleistung von rund 15 000 Kilowattstunden, die an die Umgebung abgegeben worden ist und von dort letztes Endes ihren Weg in den Weltraum gefunden hat. Aber die 70 Kilogramm Fleisch, Fett und Knochen, denen dieser ganze Aufwand galt, repräsentieren kaum mehr als 100 Kilowattstunden, die einem Raubtier für seinen Bedarf zur Verfügung stehen. In späteren Lebensjahren hört das Wachstum von Säugetieren (anders etwa als bei den meisten Fischen) ganz auf: Alle Energie wird nun im autopoietischen Stoffwechsel verbraucht.

Die Hierarchie der trophischen Ebenen bildet also eine Pyramide, die von Stufe zu Stufe nur je etwa ein Prozent der Energie weiterreicht. 2,5 Quadratkilometer Grasland ernähren eine Gazellenherde von 100 Tieren, und diese wieder einen einzigen Löwen. Der Löwe kann also nur ein Prozent eines Prozentes, das heißt ein Hundertstelprozent der ursprünglichen Sonnenenergie, für sich in Anspruch nehmen. Der Rest dient der Autopoiese des Graslandes und der Gazellen.

Vor der Erfindung der Landwirtschaft, als der Mensch noch als Jäger und Sammler lebte, benötigte er ungefähr zehn Quadratkilometer pro

Kopf für seine Ernährung. Die heutige Landwirtschaft hat dieses Maß auf einen Wert gesenkt, der von der Größenordnung eines Hektars (ein Hundertstel Quadratkilometer) ist, also tausendmal effizienter. Bei intensivster Bewirtschaftung genügt sogar ein Drittel Hektar pro Kopf. Dementsprechend wuchs die Weltbevölkerung, die sich um 10000 v. Chr. bei etwa fünf Millionen stabilisiert hatte, mit der Einführung der Landwirtschaft schon bis 3000 v. Chr. auf 100 Millionen und bis zum Ende des 18. Jahrhunderts auf 500 Millionen an. Das industrielle Zeitalter mit seiner intensivierten Landbewirtschaftung hat diese Zahl bisher um eine weitere Größenordnung gesteigert, so daß die Erde heute fast tausendmal soviel Menschen trägt wie vor der Einführung der Landwirtschaft.

Pflanzen können alle 20 Aminosäuren produzieren, die zur Bildung der Proteine nötig sind, die heterotrophen Tiere hingegen nur etwa die Hälfte. Der Verlust der Fähigkeit, alle wesentlichen Zwischenprodukte selbst zu synthetisieren, ergab sich – so glaubt man zumindest – aus dem selektiven Vorteil der Einsparung von Energie, die für andere Zwecke des Körpers eingesetzt werden kann. Die Akquisition von Fertigprodukten kam, wie auch in späteren industriellen Stufen der Evolution, billiger. Der Verlust an Autonomie erweist sich oft erst im nachhinein als bedenklich, wie etwa im Falle der Askorbinsäure (Vitamin C). Man nimmt an, daß die Fähigkeit zu ihrer Synthese vor mehr als 300 Millionen Jahren in Amphibien entstanden ist, eine Mutation vor 25 Millionen Jahren aber in einigen Tierarten zum Verlust eines Enzyms führte, das als Katalysator in der letzten Stufe der Umwandlung von Glukose in Askorbinsäure benötigt wird (Scrimshaw und Young, 1976). Die ersparte Glukose kommt dem Körper direkt zugute, aber Menschen, Primaten, Meerschweinchen, Fledermäuse und auch einige Vögel sind heute auf eine Diät angewiesen, die fertiges Vitamin C enthält. In einer tropischen Umwelt steht sie ausreichend zur Verfügung. Doch mit der Migration in gemäßigte Zonen und vor allem mit dem Wechsel der menschlichen Diät von Vitamin-C-reicher Rohkost zu gekochter Kost entstand nach Linus Pauling (1977) eine chronische Mangelsituation, die zu stark erhöhter Krankheitsanfälligkeit führte.

Ökosysteme können in mehr als drei trophische Ebenen unterteilt sein, wenn sich längere Nahrungsketten bilden. Dies ist zum Beispiel im Meer der Fall, wo sich nach dem bekannten Prinzip »Große Fische fressen kleine Fische« eine mittlere Kettenlänge 3,5 bis 4 ergibt – ohne das ursprünglich Sonnenenergie verwertende Plankton. Fische am Ende der Freßkette, wie zum Beispiel Thunfische, verwerten also weniger als ein Millionstel oder sogar ein Milliardstel der ursprünglichen Sonnenenergie. Es ist aber bemerkenswert, daß Festland-Ökosysteme selten über vier trophische Ebenen – Pflanzen, Pflanzenfresser, primäre und sekundäre Fleischfresser – hinausgehen, wobei natürlich vielfältige Überschneidungen (z. B. durch Allesfresser) vorkommen.

Doch auch die in Lebewesen gespeicherte Energie nimmt nur zum Teil ihren Weg zu höheren Trophen. In Wäldern, jenen unglaublich reich strukturierten Ökosystemen, erreicht nur etwa ein Zehntel der Primärproduktion die Pflanzenfresser. Neunzig Prozent werden direkt von den »Zersetzern«, den Bakterien und Pilzen, verwertet und in ihre ursprünglichen chemischen Bestandteile zerlegt, um neuen Energiezyklen zu dienen. In einem Quadratmeter guten Bodens stecken etwa ein Kilogramm Bodenbakterien, in denen wir eine zeitgenössische Spielart der frühesten mikroskopischen Lebensformen auf der Erde, nämlich der Prokaryoten wiedererkennen. Sie schalten sich auch sonst an jenen Stellen der Energiezyklen ein, an denen es aus verschiedenen Gründen hapert. So benötigen Pflanzen zum Aufbau von Proteinen Stickstoff, können aber den in der Luft im Überfluß vorhandenen gasförmigen Stickstoff nicht verwerten. Sie sind auf gebundenen Stickstoff, auf Nitrate und Nitrite im Boden angewiesen. Die Leguminosen hingegen, zu denen Hülsenfrüchte, Klee, Alfalfa und Lupine zählen, haben sich einer Symbiose mit Bodenbakterien versichert, die die nötigen Gene besitzen, um stickstoff-fixierende Enzyme zu bilden. Diese Gene treten aber erst in Aktion, wenn die Pflanzen ihren Teil des symbiotischen Paktes erfüllt haben, nämlich eine sauerstofffreie Umgebung in ihren Wurzeln sicherzustellen. Die Art und Weise, wie die Leguminosen dieser Pflicht nachkommen, nimmt dabei eine Entwicklung vorweg, die erst wieder bei den Wirbeltieren eine Rolle spielt. Sie produzieren nämlich Hämoglobin, den Grundstoff von Blut und ein wirkungsvolles Mittel, um Sauerstoff zu binden. Blut dient ja vor allem dem Sauerstofftransport.

Der größte Teil des pflanzlichen Energiespeichers Kohlenstoff ist in Form von Zellulose gebunden. Nur wenige Bakterienarten können jene Enzyme herstellen, die imstande sind, Zellulose aufzubrechen. In Menschen treten sie am Ende des Verdauungstraktes auf, wo sie nicht mehr sehr viel nützen. Aber Rinder, Schafe, Ziegen und Rehe besitzen am Beginn ihres Verdauungstraktes große Kolonien dieser Bakterien, die Zellulose zu Proteinen und Nukleinsäuren verarbeiten.

Die geschilderten Beziehungen sind symbiotischer Natur. Symbiose kann als Intensivierung der Umweltbeziehungen durch eine prozessuale Verbindung zweier oder mehrerer Lebewesen aufgefaßt werden. Wie bei der Differenzierung in mehrere Trophen ergibt sich auch hier eine mehrschichtige Semantik. Die individuellen Organismen verlieren nicht ihre Identität, doch wirkt die symbiotische Verbindung als Etablierung einer höheren autopoietischen Einheit. Das häufigste und erfolgreichste Beispiel einer Symbiose stellen die Flechten dar, die am weitesten verbreitete Lebensform überhaupt. Flechten sind nichts anderes als symbiotisch verbundene einzellige Algen und Pilze, die unter günstigen Bedingungen auch allein leben können. Während die Alge durch Photosynthese für Energie sorgt, steuert der Pilz Wasser, Kohlendioxid und festen Halt bei. Vielleicht aber geht es hierbei vor allem um die Fortsetzung einer alten Leidenschaft einzelliger Mikroorganismen, nämlich der massiven Umgestaltung ihrer Umwelt, um sie lebensfreundlicher zu machen. Flechten sind ein wichtiger Faktor bei der Umwandlung von Fels in Erde, von toten Gleichgewichtsstrukturen zu einem Substrat des Lebens.

Makrodynamik des Lebens

Die höchste Makroebene nach der gesamten Biosphäre ist die Ebene der sogenannten *biotischen* oder *biogeographischen Provinzen,* von denen etwa zweihundert identifiziert werden konnten (Dassmann, 1976). Sie sind vor allem durch klimatische und geographische Faktoren bestimmt. Ein Beispiel wäre etwa die Provinz des mitteleuropäischen Waldes, die sich von der Bundesrepublik bis zum Schwarzen Meer und in einer schmalen Zunge weiter bis zum Ural erstreckt. Benachbarte biogeographische Provinzen haben oft nur einen kleinen Teil ihrer Fauna und Flora gemeinsam. Ich würde sagen, daß sie sich für eine eigene Ebene autopoietischer Makrostrukturen qualifizieren. Dies wird vor allem in der Auseinandersetzung menschlicher Kulturen mit solchen Provinzen deutlich.

Biogeographische Provinzen werden oft nacheinander von verschiedenen Kulturen besiedelt und in ganz verschiedenen Richtungen umgestaltet. Dem Grasland zum Beispiel, das heute dem Mittelwesten der Vereinigten Staaten sein Gepräge gibt, mußte der ursprüngliche dortige Wald weichen. Die seit Jahren anhaltende Dürre im afrikanischen Sahel wird nicht zuletzt auf die Änderung tradierter Verhaltensweisen durch die Technik zurückgeführt. Diese biogeographisch interpretierten Kulturzonen werden *Bioregionen* genannt. Solange alles gutgeht, kann man sie als evolvierende Strukturen betrachten, die durch ethnische Fluktuationen in neue dynamische Regimes gezwungen werden. Manchmal aber werden sie zugrunde gerichtet. Dies droht vor allem dann, wenn kulturell fixierte Beziehungen zur Umwelt aus einer biogeographischen Provinz in eine völlig anders geartete verpflanzt werden. In dieser Hinsicht treffen Natur und Kultur noch als Gegner aufeinander, wobei allzu einseitige Bestätigung der Kultur lebensfeindlich wirken kann. Es geht auch hier um eine Balance zwischen Erstmaligkeit und Bestätigung, die die Koevolution beider Seiten fördert.

Ökosysteme funktionieren unzweifelhaft als autopoietische Strukturen. Sie weisen ebenfalls die drei charakteristischen Merkmale auf, die schon chemischen dissipativen Strukturen eigen sind: Offenheit besteht hinsichtlich des Energieaustausches durch Sonneneinstrahlung und Wärmeabstrahlung; autokatalytische Stufen kennzeichnen Prozesse auf allen Ebenen des Lebens, von der intrazellulären Biochemie bis zur Reproduktion von Organismen; reiche Differenzierung schließlich, also hohes Ungleichgewicht, entspricht dem grundlegenden Trend, der sich in der Entwicklung aller Ökosysteme nach Maßgabe ihrer Möglichkeiten abzeichnet. Sogar an ganz einfachen Ökosystemen läßt sich die Aufrechterhaltung von Ungleichgewicht beobachten. In Plankton-Ökosystemen etwa ergibt sich eine wabenförmige Strukturierung, in welcher ein Bereich geringer Differenzierung von Bereichen hoher Differenzierung umschlossen ist (Margalef, 1968). Die Bewegung, die zu dieser Struktur führt, wird dabei zum Teil vom Wind erzeugt, zum Teil aber auch durch die Aktivität der Mikroorganismen selbst. Eine wabenförmige Anordnung – wie sollte man da nicht an die Bénard-Zellen der Flüssigkeitsdynamik denken, die in Kapitel 1 zur Sprache kamen!

Besonders interessant sind Ökosysteme, deren Evolution innerhalb eines längeren Beobachtungszeitraumes verfolgt werden kann. Die Biomasse, das heißt die Masse allen Lebens im System, nimmt zu, im allgemeinen auch die Primärproduktion (Pflanzen) aus direkter Photosynthese. Doch diese beiden Faktoren nehmen nicht im gleichen Verhältnis zu. Mit der Bildung eines komplexen Systems von Trophen kann die Energie der gleichen Primärproduktion von Ebene zu Ebene weitergereicht werden, wenn auch jeweils nur zu einem geringen Teil. Damit nimmt der Energieaustausch des Gesamtsystems pro Einheit der Biomasse ab. Der Wirkungsgrad der Energieausnützung im Gesamtsystem steigt, und ebenso steigt die im Gesamtsystem gespeicherte Energie. Die Diversifizierung nimmt in der Regel zu. In afrikanischen Biotopen erreicht die Biomasse diversifizierter wilder Huftiere 15 bis 28 Tonnen pro Quadratkilometer (t/km²), das Fünfzehnfache von Rehen im alpinen Mittelland und das Fünf- bis Zehnfache afrikanischer Rinderzucht. Nur europäische Rinderzucht mit 20 bis 22 t/km² kommt dieser natürlichen Effizienz mit Hilfe forcierter Verwendung von Kunstdünger nahe (Zwahlen, 1978).

Junge Ökosysteme oder solche eines niedrigen »Reifegrades« sind durch Arten gekennzeichnet, die in jeder Generation eine große Anzahl von Nachkommen produzieren, von denen aber nur wenige überleben und sich reproduzieren. Im »reifen« Ökosystem hingegen herrschen jene Arten vor, die nur wenige Nachkommen produzieren (wie die Säugetiere), für diese aber Sorge tragen und ihr Überleben in hohem Maße sichern. Daher kann auch der aus der Umwelt wirkende Selektionsdruck in unreifen Systemen viel stärker zum Zuge kommen und die Evolution beschleunigen. In reifen Systemen spielen die im System selbst entstehenden Fluktuationen die Rolle eines die Evolution antreibenden Faktors. Wir können hier eine Fortsetzung jener Entwicklung zu höherer Autonomie erkennen, die mit dem Auftreten des Todes als Korrelat der Sexualität eingesetzt hat. Es ist interessant, daß die Komplexität' des reifen Systems, ausgedrückt in der Zahl der auftretenden Arten, oft in auffälliger Weise gleichgroß bleibt, auch wenn die Arten selbst durch Migration oder Aussterben einem Wandel unterliegen.

In dieser Dynamik läßt sich jenes schon für chemische dissipative Strukturen formulierte Gesetz wiedererkennen, nach welchem zunächst hoher Energiedurchsatz und maximale Entropieproduktion als Stabilitätskriterien gelten, während sich nach erfolgter Bildung der Grundstruktur allmählich das Kriterium minimaler Entropieproduktion pro Masseneinheit Geltung verschafft.

Betrachten wir das Ökosystem als ein Materiesystem, so gilt seine erste Sorge gewissermaßen der Gegenwart hinsichtlich der Organisation von Energie, während der evolutionäre Aspekt erst später in den Vordergrund rückt. Je komplexer das System wird, ein desto größerer Anteil der durchströmenden Energie ist in ihm zu jedem Zeitpunkt vorhanden (Morowitz, 1968). Jene Strukturen haben die geringste Schwierigkeit zu evolvieren, die ihre Zukunft mit dem geringsten Energieaufwand beeinflussen können.

Betrachten wir das Ökosystem aber als ein Energiesystem, das sich in der Organisation von Materie manifestiert, so sind höchstes »Engagement« in Materie (Energiespeicherung) und höchste Prozeßintensität (Entropieproduktion) die Kriterien seiner optimalen Stabilität. Daraus erklärt sich vielleicht zum Teil, daß die differenziertesten und reifsten Ökosysteme bei hohen Temperaturen auftreten. Gemäß der Gleichung für die Gesamtenergie $E = F + TS$ (siehe Kapitel 1) multipliziert sich die Entropie S mit der absoluten Temperatur T, so daß der Energieaustausch einen höheren Anteil an Entropie aufweist. Die »reifsten« Ökosysteme, die wir kennen, treten in den Tropen auf, nämlich die Korallenriffe und die tropischen Regenwälder. Doch es gibt auch in der Tiefsee bei niederen Temperaturen und in Höhlen besonders ausgereifte Ökosysteme.

Aus der Sicht der Soziogenetik schließlich erscheint das Ökosystem als ein Informationssystem, das durch geeignete Interaktionen und entsprechendes Verhalten der Organismen die Kontinuität des genetischen Informationspotentials sicherstellt. Dies drückt sich im Schlagwort vom »egoistischen Gen« (Dawkins, 1976) aus.

Der Gesichtspunkt eines die Materie organisierenden Energiesystems betont den Aspekt der Erstmaligkeit, der eines die Energieflüsse organisierenden Materiesystems den der Bestätigung; letzterer steht auch beim Informationssystem im Vordergrund. Die Flora scheint dabei eher dem Blickwinkel eines Energie- und Informationssystems zu entsprechen als die Fauna. Pflanzen benötigen materielle Kontinuität nicht in gleichem Maße wie Tiere. Bäume können ohne Blätter und mit äußerst reduziertem Stoffwechsel überwintern. In Zeiten von Trockenheit ziehen sich viele Pflanzen vom Austausch mit der Umwelt zurück, bewahren sich aber in Form sehr widerstandsfähiger Informationsspeicher (Samen, Pollen, Sporen) oft über Jahrzehnte die Fähigkeit, bei Änderung der Umweltbedingungen in kürzester Zeit wieder voll präsent zu sein. Wüsten beginnen beim ersten Regenfall aufzublühen, und die »goldenen« (das heißt verdorrten) Hügel Kaliforniens werden bei den ersten Herbstregen sofort wieder grün.

Tierpopulationen folgen diesen jahreszeitlichen und sonstigen Umweltschwankungen weit weniger eng. Sie besitzen höhere Autonomie. Dementsprechend wären Begriffe wie Autonomie, materiebetontes System und Bestätigung – aber auch höhere Gefährdung – auf gewisse Weise miteinander verbunden. Das von der Umwelt in höherem Maße emanzipierte Leben kann sich (bis auf Phänomene wie Winterschlaf und Verpuppung) nicht in die Umweltdynamik zurückziehen, sondern muß die Herausforderung zur physischen Entfaltung kontinuierlich annehmen.

Margalef (1968) hat die Evolution eines Ökosystems als Prozeß der Informationsakkumulation beschrieben. Information wird dabei nicht nur in der Differenzierung der beteiligten Arten und der Strukturierung von Lebensprozessen geschaffen, sondern auch in der Anlage von Trampelpfaden, Erdgängen, Signalen und anderen physischen Strukturen, die aus vielmaliger Bestätigung von Lebensprozessen entstehen. Dabei wird die gewonnene Information über die Umwelt vom System mit dem Ziel eingesetzt, höhere Autonomie zu erlangen und damit paradoxerweise die Aufnahme weiterer Information aus der Umwelt zum Teil zu blockieren.

Erstmaligkeit wird also laufend in Bestätigung umgewandelt, wie in jedem Lebensprozeß. Doch kommt trotzdem immer neue Erstmaligkeit mit Fluktuationen, die sich durchsetzen, ins Spiel. Nur sind es immer weniger die Umwelteinflüsse, die dabei dominieren, als die evolutionäre Eigendynamik des selbstorganisierenden Systems. Auch hier erweist sich wieder jener Drang nach Autonomie, der als Zunahme des Bewußtseins gedeutet werden kann.

In reiferen Ökosystemen werden die von außen kommenden Fluktuationen, wie etwa Klimaschwankungen, immer mehr gedämpft, und an Stelle eines von der Umwelt diktierten Rhythmus von Reaktionen auf äußere Einflüsse entfaltet sich in zunehmendem Maße der endogene (eigenständige) Rhythmus des Systems. Ein reifes Ökosystem ist auch in den Tropen durchaus kein Gewirr aus wildem Wachstum, sondern verkörpert eine sehr feine Ordnung, deren reich orchestrierte Vibrationen man zum Beispiel vor dem Ausbruch eines tropischen Gewitters ganz stark und rein verspürt. Das »Gesetz des Dschungels« ist ein sehr hohes Gesetz.

Der kanadische Ökologe Holling hat (1976) nachdrücklich darauf hingewiesen, daß gesunde, widerstandsfähige Ökosysteme jene sind, die mit hohen lokalen Fluktuationen leben. Dies zeigt sich schon an den komplizierten, wellenförmigen Begrenzungen ausgereifter Ökosysteme. In Kapitel 4 wurden Beispiele dafür angeführt, wie ein auf Gleichgewicht ausgerichtetes Management Ökosysteme ruinieren kann.

Allerdings wartet die Natur immer wieder mit Fluktuationen auf, die auch die autonomsten Ökosysteme von außen her aus der Ruhe bringen können. Nach neueren Konzepten befindet sich die Sonne nicht im

Fließgleichgewicht, sondern ist ein global oszillierendes System (Eddy, Hg., 1978). Fluktuationen wirken sich aber nicht nur in kurzfristigen und langfristigen Klimaschwankungen (wie den Eiszeiten) aus, die auf nachdrückliche Weise ihre Spuren in der Evolutionsgeschichte hinterlassen. Auch das Magnetfeld der Erde oszilliert. Dies weiß man, da Sedimentgesteine die Magnetisierung behalten, die ihnen zur Zeit ihrer Entstehung vom Magnetfeld der Erde aufgeprägt worden ist (Cox, 1973). Schon im Jahre 1906 wies der französische Physiker Brunhes darauf hin, daß gewisse Gesteine umgekehrt polarisiert sind. Um 1960 wurden weitere Effekte der gleichen Art an Eruptionsgestein entdeckt, dessen Alter genau bekannt war. Die weltweite Übereinstimmung dieser Daten läßt mit großer Wahrscheinlichkeit darauf schließen, daß sich das Magnetfeld der Erde zumindest in den letzten fünf Millionen Jahren wiederholt umgepolt hat. Die heutige Polarität besteht erst sei 690 000 Jahren (Lowrie, 1976). Die Umkehr der magnetischen Nord- und Südpole geht aber nicht schlagartig vor sich. Das Magnetfeld baut sich im Laufe von etwa 5000 Jahren langsam ab und ebenso langsam mit umgekehrten Polen wieder auf. Dies bedeutet aber, daß die Erde in diesen Zeiten eines erheblich geschwächten oder gänzlich abwesenden Magnetfeldes viel stärker der harten Sonnenstrahlung (dem aus den Mondexperimenten bekannten »Sonnenwind«) und der Strahlung aus dem Weltraum ausgesetzt war. Innerhalb jeder Polarisierungsepoche gibt es anscheinend wieder kürzere Intervalle, in denen sich das Magnetfeld umkehrt. Offenbar können geringfügige Verschiebungen im äußeren Erdkern die Dynamoeigenschaften der rotierenden Erde ins Gegenteil verkehren.

In der Evolution muß damit vieles in Bewegung gekommen sein. Man glaubt, eine Beziehung zwischen dem Umkehren des Magnetfeldes der Erde und dem Aussterben gewisser Arten der Meeresfauna gefunden zu haben. Aber Aussterben ist wohl kaum der einzige Effekt. Ich kann mich der Vorstellung nicht erwehren, daß eine mächtige Mutter Evolution gelegentlich im Topf ihrer Lebenssuppe umrührt, mit keiner anderen Absicht als der, die Dinge in Bewegung zu halten und damit gegebenenfalls Neues zu stimulieren. Erstmaligkeit kann auf vielen Makro- und Mikroebenen ins Leben einbrechen. Im größten Maßstab dürfte schließlich die galaktische Schockwelle, die alle 100 Millionen Jahre benachbarte Supernova-Explosionen auslöst (vgl. Kapitel 5), maßgeblich auf die Evolution einwirken. Manche Wissenschaftler machen sie verantwortlich für das Aussterben der Dinosaurier vor 64 Millionen Jahren –

ein Ereignis, das die Weiterentwicklung der Säugetiere entscheidend beeinflußt hat.

Evolution ist sicherlich nicht jenes »Kartenspiel mit klebrigen Karten«, das der englische Naturphilosoph Jacob Bronowski (1970) in ihr sah. Seinem Schema zufolge kleben bei jedem Mischen dieses Spiels mehr Karten zusammen, bis das Ganze schließlich einen unauflöslichen Block bildet. Dies ist reines Gleichgewichtsdenken. Geschieht so etwas wirklich einmal in der Natur, etwa in reifen Ökosystemen, so ergibt sich sehr bald eine neue Dimension von Offenheit oder eine ganz neue Ebene evolutionärer Mechanismen, auf der sich wieder echte Autopoiese im Ungleichgewicht einstellen kann. Vielleicht dienen natürliche Makrofluktuationen im Grunde der Bewahrung von Offenheit. Das Leben als Gesamterscheinung haben sie nie ernsthaft gefährdet.

Der Rückkoppelungskreis zwischen Organismus und Umwelt – Epigenetik und Makroevolution

Mit der Sexualität wird die Übertragung genetischer Information durch vertikale und horizontale Vektoren sichergestellt. Der horizontale genetische Vektor sorgt für die Durchmischung der Gene aus einem ganzen Stammbaum der Vergangenheit. Doch ist Phylogenese oder Stammesgeschichte nicht nur das Resultat genetischer Informationsübertragung, sondern ganz wesentlich auch der ökologischen Bedingungen. Jede Generation einer Stammesgeschichte wird in horizontale Prozesse verwickelt, die im Ökosystem spielen. Mikroevolution in der Stammesgeschichte und Makroevolution in der Geschichte der Ökosysteme und der gesamten Biosphäre treten miteinander in Wechselwirkung. Dabei ergibt sich nie völlige Anpassung, völliges Gleichgewicht. Wie Ungleichgewicht allgemein die Vorbedingung für die Selbstorganisation dissipativer Strukturen darstellt, so auch für die Koevolution lebender Systeme. Die Spannung, die sich zwischen einer Vielzahl von Stammesgeschichten und der Geschichte des Ökosystems einstellt, wirkt über lange Zeiträume als der schöpferische Motor der Koevolution.

Dabei läßt sich immer wieder das schon aus der Geschichte der Prokaryoten bekannte Prinzip feststellen, daß das Leben sich die Bedingungen für seine weitere Evolution selber schafft. Wie die Pflanzen vor 450 Millionen Jahren begannen, Land zu kolonisieren – womit sie den

Tieren um 50 Millionen Jahre voraus waren dank ihrer Fähigkeit, die primäre Sonnenenergie zu nutzen –, so sind die Pflanzen noch heute die Pioniere bei der Besiedelung von neuem Land, zum Beispiel neu entstehender Inseln. Manchmal schaffen sie dieses Neuland sogar in selbstloser Weise. An der Westküste Floridas zum Beispiel führen große Kolonien der im seichten Wasser wachsenden roten Mangroven zur Verlandung und Bildung neuer Inseln. Sie schaffen damit die Lebensbedingungen für mehrere Arten von Pionierpflanzen, darunter eine andere Mangrovenart. Während sich aber das junge Ökosystem rasch immer reicher entfaltet, sterben die roten Mangroven ab; sie gedeihen nur im Wasser. Eine ähnliche Rolle übernehmen in anderen Biotopen die Papyruspflanzen. Wieder scheint nicht Anpassung, sondern Umgestaltung und Förderung der Evolution das letzten Endes wirkende Prinzip zu sein. Neben dem Tod von Individuen fördert auch der Tod ganzer Spezies in Ökosystemen die weitere Evolution.

Im Gleichgewichtsdenken des Darwinismus handelt es sich bei der Wechselwirkung zwischen Makro- und Mikrowelt um die genetische Anpassung der Mikroevolution in kleinen Schritten an eine Umwelt, deren Entstehung und Wandel außerhalb der Betrachtung bleiben. Es besteht keine Rückkoppelung zwischen Organismus und Umwelt. Gegenstand der darwinistischen Selektion ist der individuelle Organismus, der durch seine Morphologie Vorteile in der Verlängerung seines Lebens und in der Produktion einer höheren Zahl von Nachkommen erzielt. Der Neodarwinismus exerziert dasselbe einseitige Schema an Gruppen durch. Darwinismus gehört dem strukturorientierten Denken an. Er betrachtet im Grunde die Stabilisierung bestimmter Strukturen von Organismen durch Anpassung an eine Umweltstruktur. Ein dynamisches Element tritt nur mit dem Wettbewerb um karge Ressourcen in Erscheinung.

Die Prozesse, die für die Evolution einer Art innerhalb eines Ökosystems ausschlaggebend sind, sind aber nicht nur genetischer Natur, sondern ergeben sich vor allem auch aus der Auseinandersetzung mit der Umwelt. Wohl bestimmen die Gene Form und zum Teil auch Verhalten. Wichtiger aber ist, welche Beziehungen zur Umwelt in der Phylogenese zur Entwicklung dieser physiologischen und Verhaltensformen geführt haben. Nicht die erfolgreiche Anpassung an eine bestehende Umwelt formt das Leben, sondern die ökologisch verknüpften Lebensprozesse in einem Umweltsystem schlagen sich in bestimmten physiologischen und Verhaltensformen nieder, die dann genetisch verankert werden.

In Anlehnung an den englischen Biologen Conrad Waddington (1975) können wir mindestens fünf Subsysteme des biologischen Evolutionssystems unterscheiden, die in Abbildung 29 dargestellt sind. Jedes von ihnen steuert eine neue Dimension grundsätzlicher Unbestimmtheit bei. Doch sind sie alle systemhaft miteinander verknüpft.

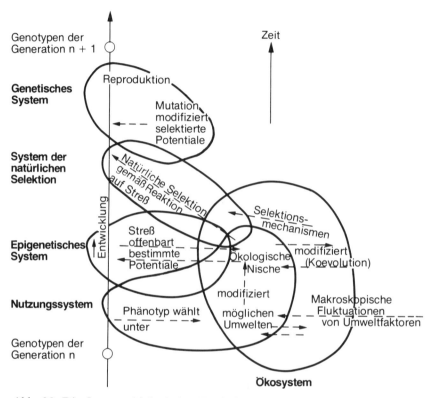

Abb. 29. Die Systeme biologischer Evolution, die in ihrer Wechselwirkung die Richtung der Evolution bestimmen. Nach C. H. Waddington (1975) unter Hinzufügung des Ökosystems und einiger Rückkoppelungsbeziehungen.

Die Wahl der Umwelt (der *Habitat)* und damit des Nutzungssystems kann natürlich genetisch in hohem Maße vorbestimmt sein. Vor allem für die mit der Reproduktion zusammenhängenden Funktionen – von der Werbung und Paarung bis zur Geburt – suchen viele Tiere nicht nur den gleichen Umwelttypus, sondern faktisch die gleichen Plätze auf. Fischpopulationen bleiben ihren Laichplätzen auch unter größten Schwierigkeiten treu, und Vögel haben ihre bestimmten Bäume für die Werbung. Ein Untertyp des Monarch-Schmetterlings wechselt zwischen den gleichen Eiablageplätzen in Nord- und Südamerika, wobei in der Regel jede Generation von Raupen/Schmetterlingen während ihrer Lebensdauer nur eine Reise in der einen oder anderen Richtung unternimmt. Wie das präzise geographische Gedächtnis genetisch funktioniert, ist noch eines der großen Geheimnisse der Natur. Aber der Monarch ist ja, wie wir in Kapitel 4 gesehen haben, auch sonst ein Champion der Koevolution. Ein weiterer, offenbar genetisch beeinflußter Faktor in der Bestimmung des Nutzungssystems ist die Wahl des Sexualpartners, die mit fortschreitender Evolution immer spezifischer wird.

Die vom Organismus modifizierte Umwelt bildet dann die ökologische Nische, die sich jedoch in Koevolution mit anderen Nischen im Ökosystem – das heißt über den bereits erwähnten Ultrazyklus – ständig wandelt. Jede Nische weist wiederum bestimmte Elemente auf, an die der Organismus schlecht angepaßt ist und die einen Spannungszustand oder »Streß« hervorrufen. Unter diesem Streß werden bestimmte, genetisch vorhandene Potentiale ins Spiel gebracht, die ihrerseits zur Modifikation der Nische beitragen können. Erst im Ausleben der Beziehungen zur Umwelt formt sich also der *Phänotyp*, wie man das Individuum auch bezeichnet. Dieser Mechanismus bildet den Kern des von Waddington so benannten *epigenetischen Subsystems*, in dem sich entscheidet, welcher Teil des genetischen Gesamtpotentials aktiv zum Einsatz gelangt.

Es ist offensichtlich, daß sowohl die Wahl und die Modifikation des Nutzungssystems wie auch das Wirken des epigenetischen Systems starken Einfluß auf die natürliche Selektion ausüben. Mit der Habitat variieren zum Beispiel die natürlichen Feinde und ihre relative Bedeutung. Ebenso spielt es eine wesentliche Rolle, ob ein Tier bei Tag oder bei Nacht auf Nahrungssuche geht, wo es schläft und unter welchen Umständen sein Nachwuchs zur Welt kommt. Ebenso wird die natürliche Selektion sehr stark davon beeinflußt, welche Potentiale als Reaktion auf den Streß im epigenetischen System mobilisiert werden können. Das Individuum kann also in ziemlich weiten Grenzen selbst bestimmen, welcher natürlichen Selektion es sich aussetzt. Dabei läßt sich oft beobachten, daß das Prinzip als solches nicht in Frage gestellt wird. In den tierreichen Gebieten Ostafrikas kann man oft Gnu- oder Gazellenherden in unmittelbarer Nachbarschaft von Löwen grasen sehen. Jeden Abend muß ein Tier sein Leben lassen – aber das Leben der Herde geht weiter.

Wir erkennen hier auf höherer Evolutionsebene jenes Prinzip

beschränkter Selbstbestimmung wieder, das wir schon bei chemischen dissipativen Strukturen in der Auswahl der autopoietischen Struktur ihrer Existenz fanden. Wie dort können wir auch hier vom Selbstfinden optimaler Stabilität sprechen, wobei nun allerdings multiple Kriterien im Spiel sein dürften. Das Prinzip der Koevolution von Makro- und Mikrowelt wirkt auch hier. Indem das individuelle Lebewesen das Ökosystem mitformt, bestimmt es selbst die Art der natürlichen Auswahl, durch welche die Gene der folgenden Generationen beeinflußt werden. Und indem das Ökosystem Selektionsmechanismen bereitstellt, die die Evolution seiner Mitglieder beeinflussen, ändert es selbst die Struktur der Beziehungen, durch die es konstituiert wird.

Epigenetik und Mikroevolution

Epigenetische Entwicklung schlägt sich mit der Zeit in genetischen Wandlungen nieder. Dazu gehören auch erprobte Verhaltensformen, die sich in genetischer Fixierung als Instinkt bemerkbar machen. Eine ausführliche molekularbiologische Beschreibung dieser Vorgänge gibt es noch nicht. Sicherlich spielt, wie Rupert Riedl (1976) es nennt, die »Verdrahtung« der im DNS-Molekül angeordneten Informationseinheiten eine wesentliche Rolle. Eine solche Verdrahtung ist zum Beispiel durch »Operonen« möglich, die durch die Aussendung von Molekülen bestimmter Form Teile des DNS-Stranges blockieren oder im Gegenteil auch aktivieren können. Bei Bakterien wurden solche Vorgänge tatsächlich nachgewiesen.

In eukaryotischen Zellen sind die Vorgänge viel komplizierter. Hier hilft vielleicht die Chromosomenfeld-Theorie weiter, die Antonio Lima-de-Faria (1975, 1976) entwickelt hat. Sie betont den koordinierten und integralen Charakter des Chromosoms als ganzheitliches System, das sich auf Grund eines Mechanismus molekularer Botschaften organisiert. Mit anderen Worten, auf der Ebene des Chromosoms wirkt ein Ordnungsprinzip, das Selbstorganisation ermöglicht. Dies steht im Gegensatz zur herkömmlichen Auffassung, nach welcher Chromosomen sich nach den Gesetzen von Zufall und natürlicher Selektion entwickeln. Während das prokaryotische Chromosom eine fixierte Sequenz und eine feste Zahl von Operonen besitzt, wäre nach Lima-de-Farias Theorie das eukaryotische Chromosom ein dynamisches, selbstorganisierendes System, das seine operationellen Einheiten je nach den von der Zellumgebung und den eigenen Genen verlangten physiologischen Funktionen laufend abbauen und neu aufbauen kann. Dies scheint sich in jüngster Zeit empirisch zu bestätigen. Struktur und Funktion sind also nicht fixiert, sondern evolvieren gemeinsam. Doch ist dabei zu beachten, daß das Chromosom selbst kein komplettes autopoietisches System darstellt, da es für diese Dynamik noch der metabolischen Funktionen der Zelle bedarf. Die Selbstorganisations-Dynamik wird erst auf der Ebene der Zelle koordiniert. Mit diesem Ansatz ließe sich vielleicht jene »Verhaltens-Epigenetik« ausarbeiten, die Gunther Stent (1975) an Stelle jener herkömmlichen »Verhaltens-Genetik« fordert, die dann im strengen Sinne nur noch für Prokaryoten gelten würde.

Das Chromosomenfeld wird nicht nur in der Positionierung von Teilentwicklungen im Embryo sichtbar, sondern auch in der Fusion von pflanzlichen und menschlichen Zellen (Dudits et al., 1976), in denen sich spontan eine neue Ordnung etabliert. Vielleicht gleicht das Chromosomenfeld auch viele jener schädlichen Mutationen aus, die der Evolution entgegenzulaufen scheinen. 99 Prozent aller Mutationen auf molekularer Ebene sind schädlich – und doch ist die Evolution in Richtung höherer Komplexität und neuer Funktionsebenen weitergegangen. Wäre dies ausschließlich das Resultat darwinistischer Selektion, so wäre dieser Faktor in der Welt des Menschen mit seiner Gesundheits- und Ernährungstechnik weitgehend ausgeschaltet worden, und die kumulativen evolutionären Folgen müßten sich mit der Zeit in biologischer Dekadenz äußern. Ein neues Ordnungsprinzip auf supramolekularer Ebene aber, wie es sich in der Idee des Chromosomenfelds ausdrückt, könnte – wie es der Eigensche Hyperzyklus auf molekularer Ebene tat – im Prinzip fehlerkorrigierend wirken.

Als sich die Molekularbiologie in den 50er Jahren mit großem Schwung daranmachte, Grammatik und Syntax der genetischen Sprache zu studieren, vernachlässigte sie die Semantik, den Bedeutungszusammenhang in einer bestimmten Situation. Ein solcher semantischer Bezug drückt sich zum Beispiel in der dreidimensionalen Struktur der auf Grund genetischer Information gebildeten Proteinmoleküle aus. Wenn ein Proteinmolekül eindimensional aus einer spezifischen Abfolge von Aminosäuren zusammengefügt worden ist, faltet es sich in eine dreidimensionale Struktur. Erst dann ist es zu gewissen katalytischen Funktionen fähig. Gunther Stent spricht in diesem Zusammenhang von einer »Kontext-Hierarchie« genetischer Information, auf deren erster Ebene der Protein-Faltungsprozeß und auf deren zweiter jene Prinzipien chemischer Katalyse auftreten, die beide nicht in der DNS-Nukleotidbasen-Sequenz repräsentiert sind. Es handelt sich um einen impliziten semantischen Gehalt genetischer Information.

Conrad Waddington (1975) hat die Entwicklung eines Embryos aus einer befruchteten Eizelle mit jenem Bild der »epigenetischen Landschaft« verdeutlicht, das die Entwicklung der mit Differentialtopologie arbeitenden Katastrophentheorie beflügelt hat. Während der Embryo entlang der Zeitachse die Topologie der epigenetischen Landschaft durchquert, aktiviert er funktionelle Beziehungen, die sowohl den Organismus wie seine Umwelt beschreiben und die sich in chemischen und physikalischen Prozessen manifestieren, die dem Embryo Gestalt verleihen. Biologische Gestalt entsteht also nicht aus dem Zusammenbau von räumlichen Strukturen, sondern aus der Interaktion von Prozessen in einer selbstorganisierenden Raum-Zeit-Struktur. Die Organe entstehen nicht unabhängig voneinander, sondern formen einander bis zu einem gewissen Grad, wodurch ihre spätere Integration in die Funktionen des Gesamtorganismus normalerweise reibungslos möglich wird. Die Spannung der entstehenden Muskeln bestimmt zum Teil die Form der Knochen, mit denen sie verbunden sind. In Tierversuchen hat sich gezeigt, daß verschiedene Körperregionen ihre eigene epigenetische Landschaft besitzen. Nimmt man Verpflanzungen vor, so gerät alles in Unordnung.

Doch läßt sich eine, wie Waddington es ausdrückt, »subtile Balance zwischen Flexibilität und Mangel an Flexibilität« beobachten. Es entwickeln sich immer bestimmte Zelltypen und keine Zwischentypen. Die Entwicklung ist in bestimmten Prozeßketten kanalisiert, die Waddington *Chreoden* nennt. Diese Chreoden stellen auf der Ebene der Zelle nichts anderes dar als die Evolutionswege autopoietischer Strukturen, wie wir sie schon bei chemischen dissipativen Strukturen kennengelernt haben. Doch besteht hier, in der biologischen Entwicklung, nicht das gleiche Maß an Unbestimmtheit, da die einzelnen Evolutionswege in ein großes System unzähliger Chreoden eingebettet sind und so selbst makroskopisch zur eindeutigen Chreode werden. Auf diesem Weg (der *Histogenese*) kann die Zelle verschiedene verwandte Funktionen im Embryo ausüben und sich wiederholt an der Bildung von Gewebe neuer Art beteiligen, bis sie jene Stabilität erreicht hat, die dem erwachsenen Organismus entspricht. Dabei wird zuerst immer ein positionelles Feld erstellt, worauf die Zellen das in ihnen enthaltene integrale genetische Material je nach Position spezifisch interpretieren. Ist der epigenetische

Prozeß bei Einzellern durch die Auswahl einzelner Gene und der von ihnen bewirkten Synthese einzelner chemischer Substanzen bestimmt, so sind bei komplexen, vielzelligen Organismen die interaktiven Chreoden, die ganze Körpersysteme (wie das Verdauungssystem oder Reproduktionssystem) in ihrem Wachstum kontrollieren, Gegenstand der Auswahl. Das heißt, es werden nicht einzelne Gene unterdrückt oder aktiviert, sondern ganze Gruppen, die entwicklungsmäßig zueinander gehören. Hier wird nun deutlich, warum nur eukaryotische Zellen Gewebe und vielzellige Organismen bilden können. Erst bei ihnen beginnt mit dem Chromosomenfeld die eigentliche Epigenetik.

Besonders interessant ist in diesem Zusammenhang die Wandlung der Raupe zum Schmetterling. Beim Übergang bleiben nur Gehirn, Ausscheidungsorgane und Herz der Larve funktionell erhalten. Der restliche Körper wird in seine molekularen Bestandteile zerlegt und von vorbereiteten Zellen in sackförmigen Anlagen, den sogenannten Imaginalscheiben, verwertet. In einem frühen Stadium, wenn die Larve erst aus etwa 6000 Zellen besteht, werden ihre Zellen in zwei Entwicklungsrichtungen aufgeteilt, in eine für den Larvenkörper und eine andere für die Imaginalscheiben, die erst nach der Metamorphose ins Spiel kommen (Dübendorfer, 1977). Das Raupe/Schmetterling-System evolviert also durch zwei völlig verschiedene Strukturen, wobei aber von Anfang an zwei Sätze von Chreoden bestehen.

Ein offenbar viel schneller wirkender Prozeß, der physiologisch in der epigenetischen Entwicklung verankert ist, wirkt im Zentralnervensystem. Bei der Geburt ist anscheinend die volle Anzahl von Nervenzellen vorhanden, die der Organismus jemals besitzen wird. Diese Nervenzellen können aber viele neue Verzweigungen (Dendriten) bilden und sich dadurch mit benachbarten Nervenzellen auf vielfache Weise neu verdrahten. Das Wachstum des Gehirns, vor allem in bestimmten Lebensphasen des jungen Menschen, ist nicht Wachstum der Zellenanzahl, sondern Wachstum der Dendriten, von denen Tausende bis Zehntausende auf eine Zelle entfallen können.

Die gleiche Flexibilität, in der sich die schon mehrfach betonte Komplementarität von Struktur und Funktion ausdrückt, zeigt sich auch bei der Entwicklung ganzer Organismen. Bei sozialen Insekten wie Bienen und Ameisen ist die weitere Entwicklung der von der Königin als zentraler Mutter gelegten Eier keineswegs präjudiziert. Es kommt auf die Behandlung durch die Arbeiter (die Ammen) an, ob daraus Soldaten, Arbeiter oder eine neue Königin werden. Die Art der Behandlung wird dabei chemotaktisch durch ein im Bienenstock oder Ameisenhaufen diffundierendes Enzym geregelt, das die Bildung einer neuen Königin unterdrückt, bis die Kolonie für diese chemotaktische Kontrolle zu groß wird, eine neue Königin entsteht und mit ihr eine neue Kolonie.

Geschichtsmanipulation in langfristigen Evolutionsstrategien

Neben dem Darwinismus hat ein weiteres Prinzip aus dem vorigen Jahrhundert, nämlich Ernst Haeckels biogenetisches Grundgesetz – »Ontogenese wiederholt Phylogenese« – die Vorstellungen von biologischer Evolution lange beherrscht. Dieses Gesetz besagt, daß Evolution additiv wirkt, daß neue Errungenschaften am Ende einer langen linearen Entwicklung angereiht werden. Jeder Organismus trüge dann die gesamte Stammesgeschichte in sich. Daran ist zwar etwas Wahres, aber das Gesetz wirkt nicht starr und strukturell, sondern im Sinne einer flexiblen Modifikation einer Raum-Zeit-Struktur.

Wie die einzelnen Chreoden in der embryonalen Entwicklung, so behauptet sich auch die »Makrochreode« der Phylogenese mit einiger Hartnäckigkeit. Säugetiere und auch der Mensch entwickeln im embryonalen Stadium tatsächlich zunächst jene Kiemenschlitze, die ihren Urahnen im Meer zum Atmen dienten. Mit der Eroberung des Landes hatten die Wirbeltiere Knochengerüste und Lungenatmung entwickelt. Aber jene Meeressäuger, die wie die Wale und Delphine aus unbekannten Gründen vor etwa 60 Millionen Jahren schließlich wieder das Meer vorzogen, haben diese Kennzeichen beibehalten. Während ihnen über die Hand- und Fußknochen Flossen gewachsen sind, zwingt sie die Lungenatmung, periodisch an der Wasseroberfläche ein- und auszuatmen (das »Blasen« der Wale) – gewiß keine gute Anpassung an das nasse Element. Das Interessante dabei ist aber, daß im Wal-Embryo nach wie vor Kiemenschlitze wachsen und wieder vergehen. Die Ontogenese kann nicht von diesem frühen phylogenetischen Vorteil aus erneut abzweigen. Die Flexibilität, die den zweimaligen Wechsel der Umweltelemente ermöglicht hat, entsteht auf andere Weise.

Die genetisch übertragene Erfahrung und die damit zusammenhängenden physiologischen Baupläne werden wohl in der Phylogenese weitergereicht. Aber ihre Anwendung in der Ontogenese muß keineswegs starr vor sich gehen. Auf der einen Seite wird, wie wir gesehen haben, die genetisch zur Verfügung stehende reiche Information vom

Organismus je nach Umweltbedingungen nur selektiv genutzt. Beim Menschen und bei höheren Säugetieren reichen die Schätzungen des Anwendungsgrades der Gene von zwei bis 50 Prozent, mit 15 Prozent als einem oft genannten Mittelwert. Der Rest ist epigenetische Reserve. In den 300 Generationen seit der Steinzeit hat sich die menschliche Erbmasse nur unwesentlich verändern können. Trotzdem haben sich die Umweltbeziehungen, die wir meistern, in unerhörtem Ausmaß gewandelt.

Auf der anderen Seite kann der Einsatz der Gene in der Ontogenese in der Zeitdimension verschoben werden (*Heterochronie*). So können insbesondere die Entwicklung gewisser körperlicher Charakteristiken und die Geschlechtsreife entweder beschleunigt oder verzögert werden. Dies kann schon durch eine einfache Verschiebung in der Balance der Drüsensekretionen geschehen. Heterochronie spielt in der Auseinandersetzung der Phylogenese mit der Evolution der Ökosysteme, also in der Koevolution von Makro- und Mikrosystemen, offenbar eine wichtige Rolle (Gould, 1977). Beide Effekte gemeinsam, selektive Gennutzung und Heterochronie, bilden die heute bekannten wichtigsten Elemente der epigenetischen Entwicklung. Sie sind die Quellen zunehmender Flexibilität in der Mikroevolution. Es wurde bereits die Ansicht geäußert (E. Zuckerkandl, zitiert bei Gould, 1977), daß Evolution vor allem die Wiederverwendung im wesentlichen bereits gebildeter Genome sei. Man könnte nach dieser Ansicht aus menschlichen Genen mit Hilfe der entsprechenden Regelelemente jede Primatenart herstellen. Antonio Lima-de-Faria (mündliche Mitteilung, 1979) glaubt sogar, daß »normierte« Gene zu einem großen Teil aus der einzelligen Urgeschichte des Lebens stammen und die weitere Evolution sich vor allem in ihrer Kombination und Organisation ausdrückt.

Durch einfache Verlängerung der Reihe von Stammeseigenschaften, wie sie am ehesten der Vorstellung linearer Rekapitulation im biogenetischen Grundgesetz entspricht, entstehen oft größere und komplexere Organismen *(Hypermorphose),* die in eine evolutionäre Sackgasse führen. Die Geschlechtsreife wird im Verhältnis zur Entwicklung des Körpers verzögert. Ein Beispiel dafür ist die Entwicklung weit ausladender, schwerer Geweihe bei bestimmten Hirsch- und Elcharten, die schließlich zur weitgehend unnützen Belastung werden. Der Elefant ist bis heute lebensfähig geblieben, während sein übergroßer Vetter, das Mammut, ausgestorben ist. In der Phylogenese reihen sich hier Charakteristiken der *erwachsenen* Organismen aneinander, was zur unbestimmten Verlängerung der Reihe führt. Es wird gewissermaßen Bestätigung an Bestätigung gereiht. Dies endet oft schlimm.

Es können aber auch Charakteristiken der *jugendlichen* Organismen in die Phylogenese eingehen *(Pädomorphie)*. Dies kann auf zwei grundsätzlich verschiedene Weisen erreicht werden. Einerseits kann die Geschlechtsreife beschleunigt werden *(Progenese)*. Es pflanzen sich dann Organismen fort, die in ihren körperlichen Charakteristiken noch sehr jung sind und deren epigenetischer Entwicklungsstand diese Jugend widerspiegelt. Progenese ist für Ökosysteme kennzeichnend, die noch relativ unreif sind. Wie wir bereits gesehen haben, dominieren in solchen Ökosystemen Arten, die in raschem Rhythmus zahlreichen Nachwuchs produzieren, ihn aber in relativer Hilflosigkeit den Umweltgefahren preisgeben. In diesen Phasen von Ökosystemen scheint es weniger auf Tauglichkeit in physiologischer Form und Funktionsweise anzukommen als vielmehr darauf, daß ein noch offenes, weitgehend ungenutztes Areal möglichst rasch besiedelt wird. Was selektioniert wird, ist schnelle Reproduktionsfähigkeit, also eine dynamische und nicht eine morphologische Qualität. Progenese kann vielleicht geradezu als Laboratorium für morphologische Experimente der Evolution angesehen werden. Sie ist zum Beispiel für Insekten kennzeichnend, die sich ständig in einem weit offenen Ökosystem befinden, das noch viele grüne Blätter zum Fressen hat. Von wenigen Ausnahmen abgesehen (die zum Beispiel zu den Heuschreckenflügen führen), bleiben die Beziehungen zwischen Insekten und Ökosystem immer offen, da die Insekten meist ihren natürlichen Feinden zum Opfer fallen, bevor sie an die Grenzen ihrer Nahrungsversorgung stoßen. Auch deshalb müssen sie früh Nachkommenschaft zeugen.

Die andere Ursache von Pädomorphie besteht in einer Verzögerung des Auftretens körperlicher Charakteristiken *(Neotenie)*. Nicht die Charakteristiken erwachsener Organismen werden vererbt, sondern die von jugendlichen Organismen. Damit erhält die Ontogenese erhebliche Offenheit und Flexibilität. Neotenie ist charakteristisch für lernfähige Arten in reifen Ökosystemen. Es werden nur wenige Nachkommen produziert, die aber dafür sehr sorgfältig großgezogen werden. Der Mensch ist das Paradebeispiel für Neotenie. Bei ihm wächst zwar die Körpergröße weiter, aber die Geschlechtsreife hat sich verzögert, und die Ausbildung körperlicher Merkmale nimmt eine längere Zeit in Anspruch, als es bei seinen fernen Ahnen der Fall war.

Der Mensch erreicht, wie auch einige Primaten, seine Pubertät mit etwa 60 Prozent seines stabilisierten Körpergewichts. Fast alle anderen Säugetiere erreichen sie schon mit etwa 30 Prozent. Der bedeutende Schweizer Biologe Adolf Portmann (zitiert bei Gould, 1977) meint, daß die Entwicklung des menschlichen Fötus statt neun Monate eigentlich 21 Monate dauern sollte, so langsam entwickelt sich der menschliche Körper im Vergleich zu anderen Säugetieren. In der Tat ist das menschliche Baby so hilflos, daß seine erste Lebensphase wie eine Fortsetzung des fötalen Stadiums außerhalb des Mutterleibs wirkt. Nach Portmann ist dies nicht so sehr auf die Schwierigkeit des Gebärens eines größeren Babykörpers zurückzuführen als auf die Notwendigkeit, die mentale Entwicklung durch die Sinneseindrücke der Außenwelt zu stimulieren. Beide Argumente mögen etwas für sich haben.

Was uns an diesen Zusammenhängen besonders interessiert, ist die Selektion nicht so sehr von biologischen Formen und Funktionen des Organismus als von *langfristigen Evolutionsstrategien*. Nicht die Strukturen geben letzten Endes in jeder Phase einer Stammesgeschichte den Ausschlag, sondern die *Dynamik* dieser Stammesgeschichte. Wir können sogar von einer sich selbst selektionierenden Dynamik sprechen. Die bevorzugte Dynamik entspricht dabei einer evolutionären Strategie der Offenheit. Dieser Schluß liegt weitab von den traditionellen Dogmen des Darwinismus und Neodarwinismus.

Die offenen Strategien der Pädomorphie oder evolutionären Verjüngung bedeuten aber noch nicht, daß durch diese Offenheit Erstmaligkeit eintritt. Das allgemeine Ergebnis der Progenese in unreifen Ökosystemen ist ein Verlust an Flexibilität durch eine Vereinfachung der Körperstruktur und durch den Verlust von Genen, die der erwachsenen Phase entsprechen. Das allgemeine Ergebnis der Selektion in reifen Ökosystemen ist Hypermorphose, die ebenfalls mit einem Verlust an Flexibilität verbunden ist. Dafür bewahrt Neotenie in reifen Ökosystemen die jugendliche Flexibilität; sie setzt aber Lernfähigkeit voraus. Beide Verjüngungsstrategien der Evolution können im Prinzip aus der Überspezialisierung herausführen, aber beide sind nicht allzuoft schöpferisch in dem Sinne, daß sie Erstmaligkeit ins Spiel bringen.

Bei der Progenese treten bei vorverlegter Geschlechtsreife neue morphologische und funktionelle Kombinationen auf, da ja ein ganzer Komplex von Funktionen nun früher zum Einsatz gelangt. Auch andere körperlichen Merkmale werden früher realisiert. Dies wirkt sich als Quelle von Vielfalt aus. Vielleicht aber spielt die Duplizierung von Genen und damit die Möglichkeit der »Freisetzung« funktionell ungebundener Gene für andere Aufgaben eine wichtige Rolle. Es wird angenommen, daß Progenese nur sehr selten zu evolutionären Neuerungen führt. Meistens führt sie in hochgradige Spezialisierung und bleibt dort stecken. Vielleicht läßt sich so erklären, daß praktisch der gesamte Bereich der Insekten sich seit 100 Millionen Jahren nicht wesentlich weiterentwickelt hat.

Bei der Neotenie sollte Erstmaligkeit verhältnismäßig häufiger zu erwarten sein, vor allem auch, weil die vielfältigen Beziehungen in einem reifen Ökosystem die Koevolution zwischen lernenden Arten begünstigt, was in der schon erwähnten Idee des Ultrazyklus zum Ausdruck kommt. Wie in Kapitel 4 erwähnt, läßt sich zeigen, daß in einer koevolvierenden Jäger-Beute-Beziehung beide Seiten, auch die Beute, in ihrer Evolution profitieren. Adolf Portmann weist der Neotenie, wie schon erwähnt, auch eine entscheidende Rolle bei der Entwicklung des Gehirns zu. Damit wird die soziokulturelle Entwicklung vorbereitet, die im nächsten Kapitel zur Sprache kommen wird.

In beiden evolutionären Verjüngungsstrategien, Progenese wie Neotenie, ist die Möglichkeit wesentlich, relativ große und sich rasch durchsetzende evolutionäre Sprünge zu machen, da immer Offenheit gewahrt bleibt und nicht erst die Erstarrung des Alters überwunden werden muß. Epigenetische Entwicklung bedeutet auch, daß aus derselben genetischen Struktur ganz verschiedene Eigenschaften und Verhaltensweisen des Organismus resultieren können, wie auch gleiche Formen und Verhaltensweisen auf verschiedener Erbmasse beruhen können. Ebenso können Beschleunigung oder Verzögerung in der ontogenetischen Entwicklung des Organismus jeweils ganz verschiedene morphologische und evolutionäre Konsequenzen nach sich ziehen.

Was aber bedeutet die auffällige Akzeleration der Geschlechtsreife bei den Heranwachsenden der heutigen westlichen Welt, die inzwischen bereits mit elf Jahren physiologisch »erwachsen« sind? Handelt es sich dabei um eine langfristig belanglose Schwankung oder um eine evolutionäre Fluktuation? Diese Frage kann ich hier nicht beantworten.

Der Mensch als Produkt epigenetischer Evolution

Epigenetische Entwicklung betont ein Fortschreiten der Evolution auf breiter, ökologisch aufgefächerter Front – im Gegensatz zur Idee relativ unbeeinflußter Entwicklungslinien in rein vertikaler, genetischer Evolu-

216

tion. Bis in die zweite Hälfte der 60er Jahre wurde die Entstehung des Menschen als Resultat einer solchen vereinzelten Entwicklungslinie vom *Australopithecus* über den *Homo erectus* zum *Homo sapiens* angesehen. Durch neue Funde, vor allem in Ostafrika, sowie durch die Entwicklung der sogenannten Molekularanthropologie, die die Verwandtschaft des menschlichen Genmaterials mit dem anderer Primaten untersucht, hat sich seither auch dieses Bild grundlegend gewandelt (Abb. 30).

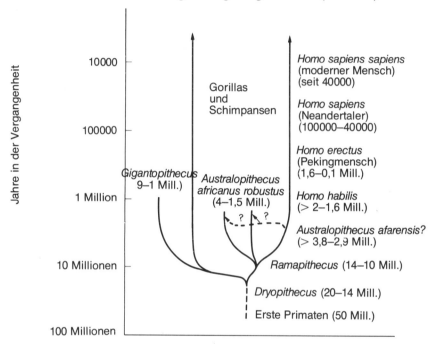

Abb. 30. Die Evolution des Menschen. Durch mehrere Millionen Jahre teilten die Vorgänger des Menschen ihren Lebensraum mit ähnlichen, aufrecht gehenden Arten des *Australopithecus*.

Heute kann angenommen werden, daß sich die Entwicklungslinien mehrfach verzweigt haben und daß die direkten Vorfahren des Menschen zur gleichen Zeit wie andere aufrecht gehende Geschöpfe (die beiden Arten des *Australopithecus)* lebten und, zumindest in Ostafrika, auch in denselben Gebieten (Leaky und Lewin, 1978). Als gemeinsamer Vorfahre der drei Linien kommt ein affenähnliches Wesen, *Rama-pithecus,* in Frage, dessen Überreste in vielen Gebieten – Ostafrika, Indien, Pakistan, Mittlerer Osten und Zentraleuropa – gefunden wur-den. *Ramapithecus* scheint den Schritt von den Wäldern hinaus ins

Grasland gewagt und damit eine beschleunigte Entwicklung eingeleitet zu haben. Dieser Schritt scheint mit klimatischen Wandlungen im Gefolge geologischer Veränderungen, wie dem Entstehen von Gebirgen, zusammenzuhängen. Wieder gibt also die Makroevolution einen Anstoß in der Mikroevolution. *Ramapithecus* war anscheinend ein Jäger und Fleischfresser. Entsprechend den neuen Gegebenheiten entwickelte er die aufrechte Haltung, die im Grasland so große Vorteile mit sich brachte.

Die eigentliche Entwicklungslinie des Menschen scheint sich vor etwa sechs Millionen Jahren von jener der beiden *Australopithecus*-Arten abgespalten zu haben – nach einer Interpretation jüngster Funde (Johanson und White, 1979) sogar erst vor etwa 2,6 Millionen Jahren, wobei dann als gemeinsamer unmittelbarer Vorfahre der *Australopithecus afarensis* gilt. Ihm werden die ältesten Hominiden zugeschrieben, die von 2,9 bis 3,8 Millionen Jahre zurückreichen, was neuerdings auch durch 3,75 Millionen Jahre alte Fußspuren belegt wird. Die ältesten bisher gefundenen Steinwerkzeuge reichen bis 2,6 Millionen Jahre zurück. Allerdings hat man sie in der Nähe der Fundstätten der beiden *Australopithecus*-Arten gefunden, so daß es nicht ganz sicher ist, ob nur die direkten Vorfahren des Menschen Werkzeuge benutzten. Als sicher gilt aber, daß bereits der *Homo habilis* Jagdwaffen besaß.

Ein anderer, entscheidender Vorteil der Hominiden ist direkt nachprüfbar. Während das Hirnvolumen des *Australopithecus* nur etwa 0,45 bis 0,55 Liter betrug, fand man bei einem 1,8 Millionen Jahre alten *Homo habilis* ein Hirnvolumen von 0,7 Liter und bei einem 1,5 Millionen Jahre alten *Homo erectus* ein solches von 0,9 Liter. Ein an den Ufern des Turkana-Sees in Kenia gefundener, zwei Millionen Jahre alter Schädel eines *Homo habilis* fällt allerdings aus diesem Schema etwas heraus; sein Hirnvolumen betrug 0,8 Liter. Bis zum *Homo sapiens* erhöhte es sich auf durchschnittlich 1,4 Liter und blieb seither praktisch konstant. Doch bereits der Pekingmensch, der zur Gattung des *Homo erectus* gehört, zähmte vor einer halben Million Jahren das Feuer – das prometheische Abenteuer der menschlichen Evolution begann.

Soziobiologische Evolution in Richtung auf Individuation

Die oft angesprochene Bindung durch das Kollektiv ist um so stärker und kompromißloser, je früher sie in der Evolutionsgeschichte stattfindet. Die Bindung geschieht dabei – vielleicht nicht ausschließlich, doch wesentlich – durch materielle Austauschprozesse, vor allem durch *Chemotaxis,* das heißt die Diffusion von chemischen Substanzen, die im Empfänger zwingend ein bestimmtes Verhalten auslösen. Diese Art von Bindung können wir bis zu den Prokaryoten zurückverfolgen, die ja bis heute durch chemische Austauschprozesse mit ihrem Makrosystem, dem Gaia-System, durch die Atmosphäre auf Gedeih und Verderb verbunden sind. Bakterien nützen, wie wir gesehen haben, einen gemeinsamen Genvorrat aus und wirken in dieser Hinsicht wie ein einziges umfassendes System.

Auch bei den in der Evolution früh auftretenden vielzelligen Organismen, wie bei den Wirbellosen und Insekten, ist die soziobiologische Bindung an ein Makrosystem außerordentlich stark. Sie wird bei den Wirbeltieren zunehmend schwächer. Die Sexualität wird zwar noch zum Teil durch Diffundierung chemischer Stoffe, das heißt über den Geruchssinn geregelt. Dies ist in rudimentärer Form auch noch beim Menschen festzustellen; seine Sexualwerbung wird sogar noch durch künstliche Chemotaxis mittels Parfüm unterstützt. Aber individuelles Verhalten wird nicht mehr absolut vom Kollektiv diktiert. Es gibt Einzelgänger unter den Säugetieren, vor allem auf der männlichen Seite, zum Beispiel bei Elefanten und Löwen. Der führende Insektenforscher und Protagonist der Soziobiologie, Edward O. Wilson, hat daraus den Schluß gezogen, daß die Evolution »in die falsche Richtung gelaufen« sei (Wilson, 1975). Solche Äußerungen der Hybris sind leider charakteristisch für jenen reduktionistischen Zweig der Soziobiologie, der sich besser Soziogenetik nennen würde. Der Fehlschluß ergibt sich hier aus der Sicht einer Mikroevolution, die gewissermaßen von unten her aufbauend eine Hierarchie des Lebens errichtet, als deren Krönung die soziobiologischen Superstrukturen gelten.

Betrachten wir hingegen, wie es in diesem Buche vorgeschlagen wird, Evolution als Gesamtphänomen, in dem Mikro- und Makroevolution sich wechselseitig bedingen, als Entwicklung einer systemhaften Verbundenheit in Richtung auf wachsende Komplexität, so erscheint die zunehmende Betonung des Individuums in der Soziobiologie als ganz natürlich. Mit der autopoietischen Ebene des komplexen, vielzelligen Organismus erreicht die Phase der ökologischen Ausgeliefertheit – des Primats der soziobiologischen Sicherung von Gemeinschaft und Art – der vorerst genetischen und dann zunehmend epigenetischen Entwicklung im Zusammenspiel von Mikro- und Makroevolution ihren

Abschluß. Der Organismus ist ausgereift und entwickelt sich beim Menschen praktisch nicht mehr weiter – mit einer wichtigen Ausnahme: dem Gehirn. Was nun folgt, ist jene soziokulturelle Entwicklung, in der die Soziobiologie auf den Kopf gestellt wird. Der Mensch tritt in Koevolution mit sich selbst ein. Er trägt die Makrosysteme in sich und bestimmt in relativ großer Freiheit deren Organisation. Dazu bedarf er allerdings eines viel schneller wirkenden Kommunikationsmechanismus. Dessen Entstehung bildet das Thema des nächsten Kapitels, mit dem dieser zweite Teil des Buches, der die Geschichte der Evolution skizziert, seinen Abschluß findet.

9. Soziokulturelle Evolution

Ich bin in einer Welt, die in mir ist.
Paul Valéry

Die dynamische Auffächerung biologischer Kommunikation

Der Austausch von Energie und Materie mit der Umwelt ist, wie wir gesehen haben, eine Grundvoraussetzung für Selbstorganisation in Energie/Materie-Systemen. Der energetische und der materielle Gesichtspunkt erscheinen dabei als komplementär und drücken das Ineinanderwirken von Erstmaligkeit und Bestätigung aus. Erstmaligkeit und Bestätigung aber bezeichnen Aspekte pragmatischer Information. Energetisch-materielle Systeme können durch geeignete Information koordiniert und gesteuert werden; umgekehrt schafft ihre Selbstorganisation neues Wissen oder organisierte Information.

Die Erfahrung und Nutzung von Umweltinformation ist schon mit dem Austausch von Energie und Materie verbunden. Dazu bedarf es noch keines Nervensystems und Gehirns. Wird eine einzellige Alge dauernd gestört, etwa durch Berühren mit einer Nadel, so versucht sie zuerst, sich durch Zusammenkrümmen zu schützen, und schwimmt schließlich davon. Einer meiner Zimmerfarne, von denen ich eine Menge lerne, entwickelte kürzlich hintereinander drei neue Sprößlinge an derselben Stelle. Die ersten zwei stießen in gerader Linie vor, gerieten mitten in ein vollentwickeltes Blattsystem, was offenbar »nicht erlaubt« ist, und starben dort ab. Der dritte Sprößling aber umging in einer kühnen, unwahrscheinlich anmutenden Kurve das vollentwickelte Blattsystem, fand seinen Weg zum Licht und konnte sich entfalten. Dann erst streckte er sich gerade und schnitt mit seinem Stamm unbekümmert durch das ursprünglich undurchdringliche Hinderis, das nun seinerseits an der Reihe war abzusterben. Auch Lernfähigkeit ist also im Prinzip nicht an ein Nervensystem und Gehirn gebunden.

Im Bereich des biologischen Lebens spielen nach Gunther Stent (1972) drei Arten von Kommunikation eine Rolle. *Genetische Kommunikation* wirkt in Zeiträumen, die im Vergleich zur Lebensdauer der Individuen lang sind. Sie ermöglicht Phylogenese oder kohärente Evolution über viele Generationsfolgen. *Metabolische Kommunikation,* die im Organismus durch spezielle Boten-Moleküle – die Hormone – vermittelt wird, erfüllt innerhalb des Organismus zwei Aufgaben. Die eine besteht in der Regelung der Entwicklung vielzelliger Organismen, pflanzlicher wie tierischer, die andere betrifft den Ausgleich der Konsequenzen von Umweltschwankungen für den Organismus oder, mit anderen Worten, die Erhöhung seiner Autonomie. Metabolische Kommunikation auf der Basis von Hormonen wirkt noch immer relativ langsam, entsprechend dem Transport im Organismus, der in typischen Fällen Zeitspannen von Sekunden bis Minuten benötigt. In Superorganismen wie Amöben- und Insektengemeinschaften kann Chemotaxis, eine Form metabolischer Kommunikation, in Minuten wirken. Ganz allgemein können wir als metabolische Kommunikation die Austauschprozesse jedes selbstorganisierenden Energie/Materie-Systems bezeichnen. In Ökosystemen umfaßt sie die komplexen Beziehungen zwischen Organismen verschiedener Arten, in Gesellschaften die materiellen und energetischen Prozesse zwischen den Mitgliedern. Die dritte Art biologischer Kommunikation schließlich wird durch das Nervensystem vermittelt; sie kann als *neurale Kommunikaton* bezeichnet werden. Sie wirkt innerhalb des Organismus in Bruchteilen von Sekunden (ein Zehntel bis ein Hundertstel) und ist daher im Durchschnitt rund tausendmal schneller als metabolische Kommunikation. Diesem Dreier-Schema wäre vielleicht noch die *biomolekulare Kommunikation* anzufügen, die auf kleinstem Raum in Millisekunden abläuft.

Schon die genetische Kommunikation ist offenbar zur Ausgabe von Modellen und sogar zur Antizipation fähig. Dasselbe gilt von der metabolischen Kommunikation. Metabolisierende Systeme, angefangen bei chemischen dissipativen Strukturen, entwickeln ihre Strukturen autonom in Wechselwirkung mit ihren Funktionen. Das Prinzip der Komplementarität von Struktur und Funktion begründet eine solche aktive Rolle schon in diesen einfachsten Bereichen der Selbstorganisation. Vielleicht gibt es auch metabolische Antizipation. Der Organismus scheint die Dauer seiner Lebenszeit zu kennen und zum Teil selbst zu bestimmen – vielleicht mittels des Zellteilungsrhythmus und der Begrenzung seiner Zellteilung durch die in Kapitel 7 erwähnte Hayflick-Zahl. Indische Yogis wissen genau, wann sie sterben werden, und rufen schon lange vorher ihre Schüler zum Abschied am Tage ihres Todes zusammen.

Kommunikation scheint in allen Varianten gewissen Grundprinzipien zu folgen. Neurale Kommunikation akzentuiert dank ihrer Schnelligkeit diese Grundprinzipien auf besondere Weise, so daß sie bei oberflächlicher Betrachtung als einzig diesem Bereich zugehörig erscheinen. Uns geht es in diesem Kapitel nicht um scharfe Definitionen und Trennungen, sondern um die Erkenntnis von Prinzipien, die sich als wesentlich für die Evolution erweisen. In dieser Hinsicht bringt die neurale Kommunikation bedeutende Neuerungen.

Neuronen, die Spezialisten schneller Kommunikation

Die Entwicklung der Tiere hat zur Entstehung eines besonderen Zelltypus geführt, nämlich der Nervenzelle oder des *Neurons.* Ihm waren schon in viel älteren einzelligen Protozoen Membranen vorausgegangen, die Energie speichern und wieder freisetzen konnten und damit die Grundfunktionen des Neurons vorwegnahmen. Neuronen haben offenbar keine andere Aufgabe, als eine rasche Kommunikation zu gewährleisten. Mit dieser Fähigkeit konnten sie zunächst zur Koordination der komplexen Körperfunktionen und des Verhaltens der Tiere in rasch wechselnden Situationen beitragen. In der weiteren Entwicklung wurden sie – beziehungsweise die aus ihnen aufgebauten Systeme (Zentralnervensystem mit Gehirn) – zu den eigentlichen Managern der Informationsbeziehungen zwischen dem Organismus und seiner Umwelt.

Neuronen können schnell und effizient nichtlineare Transformationen ausführen. Von ihrem Zellkörper gehen Filamente aus, die von Membranen umgeben sind. Eines davon, ein länglicher, von einem Fettmantel umgebener Körper, wird *Axon* genannt. Im Hirn etwa einen Millimeter lang, kann das Axon in Nervensträngen, die in Muskeln eingebettet sind, bis zu einem Meter lang werden. Andere Filamente, die dünner und zahlreicher sind, nennt man *Dendriten;* sie können noch weitere Verzweigungen aufweisen. Die Dendriten treten über ihre Membranen mit den Axonspitzen anderer Neuronen in Kontakt, wobei sich aber normalerweise keine Zellplasma-Brücke bildet. Dieser Kontakt »auf Distanz« heißt *Synapse* und garantiert hohe Flexibilität bei Umorganisation von Verbindungen. Die Dendriten eines Neurons können auf diese Weise mit bis zu 100000 anderen Neuronen in Verbindung stehen; im Durchschnitt sind es 10000 Verbindungen. Das Wachstum des Hirnvolumens während gewisser Perioden im Leben des Organismus ist, wie schon im letzten Kapitel erwähnt, vor allem ein Wachstum von Dendriten sowie von neuen Axonen. Mit einer offenbar von Geburt an langsam abnehmenden Zahl von Neuronen (beim menschlichen Kortex 10 Milliarden) können auf diese Weise praktisch unbegrenzt neue Kommunikationskanäle und -netzwerke entstehen. Struktur bleibt hier in wesentlichen Aspekten so weitgehend formbar, daß der Evolution von Funktionen keine engen Grenzen gesetzt sind. Das Zentralnervensystem – und vor allem das Gehirn – ist für Evolution auch während der Ontogenese noch weit besser eingerichtet als das epigenetische System.

Axonen und Dendriten ergänzen einander in ihrer Operationsweise. Axonen übermitteln Sequenzen elektrischer Pulse, deren jeder von bestimmter Amplitude und Dauer ist. Die Dendriten integrieren diese Pulse durch gewogene Summierung, verwandeln sie in eine elektrische Welle (wobei der Strom durch die Synapse jedoch aus Ionen, also elektrisch geladenen Atomen besteht und nicht aus Elektronen), glätten die Welle auf ihrem Wege entlang des Dendritenstammes und übermitteln sie an ein anderes Axon. Mit zunehmender Stimulierung ändern Neuronen ihr dynamisches Verhalten von konstantem Membranpotential (»Nullgleichgewicht«) über eine konstante Pulsrate (»Nicht-Null-Gleichgewicht«) zu einer konstanten Rate verstärkter, gebündelter Pulsausbrüche (»Grenzzyklus-Verhalten«; Freeman, 1975). Schon einzelne Neuronen zeigen also in ihrem Kommunikationsverhalten Phänomene von Selbstorganisation, die an die Dynamik dissipativer Strukturen erinnern.

Es scheint aber noch eine weitere Ebene von Schaltkreisen zu geben, die sich aus der Vernetzung von Milliarden kleinster Nervenzellen (Mikroneuronen) zu einem Nervenfilz ergibt (Marthaler, 1976). Diese Schaltkreise sind ähnlich wie die größeren aufgebaut und weisen ebenfalls synaptische Strukturen auf, umfassen aber oft nur Bruchstücke zweier Neuronen und erstrecken sich über Mikrometer (tausendstel Millimeter), während ihre größeren Brüder sich über Millimeter bis Meter erstrecken. Während die letzteren selektiv Ströme von 0,01 bis 0,1 Volt vermitteln und ein Aktivierungspotential aufbauen, arbeitet der Nervenfilz mit Spannungen von einigen zehntausendstel Volt. Auch ist hier kein Ruhepotential zu überwinden wie beim größeren Netzwerk, das dadurch den Charakter eines binären »Ja/nein«-Entscheidungselements erhält. Eng nebeneinander liegend, können die Mikroschaltkreise des Nervenfilzes sich rasch zu wechselnden Systemen von hoher Komplexität zusammenschließen.

Der Nervenfilz weist offenbar ein ganzes Spektrum fein abgestimmter Reaktionen auf, das neben elektrischer Erregung auch einen vielfältigen Austausch chemischer Substanzen einschließt. Kleine Proteine überqueren die Synapsen in beiden Richtungen. Die Bedeutung der Mikroschaltkreise des Nervenfilzes wird dadurch unterstrichen, daß sein Anteil in der Großhirnrinde bei höherentwickelten Tieren ansteigt und beim Menschen am höchsten ist. Die Mikroneuronen stellen bei der Entwicklung des Organismus als letzte ihre Vermehrung ein. Die Ausbildung ihrer Fortsätze dauert, wie auch jene der Dendriten an den großen Neuronen, auch nach der Geburt noch an, so daß Wechselwirkungen mit der Umwelt in den Aufbau der Schaltkreise eingehen.

Einzelne Neuronen bringen noch nicht viel Neues mit sich. Sie verarbeiten Information und geben sie weiter. Erst größere Gruppen von Neuronen führen zu einem Phänomen, das man als Selbstorganisation von Information bezeichnen kann. Wir haben schon in Kapitel 3 gesehen, daß pragmatische Information autokatalytisch wirkt, das heißt mehr pragmatische Information erzeugt. Hier tritt nun aber ein neues Element der Gestalthaftigkeit hinzu, gewissermaßen eine dissipative Struktur der Information. Im Bereich metabolischer Kommunikation fällt diese Struktur mit der Struktur von autopoietischen Einheiten des Lebens wie Zellen, Organismen und Ökosystemen zusammen. Im Bereich neuraler Kommunikation findet sie ihr energetisch-materielles Korrelat in der Raum-Zeit-Struktur der Dynamik von Neuronensystemen. Doch wirkt hier eine Ebene höherer Koordination. Die Gestalthaftigkeit von Gedanken, Träumen und Visionen ergibt sich nicht aus einer Selbstorganisations-Dynamik, die mit der von anderen Materie/Energie-Systemen vergleichbar wäre. Sie muß wohl auf vielen Ebenen strukturiert sein, deren jede besondere Ordnungs- und Koordinationsprinzipien ins Spiel bringt.

Was man davon bis jetzt weiß, entspricht nur der gröbsten Ebene elektrochemischer Selbstorganisation. Wie schon in Kapitel 4 erwähnt, können dicht gepackte und durch zahlreiche Rückkoppelungskreise verbundene Gruppen von Neuronen in ihrer chemischen und elektrischen Aktivität typisches selbstorganisierendes Verhalten aufweisen. Die Hierarchie der Makrodynamik gleicht dabei jener, die für die Dynamik einzelner Neuronen aufgeführt wurde. Insbesondere tritt auch hier Grenzzyklus-Verhalten auf (Freeman, 1975). Die im Elektroenzephalogramm (EEG) aufgezeichneten elektrischen Hirnwellen geben Grenzzyklus-Verhalten in extrazellulären Potentialfeldern wieder, deren Amplitude rhythmisch oszilliert.

Das Gehirn ist ein Kommunikationsmechanismus, der von der Selbstorganisation der Information benützt und gesteuert wird. Es hat mit dieser Information nicht mehr zu tun als etwa ein Computer mit der

225

Information, die er verarbeitet. Obwohl der Vergleich zwischen Gehirn und Computer nicht zu weit getrieben werden kann – sie verkörpern zum Teil ganz verschiedene Prinzipien –, ist es vielleicht doch nützlich, auch beim Gehirn zwischen »hardware« und »software« zu unterscheiden. Das Netzwerk von Neuronen stellt dann die »hardware« dar und seine vielleicht mehrschichtige Selbstorganisations-Dynamik die »software«.

Das Wesentliche ist die Gestalthaftigkeit, die sich auf verschiedenen Ebenen einstellt. Grenzzyklus-Verhalten ist eine primitive Gestalt, aus der sich noch lange kein Gedanke ergibt. Die Analyse mechanischer Schwingungsfrequenzen und ihrer Intervalle sowie der Rhythmen ihrer Änderungen sagt noch nichts über jene Gestalthaftigkeit aus, die uns zum Beispiel an einem Musikstück berührt. Es ist eine viel höhere Organisation jener akustischen Kommunikationsmuster, in der sich eine Gestalt ausdrückt, die ihr eigenes Leben – wir können auch sagen, ihre eigene autopoietische Existenz – gewinnt. Die Sinneseindrücke selbst spielen hierbei nur eine geringe Rolle. Viele Menschen können Musik lesen, mit ihrem »inneren Ohr« hören und so auch ihre Gestalt erkennen und erleben. Die elektrischen Impulse im Telephondraht und ihre akustische Übersetzung sind nicht identisch mit einer geliebten Stimme, aber ihre Gestalt deckt sich mit der Gestalt dieser Stimme.

Auf einer wissenschaftlichen Konferenz erlebte ich einmal, wie ein alter Physik-Nobelpreisträger in komischer Verzweiflung ausrief: »Die Schrödinger-Gleichung beschreibt die Bewegung der Elektronen in meinem Hirn. Aber ich kann bezeugen, daß ich ganz verschiedene Empfindungen habe, wenn ich an eine Primzahl denke, als wenn ich an ein hübsches Mädchen denke. Wer kann mir den Zusatz zur Schrödinger-Gleichung angeben, der diesen Unterschied ausdückt?« Er wird ihn auf der Ebene der Quantenmechanik allein niemals finden können.

Die Selbstorganisation von Informationen ist ein Aspekt der Selbstorganisation des Lebens, und die Gestalten, die sie hervorbringt, sind Gestalten des Lebens. Sie sind wie die Gestalten anderer autopoietischer Systemdynamik. Sie bilden eine eigene Welt der symbolischen Entsprechung zur Realität und können sich von dieser Realität ablösen. Damit können sie die Realität verändern und neu gestalten. Eine sich selbst organisierende pragmatische Information kann außeralb des Systems, in dem sie sich strukturiert, in energetische und materielle Prozesse eingreifen und diese koordinieren. Man pflegte dies so auszudrücken: Der Geist beherrscht die Materie. Dies würde dann aber voraussetzen, daß das Materie/Energie-System, dem dieser Geist angehört – nämlich das Gehirn –, davon ausgeschlossen bleibt. Der Geist des menschlichen Organismus beherrscht einen Teil der toten und gewisse Aspekte der lebenden Welt, aber der Geist eines Ökosystems beherrscht nicht dessen Mitglieder – ihre Dynamik *ist* sein Geist, wie die koordinierte Dynamik der Ameisen sozusagen der Geist des Ameisenhaufens ist. Beherrschung ist ein dualistischer Begriff: Es gibt immer einen Beherrscher und einen Beherrschten. Geist aber ist ein nicht-dualistischer Begriff, der nicht trennbar ist von der Materie, in deren Dynamik er sich ausdrückt.

Geist als dynamisches Prinzip

Geist erscheint in dieser Sicht mithin als die Selbstorganisations-Dynamik schlechthin. Er tritt überall auf, wo es dissipative Selbstorganisation gibt, vor allem also in sämtlichen Bereichen und auf sämtlichen Ebenen des Lebens, in seinen Mikro- wie in seinen Makrosystemen. Wir müssen freilich zumindest zwischen metabolischem und neuralem Geist unterscheiden und werden den letzteren dann nach seiner Dynamik noch weiter unterteilen.

Auf wissenschaftlichen Konferenzen mit Hirnforschern wird jeweils heftig um strukturorientierte Konzepte gestritten. Die einen suchen verbissen nach einer Kontrollhierarchie im Gehirn, bei der jede Ebene von Neuronen durch eine höhere Ebene kontrolliert werden soll – womit man unweigerlich zur Annahme eines obersten, unumschränkt herrschenden Koordinator- oder auch Diktator-Neurons gelangt, in welchem manche die »Seele« vermuten, das jedoch von deutschen Forschern meistens respektlos »Großmutter-Neuron« oder »Tante Emma« genannt wird. Diese Tante Emma wird eifriger gesucht als eine Erbtante. Aber es gibt kein Anzeichen dafür, daß sie existiert. Deshalb wenden sich jene Hirnforscher, die es sich überhaupt leisten können, Geist als Gegenstand der Wissenschaft anzuerkennen – wie etwa der australische Nobelpreisträger Sir John Eccles –, der alten dualistischen Auffassung zu, die Geist und Materie als separate Entitäten miteinander in Wechselwirkung treten läßt (Popper und Eccles, 1977). Wie auf vielen Gebieten großen Fortschritts in der empirischen Forschung ist auch hier die Theoriebildung noch sehr rückständig und hat es schwer, sich von alten Stereotypen zu lösen. Dieser Umstand hat selbst mit der Struktur der Denkdynamik und des Hirns zu tun, wie noch zu zeigen sein wird.

In einer *dynamischen* Sicht findet die alte Streitfrage des strukturellen Denkens, ob Geist immanent oder transzendent sei, eine ganz neue Antwort: Geist ist immanent, aber nicht in einer soliden räumlichen Struktur, sondern in den Prozessen, in denen sich das System selbst organisiert, erneuert und weiterentwickelt – eben evolviert. Eine Gleichgewichtsstruktur hat keinen Geist. Der englische Epistemologe Gregory Bateson kommt dieser Auffassung sehr nahe, wenn er (1972, 1979) Geist mit dem kybernetischen System an sich gleichsetzt, mit der Selbstregelung, die auch die dynamischen Beziehungen zur Umwelt einschließt. Geist reicht also über die autopoietische Struktur selbst hinaus und umfaßt auch ihre Interaktionen mit anderen Systemen und allgemein mit ihrer Umwelt. Indem Bateson die Einheit des Geistes mit der Einheit der Evolution identifiziert – beide sind ein und dasselbe kybernetische System –, läßt er erkennen, daß er dabei implizit an Selbstorganisation denkt. Auch die buddhistische Lehre nennt Geist an sich ein »primordiales Erfahrungskontinuum« (Longchenpa, 1976, II), das aus der Dynamik der Selbstorganisation und Beziehungsbildung zur Umwelt hervorgeht.

Metabolischer und neuraler Geist treffen sich auf jener Ebene, die ich die Ebene des *organismischen Geistes* nennen möchte. Neurale Kommunikation diente zunächst vorwiegend der Koordination metabolischer Prozesse in den mit der Evolution immer komplexer werdenden Organismen. Organismischer Geist reflektiert nicht, er ist reiner Selbstausdruck – Selbstrepräsentation oder, vielleicht besser gesagt, Selbstpräsentation. Vieles, was gemeinhin als »Verhalten« bezeichnet wird, ist nicht so sehr automatischer Ablauf genetisch instruierter Funktionen als Selbstausdruck des Organismus in seiner Ganzheit. Kunst, die wir als sehr hohe Ausdrucksform menschlichen Lebens ansehen, hat sicherlich viel mit diesem organismischen Geist zu tun.

Anders steht es mit dem *reflexiven Geist,* der eine äußere Realität abbildet, sie also in der Innenwelt neu aufbaut. Dieses Abbild dringt nicht einfach von außen ein, sondern entsteht aus Austauschprozessen zwischen einem Mosaik von Sinneseindrücken und tentativen Modellen, die der reflexive Geist aktiv nach außen projiziert. Das wesentliche Kennzeichen des reflexiven Geistes ist dabei die *Apperzeption,* die Fähigkeit zur Bildung alternativer Realitätsmodelle. In diesem Austausch zwischen Organismus und Umwelt, der an den epigenetischen Prozeß erinnert, wird das Modell immer realistischer und schließt gelernte Aspekte ein, wie etwa perspektivisches Sehen (das wir erst im frühen Lebensalter lernen) oder den Zusammenhang von Flächen und Räumen. Andererseits weist das entstehende Bild der Realität auch spontan schöpferische Züge auf, wie die Betonung gewisser Form- und Farbenelemente, die gestalthafte Assoziation mit anderen Formen (der »Mann im Mond«, Alraunen, Wolkenfiguren) und das Verdrängen bestimmter Details, die das Modell stören würden.

Diese Wechselwirkung zwischen einem aktiv produzierten Modell der Umwelt und fragmentierten Sinneseindrücken aus ebendieser Umwelt tritt schon bei Tieren auf, zumindest bei denen auf höherer Evolutionsstufe. Walter Freeman, der in Berkeley die schon erwähnten Versuche an großen Neuronenpopulationen durchführt, berichtet von Riechversuchen mit Katzen, die nach einem bestimmten Geruch suchen, was sich in einem bestimmten Muster reger elektrischer Hirntätigkeit ausdrückt. Ändert sich die Geruchserwartung und damit das Modell der Umweltsituation, so entsteht große Bewegung im Bild der elektrischen Hirnwellen, bis sich ein neues Muster durchsetzt und allmählich stabilisiert.

Wieder anders steht es mit dem *selbstreflexiven Geist*, der aktiv ein Modell der Umwelt entwirft, in dem das ursprüngliche System selbst vertreten ist. Damit wird dieses ursprüngliche System, das wir Selbst nennen können, auch in die schöpferische Interpretation und Evolution des Bildes mit einbezogen. Die Beziehungen zur Umwelt werden vollends plastisch, schöpferisch formbar:

> *Ich wache ja! O laßt sie walten,*
> *Die unvergleichlichen Gestalten,*
> *Wie sie dorthin mein Auge schickt.*
> (Goethe, *Faust I*, »Am untern Peneios«)

Mit dem selbstreflexiven Geist kommt ein ganz wesentliches, neues Element ins Spiel, nämlich *Antizipation* – passiv als Erwartung und vorweggenommene Erfahrung, aktiv, das heißt zielsetzend, als schöpferische Gestaltung der Zukunft. Walter Freeman hat zumindest die passive Antizipation schon bei Kaninchen festgestellt. Wird ein Versuchskaninchen im Zusammenhang mit einem bestimmten Geruch geschockt, so zeigt das Gehirn bestimmte Reaktionen auf diesen Schock, der ja starke Sinneseindrücke ausgelöst hat. Die gleiche Art von Hirnreaktionen tritt aber auch auf, wenn das arme Kaninchen schließlich nicht mehr geschockt wird und nur noch den Geruch wahrnimmt. Das Gehirn verarbeitet nach wie vor die Sinneseindrücke eines Schocks, der gar nicht stattfindet und nur antizipiert wird. Für den Organismus ist das Erlebnis das gleiche. Man hat sogar an den Neuronen von Schnecken bestimmte antizipative Effekte im passiven Sinn beobachtet. Tritt passive Antizipation in weiten Bereichen des Lebens auf, so ist zielsetzendes Verhalten freilich auf höher entwickelte Tiere beschränkt.

Ganz wesentlich ist dabei die Loslösung der Informationsverarbeitung und -organisation nicht nur von metabolischen Prozessen, sondern auch von direkten Sinneseindrücken. Der selbstreflexive Geist kann sich völlig emanzipieren und seine eigene Evolution antreten. Nicht »wir« denken, sondern »es« denkt in uns. Damit wird Geist zum schöpferischen Faktor nicht nur bei der Abbildung der Außenwelt, sondern auch bei ihrer aktiven Umgestaltung. Diese Rolle des selbstreflexiven Geistes kommt beim Menschen zu voller Blüte.

Der Modus, in welchem Denken Strukturen bildet und evolvieren läßt, ist eher assoziativ als sequentiell. Ein entfallener Name, die Lösung eines Problems, kommen überraschend, wie zufällig gefunden. Es ist aber wohl die Überschneidung vieler assoziativer Systeme, die solche Abkürzung ermöglicht. Selbstreflexiver Geist scheint auch für Träume – eine weitere Form geistiger Emanzipation von der Außenwelt – als häufige und wichtige Äußerung eines selbstorganisierenden Bewußtseins Voraussetzung zu sein.

Ich habe bereits betont, daß in dynamischer Sicht auch den Makrosystemen des Lebens – Gesellschaften, Ökosystemen und sogar dem erdumspannenden Gaia-System – Geist zukommt. Der Geist etwa, der sich in Insektengesellschaften so eindrucksvoll äußert, ist metabolischer Natur. Soweit solche Systeme durch metabolische Prozesse organisiert werden, wirkt dieser Geist freilich sehr viel langsamer als der neurale Geist des Nervensystems. Die Gestalten, die der metabolische Geist hervorbringt, gehören zu anderen Ebenen als die Gestalten des neuralen Geistes. Es ist gerade der tiefe Gedanke, daß die Gestalten des menschlichen Geistes sich mit denen natürlicher Makrosysteme treffen könnten, der uns in Stanislaw Lems Science-fiction-Roman *Solaris* so stark berührt. Ein Ozean auf einem fernen Planeten, der – wie in Tarkovskis eindrucksvoller Verfilmung dieses Romans – in äußerst dynamischen Strukturen aufwallt, wird zum Spiegel menschlichen Geistes und sendet dessen geheime Sehnsüchte und Ängste in materieller Gestalt zurück.

Aber die elektronischen Kommunikationsprozesse in der modernen menschlichen Gesellschaft haben Informationsübertragung in extensiven Systemen auf ein dem neuralen Geist des Organismus vergleichbares

Maß beschleunigt. Auch die elektronische Datenverarbeitung resultiert in neuen Informationsstrukturen. Es ist nicht ausgeschlossen, daß sich hieraus eine neue Gestaltebene ergibt, wenn sie nicht in manchen Aspekten schon besteht. Davon wird später noch zu sprechen sein.

Zunächst sei aber die Evolution der Hirnstrukturen betrachtet, die wertvolle Aufschlüsse über die Funktionsweise des neuralen Geistes gibt. Sie spiegelt jene Dreiteilung wider, die ich als organismischen, reflexiven und selbstreflexiven Geist bezeichnet habe.

Die Evolution des »Dreifach-Hirns«

Der amerikanische Neurophysiologe Paul D. MacLean, Leiter eines Laboratoriums für Gehirnevolutions- und Verhaltensforschung, nennt das Großhirn der höheren Säugetiere und des Menschen ein »*triune brain*« (MacLean, 1973) – was etwa mit »Trinitätshirn« übersetzt werden kann. Das soll ausdrücken, daß drei Hirne in einem wirken. Ich wähle hier der Einfachheit halber den Namen Dreifach-Hirn. Er soll andeuten, daß das voll entwickelte Großhirn eigentlich aus drei ineinandergeschachtelten Hirnen besteht (siehe Abb. 31), von denen jedes seine eigene besondere Intelligenz, seine eigene Subjektivität, seinen eigenen Sinn für Raum und Zeit, sein eigenes Gedächtnis und seine eigenen motorischen und anderen Funktionen besitzt. Sie sind struktu-

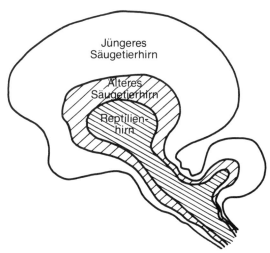

Abb. 31. Das »Dreifach-Hirn«, in dem sich die Evolution des Säugetierhirns bis zum Menschen ausdrückt. Nach P. D. MacLean (1973).

rell und chemisch voneinander verschieden. Doch stehen sie in enger Verbindung miteinander und koordinieren oft ihre Tätigkeit. MacLean veranschaulicht sein Konzept mit dem Bild eines »neuralen Chassis« (vor allem unterer Hirnstamm und Rückenmark, später auch Zwischenhirn), das einem leeren und führungslosen Vehikel gliche, besäße es nicht in den drei evolutionär entstandenen Hirnen drei »Fahrer«, die es normalerweise koordiniert steuern. Das neurale Chassis selbst ist älter als die drei Fahrer und geht auf die frühe Phase des Auftretens vielzelliger Organismen zurück. Es koordiniert Aspekte der Selbsterhaltung wie Atmung, Blutkreislauf, Blutdruck, Verdauung und Fortbewegung. Das Zwischenhirn ist für die Selektion von Umweltreizen verantwortlich, die für die Selbsterhaltung wesentlich sind.

Die drei Hirne sind: erstens das »Reptilienhirn« (das in Säugetieren seine Entsprechung in einer Gruppe großer Ganglien findet, zu der das Geruchssystem und andere Teile gehören); zweitens das »ältere Säugetierhirn« oder »limbische System«, manchmal auch bildlich »das Pferd« genannt (der primitive Kortex und seine Weiterentwicklung in der »limbischen« Masse um den Hirnstamm – »limbisch« heißt »einen Rand bildend«); und drittens das »jüngere Säugetierhirn« (vor allem der Neokortex). Den beiden zuerst entstandenen Hirnen fehlt der neurale Mechanismus für die verbale Kommunikation. Aber sie liegen nicht im »Unbewußten«. Im Gegenteil, sie äußern sich sehr sichtbar in einer reichen Körpersprache, die von chemischen Signalen bis zu komplexen Ritualen gestischen Ausdrucks reicht. Wie die verbale Sprache hat auch die Körpersprache ihre Syntax (bestimmte Anordnung) und ihre Semantik (Bedeutungszusammenhang in einer bestimmten Situation).

Das »*Reptilienhirn*« entstand in seinen ersten Formen vor etwa 250 bis 280 Millionen Jahren. Es dient bereits der Koordination eines reichen Spektrums von Verhaltensformen, von Territorialität, rituellen Kämpfen und Einschüchterungen des Gegners bis zur Bildung von gesellschaftlichen Hierarchien, Grußformeln, ritueller Partnerwerbung, geordneter Migration und Herdenbildung. Dies alles sind Verhaltensformen, die schon Echsen und andere Reptilien (daher der Name) mit den Säugetieren gemeinsam haben. Jedoch scheint das Reptilienhirn schlecht dafür eingerichtet zu sein, mit neuen Situationen fertig zu werden. Mit anderen Worten, es besteht nur schlechte Lernfähigkeit. Hingegen schafft es die Möglichkeit zur Entwicklung eines reichen Repertoires von Selbstausdruck, das mit dem Wort »Verhalten« nur unzulänglich bezeichnet wird. Selbstausdruck ist auch durchaus nicht nur funktional als Überlebenssicherung zu verstehen, sondern ist echte symbolische Selbstpräsentation. Er etabliert die Autonomie, die dieser Ebene selbstorganisierender Systeme zukommt. Allgemein ausgedrückt ist das »Reptilienhirn« also jenes materielle System, das die Prozesse des organismischen Geistes vermittelt. Seine Flexibilität ist aber noch beschränkt, und die mentalen Prozesse im »Reptilienhirn« werden für unwiderstehliche Triebe, Impulse, Zwangsverhalten und Besessenheit aller Art verantwortlich gemacht.

Der größte der Dinosaurier, deren Zeit vor etwa 200 Millionen Jahren begann und vor 64 Millionen Jahren abrupt endete, war der 30 Meter lange, in Sümpfen lebende *Brachiosaurus*. Er besaß ein Hirn, das kaum größer war als ein Hühnerei (Halstead, 1975). Doch die Säugetiere der Dinosaurierzeit waren ihm an Intelligenz kaum überlegen. Jene spitzmaus- und igelartigen Wesen mußten sich verstecken und als Nachttiere leben. Sie konnten kaum schuld sein am Aussterben der Dinosaurier, die plötzlich auf allen Kontinenten gleichzeitig verschwanden. Auch hatten die Riesenechsen sich im Laufe ihrer langen Evolution an erhebliche Klimaschwankungen und Veränderungen der Umwelt anzupassen vermocht. Das Rätsel ihres plötzlichen Aussterbens läßt sich am ehesten durch Makrofluktuationen erklären, etwa durch eine längere magnetfeldlose Zeit oder eine nahe Supernova-Explosion, wie sie der russische Astronom I. S. Shklovskij (zit. bei Sagan, 1978) annimmt. Wurde dadurch der Ozonschild der Erdatmosphäre infolge harter Partikelbestrahlung in Mitleidenschaft gezogen, so mußte das eindringende Ultraviolett-Licht den Dinosauriern als Tagtieren stärker geschadet haben als den nächtlichen Säugetieren. Es gibt jedenfalls zu denken, daß kein Tier mit mehr als 10 Kilogramm Gewicht die Kreidezeit, die mit dem Aussterben der Dinosaurier zu Ende ging, überlebt hat (Valentine, 1978).

Das »*ältere Säugetierhirn*« oder »*limbische System*« dürfte sich, angefangen bei den ältesten Säugetieren, etwa seit 165 Millionen Jahren entwickelt haben. Reptilien besitzen nur einen rudimentären Kortex, und man nimmt an, daß er sich in Zwischenformen zwischen Reptilien und Säugetieren (sogenannten säugetierartigen Reptilien, von denen allerdings kaum Fossilien gefunden werden konnten) weiterentwickelt hat. Das limbische System sieht bei allen Wirbeltieren ähnlich aus. Vor allem weisen sämtliche Säugetiere ein ausgebildetes limbisches System auf, das den größten Teil ihres Kortex ausmacht. Strukturell ist es viel einfacher als der später entstandene Neokortex. Es empfängt Information sowohl von der Innenwelt des eigenen Organismus wie von der Außenwelt. Damit trägt es wesentlich zur Bildung einer persönlichen Identität bei. Von seinen drei Subsystemen sind zwei eng mit dem Geruchssystem verbunden, das schon im Reptilienhirn besteht, und spielen bei oralen und genitalen Funktionen (Fütterung, Paarung, Aggression) eine Rolle. Ein drittes, jüngeres Subsystem hingegen umgeht das Geruchssystem und übernimmt eine wichtige Rolle bei visuellen und anderen Funktionen im gesellschaftlichen und Sexualverhalten. Es hat sich als einziges weiterentwickelt und dominiert beim Menschen. Demgemäß ist der sozio-sexuelle Bezugsrahmen des Menschen vor allem visueller Natur. MacLean vergleicht das limbische System mit einem einfachen Radarschirm, der die Orientierung in der Umwelt verbessert und die Flexibilität des eigenen Handelns erhöht. Kurz, das limbische System dient im allgemeinen jenen mentalen Prozessen, die wir mit dem reflexiven Geist in Verbindung gebracht haben.

Das limbische System verarbeitet Informationen so, daß sie als Gefühle und Emotionen erfahrbar werden, die das Verhalten steuern. In sich funktional vollkommen integriert, scheint es seine Entladungen elektrischer und chemischer Natur im allgemeinen nur innerhalb seiner eigenen Grenzen zu verbreiten, ohne den Neokortex einzubeziehen. Dies würde erklären, warum Gefühl und Verstand oft verschiedener Ansicht sein können. Andererseits kann das limbische System nach MacLean aber auch die Flexibilität des Denkens mit starken Überzeugungen einengen und auf wenige Bahnen festlegen. Ich habe an anderer Stelle (Jantsch, 1975) die fatale Blockierung dieses Rückkoppelungskreises erörtert, in dem wir Modellvorstellungen und Visionen in die Außenwelt projizieren, die dann als mächtige, starre Mythen auf uns zurückwirken – etwa im Wachstumsmythos oder in dem verbreiteten Glaubenssatz, man dürfe sich dem Fortschritt nicht in den Weg stellen.

Das limbische System scheint aber auch der Ort zu sein, an dem viele jener Prozesse wirken, die zu sogenannten alternativen Bewußtseinszuständen führen. Viele der psychotherapeutischen Drogen wirken selektiv auf das limbische System. Halluzinationen, »ozeanische« Gefühle, mystische Verzückung und neue Raum-Zeit-Beziehungen unter dem Einfluß halluzinogener Drogen werden vor allem auf Vorgänge im limbischen System zurückgeführt. Hier liegt aber wohl auch der Hauptansatzpunkt für jene kürzlich gefundenen, aufsehenerregenden Hormone, die Endorphine genannt werden. Es handelt sich dabei vor allem um drei Polypeptid-Substanzen, die normalerweise in einem sehr großen Molekül (Beta-Lipotropin) zusammengefaßt sind und verschiedene Arten von Verhalten induzieren können. Roger Guillemin vom Salk-Institut in San Diego, der für ihre Erforschung den Nobelpreis erhielt, äußerte kürzlich den Gedanken (Brain/Mind Bulletin, 1977a), daß Produktion und Zirkulation dieser Hormone ein bisher unbekanntes neuroendokrines System bilden, das relativ langsam arbeitet und dessen Wirkungen über Stunden und Tage andauern. Ein solches System würde eine Verbindung zwischen Hirnfunktion und Verhalten, allgemeiner gesagt, zwischen neuralem und metabolischem Geist herstellen.

Zwischen dem Reptilienhirn und dem limbischen System bestehen starke Verbindungsstränge, die durch den Hypothalamus und benachbarte Regionen führen. Hier, im Austausch zwischen den beiden ältesten Teilen des Dreifach-Hirns, bildet sich wesentlich die autonome Persönlichkeit mit ihrem nicht-verbalen Ausdrucksrepertoire. Durchschneidet man diese Verbindungsstränge, so ist der Organismus nur zu den einfachsten, vitalen Funktionen fähig und vegetiert dahin.

Das »*jüngere Säugetierhirn*« schließlich, das im wesentlichen aus dem Neokortex und den mit ihm verbundenen Strukturen des Hirnstammes besteht, reicht in seiner Entstehung vielleicht 50 Millionen Jahre zurück, also in die Urzeit der Primaten. Das explosive Wachstum des Neokortex in einer späteren Phase der Evolution ist eines der dramatischsten Ereignisse in der Entwicklung des Lebens auf der Erde. Der Neokortex spielt vor allem bei höheren Säugetieren eine Rolle und dominiert bei den Primaten und beim Menschen. Er wird von MacLean mit einem ungeheuren neuralen Bildschirm verglichen, auf dem sich die Symbole der Sprache und der Logik (einschließlich der Mathematik) abbilden. Mit der Fähigkeit zur Abstraktion wird die Loslösung von der Realität der Außenwelt möglich. Andererseits empfängt der Neokortex vor allem Sinneseindrücke aus der Außenwelt. Damit bleibt es nicht beim Symmetriebruch zwischen der Außenwelt und ihrer symbolhaften Abstraktion. Die Abstraktion – wir können auch sagen, die Idee oder die Vision – legt sich über die bestehende Realität und bringt den schöpferischen Prozeß der Umgestaltung der Außenwelt in Gang. Damit sind wir bei jener Funktion angelangt, die im technischen Zeitalter dominiert. Der Neokortex ist jener Ort, an dem die Information im Sinne eines selbstreflexiven Geistes organisiert wird.

MacLean veranschaulicht sein Konzept durch einen Vergleich der Rollen dieser drei ineinandergeschachtelten Hirne mit der Struktur der Literatur: das Reptilienhirn steht für die archetypischen Figuren und

Rollen, die aller Literatur zugrunde liegen; das limbische System bewirkt die emotionale Ausrichtung, Auswahl und Entwicklung der Szenarien; der Neokortex schließlich macht daraus so viele verschiedene Gedichte, Erzählungen, Romane und Dramen, wie es individuelle Autoren gibt. Auch in dieser Metapher erkennen wir wieder die Entwicklungsrichtung der Individuation, die schon im letzten Kapitel zur Sprache kam.

Autopoietische Ebenen der Mentation

Nennen wir die Wirkungsweisen des neuralen Geistes *Mentation*, so können wir diese, wie bereits dargelegt, in drei Ebenen unterteilen – organismisch, reflexiv und selbstreflexiv –, die zugleich der Evolution des Dreifach-Hirns entsprechen.

Organismische Mentation gehört zur autopoietischen Ebene des komplexen Organismus und trifft sich dort mit den Prozessen, die den metabolischen Geist des Gesamtorganismus darstellen. Wir können also sagen, daß organismische Mentation ein integraler Aspekt des Organismus in seinem ganzheitlichen Selbstausdruck und seinen Umweltbeziehungen ist. Das Reptilienhirn dient, wie schon erwähnt, in hohem Maße der Koordination der Funktionen des Organismus, einschließlich seiner symbolischen Selbstpräsentation.

Damit sollte organismische Mentation für die Kunst eine erhebliche Rolle spielen. Vielleicht vermittelt sie auch jene Urbilder, die als Jungsche Archetypen aller Verbildlichung der Welt, von den Märchen bis zur hohen Kunst, zugrunde liegen. Wir wissen nicht, ob diese Archetypen genetisch übertragen werden oder vielleicht zum Teil aus gemeinsamen ontogenetischen Urerlebnissen wie den Vorgängen bei der Geburt stammen. Aus serienmäßigen LSD-Experimenten, die der heute in Amerika lebende tschechische Psychiater Stanislaw Grof (1975) an Patienten durchgeführt hat, weiß man, daß zum Beispiel die Matrix des sexuellen Erlebens mit dem Gleiten durch den Geburtskanal zusammenhängt. Ich habe an anderer Stelle (Jantsch, 1976) ein ontogenetisches Modell des menschlichen Bewußtseins vorgeschlagen, das solche Grunderlebnisse mit einbezieht und die Evolution des dimensionalen Erlebens der Außenwelt verfolgt.

Der amerikanische Astronom Carl Sagan, führender Kopf bei der Suche nach außerirdischer Intelligenz, hat kürzlich die These aufgestellt, daß die archetypischen Drachenfiguren (von St. Georg bis Siegfried müssen Jünglinge sie erschlagen, um zum Manne zu werden) eine Erinnerung an die Zeit der Fehde zwischen Dinosauriern und ersten Säugetieren darstellen (Sagan, 1978). Halb im Spaß, halb im Ernst deutet er auch das angloamerikanische Ritual des allmorgendlichen Verspeisens von zwei Eiern als archetypisches Relikt aus jener Zeit, da die Säugetiere nächtlicherweise die Eier der Dinosaurier, der direkten Vorfahren unserer heutigen Vögel, stahlen und verzehrten.

Mit dem organismischen Geist beginnt eine neue Ebene genealogischer Informationsübertragung über viele Generationen zu wirken. Sie beruht auf Lernen durch Imitation, also auf Grund unmittelbarer Kommunikation zwischen Organismen. Mit dem Selbstausdruck eines Organismus (zum Beispiel dem Fliegen der Vogeleltern) wird der kognitive Bereich eines anderen Organismus (des Vogeljungen) auf Beziehungen hingewiesen, die auch ihm direkt erfahrbar sind. Nach der Epigenetik tritt also eine neue Ebene des Lernens in der Auseinandersetzung mit der Umwelt in Erscheinung, die die Evolution des Verhaltens bestimmt. Sie kann als die Ebene sozialer oder soziobiologischer Evolution bezeichnet werden.

Anders als organismische Mentation bildet *reflexive Mentation* eine eigene autopoietische Ebene, die sich nicht mehr mit der des Organismus deckt. Hier wird die Symmetrie zwischen Innen- und Außenwelt gebrochen, die in den ökologischen Beziehungen des Organismus zu seiner Umwelt noch besteht. Das aktive Hinausprojizieren eines Modells bringt einen Ungleichgewichtsfaktor ins Spiel. Modellvorstellung und Realität decken sich niemals völlig. Es besteht immer eine »Parteilichkeit«, mit der die Außenwelt abgebildet wird. Diese subjektive Einstellung zeigt sich schon an der Art und Weise, wie Sinneseindrücke registriert und verarbeitet werden. Das Hirn zerstört in mehreren Abstraktionsschritten einen Teil der Information – jenen Teil, der im mentalen Situationsmodell nicht ausgedrückt werden kann (Stent, 1972). Wir können auch sagen: Bestätigung wird auf Kosten von Erstmaligkeit vermehrt, wenn Erstmaligkeit nicht mehr bewältigt werden kann.

Wir sehen feste Körper, wo es gemäß der modernen Physik gar nichts Festes gibt, nur ephemere Strukturen energetischer Austauschprozesse. Diese Art von Parteilichkeit des Sehens hat damit zu tun, daß wir die Welt vor allem in ihren elektromagnetischen Feldern und Manifestationen wahrnehmen. Versuche haben gezeigt, daß das Hirn vor allem Frequenzen registriert, optische und akustische ebenso wie die

Schwingungsfrequenzen im Geruchssinn. Dies hat zu jenem holographischen Modell der Hirnfunktionen geführt, das von Karl Pribram (1971) entwickelt wurde. In Analogie zu der von Dennis Gabor begründeten optischen Holographie wird in dieser Hypothese angenommen, daß die Frequenzen der Außenwelt eine Art Interferenzbild erzeugen, das vom Hirn (und dabei müßte es sich nach dem Schema MacLeans vor allem um das limbische System handeln) auch auf Grund von kleineren Ausschnitten interpretiert werden kann und immer ein ganzheitliches Bild der Außenwelt liefert. Bei der optischen Holographie kann man aus der photographischen Platte, mit der die Interferenzmuster eines mit kohärentem Licht bestrahlten Gegenstandes aufgenommen worden sind, beliebig kleine Teile herausschneiden. Mit dem gleichen kohärenten Licht durchstrahlt, liefert jeder Plattenteil das ganze Bild; nur die Detailauflösung wird mit kleineren Plattenausschnitten schlechter. Das Bild selbst wirkt dreidimensional und scheint hinter der Platte in der Luft zu schweben – eine ephemere Struktur aus Licht, die sich aus der Wechselwirkung zwischen optischen Prozessen ergibt. Auf ähnliche Weise kann eine in Form von Wellenfrequenzen verschiedener Art auf uns eindringende Welt aus Prozessen und Vibrationen in das Bild einer zusammenhängenden, soliden Welt übersetzt werden.

In diesem Übertragungs- und Wahrnehmungsprozeß spielt der subjektive Aspekt eine ebenso wichtige Rolle wie der objektive. Die Emanationen der Umwelt werden nicht passiv von uns aufgenommen, sondern wir senden ihnen gewissermaßen ein subjektives Modell entgegen, das sie ordnet. Dieses Modell ist dem kohärenten Licht der optischen Holographie vergleichbar (das allerdings nur in einer bestimmten Variante der Holographie nötig ist). Erst mit seinem Einsatz ergeben die Frequenzmuster Sinn und lassen das Bild einer geordneten, zusammenhängenden Welt in uns entstehen. Die von uns wahrgenommenen Strukturen der Außenwelt beruhen sehr wesentlich auf den Strukturen unserer Innenwelt – auf denen unserer vielschichtigen geistigen Organisation.

Mit der prinzipiellen Möglichkeit, die Welt mit Hilfe verschiedener Perzeptionsmodelle zu ordnen, kommt *Apperzeption* ins Spiel. Immerhin sei hier aber angemerkt, daß anscheinend auch Bienen mit ihren paar hunderttausend Neuronen schon zur Apperzeption fähig sind (Thorpe, 1976). Zumindest wird jener Gruppen-Entscheidungsprozeß so gedeutet, mit dem sie den parlamentarisch-demokratischen Prozeß vorwegzunehmen scheinen.

238

Der iterative Rückkoppelungsprozeß zwischen Innen- und Außenwelt kann zur schöpferischen Evolution der mentalen Struktur führen. Wir können eine Situation »mit neuen Augen« sehen lernen, was uns als Wandel unserer emotionalen Einstellung zur betreffenden Situation bewußt wird. Je nach dieser Einstellung beeinflussen wir die Umwelt auch auf verschiedene Weise, vor allem wenn sie belebt ist. Fühlen wir uns wohl und sind wir fröhlich, so wirkt diese Fröhlichkeit oft anstekkend. Die Realität kann durch unser geistiges Situationsbild geändert werden, wie sie auch ihrerseits dieses Bild stark beeinflußt. Ein direktes Erfassen von Realität, so wie man einen soliden Gegenstand erfaßt, ist nicht möglich – sie bietet sich nur in der Erfahrung wechselseitiger, zyklisch organisierter Prozesse. Lernen ist nun nicht mehr bloße Imitation, wie in der organismischen Mentation, sondern wird zum schöpferischen Experimentieren, zum »Lernen durch Tun«. Wir können hier auch von einer Koevolution von Innen- und Außenwelt sprechen.

Selbstreflexive Mentation schließlich bildet wieder eine neue autopoietische Ebene. Die Symmetrie, die bei ihrer Erschließung gebrochen wird, betrifft die zeitliche Ordnung der Erfahrung. Bei dissipativen Strukturen und auch noch in der organismischen Mentation ist Erfahrung an die Prozesse des Materie-Energie-Systems gebunden; Kognition und Metabolismus fallen zusammen. Doch in der reflexiven und vor allem in der selbstreflexiven Mentation emanzipiert sich Erfahrung. Nicht nur kann, wie auch in der biologischen Evolution, vergangene Erfahrung in der Gegenwart wirksam werden: Die Fähigkeit zur *Antizipation* nimmt auch die Zukunft in die Gegenwart herein. Mit der Einbeziehung von Vergangenheit und Zukunft in die lebendig erfahrene Gegenwart werden die Lebensbeziehungen in ebendieser Gegenwart unerhört bereichert. Nicht nur die Evolution einer Welt, die Milliarden von Jahren alt ist, wird in der Gegenwart gelebt, sondern auch die Vision einer vielfältigen, unbestimmten Zukunft. In der Zukunft ist Apperzeption, das Erwägen vieler Modellvorstellungen, im Prinzip völlig frei und an keine Realität der Außenwelt gebunden, die ja noch gar nicht existiert. Natürlich ist die Auswahl pragmatisch eingeengt; nicht alle denkbaren Zukünfte lassen sich realisieren. So oder so wird aber mit der Konzentration der über Raum und Zeit sich entfaltenden evolutionären Prozesse in mentalen Strukturen die Intensität des Lebens außerordentlich erhöht.

Selbstreflexive Mentation ist in ihren höheren Entwicklungsstufen zur symbolischen Abbildung der Außenwelt fähig, nicht nur der Innenwelt, wie es schon im Bereich organismischer Mentation möglich war. Dadurch wird diese Außenwelt manipulierbar – erst in Gedanken, Ideen, Plänen und schließlich in der direkten physischen und sozialen Realität.. Mit dieser potentiellen Macht entsteht auch Technik zur Durchsetzung dieser Macht, physische Technik ebenso wie soziale. Die neu gewonnene Flexibilität in der symbolischen Darstellung der Realität verleiht der Antizipation von Zukunft erst ihre volle Bedeutung. Aus Träumen und Visionen werden Pläne, aus Wünschen Ziele und aus Hoffnung schöpferisches Handeln. Das hat es in den Vorstufen zu selbstreflexiver Mentation höchstens in rudimentärer Form gegeben.

Sprache

Rudimentär muß auch jede Sprache genannt werden, die der menschlichen Sprache vorausgeht. Die nicht-verbale Sprache der beiden älteren Teile des Dreifach-Hirns reicht gerade aus, um die grundlegenden soziobiologischen Beziehungen herzustellen. Die Kommunikation des organismischen Geistes beschränkt sich darauf, die Aufmerksamkeit eines anderen Organismus auf bestimmte Prozesse zu richten, die im kognitiven Bereich dieses anderen Organismus ablaufen oder ihm zugänglich sind. Es wird also eine Art Resonanz erzeugt. Die Bienensprache mit ihren Schwänzeltänzen bietet hier vielleicht ein gutes Beispiel. Sie vermittelt bestimmte Beziehungen, die die berichtende Biene mit der Umwelt im Verhältnis zum Sonnenstand erlebt hat und die von allen anderen Bienen nacherlebbar sind. Muß eine Entscheidung zwischen zwei oder mehr Angeboten getroffen werden, so ist oft der »Enthusiasmus« des Berichts dafür ausschlaggebend, wie sich die in hohem Ungleichgewicht befindliche »Entscheidungsstruktur« entwickelt und welcher Fluktuation die sich einseitig verstärkende Resonanz schließlich zum Durchbruch verhilft.

Organismische Kommunikation richtet sich gewissermaßen symmetrisch nach allen Seiten. Reflexive Mentation tritt mit anderen Organismen in einen Dialog, der emotional gefärbt ist, Präferenzen erkennen läßt, verschiedene Ansichten abwägt und somit nicht mehr nach allen Seiten symmetrisch ist. Doch erst selbstreflexive Mentation ist fähig zu einem intelligenten Gespräch, in dem die Außenwelt in der Symbolik der verbalen Sprache abstrahiert erscheint. Die Lautsprache der Tiere, handle es sich um Selbstpräsentation, wie etwa bei der Paarung, beim

240

Vogelsang oder bei der Beeindruckung eines Gegners, oder auch um gezielte Signale, kann kaum als verbale Sprache im menschlichen Sinne bezeichnet werden. Versuche an Primaten haben ergeben, daß sie zwar eine einfache logische Sprache lernen können, doch im allgemeinen nur zur Präzisierung des Selbstausdrucks, der Befriedigung von Bedürfnissen und Emotionen, nicht aber zur symbolischen Darstellung der Außenwelt. Die verbale Menschensprache entstand offenbar vor 100 000 bis 10 000 Jahren. Sie war wohl verantwortlich für die außerordentliche Beschleunigung der Evolution, die vor 40 000 Jahren mit der Entwicklung von komplexen Werkzeugen und Waffen, Behausungen und Booten (sogar hochseetüchtigen) einsetzte.

Wie die autopoietischen Zellsysteme kann auch der selbstreflexive Geist die Erfahrung seiner Austauschprozesse mit der Umwelt und insbesondere mit anderen Systemen, die selbstreflexive Mentation ausgebildet haben (zum Beispiel mit anderen Menschen auf der gleichen intellektuellen Stufe) in konservativen Strukturen speichern. Kunstwerke sind dafür eines der ältesten Beispiele. Die gebräuchlichste Form einer solchen konservativen Speicherung ist jedoch die *Schrift*. Mit ihr kommt eine neue Variante genealogischer Informationsübertragung ins Spiel, die das Lernen von der Bindung an direkte Erfahrung durch Beobachtung, Erleben und Imitation ablöst.

Der französische Ethnologe Claude Lévi-Strauss hat zwischen zwei Grundformen menschlicher Gesellschaften unterschieden, den »Uhrwerken« und den »Dampfmaschinen« (Charbonnier, 1969). Uhrwerk-Gesellschaften leben praktisch geschichtslos in einem soziokulturellen Gleichgewicht, das keine Evolution der Strukturen kennt. Dampfmaschinen-Gesellschaften sind hingegen jene, die wie unsere eine lebhafte Evolution durchmachen. Den Unterschied zwischen beiden führt Lévi-Strauss auf die Schrift, jene Erfindung des neolithischen Menschen, zurück. Die Erfindung des Buchdrucks durch Gutenberg im 15. Jahrhundert hatte einen neuerlichen dramatischen »Evolutionsschub« zur Folge, wie auch in unserer Zeit die moderne Kopiertechnik.

Mit der verbalen Sprache setzt eine außerordentliche Intensivierung der soziokulturellen »Ontogenese« ein, mit der Schrift eine ebenso außerordentliche Beschleunigung der soziokulturellen »Phylogenese«. Schon vor Beginn der letzten Eiszeit, also vor mindestens 30 000 Jahren, gab es ausgeprägte kulturelle Traditionen (magische Rituale, Grabbeigaben, die schon vor mindestens 60 000 Jahren erfolgten) und Sozialstrukturen, die über Generationen weitergereicht wurden. Mit der Entwicklung fester Siedlungen vor zehn- bis fünfzehntausend Jahren intensivierte sich der Dialog, wodurch das Bedürfnis nach Aufzeichnung entstand. Damit soll aber nicht behauptet werden, daß nicht-verbale symbolische Selbstpräsentation außerhalb der Kultur stehe. Sie ist im Gegenteil nicht nur bei Tieren, sondern auch noch beim Menschen ein ganz wesentlicher Aspekt von Kultur. Kunst ist zweifellos eine der ältesten Ausdrucksformen menschlicher Kultur, doch niemand, der etwa die ästhetisch vollendeten Paarungstänze der streng monogamen nordaustralischen Bolger-Vögel, die spielerischen Figuren von Delphinen oder die Eleganz wilder Pferde beobachtet hat, wird daran zweifeln, daß auch dieser Selbstausdruck eine Dimension von Kultur einschließt. Er steht der menschlichen Kunst vielleicht näher als ein verbales Traktat über Logik.

Auch die verbale Sprache wurzelt in der nicht-verbalen, emotional gefärbten Erfahrung der Organisation menschlichen Lebens, worauf Suzanne Langer (1967, 1972) nachdrücklich hingewiesen hat. Sprache ist selbst ein Produkt der Evolution. Dies erklärt wohl die von Noam Chomsky (1969) gefundene Entsprechung in der grammatikalischen Struktur aller bekannten Sprachen. Sprache hat offenbar mit der Struktur eines genetisch verankerten mentalen Apparates zu tun. Sie wird dem Kind nicht einfach von außen aufgeprägt, wie es eine an Freud orientierte »Sozialisierungstheorie« wahrhaben möchte, sondern wird im Wechselspiel zwischen genetischer Struktur und Umweltbeziehungen erlernt – in homologer Entsprechung zu jenem epigenetischen Prozeß, der die Physiologie des Körpers aufbaut, und zum Prozeß der Perzeption/Apperzeption. Kürzlich berichteten amerikanische Zeitungen von zwei Kindern, die gemeinsam aufwuchsen, an ihrer Umwelt aber nicht sehr interessiert waren und deren Sprache nicht gelernt hatten. Sie wurden demgemäß als »geistig zurückgeblieben« eingestuft – bis man entdeckte, daß sie sich in ihrer intensiven bilateralen Kommunikation ihre eigene hochkomplexe Sprache geschaffen hatten. Auch Sprache ist ein selbstorganisierendes System, worauf Walter Pankow (1976) nachdrücklich hinweist.

Die soziokulturelle Neuerschaffung der Welt

Mit Soziobiologie habe ich im vorigen Kapitel die durch den metabolischen Geist gesteuerte Entwicklung von Gesellschaften angesprochen.

Mit soziokultureller Entwicklung meine ich nun nicht die Entwicklung von Kultur (die mehreren Schichten angehört), sondern allgemein die durch den neuralen Geist gesteuerte Entwicklung der Menschenwelt, die rudimentär auch schon in Tiergesellschaften wirken mag. Die menschliche Sphäre gehört in dynamischer Hinsicht beiden Arten von Evolution an, der soziobiologischen wie der soziokulturellen. Sie ist in dem Maße soziobiologisch, wie sie durch materielle, das heißt metabolische Prozesse im weitesten Sinne des Wortes geprägt ist. Dazu gehören in den Makrosystemen der Menschenwelt Produktions- und Verteilungsprozesse und auch die Bewegung von Personen mit und ohne Transportmittel. Es erscheint ganz natürlich, daß es, wie in Kapitel 4 angedeutet, gerade diese Aspekte der menschlichen Gesellschaft sind, die sich mit den gleichen Ansätzen modellieren lassen wie der Metabolismus dissipativer Strukturen und die Dynamik von Insektengesellschaften. Ebenso erscheint es natürlich, daß in der marxistischen Theorie, die ein Modell der menschlichen Gesellschaft entwirft, das im wesentlichen auf Produktions-, Distributions- und Konsumtionsprozessen beruht, die Betonung auf dem Kollektiv liegt. Im soziobiologischen Bereich ist zwar, wie wir gesehen haben, die Koevolution von rigorosem Kollektivismus in Richtung auf zunehmenden Individualismus fortgeschritten. Aber in der soziokulturellen Phase setzt sich diese Entwicklung nicht einfach fort. Hier geschieht etwas ganz Neues.

Die soziokulturelle Evolution stellt die soziobiologische gewissermaßen auf den Kopf. Waren soziobiologische Mikro- und Makroevolution autonom und durch langfristige Koevolution miteinander verbunden, so wirkt die soziokulturelle Makroevolution als Fortsetzung der soziobiologischen Mikroevolution. Damit meine ich, daß die soziokulturelle Makroevolution nun jenem selbstreflexiven Geist folgt, der sich im Organismus des menschlichen Individuums entfaltet (siehe Abb. 32). Wir bilden unsere Gesellschaft zu einem guten Teil aus unserem neuralen Geist. Wir können viele Aspekte unserer Gesellschaft planen, solange wir den jeweils gültigen Leitbildern folgen. Doch diese Leitbilder sind nicht minder Manifestationen unserer Mentation. Die »inneren Grenzen der Menschheit« (Laszlo, 1978) sind in noch höherem Maße durch uns selbst bestimmbar, als es die äußeren Grenzen mit Hilfe der Technik sind.

In den Ökosystemen des metabolischen und organismischen Geistes entstehen Nischen nicht durch die zufällige Ausnutzung eines Angebots von Beziehungen, sondern durch aktive Gestaltung eines Beziehungs-

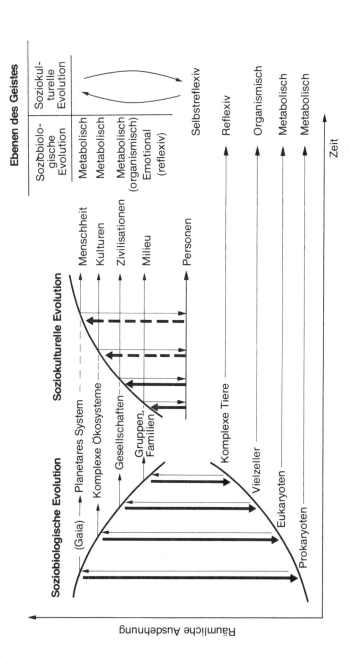

Abb. 32. Der Übergang von der soziobiologischen zur soziokulturellen Phase der Evolution stellt die dominierenden Beziehungen in der Koevolution von Makro- und Mikrosystemen auf den Kopf. Der das Individuum auf der Bewußtseinsstufe der Person charakterisierende selbstreflexive Geist macht sich daran, die Makrowelt neuzugestalten. Die gestrichelten Pfeile sollen andeuten, daß dies auf den Ebenen der Kultur und der gesamten Menschheit erst teilweise bewußt geschieht.

raumes, der neu geschaffen wird und die Komplexität des Gesamtsystems erhöht. In der Humanökologie ist es nicht anders. Nur heißen die Nischen hier Institutionen und dienen dem Ausleben geistig konzipierter Werte. Werte sind aber nicht auf materielle Beziehungen, auf Überleben und die Befriedigung von Bedürfnissen und Wünschen reduzierbar, wie es die Verhaltensforschung zu beweisen versucht. Mit anderen Worten, sie sind nicht lediglich Bestätigung. Im Gegenteil, sie entwickeln ihr eigenes Leben, welches der Dynamik des neuralen Geistes entspringt und die materielle Welt, wenn auch innerhalb natürlicher Grenzen, verändert.

Das Leben der Werte hält jene Balance zwischen Erstmaligkeit und Bestätigung aufrecht, die das Kennzeichen jeden Lebens ist. Dies zeigt sich sehr deutlich auf der Ebene des reflexiven Geistes, auf der wir der Welt mit Gefühlen gegenübertreten. Wir bewerten die Welt subjektiv. Damit bleibt sie niemals gleich und bestätigt sich nur in Grenzen. Eine Landschaft im Sonnenschein erweckt in uns ganz andere Gefühle als die gleiche Landschaft bei kaltem Nieselregen. Wenn wir eine Person lieben, so erscheint sie uns in unauslotbarer Vielfalt. Ich würde sogar so weit gehen zu behaupten, daß es gerade die Unausschöpflichkeit einer Person ist – oder vielleicht besser gesagt: unserer Beziehungen zu dieser Person, also die Quelle von Erstmaligkeit –, die zu einem guten Teil das Wesen der Liebe ausmacht. Erscheint uns eine Person als völlig vorausbestimmbar, als reine Bestätigung unserer Erwartungen, so ist die Liebe tot.

Der reflexive Geist räumt mit der pseudo-objektiven Welt auf. Er beginnt, die Welt bewußt nach seinen Wertvorstellungen auszurichten, und zwar vor allem auf der Ebene der Gemeinschaft innerhalb derselben biologischen Art. An die Stelle der materiellen Prozesse in der soziobiologischen Bindung treten nun, in der soziokulturellen Selbstorganisation, sehr wesentlich emotionale Bande. Die Welt erhält eine neue Dimension der Wärme. Altruismus, in der soziobiologischen Phase im wesentlichen durch Gruppenauswahl gefördert, wird nun bewußt vom Individuum auf die Ebene der Gemeinschaft projiziert. Entwickelte sich in der soziobiologischen Phase schrittweise Autonomie gegenüber dem Kollektiv, so erweitert sich Autonomie hier zur Möglichkeit, die Gemeinschaft aktiv mitzugestalten.

Diese Autonomie bei der Neugestaltung der Außenwelt erhöht sich mit dem selbstreflexiven Geist in sehr starkem Maße. Zur Ökologie der Gefühle tritt nun eine »Ökologie der Ideen«, wie es Sir Geoffrey Vickers (1968) genannt hat. Ideen, Pläne, Weltbilder, Ideologien schließen

Werte oder ganze Wertsysteme in sich, die nun in Austauschprozesse eintreten können. Sie bringen viele Elemente von Erstmaligkeit ins Spiel. Soziokulturelle Entwicklung hat sich vom Diktat der Umwelt sehr weitgehend emanzipiert. Unter ähnlichen Umweltbedingungen sind zum Beispiel im Mittelmeerraum ganz verschiedene Kulturen entstanden. In viel höherem Maße als auf der Ebene der Gefühle bleiben Werte auf der Ebene der Selbstreflexion nicht eingefroren in ihren Strukturen. Sie treten in eine stark beschleunigte Koevolution ein.

Koevolution aber erscheint auf dieser Ebene in völlig neuem Lichte. Die autopoietischen Strukturen des selbstreflexiven Geistes – die einzelnen Ideen, Pläne und Visionen ebenso wie die Makrostrukturen der Religionen und Ideologien – regeln Leben und Evolution unserer gesellschaftlichen Makrosysteme von Familien und Gruppen über Gemeinschaften und Staaten bis zu den Systemen weltweiter Kooperation. Wir leben als Individuen gewissermaßen in *Koevolution mit uns selbst*, mit unseren eigenen mentalen Produkten. In dem Moment, in dem sich der evolutionäre Prozeß mit seiner ganzen zeitlichen Ausdehnung von der Vergangenheit bis in die Zukunft in uns konzentriert hat – mit vergangener biologischer und neuraler antizipativer Information –, konzentriert er sich in uns auch räumlich. Der selbstreflexive Geist bezieht nicht nur die ganze Welt auf das einzelne Individuum, er bezieht auch das Individuum auf die ganze Welt. Jeder von uns übernimmt von da ab *Verantwortung* für die Makrosysteme. Nicht nur für unsere gesellschaftlichen Systeme, sondern für den gesamten Planeten mit seiner ökologischen Ordnung. Und vielleicht bald für einen Raum, der über unseren Planeten hinausreicht . . .

Komplementarität von Subjektivität und Objektivität

Diese Verantwortung für die physischen und sozialen Systeme nehmen wir wahr, indem wir neben den Beziehungen materieller und energetischer Natur auch Beziehungen unter unseren emanzipierten mentalen Strukturen herstellen. Im Vergleich zu den weiterlaufenden materiellen Prozessen, in denen wir weitgehend vom Kollektiv abhängen, können wir die Strukturen unseres neuralen Geistes im Prinzip mit viel größerer Freiheit – also aufgrund bewußter Entscheidung – an dieser Ökologie der Ideen teilnehmen lassen.

Es würde schwerfallen, hochtechnische Produkte heute sinnvoll auf andere Weise als in industriell zusammengefaßten Prozessen herstellen zu wollen. Im Bereich der Wirtschaft haben nur solche Fluktuationen Aussicht sich durchzusetzen, die selber bereits erhebliche gesellschaftliche Strukturen mobilisieren können – die allerdings ihrerseits ihr Entstehen wieder einer individuellen mentalen Fluktuation, zum Beispiel einer Erfindung, verdanken können. Im Reiche der Mentationen jedoch können individuelle Fluktuationen große Wirkungen im Sinne gesellschaftlicher Neustrukturierungen zur Folge haben – hätten wir nicht zahllose stabilisierende Elemente eingebaut.

Diese Stabilisierung bestimmter mentaler Strukturen wirkt sich schon im Zusammenspiel der drei ineinandergeschachtelten Hirne aus. Obwohl der selbstreflexive Geist wie dazu geschaffen erscheint, die größte Vielfalt möglicher Ansichten, Konzepte, Pläne und Ideen zu erleben und zu testen (welch ein faszinierendes, niemals langweiliges Leben wäre das!), werden ihm von den beiden evolutionär älteren Hirnen Zügel angelegt. Das limbische System entscheidet rasch, welche Ideen es emotional unterstützen will, und unterbindet notfalls Abschweifungen, unterstützt vom Reptilienhirn, das schließlich nur noch die Präsentierung einer »fixen Idee« zuläßt.

Dagegen läßt sich natürlich schon etwas tun. Man kann systematisch so vorgehen, daß man den Neokortex gewissermaßen mit der Nase auf andere Varianten stößt. Der Schweizer Astronom Fritz Zwicky entwikkelte während des letzten Weltkrieges in Amerika seine morphologische Analyse (Zwicky, 1966). Sie besteht daraus, daß ein Problem oder eine Situation in Grundparameter zerlegt wird. Dann überlegt man sich alle denkbaren (nicht alle »sinnvollen«) Varianten dieser Parameter. Schließlich bildet man alle möglichen Kombinationen aus je einer Variante der Parameter, schließt die intern widersprüchlichen aus und nimmt die übrigbleibenden ernst. Eine von Zwicky durchgeführte Analyse chemischer Jet-Antriebe ergab nicht weniger als 25344 mögliche Konfigurationen, die auch Varianten des »Hydro-Jet« und des »Terra-Jet« mit einschlossen, da für den Parameter »Medium, in dem der Jet betrieben wird« neben Luft und Vakuum logischerweise auch Wasser und Erde aufgeführt waren. Das Gegenstück zu diesem augenöffnenden Denken wurde etwa zur gleichen Zeit vom wissenschaftlichen Berater Churchills geliefert, jenem Mister Lindemann, dessen Name auch in anderem Zusammenhang unseligen Angedenkens ist. Als er die von Erkundungsflugzeugen aufgenommenen Bilder der V-2 sah, erklärte er apodiktisch, dieses Ding könne niemals fliegen. Da er Fachmann für

Raketen mit Feststoffantrieb war, schloß er die Möglichkeit eines Flüssigkeitsantriebs von vornherein aus.

Die Wissenschaft selbst – ein Gebiet des neuralen Geistes *par excellence* – ist mit ihrer Einengung auf bestimmte Lehren und mit ihrem Anspruch, Wissen allein und absolut zu repräsentieren, in die Stabilitätsfallen des limbischen Hirns geraten – in ihren borniertesten Formen sogar in die des Reptilienhirns. Es liegt nicht wenig Ironie darin, daß gerade eine sich als »objektiv« aufspielende Wissenschaft dem subjektivsten Aspekt der Evolution, dem selbstreflexiven Geist, entstammt. Die Einengung auf eine einzige Sicht, die dann als objektiv empfunden wird, geschieht dabei durch jene »unterschwelligen« Prozesse, die den nicht-analytischen Teilen des Hirns entstammen und vor denen die westliche Wissenschaft den allergrößten Horror hat (und die sogar mit »unaussprechlichen« oralen und genitalen Funktionen zusammenhängen). Doch erweisen sich gerade hier die Paradigmata, die großen zusammenhängenden Strukturen der Wissenschaft, als echt evolutionäre Systeme. Thomas Kuhn (1962, 1977) hat dieser Evolution einen Ausdruck gegeben, der mit den Grundformen der Evolution von Strukturen, wie sie im ersten Teil dieses Buches dargestellt worden sind, gut übereinstimmt: Sie ist keine fortschreitende Akkumulation von Wissen, sondern Umstrukturierung seiner Organisation, nicht so sehr durch langsame Verschiebungen infolge von Notwendigkeit als infolge des Durchdringens von Fluktuationen.

Das gleiche Phänomen zeigt sich auch auf der gesellschaftlichen Ebene. Auch dort suchen Unternehmen, Ämter, Institutionen und der ganze Staat ihre Strukturen auf emotional gefärbte Weise zu verteidigen. In mehr als zwei Dritteln der rund 150 Nationalstaaten der Welt sind den Äußerungen des Geistes einschneidende Fesseln angelegt worden. Selbst in den Staaten der sogenannten »freien Welt« ist es für den Einzelnen schwer, sich Gehör zu verschaffen – und noch schwerer, seine Gedanken vorzutragen. Dabei sind es weniger die materiellen Prozesse, die einer Umstrukturierung entgegenstehen, als die geistigen Leitbilder. Ein profunder Kenner der Massengesellschaft, Ortega y Gasset, hat bereits vor Jahrzehnten (1943) auf ihre Bedeutung hingewiesen und ihren Wandel ganz richtig dadurch gekennzeichnet, daß sich der Prozeß zwar in jedem Einzelnen vollzieht, aber erst wirksam wird, wenn eine Fluktuation auf gesellschaftlicher Ebene durchzudringen vermag. Leitbilder sind einerseits individuelle Mentalstrukturen, andererseits selbstorganisierende mentale Makrostrukturen.

Der Philosoph Nicolai Hartmann hat diesen Prozeß als Wechselwirkung zwischen subjektivem und objektivem Geist gekennzeichnet. Aber wie für die Wissenschaft gilt auch für den gesellschaftlichen Bereich, daß die Gestaltung der scheinbar »objektiven« gesellschaftlichen Realität der subjektivsten aller menschlichen Funktionen zu verdanken ist, nämlich dem selbstreflexiven Geist. Von objektivem Geist außerhalb des menschlichen Organismus läßt sich nur hinsichtlich jener soziobiologischen Aspekte der Menschenwelt sprechen, die auf den metabolischen Prozessen der Produktion und Verteilung beruhen.

Vielleicht wirkt es aber auch hier klärend, die Weizsäckerschen Begriffe von Erstmaligkeit und Bestätigung heranzuziehen. Dann läßt sich allgemein feststellen, daß das evolutionär Alte – und auch die evolutionär zuerst entstandenen Hirnteile des Dreifach-Hirns – nach Bestätigung drängen, während das evolutionär Junge Erstmaligkeit betont. Bestätigung kann leicht mit Objektivität, Erstmaligkeit leicht mit Subjektivität verwechselt werden. Ich glaube, daß das Zusammenwirken dieser komplementären Informationsbegriffe viel mehr auszudrücken vermag als das andere Begriffspaar der Subjektivität und Objektivität, dessen Bedeutung sich je nach Blickwinkel ändert und uns in unserer »Koevolution mit uns selbst« völlig verwirrt.

Evolutionäre Öffnung durch schöpferischen Geist

Der Trend der Entwicklung des neuralen Geistes weist, wie bei jeder »Speerspitze« der Evolution, in Richtung auf eine Zunahme von Erstmaligkeit. Oder vielleicht befinden wir uns nur in einer Etappe, die der Neustrukturierung einer Ebene des Lebens (oder ihrer erstmaligen Aktivierung) entspricht. Schon in der Dynamik chemischer dissipativer Strukturen ist die erste Phase nach dem Durchgang durch eine Instabilität der Sicherung einer neuen Struktur durch hohe Entropieproduktion, also vorwiegend der Erstmaligkeit gewidmet, während später »gespart«, das heißt bestätigt wird.

Nach neueren Forschungsresultaten hat es den Anschein, daß der Neokortex selbst die Mechanismen entwickelt, die mehr Erstmaligkeit ins Spiel bringen können. Es handelt sich dabei vor allem um die bekannte hemisphärische Differenzierung des Neokortex, die meist mit der Gegenüberstellung der Eigenschaften »analytisch, digital, verbal« (linke Hirnhälfte) und »holistisch, analog, nicht-verbal, musikalisch«

(rechte Hirnhälfte) charakterisiert wird. Es gibt Anzeichen dafür, daß mit dieser Schematisierung zum Teil eine Vermengung neokortikaler und limbischer Funktionen (vielleicht auch von Funktionen des Reptilienhirns) geschieht. Die Koordination der drei hierarchisch funktionierenden Hirne ist eine der wichtigsten Aufgaben, die der Mensch noch zu leisten hat. Vor allem geht es dabei auch darum, das limbische System aus seiner Erstarrung zu lösen. Es kann uns eine phantastische Welt der »verschiedenen Realitäten« eröffnen – wie es dies bereits in Träumen, Halluzinationen und unter dem Einfluß halluzinogener Drogen tut – und damit auch den Neokortex dazu anregen, auf diesen reich aufgefächerten Matrizen seinerseits sein erfindungsreiches Spiel zu treiben, anstatt sich auf eine einzige Weltsicht festzulegen.

Resultate eines Forschungsprogramms der Universität von British Columbia in Kanada (Brain/Mind Bulletin, 1977c) deuten darauf hin, daß die linke Hirnhälfte vor allem dem Erkennen von Beziehungen und der Assoziation mit früherer Erfahrung dient, während die rechte Hirnhälfte nicht-referentiell und integrativ wirkt. Mit anderen Worten, die rechte Hirnhälfte fördert Erstmaligkeit, die linke Bestätigung. Während also die Komplementaritäten verbal/nicht-verbal und analytisch/holistisch eher vertikal organisiert erscheinen, mit den holistischen Funktionen im subkortikalen Bereich und den analytischen in einem Teil des kortikalen Bereichs, organisiert sich der Neokortex (oder vielleicht jedes der drei Hirne?) nach der grundlegenden Komplementarität pragmatischer Information. Logisch betrachtet sollte es ja auch genauso sein – oder regen sich hier nur die Emotionen meines eigenen limbischen Systems?

In diesem Zusammenhang ist ein erstes Resultat von Forschungen über den Mechanismus des Problemlösens interessant, von denen Herbert Simon in einem Vortrag in Berkeley im Oktober 1977 berichtete. Stehen keine erprobten (bestätigten) logisch-abstrakten Operationen zur Verfügung, so wird oft der Weg über eine bildhafte Vorstellung der Aufgaben-Konstellation genommen – über eine »physische Intuition«, wie es Simon ausdrückt. Bestätigung und logische Analyse, Erstmaligkeit und holistische Imagination scheinen also Hand in Hand zu gehen.

Eine neue, von dem amerikanischen Psychologen Julian Jaynes (1976) mit großem intellektuellem Aufwand entwickelte Hypothese würde damit in ihrer Kausalrichtung umgekehrt. Nach Jaynes hat der Mensch erst vor 3000 Jahren – lange nach der Entwicklung der Schrift – die Funktionen der beiden Hälften seines Neokortex mit Hilfe der 200

Millionen Verbindungsfasern im *corpus callosum* voll zu koordinieren gelernt. Da sich der Mensch (jedenfalls nach amerikanischer Auffassung) vor allem mit seiner linken Hirnhälfte identifiziert, die von der Wissenschaft auch prompt »Haupt-Hirnhälfte« getauft wurde (eine neue Variante der alten Rede von »gleicher als gleich«?), empfand er bis dahin die Funktionen der rechten Hirnhälfte als der Außenwelt zugehörig. Stimmen, die von dort zu kommen schienen, wurden einer Gottheit zugeschrieben, die damit zur physisch wahrnehmbaren Realität wurde. Schizophrenie war damals mithin der Normalfall. Auch Paul Feyerabend (1977) weist darauf hin, daß in den Epen Homers Träume, Wutanfälle oder Stärke als göttliche Interventionen erlebt wurden: »Zeus gibt dem Menschen Stärke, und Zeus vermindert sie, wie es ihm gefällt, denn seine Macht übertrifft alles« (*Ilias*, 20, 241). Nicht Intensität, sondern Quantität ist dabei für Homer der Maßstab.

Jaynes wie Feyerabend bringen damit Denkformen alter Völker in Verbindung, die sich von der unsrigen sehr unterschieden haben. Wie aber, wenn diese Denkformen nicht eine Folge der Entwicklung von Hirnfunktionen darstellten, sondern umgekehrt für Völker kennzeichnend wären, die sich gerade in einer Phase überwiegender Bestätigung und damit Geschichtslosigkeit befinden? In einer solchen Phase kann der Einbruch von Erstmaligkeit ja tatsächlich als göttlicher Anruf verstanden werden. Auch in unserem individuellen Leben geht es uns manchmal so. Paul Claudel hat in seinem Schauspiel *Die Mittagswende* einen solchen göttlichen Anruf, der einen Mann in der Mitte seines Lebens trifft, in eine unnachahmliche Wortmelodie gekleidet: »*Mésa, je suis Isé, c'est moi!*« Dreimal spricht die Frau diesen fast averbalen Satz, die Schiffsglocke schlägt die Mittagswende – und Mésa löst sich aus der Sinnleere seines Lebens, wird buchstäblich aus ihr erlöst.

Aus der Autopoiese und Evolution geistiger, vor allem neural bedingter Strukturen entfaltet sich der unerhörte Reichtum menschlicher Schöpfungskraft. Diese schafft einerseits in der Technik eine Welt der Gleichgewichtsstrukturen, andererseits in der Kunst und in gesellschaftlichen Institutionen und Organisationen wie auch in der Wissenschaft und in den großen Religionen und Ideologien autopoietisch-evolvierende Systeme symbolischer und realer Art. Sie tritt in neue Formen der Symbiose mit anderen Formen des Lebens ein, vor allem in der Landwirtschaft und im Management ökologischer Ressourcen.

Weit hinausreichend über die soziobiologische Bindung durch materielle Produktions- und Verteilungsprozesse, bringt der selbstreflexive, emanzipierte Geist seine eigene Selbstorganisation zur realen Wirkung in den soziokulturellen Strukturen der Menschheit. Nur eine reduktionistische Betrachtungsweise kann einen Materialismus predigen, der die Geschichte der Menschheit allein in Begriffen materieller Prozesse versteht. Im menschlichen Bereich – wie auch auf anderen Ebenen im Bereich des Lebens überhaupt – wird Zeitgeschichte im wahrsten Sinne des Wortes Geistesgeschichte.

Im abschließenden Teil dieses Buches werden einige der damit zusammenhängenden Aspekte herausgegriffen und knapp erörtert. Vorher gilt es jedoch, die bisher an der Geschichte der Realität aufgezeigten Grundprinzipien der Evolution systemtheoretisch aufzuarbeiten. Dadurch wird die Verbundenheit über Raum und Zeit deutlich, die alle Aspekte der Evolution kennzeichnet. Diese Verbundenheit aber – und darum geht es mir hier vor allem – schließt den Menschen und seine Geschichte als integralen Aspekt der Evolution mit ein.

Teil III

Selbsttranszendenz:
Systembedingungen der Evolution

> Gestaltung – Umgestaltung, des ewigen Sinnes
> ewige Unterhaltung.
> *C. G. Jung,* Erinnerungen, Träume, Gedanken

Selbsttranszendenz heißt Selbstüberschreitung. Indem ein System in seiner Selbstorganisation die Grenzen seiner eigenen Identität überschreitet, wirkt es schöpferisch. Im Paradigma der Selbstorganisation ist Evolution das Ergebnis von Selbsttranszendenz auf allen Ebenen. Symmetriebrüche spannen Raum und Zeit für die Entfaltung selbstorganisierender Systemdynamik auf, von dissipativen Strukturen und Mikrostrukturen des Lebens bis zu Makrostrukturen auf der Erde und im ganzen Universum. Aber diese Raum-Zeit-Strukturen bleiben nicht stabil. Sie evolvieren zu immer neuen Strukturen, wobei an jeder Schwelle der Selbstüberschreitung im Prinzip neue Freiheit in der Auswahl möglicher Zukünfte hereinkommt. Komplexität entfaltet sich in der Zeit und ist ein Spiegel der vergangenen Erfahrung ebenso wie des schöpferischen Ausgreifens in die Zukunft. Mit den Strukturen evolvieren auch die Mechanismen ihrer Evolution. Dem Paradigma der Selbstorganisation entspricht weder die alte Vorstellung einer teleologischen (zielsuchenden) Evolution noch ihre Modifizierung im Sinne einer teleonomischen Evolution, die ihr vorgegebenes Ziel über ein Prozeßnetz ansteuert, das sich aus wechselseitigen systemhaften Beziehungen ergibt. Evolution ist prinzipiell *offen*. Sie bestimmt ihre eigene Dynamik und Richtung. Diese Dynamik ist dabei aber systemhaft aufgefächert, vor allem auch in der Koevolution von Makro- und Mikrokosmos. Durch diese dynamische Verbundenheit bestimmt Evolution auch ihren eigenen *Sinn*.

253

10. Die Kreisprozesse des Lebens

> Jede Ursache ist die Wirkung ihrer eigenen Wirkung.
> *Ibn'Arabi*

Zyklische Organisation – die Systemlogik dissipativer Selbstorganisation

Der Begriff der Organisation eines dynamischen Systems wurde bereits in Kapitel 2 eingeführt. Er bezieht sich auf die *logische* Anordnung der im System ablaufenden Prozesse, nicht etwa auf ihre Struktur in Raum und Zeit. Die Beispiele, die für die Systemlogik selbstorganisierender Systeme aufgeführt wurden, ergaben dabei stets *zyklische Organisation*. Dies ist allerdings so zu verstehen, daß im System ein geschlossener Prozeßkreis abläuft, der jedoch über andere Prozesse mit der Umwelt in Austausch steht. Ein gegenüber der Umwelt isoliertes System kann sich, wie wir gesehen haben, nur in Richtung auf seinen Gleichgewichtszustand bewegen, bei dessen Erreichen seine Dynamik zum Stillstand kommt. Dissipative Selbstorganisation beruht demgegenüber immer auf Austausch mit der Umgebung, wodurch ein Zustand fern vom Gleichgewicht aufrechterhalten wird. Wir können hier von zyklischer oder geschlossener Organisation in einem System sprechen, das seinerseits in der Gesamtheit seiner Dynamik nicht isoliert ist.

Zyklische Organisation ist für dissipative Selbstorganisation und vor allem auch für die Systeme des Lebens charakteristisch. In der kosmischen Evolution ist der Bethe-Weizsäcker-Zyklus der Umwandlung von Wasserstoff zu Helium in Sternen zyklisch organisiert, in der chemischen Evolution sind es dissipative Reaktionssysteme und in der präzellularen Evolution die Eigenschen Hyperzyklen. Zyklische Organisation kennzeichnet aber auch das Gaia-System, alle Arten von epigenetischer Entwicklung und das Wirken des neuralen Geistes, vor allem seiner reflexiven und selbstreflexiven Varianten. Schon in einfachsten Einzellern setzt Perzeption, wie Heinz von Foerster (1973) betont, immer die Evolution eines geschlossenen Prozeßkreises zwischen Änderungen in den Sinneseindrücken einerseits und Formänderungen in den auf Sinneseindrücke ansprechenden »Effektoren« auf der Zelloberfläche andererseits voraus.

Eine hierarchische Typologie selbstorganisierender Systeme

In der Einführung zu ihrer wegweisenden Trilogie über Hyperzyklen und präzelluläre Evolution skizzieren Manfred Eigen und Peter Schuster (1977/78) eine einfache Hierarchie zyklischer Reaktionssysteme, die in der natürlichen Dynamik von Bedeutung sind: Ein Zyklus von Umwandlungsreaktionen wirkt in seiner Gesamtheit als Katalysator, ein Zyklus katalytischer Reaktionen wirkt in seiner Gesamtheit als Autokatalysator, und ein katalytischer Zyklus von Autokatalysatoren wirkt in seiner Gesamtheit als Hyperzyklus. Dieses einfache Schema läßt sich, wie in Abb. 33 dargestellt, ausweiten und verallgemeinern, so daß es auf einen weiteren Bereich selbstorganisierender Systeme zutrifft.

Sowohl Zyklen von Umwandlungsreaktionen wie auch jene katalytischer Reaktionen verwerten und dissipieren Energie, entweder direkt durch Konversion freier Energie in Wärme (wie in der Photosynthese) oder durch die Umwandlung von energiereichen Ausgangsmaterialien in energiearme. Zyklen von Umwandlungsreaktionen können dabei von Katalysatoren unterstützt werden, die nicht selbst dem Zyklus angehören. Katalytische Zyklen können durch Hilfszyklen von Umwandlungsreaktionen unterstützt werden. Biologische Systeme vereinen oft viele solcher Zyklen in einem komplizierten Netzwerk, das seinerseits einen großen Zyklus bildet und sich häufig vielseitig anwendbarer Zwischenprodukte bedient, zum Beispiel des ATP (Adenosintriphosphat), der »Energiemünze« der Zelle.

Die Reaktionen in einem Umwandlungszyklus können verschiedener Art sein, vor allem natürlich chemischer und nuklearer Art. Katalytische Wirkung kann entweder chemischer Art sein (das heißt eine Umwandlungsreaktion unterstützen), oder über Matrizen laufen, wobei eine positive Form die Bildung einer negativen Form instruiert, aus welcher wiederum eine positive Form hervorgehen kann. Chemische Katalyse ist meist vom heterogenen Typ, das heißt, sie stellt den globalen Effekt eines kleinen Umwandlungszyklus dar, in welchem der ursprüngliche Reaktionsteilnehmer auf der Oberfläche des Katalysators adsorbiert und dort umgewandelt wird, wonach das Endprodukt sich loslöst und der Katalysator rezirkuliert wird. Im Falle der Matrizenwirkung kann komplexe Information weitergegeben werden, wobei in biologischen Systemen meist Nukleotide mit ihrer leicht erkennbaren molekularen Form als Matrizen dienen. Autokatalyse auf der Basis von Matrizenwirkung ist Selbstinstruktion der eigenen Reproduktion und schließt stets einen

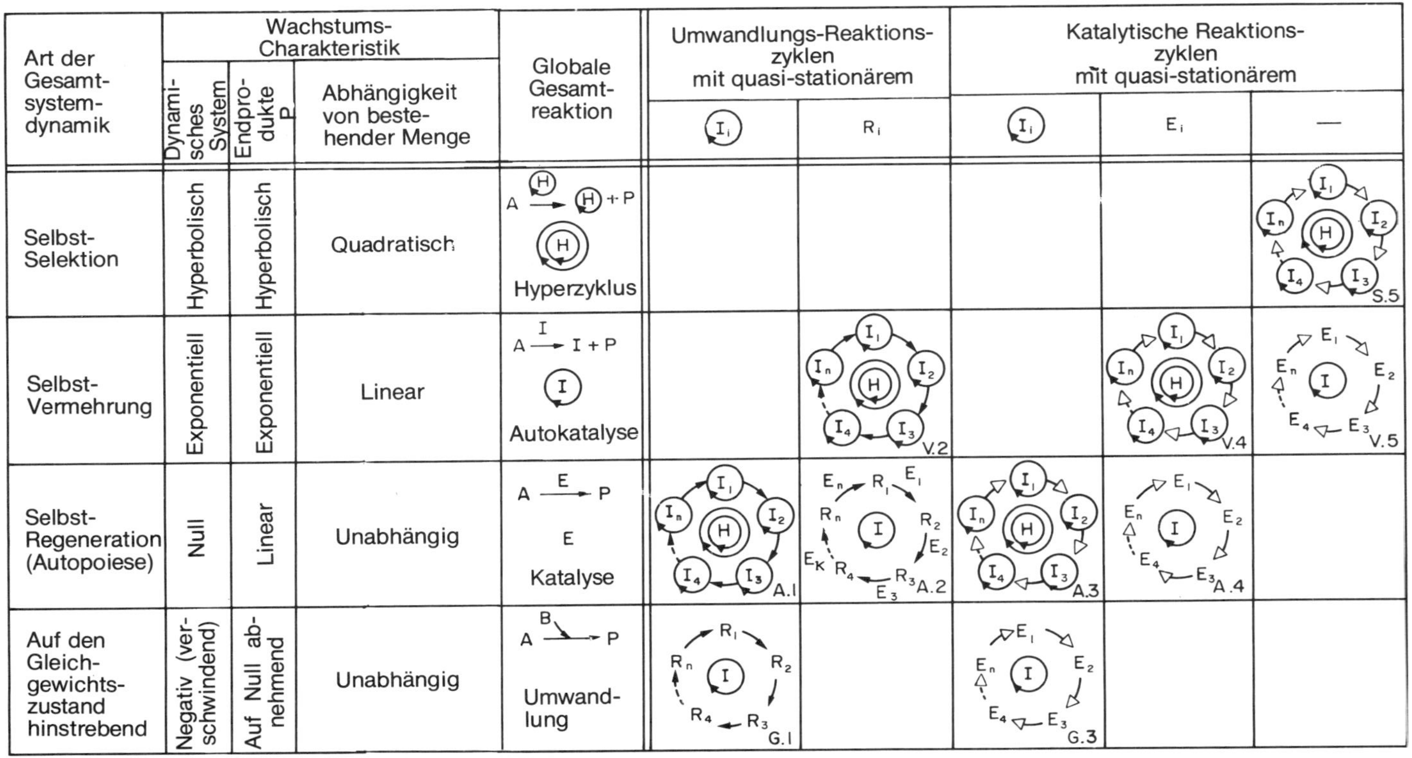

Art der Gesamtsystemdynamik	Wachstums-Charakteristik – Dynamisches System (Endprodukte P)	Wachstums-Charakteristik – Abhängigkeit von bestehender Menge	Globale Gesamtreaktion	Umwandlungs-Reaktionszyklen mit quasi-stationärem (I_i)	Umwandlungs-Reaktionszyklen mit quasi-stationärem R_i	Katalytische Reaktionszyklen mit quasi-stationärem (I_i)	Katalytische Reaktionszyklen mit quasi-stationärem E_i	Katalytische Reaktionszyklen mit quasi-stationärem —
Selbst-Selektion	Hyperbolisch / Hyperbolisch	Quadratisch	Hyperzyklus $A \xrightarrow{(H)} (H) + P$					S.5 / V.5
Selbst-Vermehrung	Exponentiell / Exponentiell	Linear	Autokatalyse $A \xrightarrow{I} I + P$		V.2		V.4	
Selbst-Regeneration (Autopoiese)	Linear / Null	Unabhängig	Katalyse $A \xrightarrow{E} P$	A.1	A.2	A.3	A.4	
Auf Null abnehmend / Negativ (verschwindend)		Unabhängig	Umwandlung $A \xrightarrow{B} P$	G.1		G.3		

Abb. 33. Ein verallgemeinertes Schema von Reaktionszyklen mit verschiedenen Zerfallscharakteristiken.

——— Umwandlung ——▷ katalytische Aktion

257

katalytischen Zyklus ein, in dem positive und negative Formen abwechseln. Eine solche mikroskopische Sicht bestätigt die von Eigen und Schuster beschriebene Hierarchie.

Damit Hyperzyklen ihre charakteristische Dynamik erreichen, brauchen nicht alle Teilnehmer am Zyklus autokatalytisch zu wirken. Es genügt in der Regel, daß ein Glied im Zyklus ein Autokatalysator ist.

Dieselben Arten von Organisationslogik erscheinen in Abb. 33 auf verschiedenen hierarchischen Ebenen. Die *Wachstumscharakteristik* eines Zyklus wird nicht nur von seiner Logik, sondern auch von den eingebauten Zerfalls- und Diffusionsmechanismen bestimmt. Diese sind durch die Ebene der Zyklusteilnehmer charakterisiert, die quasi-stationär bleiben (ihre Konzentration kann ein wenig fluktuieren) die Reaktionsteilnehmer R_i in einem Umwandlungszyklus oder die Katalysatoren E_i, die autokatalytischen Einheiten I_i, oder der Hyperzyklus H selbst. Natürliche Phänomene mit höherem als hyperbolischem Wachstum treten selten auf. Daher ist es von geringem Interesse, die Hierarchie der Zyklen fortzusetzen, obwohl dies im Prinzip möglich wäre.

Da alle Zyklen dissipativ sind und permanent Austausch mit ihrer Umgebung pflegen, können sie als Vermittler globaler Reaktionen angesehen werden, die Anfangs- in Endprodukte (Abfall) verwandeln. Mit Selbstorganisation ist immer eine Netto-Entropieproduktion verbunden. Es tritt immer Stoffwechsel auf oder, mit anderen Worten, Autopoiese ist immer von Allopoiese begleitet.

»Reine« Beispiele zyklisch organisierter Systeme sind oft nicht so leicht zu finden. Das heißt aber nicht, daß zyklische Organisation in der Natur keine bedeutende Rolle spielt. Sie liegt oft in der Verbindung mehrerer Teilzyklen verborgen. Ihre mikroskopische Repräsentation kann die Komplexität des einfachen Hyperzyklus bei weitem übertreffen. Es kommt darauf an, welchen Grad der Detailauflösung man darstellen will. Mit entsprechenden Opfern an Details lassen sich alle selbstorganisierenden Systeme als jene Arten von Zyklen darstellen, die in Abb. 33 skizziert worden sind und bis zum Hyperzyklus reichen.

Die in Abb. 33 auf der untersten hierarchischen Ebene auftretenden Umwandlungs- und katalytischen Zyklen G.1 und G.3 streben ihrem Gleichgewicht zu. Dort angekommen, werden die Reaktionen reversibel, und das System oszilliert um seinen Gleichgewichtszustand. Makroskopisch betrachtet, verschwindet seine Dynamik. Damit der Prozeßkreis sich fortwährend in einer bestimmten Richtung dreht (in Abb. 33 jeweils im Uhrzeigersinn dargestellt), bedarf es der Dissipation.

Autopoietische, selbstregenerierende Systeme

Die nächsthöhere Ebene ist die der *Autopoiese* bei Null-Nettowachstum, also die Ebene reiner Selbstregeneration. Als Ganzes betrachtet, wirkt ein autopoietisches System als Katalysator einer offenen metabolischen Reaktionskette, in welcher »Nahrung« zu »Abfall« verwandelt wird.

Dem Untertyp A.1, der einem *Hyperzyklus von Umwandlungsreaktionen* entspricht, *bei dem die autokatalytischen Einheiten I_i quasi-stationär sind,* gehören die chemischen dissipativen Strukturen an, wie etwa die Belousov-Zhabotinsky-Reaktion, deren Organisationsschema in Kapitel 2 (siehe Abb. 3 auf S. 65) dargestellt wurde. Es ist die Raum-Zeit-Struktur, die hier das System so regelt, daß sich Entstehen und Vergehen der autokatalytischen Substanzen genau die Waage halten. Diese Struktur kann evolvieren, auch wenn dabei das Organisationsschema unverändert bleibt.

Die gleiche hyperzyklische Organisation mit globaler dynamischer Stabilisierung weist ein reifes *Ökosystem* auf, in dem praktisch alle beteiligte Materie – einschließlich der metabolischen Endprodukte – rezirkuliert wird (Abb. 34). Pflanzenfresser fressen Pflanzen, Fleischfresser fressen Pflanzenfresser (plus möglicherweise ebenfalls Pflanzen), Jäger-Fleischfresser fressen Beute-Fleischfresser und so fort, bis der letzte Fleischfresser, der niemandes Beute ist, eines natürlichen Todes stirbt. Seine Materie wird durch alle Arten von Tieren und Mikroorganismen auf ihre ursprünglichen Elemente und Moleküle reduziert und wird, wie auch die Abfallprodukte des Stoffwechsels, über die Pflanzen wieder in den Zyklus eingeschleust. Als Ganzes gesehen katalysiert dieser Zyklus daher einen Stoffwechsel, der sich auf das Sonnenlicht bezieht und energiereiche Photonen in energiearme verwandelt. Autokatalyse ist in diesem System durch die Selbstvermehrung von Organismen gegeben.

Ein besonders interessanter Hyperzyklus der gleichen Art ist mit dem *Gaia-System* gegeben (siehe Kapitel 6), in dem insbesondere oxidierende und reduzierende Reaktionen sich in einem Kreisprozeß verbinden, der von den Prokaryoten und ihren Nachkommen, den Organellen in eukaryotischen Zellen, unterhalten wird.

Der Untertyp A.2 bezieht sich auf einen *Zyklus von Umwandlungsreaktionen, in dem die Reaktionsteilnehmer R_i quasi-stationär bleiben.* Ein solcher Zyklus kam in Kapitel 5 mit dem *Bethe-Weizsäcker-Zyklus* zur Sprache, der bei der Umwandlung von Wasserstoff zu Helium in der

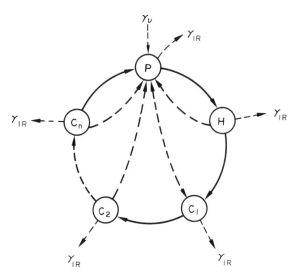

Abb. 34. Ein reifes Ökosystem ist als Hyperzyklus von Umwandlungsreaktionen organisiert, in dem alle Materie rezirkuliert wird. Die gestrichelten Pfeile innerhalb des Zyklus sollen andeuten, daß auch die Endprodukte des Stoffwechels – sowie des Zerfalls nach dem Tode – von den Pflanzen rezirkuliert werden. Der Zyklus katalysiert, als Ganzes betrachtet, die Abreicherung von energiereichen Photonen im Bereich sichtbaren Lichts (γ_v) und ihre Umwandlung in energiearme Photonen des Infrarot- oder Wärmebestrahlungsbereiches (γ_{IR}).

Sternevolution eine bedeutende Rolle spielt (siehe Abb. 23 auf S. 136).

Viele der grundlegenden biochemischen Reaktionen, die an der Energieumsetzung in der Zelle beteiligt sind, weisen diese Organisation auf. Dabei ist aber praktisch in jeder Reaktionsstufe katalytische Unterstützung von außen her nötig. Sie macht das Fehlen einer autokatalytischen Stufe wett, die, wie sich theoretisch zeigen läßt, für die reine Selbstorganisation einer dissipativen Struktur vom Untertyp A.1 nötig ist. Eigen und Schuster (1977/78) führen als Beispiel den sogenannten Zitrussäure-Zyklus für die Oxidation energiereicher Moleküle an, der in der Evolution schon vor 2,8 Milliarden Jahren auftrat und nach seinem Erforscher auch *Krebs-Zyklus* genannt wird. Ein weiteres Beispiel ist der *Glykolyse-Zyklus*, der Energie aus Glukose extrahiert und in ATP speichert; er steht mit dem Krebs-Zyklus in Verbindung.

Der Untertyp A.3 stellt *katalytische Hyperzyklen mit quasi-stationären autokatalytischen Einheiten I_i* dar. Ein besonders interessantes Beispiel kann in der *langfristigen Evolution des Influenzavirus A* erblickt werden, die durch die Arbeiten von Stephan Fazekas de St. Groth geklärt worden ist (Staehelin, 1976). Dieser Virus evoliert innerhalb eines Subtyps durch mehrere Jahre, indem er jeweils eine antigen wirkende Aminosäure durch eine größere ersetzt. Diese »Vorwärts«-Evolution, mit dem der Virus eine Zeitlang erfolgreich der Immunisierung durch koevolvierende Antikörper entgeht, führt früher oder später in eine Sackgasse. Daher mutiert die Grundform des Subtyps (die in einer Anzahl von Exemplaren überlebt hat) in einer anderen Aminosäure-Position und bildet damit einen neuen Subtyp. Mit dem Erscheinen der ersten Population des neuen Subtyps treten weltweite sogenannte Pandemien mit schwersten Erkrankungswellen auf. Im Jahre 1918 raffte der A_5-Subtyp als »spanische Seuche« innerhalb weniger Monate mehr als 20 Millionen Menschen dahin. Nur in jenen Gebieten, in denen eine für die Evolution des neuen Subtyps erforderliche Zwischenstufe bereits lokale Epidemien ausgelöst hat, hat das menschliche Immunsystem diesen Vorsprung halbwegs aufgeholt und übt eine gewisse Schutzwirkung aus. Infolge der begrenzten Zahl von Aminosäurepositionen, die für eine Mutation zur Verfügung stehen, schreitet diese Evolution von Subtypen aber nicht einfach weiter fort, sondern schließt sich zyklisch (Abb. 35). Es ist wohl kaum zufällig, daß die Periode dieses Zyklus ungefähr 70 Jahre beträgt,

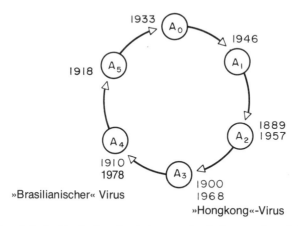

Abb. 35. Die zyklische Evolution der Subtypen des Influenzavirus A bildet einen katalytischen Hyperzyklus, der sich zeitlich über rund 70 Jahre erstreckt, was der durchschnittlichen menschlichen Lebensspanne entspricht. Auf diese Weise entgehen die Subtypen zum größten Teil der Immunisierung durch Antikörper, die im menschlichen Organismus von früheren Erkrankungen her gespeichert bleiben. Nach T. Staehelin (1976).

261

also gerade das durchschnittliche Lebensalter seiner menschlichen »Beute«. Wäre sie kürzer, so ließen die Antikörper, die sich mit jeder Infektion bilden und im Bestand einer lebenslangen persönlichen Bibliothek von Antikörpern verbleiben, den Viren keine Chance zu massiver Wirkung. Natürlich sind die autokatalytischen Einheiten in diesem Zyklus – eben die einzelnen Subtypen – nicht in strengem Sinne stationär, sondern erreichen bei Epidemien Maxima. Als Ganzes gesehen ist dieser Zyklus aber autopoietisch und selbstregenerierend, wenn auch über lange Zeitspannen.

Der Untertyp A.4 bezieht sich auf *katalytische Reaktionszyklen mit quasi-stationären katalytischen Einheiten E_i.* Im Zellmetabolismus treten viele Zyklen dieser Art auf, in denen die Produktion und Aktivität von Enzymen, die ja biologische Katalysatoren darstellen, geregelt wird. Die Produktion eines Enzyms wird über Nukleinsäuren katalysiert, aber die Substanz, die das Enzym seinerseits katalytisch synthetisiert, kann in Rückkoppelungswirkung mit diesem Enzym eintreten und seine weitere Aktivität unterdrücken. Inhibierung und Aktivierung kann als Äquivalent katalytischer Aktion verstanden werden. Jede positive oder negative Rückkoppelung zu einem Vorgänger im Prozeßzyklus trägt dann dazu bei, dem Zyklus mehr oder weniger autopoietischen Charakter zu geben und eine dissipative Struktur hervorzurufen, die im allgemeinen in Oszillationen sichtbar wird.

Ein interessanter Zyklus dieser Art liegt bestimmten Formen der Chemotaxis zugrunde, schließt also interzelluläre Kommunikation ein. Dies ist zum Beispiel der Fall bei der Synthese von zyklischem AMP (cAMP), auf dem die in Kapitel 4 beschriebene Aggregation des Schleimpilzes beruht (Abb. 36). ATP-Pyrophosphorhydrolase (E_1) wird durch cAMP aktiviert und katalysiert die Produktion von 5'AMP aus ATP. Adenylzyklase (E_2) wird durch 5'AMP aktiviert und katalysiert die Produktion von cAMP aus ATP. Ein drittes Enzym, Phosphodiesterase (E_3) regelt die Umwandlung von cAMP in 5'AMP, und ein viertes, 5'Nukleotidase, regelt den Abbau von 5'AMP und sein Ausscheiden aus dem Zyklus. Dieser Zyklus verbindet über die Sekretion von Akrasin, dessen aktives Element cAMP ist, ständig die individuellen Einzeller. Wird die Nahrung aber knapp, so vollzieht sich die Sekretion von Akrasin in Pulsationen, die das Signal zur Aggregation bilden. Als Ganzes betrachtet wirkt dieser katalytische Zyklus als Grundlage der Selbstorganisation der einzelnen Katalysatoren, das heißt der Amöben, von denen jede gleichzeitig anzieht und angezogen wird. Darin zeigt sich die Wirkung biologischer, pragmatischer Information, bei der ja, wie in Kapitel 3 ausgeführt, jeder Empfänger auch gleichzeitig Sender ist.

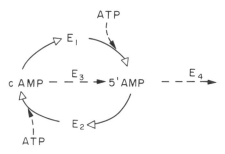

Abb. 36. Der katalytische Zyklus, der die interzelluläre Kommunikation und Chemotaxis zwischen den Amöben vermittelt, die sich zum Schleimpilz zusammenschließen. E_1 = Pyrophosphohydrolase, E_2 = Adenylzyklase. Das Schema ist stark vereinfacht.

Systeme mit Wachstumsdynamik

Sind Entstehen und Vergehen der Zyklenteilnehmer nicht in Balance, so kann sich typischerweise exponentielles oder hyperbolisches Wachstum ergeben. Bei *exponentiellem* Wachstum ist der Zuwachs der jeweils vorhandenen Menge proportional. Zum Beispiel wächst ein fest angelegtes Kapital, das laufend zu einem bestimmten Satz verzinst wird, exponentiell. Die Verdoppelungszeit bleibt dabei konstant; verdoppelt sich das Kapital in den ersten zehn Jahren, so ist es nach zwanzig Jahren auf das Vierfache angewachsen. *Hyperbolisches* Wachstum hingegen verläuft rascher als exponentielles. Es nimmt quadratisch mit der jeweils vorhandenen Menge zu, und die Verdoppelungszeit halbiert sich mit jeder Verdoppelung.

Exponentielles Wachstum ist charakteristisch für jene hierarchische Ebene, auf der das System zur *Netto-Selbstvermehrung* (V) fähig ist. Hyperbolisches Wachstum hingegen schließt, wie in Kapitel 6 diskutiert, nach Eigen (1971) auch die Fähigkeit zur *Selbst-Selektion* (S) ein.

Der Untertyp V.2 bezieht sich auf einen *Hyperzyklus aus Umwandlungsreaktionen, in dem die einzelnen Reaktionsteilnehmer R_i quasistationär sind.* Er charakterisiert zum Beispiel Material-Rezirkulation in Wirtschaftssystemen, die am allgemeinen Wachstum teilhaben. Material-Rezirkulation ist ein Prinzip, das erst zum Teil im industriellen

Wirtschaftssystem angewandt wird. Es gibt aber schon Prozeßkreise, in denen zum Beispiel wertvolle Metalle rezirkuliert werden oder in denen die Produkte einer Stufe für die Aufrechterhaltung und Ausweitung der Produkte einer anderen Stufe nötig sind (zum Beispiel Kohle und Stahl).

Ist Material-Rezirkulation ein ökologisch gesundes Prinzip, das es in noch viel höherem Maße in die industrielle Wirtschaft einzuführen gilt, so ist die Rezirkulation von Energie im Gegenteil ein Prinzip, das nur im offenen Kreislauf ökologisch gesund ist (wie zum Beispiel in Ökosystemen), in geschlossenem Kreislauf aber zu einem Gleichgewichtssystem führt, in dem die Dynamik zum Stillstand kommt. In modernen Wirtschaftssystemen finden sich in zunehmendem Maße Zyklen, in denen Energieproduktion nur dadurch möglich ist, daß ein großer Anteil dieser Energieproduktion wieder in den Abbau und die Aufbereitung von Brennstoffen sowie in den Bau, die Instandhaltung und den Betrieb von Kraftwerken investiert wird. Mit großem Aufwand wird ein Zyklus aufrechterhalten und betrieben, der in einem oft weit unterschätzten Ausmaß nur sich selbst genügt. Soll er sich weiterdrehen, muß ihm jedoch ständig von außen her Energie und Material zugeführt werden. Entropie wird erzeugt, ohne daß sie der Menschenwelt großen Nutzen bringt. In manchen dieser Zyklen, vor allem in der Elektrizitätswirtschaft, beträgt der systemhafte Netto-Nutzen nur noch etwa zehn Prozent.

Der Untertyp V.4 stellt einen *katalytischen Hyperzyklus mit quasistationären katalytischen Einheiten E_i* dar. Ihm entspricht etwa ein junges Ökosystem, das sich in Richtung höherer Komplexität weiterentwickelt. Auch in der Wirtschaft entsprechen verschiedene Wachstumssysteme dieser Charakteristik. Zum Beispiel kann ein wachsendes Landwirtschaftssystem durch diesen Zyklus dargestellt werden. Von der Ernte und von den neugeborenen Tieren wird ein Teil der menschlichen Konsumation zugeführt, ein gleichbleibender Anteil wird aber derart in Aussaat und Tierzucht zurückinvestiert, daß das Gesamtsystem jeweils um den gleichen Anteil wächst – einschließlich der davon abhängigen menschlichen Bevölkerung, die selber als Teil des Systems angesehen werden kann. Auch im Dienstleistungssektor der modernen Wirtschaft ergeben sich katalytische Hyperzyklen, wie etwa bei der Stimulierung des Tourismus durch die Entwicklung von Verkehrssystemen, wodurch wiederum der Verkehrssektor zur Weiterentwicklung angeregt wird.

Der Untertyp V.5 entspricht *katalytischen Reaktionszyklen ohne Degeneration*. Eigen und Schuster (1977/78) führen als Beispiel die enzymfreie Reproduktion von einfädiger RNS an, die auf der wechselseitigen Instruktion der Bildung positiver und negativer Formen im Matrizenverfahren beruht. Stoffwechsel ist dabei insofern eingebaut, als energiereiche Nukleotid-Triphosphat-Moleküle verwendet werden und energiearmes Pyrophosphat ausgeschieden wird. Der Zyklus wirkt in seiner Gesamtheit als Autokatalysator positiver und negativer Formen.

Ein weiteres Beispiel kann im zyklischen Wachstum von Aktivität und Wissen in neuerschlossenen Bereichen von Wissenschaft und Technik gesehen werden. Ein bestimmtes Maß an Aktivität führt zu Publikationen, die ihrerseits wieder mehr Aktivität generieren und damit auch eine Vermehrung der Publikationen. Das nahezu exponentielle Wachstum wissenschaftlicher und technischer Literatur in den 50er und 60er Jahren kann dem gemeinsamen Effekt vieler solcher Hyperzyklen zugeschrieben werden. In »reiferen« Gebieten machen sich Redundanz und andere »Zerfallseffekte« bemerkbar und reduzieren das Wachstum von Aktivität ebenso wie von Publikationen.

Auf der höchsten hierarchischen Ebene schließlich, jener der Selbst-Selektion, herrscht zumindest in zeitweisen Pulsen hyperbolisches Wachstum. Der Untertyp S.5 in Abbildung 33 ist durch *katalytische Hyperzyklen ohne Degenerationseffekt* charakterisiert. Er wird zum Beispiel durch die in Kapitel 6 erörterten Eigenschen Hyperzyklen in der präzellularen Evolution verkörpert. Auf der heutigen Stufe der Evolution wirkt er, worauf Eigen und Schuster (1977/78) hinweisen, in der RNS-Phagen-(Virus-)Infektion von Bakterienzellen. Dem Virus fehlen sowohl metabolische wie Translationssysteme zur Selbstreproduktion. Deshalb dringt er in eine Wirtszelle ein und bedient sich ihres Translationsmechanismus, um zunächst ein Protein zu synthetisieren, welches zusammen mit anderen Proteinen der Wirtszelle eine RNS-Replikase bildet, die dann als Basis für die Produktion von positiven und negativen Formen des Virus dient. Für diese Aufgabe leiht die »betrogene« Wirtszelle sogar ihr eigenes metabolisches System her. Das Resultat dieses einfachen Hyperzyklus, der aus dem autokatalytischen Virus und der katalytischen Replikase gebildet wird, ist hyperbolisches Wachstum des Virus bis zur Erschöpfung des metabolischen Nachschubs. Die Wirtszelle platzt, und rund hundert neue Viren treten in die Welt hinaus.

Das auffälligste Phänomen hyperbolischen Wachstums ist aber das in den letzten dreihundert Jahren – und schon in manchen früheren Epochen – erfolgte *Wachstum der Erdbevölkerung*. Im wissenschaftlich-technischen Zeitalter ist dieses Wachstum vor allem auf verbesserte

Nahrungs- und Gesundheitstechniken zurückzuführen, die die »natürlichen« Grenzen der Bevölkerungsvermehrung abbauen. Einerseits wurde ständig Neuland für die Nahrungsmittelproduktion gewonnen, andererseits wurde der spezifische Ertrag des Bodens erhöht. Da gleichzeitig die ursprünglich hohe Kindersterblichkeit herabgedrückt werden konnte, ergab sich eine »Bevölkerungspyramide«, die keine Pyramide mehr ist, sondern sich zu den jüngeren Jahrgängen hin trompetenförmig verbreitert. Wird nun die prekäre autopoietische Balance in der Reproduktionsrate auch nur um ein oder zwei Prozent überschritten, so ergibt sich immer schnellere Verdoppelung der Bevölkerung. Erst in unseren Tagen wird dieses hyperbolische Wachstum durch mehrere Faktoren allmählich gebrochen. Zu diesen Faktoren gehören nicht nur Begrenztheiten der materiellen Ressourcen, sondern auch Grenzen, die sich im Bewußtsein bilden. So bewirkt zum Beispiel die Möglichkeit zur vermehrten Teilnahme an kultureller (und pseudo-kultureller) Aktivität in einer zunehmend urbanisierten Welt, daß Kinderreichtum als störend empfunden wird. Auf der anderen Seite entebt die soziale Tendenz zu einem immer breiter angelegten »Wohlfahrtsstaat« auch von der Altersvorsorge. In Entwicklungsländern dagegen ist reicher Kindersegen häufig noch immer die einzige Möglichkeit, für das Alter vorzusorgen und billige Arbeitskräfte zu bekommen. Derzeit ist das Wachstum der Erdbevölkerung etwas weniger rasch, als es einer exponentiellen Kurve entsprechen würde (1,7 % jährliche Zuwachsrate im Jahre 1977 gegenüber 1,9 % im Jahre 1970).

Koevolution zyklischer Systemorganisation

Prozeßzyklen können in zweierlei Hinsicht evolvieren, durch Mutation der Reaktionsteilnehmer einerseits und durch die Entwicklung und Integration neuer Prozesse andererseits. Die zweite Art setzt dabei die erste in der Regel voraus. In der präbiotischen Evolution, wie auch in der späteren genetischen Reproduktion, können Fehler in der Informationsübertragung Mutanten ergeben, die sich in der Selektion bevorzugt durchsetzen und – bei hyperbolischem Wachstum – andere Mutanten zum Aussterben verurteilen. Was sich durchsetzt, ist allerdings nie ein einziges Individuum, eine scharf bestimmte Molekülart, sondern, wie Eigen und Schuster hervorheben, immer eine statistische Verteilung, eine »Quasi-Art«. Die horizontale Verbindung bei der Informationsübertragung, wie sie bei den Bakterien gegeben ist, trägt zur Ausbildung einer solchen statistischen Verteilung offenbar bei.

Eigen und Schuster haben auch gezeigt, daß die Art des Zyklus und die Funktionen, die er in sich vereinigt, die Grenzen der Komplexität von Information bestimmen, die im Matrizenverfahren weitergegeben werden kann. Für enzymfreie RNS-Reproduktion, wie sie dem Untertyp V.5 in Abb. 33 entspricht, ist die Zahl der digitalen Einheiten (der einzelnen Nukleotide) auf etwa hundert beschränkt. Die Reproduktion von einfädiger RNS über eine spezifische Replikase, wie sie dem einfachsten Fall des Untertyps S.5 entspricht und in der beschriebenen Infektion einer Wirtszelle durch RNS-Phagen wirkt, erweitert bei gleicher Fehlerwahrscheinlichkeit die Komplexität auf etwa zehntausend Nukleotide. Die Reproduktion von doppelfädiger DNS über Polymerase mit »Korrekturlesen« durch Exonuklease (ein Hyperzyklus dritten Grades) ist auf etwa 5 Millionen Nukleotide begrenzt, was tatsächlich der Maximalzahl von Nukleotiden nahekommt, die man in großen Bakterien gefunden hat. Sexuelle Rekombination von DNS in eukaryotischen Zellen schließlich, die eine Koppelung von Hyperzyklen darstellt, weitet diese Grenze auf ungefähr 5 Milliarden Nukleotide aus – etwa das Doppelte der in menschlicher DNS erreichten Zahl. Daraus läßt sich schließen, daß genetische Entwicklung zumindest auf sexueller Basis im Menschen nahe an ihre Grenze gelangt ist. Damit läßt sich vielleicht erklären, daß die physiologische Evolution des Menschen praktisch aufgehört hat – allerdings mit der sehr wesentlichen Ausnahme des Gehirns, und vor allem des Neokortex. Epigenetische Evolution, die aus dem flexiblen Einsatz genetischer Komplexität besteht, geht über genetische Evolution weit hinaus, ist aber letzten Endes auch durch sie begrenzt. Jenseits davon aber liegen die genealogischen und epigenealogischen Prozesse sozialer und soziokultureller Evolution, die ihre inhärenten Grenzen hinsichtlich von Komplexität offenbar noch lange nicht erreicht haben.

Epigenetische Entwicklung, wie auch jede weitere epigenealogische Entwicklung, führt zur Koevolution von zwei oder mehr Systemen, wie sie in Abb. 37 schematisch dargestellt ist. Koevolution verläuft dabei in der Regel offen und nicht zyklisch, wie im oben diskutierten Fall des Influenzavirus A. Allgemein gesprochen verwandelt Koevolution die zyklische Organisation selbstorganisierender Systeme über lange Zeitspannen in eine schraubenförmige Organisation. Dies entspricht der bereits erwähnten, von Ballmer und Weizsäcker (1974) eingeführten

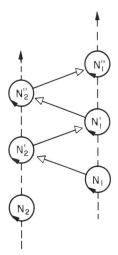

Abb. 37. Koevolution zweier Nischen in einem Ökosystem gemäß dem von
T. Ballmer und E. von Weizsäcker (1974) so benannten Ultrazyklus.

Idee des *Ultrazyklus*. Gemäß dieser Idee repräsentiert jede autokatalytische Einheit in einem Hyperzyklus eine Nische innerhalb eines Ökosystems. Der Begriff der Nische ist dabei so zu verstehen, daß jede Nische
ihrerseits wieder ein kleines Ökosystem darstellt. Organismen in Ökosystemen nehmen in der Regel an mehr als einer Nische teil. Jede
Mutation in einer Nische – handle es sich um genetische Mutanten oder
um den Zuzug einer neuen Art oder um die Ausbildung neuer dynamischer Beziehungen – stimuliert (katalysiert) Änderungen in anderen
Nischen. Insbesondere stimuliert eine Erhöhung der Komplexität einer
Nische entsprechende Erhöhung der Komplexität in benachbarten
Nischen, wobei Organismen, die an mehreren Nischen teilnehmen, eine
besondere Rolle spielen. Mit anderen Worten, die Koevolution der
Nischen ist positiv rückgekoppelt. Aus einer solchen Koevolution auf
der Ebene der Untersysteme ergibt sich die Evolution des Gesamtsystems.

Komplexe Wirtschaftssysteme und -supersysteme evolvieren durch
ähnliche Ultrazyklen. Bestimmte Sektoren und Sektorengruppen können innerhalb des Gesamtsystems der nationalen Wirtschaft koevolvieren. Das nationale Wirtschaftssystem seinerseits kann mit anderen nationalen Systemen innerhalb von Wirtschaftsblöcken oder regionalen
Systemen koevolvieren.

Der Ultrazyklus ist auch ein Modell für den Lernprozeß überhaupt.

Lernen beruht nicht auf der Einschleusung von Fremdwissen in ein System, sondern auf der Mobilisierung von Prozessen, die dem lernenden System selbst inhärent sind, zu seinem eigenen kognitiven Bereich gehören. Dabei mag das Vordemonstrieren eine katalytische Wirkung ausüben. Imitation ist aber nicht die Aneignung von Fremdeigenschaften, sondern die Aktivierung potentieller Eigenschaften der eigenen Systemdynamik. Lernen kann allgemein als die Koevolution von erfahrungsbildenden Systemen bezeichnet werden – wobei bereits einfache chemische dissipative Strukturen zu solcher Erfahrungsbildung fähig sind. Im Ultrazyklus wird Information nicht übertragen, sondern neu organisiert. Damit schließt sich der Kreis, und wir können mit Überzeugung Ernst von Weizsäckers Formulierung wiederholen, die schon in Kapitel 3 eingeführt wurde: Information ist, was Informationspotential erzeugt.

Evolution ist niemals völlige Anpassung. Sie bedingt immer Destabilisierung, Ausgreifen, eine Selbstpräsentation, die neue symbiotische Beziehungen anbietet, ein Risiko, das alle Innovation begleitet. Evolution auf allen Ebenen umfaßt die Freiheit des Handelns ebenso wie die Erkenntnis einer allgegenwärtigen und systemhaften wechselseitigen Abhängigkeit. Diese wechselseitige Abhängigkeit ist aber durch eine strukturorientierte Systemtheorie nicht richtig zu erfassen. Eines der wichtigsten Gesetze der älteren Systemtheorie war Ross Ashbys »Gesetz der erforderlichen Vielfalt« (law of requisite variety, Ashby, 1974), welches besagt, daß ein System zur Kontrolle seiner Umwelt eine größere Vielfalt von Beziehungen, das heißt eine höhere Komplexität aufweisen muß als die betreffende Umwelt. Hier geht es aber gar nicht um Kontrolle, sondern um dynamische Verbundenheit. Wie Christine von Weizsäcker (1975) es ausdrückt, spielen »koevolvierende Systeme . . . zwischen Angepaßtheit und Nichtangepaßtheit. Völlige Angepaßtheit und völlige Nichtangepaßtheit sind tödlich. In der Ökologie paßt die Nische hinreichend zur Spezies, definiert sie aber nicht völlig, die Spezies paßt hinreichend in die Nische, definiert sie aber nicht völlig. Was aber ist Zusammenpassen, aber einander nicht Definieren anderes als eine emanzipierte Beziehung?« Das grundlegende Ungleichgewichtsprinzip dissipativer Selbstorganisation, das bisher für die Dynamik einzelner dissipativer Strukturen betont wurde, erscheint nun zugleich als Systembedingung für die Koevolution mehrerer Systeme.

Thomas Ballmer und Ernst von Weizsäcker (1974) haben aus solchen Überlegungen ihre »Allgemeine Evolutionsbehauptung« hergeleitet, die vor allem besagt, daß auf der Erdoberfläche zu jedem Zeitpunkt der Zuwachs an Komplexität maximiert wird. Kommunikation aber ist der Schlüssel zur Entstehung von Komplexität. Im nächsten Kapitel soll der Zusammenhang zwischen bestimmten Arten von Kommunikation und der Differenzierung von Form in den Hauptphasen der Evolution näher untersucht werden.

11. Kommunikation und Morphogenese

> Die Wirkung einer Ursache ist unvermeidbar, un-
> veränderlich und vorhersagbar. Aber die Initiative,
> die eine oder mehrere lebende Parteien für eine
> Begegnung ergreifen, ist keine Ursache; sie ist eine
> Herausforderung. Ihre Konsequenz ist kein Effekt,
> sondern eine Antwort. Herausforderung-und-Ant-
> wort ähneln Wirkung-und-Effekt nur insofern, als
> beide eine Abfolge von Ereignissen darstellen.
> Aber der Charakter dieser Abfolge ist nicht der
> gleiche. Anders als die Wirkung einer Ursache, ist
> die Antwort auf eine Herausforderung nicht vor-
> herbestimmt, nicht in allen Fällen notwendigerwei-
> se dieselbe und daher aus ihrer Natur heraus nicht
> vorhersagbar.
>
> *Arnold J. Toynbee,* A Study of History

Ein verallgemeinertes Schema
von Wirkungsformen der Kommunikation

Die Welt ist voll von Vibrationen, die aus der vielfältigen Dynamik
dissipativer Selbstorganisation stammen. Über diese Vibrationen kom-
muniziert eine dynamische Welt. In Kapitel 9 wurde bereits zwischen
genetischer, metabolischer, neuraler und biomolekularer Kommunikation unterschieden. Dieses Schema kann nun verallgemeinert werden.

Schon in der kosmischen Phase der Evolution tritt eine Art von
Kommunikation auf, die sich aus dem Zusammenspiel der vier physikalischen Austauschkräfte ergibt. Von der makroskopischen Seite her
bewirkt Gravitation eine solche Erhöhung der lokalen Energiedichte,
daß die nuklearen Austauschkräfte ins Spiel kommen, was wiederum auf
die Ontogenese des Makrosystems (des Sterns) zurückwirkt. Doch
beginnt in derselben Phase auch schon der Austausch von Energie und
Materie zwischen System und Umwelt einerseits und verschiedenen
Systemen andererseits.

Genetische Kommunikation ist viel greifbarer, denn sie übermittelt
Information, die in konservativen Strukturen gespeichert ist. Wir können allgemein von *genealogischer Kommunikation* sprechen, in welcher
die konservativen Strukturen ebenso DNS sein können wie neurales
Gedächtnis, Bücher oder Kunstwerke, aber auch Bauten, Straßen und

andere Artefakte. Diese brauchen dabei durchaus nicht menschlichen Ursprungs zu sein. Schon die Stromatoliten, jene riffartigen Ablagerungen prokaryotischer Einzeller, die in Kapitel 6 zur Sprache kamen, liefern über Milliarden von Jahren hinweg konservativ gespeicherte Information. Andere dauerhafte Beispiele sind aus dem tierischen Bereich Korallenriffe und aus dem pflanzlichen Bereich fossile Brennstoffvorkommen. Konservative Strukturen sind Gleichgewichtssysteme, die nicht an Austauschprozessen teilnehmen und sich oft nur sehr langsam und nur teilweise verändern. Auf Grund dieser Eigenschaften kann konservativ gespeicherte Information über sehr lange Zeiträume übertragen werden. Dies ist aber nicht immer der Fall. Ein großer Teil der in Ökosystemen konservierten Information – wie Trampelpfade, unterirdische Gänge, Vogelnester und -horste etc. – ist nicht sehr dauerhaft und kann durch neue Prozesse rasch zerstört werden. Daher gibt es in Ökosystemen nur schwach ausgeprägte Phylogenese.

Metabolische Kommunikation ist der Grundmechanismus von Systemen, die zur Ontogenese fähig sind und die von chemischen dissipativen Strukturen bis zu Ökosystemen reichen. Sie wirkt sowohl innerhalb des Organismus als auch zwischen Organismen in übergeordneten soziobiologischen und ökologischen Systemen. Dabei spielen in vielen Fällen chemische Prozesse eine Rolle. Innerhalb des Organismus beruht metabolische Kommunikation auf der Übertragung von Information durch Hormone; zwischen Organismen spielen Enzyme, Pheromone und andere Wirkstoffe dieselbe Rolle. In der menschlichen Gesellschaft können wir die wirtschaftlichen Prozesse zur metabolischen Kommunikation zählen, darin eingeschlossen den Geldfluß. Metabolische Kommunikation wirkt in der Regel relativ langsam, da sie abhängig ist von Transport und Deposition materieller Träger. So braucht ein Hormon, um mit dem Blutkreislauf die volle Körperlänge des Menschen zu durchwandern, bis zu einer Minute.

Auch den Begriff der *neuralen Kommunikation* können wir dahingehend verallgemeinern, daß er sowohl innerhalb von Organismen wie auch in den Beziehungen zwischen ihnen anwendbar wird. Es geht hier vor allem um elektrische oder elektrochemische Übertragung, die in Sekundenbruchteilen (Hundertstel- bis Zehntelsekunden) wirksam wird, also in typischen Fällen rund tausendmal schneller wirkt als die metabolische Kommunikation. Innerhalb des Organismus handelt es sich dabei um Prozesse, die sich eines Nervensystems oder seines Vorläufers bedienen. Als neurale Kommunikation *zwischen* Lebewesen

272

bezeichne ich einerseits die direkte visuell-akustische Kommunikation von Angesicht zu Angesicht, die durch die Sprache außerordentlich bereichert wird, und andererseits die elektronische Vermittlung von Information in der modernen Menschenwelt. Das Resultat der ersteren ist beim Menschen wie beim Tier eine Gruppendynamik, die zu einer eigentlichen Selbstorganisations-Dynamik der Gruppe führen kann, wie sie durch fragmentierte Kommunikation niemals erreichbar ist. Dies gilt zum Beispiel für kollektive Entscheidungsprozesse von den Insekten bis zu den Menschen.

Der visionäre italienische Architekt Paolo Soleri baut in der Wüste von Arizona, etwa 100 Kilometer von Phoenix, seine kompakte Zukunftsstadt *Arcosanti*, die 1976 ihre ersten Bewohner aufnehmen konnte. Sie ist mit 25 Stockwerken für einen »vertikalen« Lebensstil eingerichtet, wobei Soleri für die Zukunft sogar von 300 Stockwerken träumt. Diese Kompaktheit ermöglicht nicht nur die optimale, vielstufige Ausnützung von Sonnenenergie, wie in einem Ökosystem mit vielen Trophen. Sie soll auch mentale Prozesse in Gang bringen. War Kompaktheit in der soziobiologischen Evolution eine Folge der ausdehnungsmäßig begrenzten metabolischen Gruppenprozesse, so fördert sie hier umgekehrt die Selbstorganisation soziokultureller Dynamik.

Das Resultat elektronischer Kommunikation über weite Entfernungen hingegen ist die räumliche Ausdehnung einer solchen Gruppendynamik, also eine Art von Raumbindung. In Amerika wird in dieser Hinsicht vor allem mit dem sogenannten *Computer-Conferencing* experimentiert, das heißt mit einem Gruppengespräch über große Entfernungen, das sich gemeinsamer Informationsspeicher bedient (Johansen et al., 1978; Hiltz und Turoff, 1978). Gerade während ich dies niederschreibe, hat sich die Macht solch räumlicher Verschränkung auf neue Weise bestätigt: In der kritischen Phase vor dem Besuch des ägyptischen Präsidenten in Jerusalem hat das amerikanische Fernsehen zwei getrennte, von Washington aus telephonisch durchgeführte Interviews mit den beiden Regierungschefs Sadat und Begin einander gegenübergestellt, womit Einladung und Annahme *coram publico* vorgenommen wurden. Medien-Diplomatie, die in ihrer dramatischen Wirkung die übliche Geheimdiplomatie weit in den Schatten stellt, wenn auch mit wechselndem Erfolg.

Neurale Kommunikation führt zu einer Art von Selbstorganisation von Information, die zur Ablösung von der physischen und metabolischen Realität und zur Schöpfung einer neuen mentalen Realität führen kann. Diese Ablösung erfolgt über die zwei entscheidenden Stufen der Apperzeption und der Antizipation, also über räumliche und zeitliche Symmetriebrüche. Apperzeption bildet sich in der reflexiven Mentation voll aus, Antizipation in der selbstreflexiven. Doch der metabolische Geist scheint ebenfalls zu gewissen Formen von Apperzeption und sogar Antizipation fähig zu sein. Apperzeptionsfähigkeit zeigt sich schon bei Einzellern, also Organismen ohne Neuronen, die ein Lernverhalten aufweisen. Lernen setzt immer voraus, sich unter mehreren möglichen Ansichten der Realität für eine bestimmte zu entscheiden.

Für die Menschenwelt hat der Systemphilosoph Ervin Laszlo (1974) verschiedene charakteristische Verhaltensweisen gegenüber der Zukunft festgestellt, je nach Art und Größe des Systems. Die Verschiedenartigkeit dieser Verhaltensweisen läßt sich auf die jeweils dominierenden Kommunikationsformen zurückführen. Das Individuum ist mit seiner neuralen Kommunikation zur klarsten und am weitesten vorgreifenden Antizipation fähig und kann, wie Laszlo es ausdrückt, proaktiv handeln, das heißt langfristig antizipierend. Mit zunehmendem Umfang des Sozialsystems wird proaktives Handeln jedoch immer mehr zu reaktivem. Dies erklärt sich durch die Langsamkeit des metabolischen Geistes, der nur undeutliche Zukunftsgestalten hervorbringen kann. Die Menschheit als Gesamtsystem reagiert nur im nachhinein. Jeder einzelne von uns ist weiser und sicherer im Handeln als die Gesellschaft, in der er lebt.

Wie aber bereits in den ersten Phasen der Einführung einer gesellschaftlich wirkenden elektronischen (»neuralen«) Kommunikation deutlich wird, kann sich hier manches ändern. Fern sind jene Tage, da es dem Sonntagsspaziergänger noch Vergnügen bereitete, wenn »hinten in der Türkei« die Völker aufeinanderschlugen. Heute nimmt das Bewußtsein der weltweiten Interdependenzen sehr rasch zu – nicht zuletzt, weil sie auch in der Berichterstattung der Medien tagtäglich eine Rolle spielen. Fluktuationen wie Studentenunruhen oder Flugzeugentführungen, aber auch Proteste gegen die Jagd auf Robbenbabies oder Delphine und andere ökologische Untaten breiten sich schnell über die ganze Erde aus. Dasselbe gilt im engeren Rahmen für wissenschaftliche Entdeckungen und neue Konzepte. Vielleicht bewirkt das Paradigma der Selbstorganisation weltweit eine neue existentielle Haltung, wenn es erst einmal aus den Gleichgewichtsstrukturen der akademischen Welt ausgebrochen ist.

Die Ausbildung von Gedächtnis

Tritt metabolische Kommunikation auf sich allein gestellt auf, so dient sie lediglich der Ontogenese. Dynamische Systeme wie chemische dissipative Strukturen oder Ökosysteme, die praktisch keinen Mechanismus zur konservativen Speicherung von Information besitzen, sind infolge dieses Mangels auf die Ontogenese, die Evolution ihrer eigenen Individualität, beschränkt. In dieser Ontogenese bilden jedoch die ephemeren dissipativen Strukturen die Grundlage für ein ontogenetisches Gedächtnis, das schon bei chemischen dissipativen Strukturen in Erscheinung tritt (siehe Kapitel 3). In Bakterien beginnt dann bereits die Ausbildung eines ontogenetischen metabolischen Gedächtnisses auf der Basis konservativer Speicherung, nämlich durch die Proteinbildung, die auch in den evolutionär viel später entstandenen Neuronen eine Rolle spielt. Damit tritt zum erstenmal ein konservatives Kurzzeitgedächtnis auf.

Die Entstehung höherer Komplexität entlang der Achse der Phylogenese bedingt konservative Speicherung von Information, so daß jede Stufe von Komplexität auf das vorher Erreichte zurückgreifen kann. Genetische Kommunikation erfolgt über solche konservativen Speicher, wie auch ganz allgemein jede genealogische Kommunikation über Generationen hinweg. Soziokulturelle Genealogie bedient sich der äußeren Speicher von Bauwerken, Schriften und Kunstwerken. Sie tragen zur Phylogenese des neuralen Geistes bei. Neben den genetischen Speicher und den »Gerätespeicher« der Technik (Schurig, 1976) tritt aber, wie Walter Schurian (1978) es ausdrückt, nun auch der »Bildspeicher« unserer symbolhaften Weltsicht mit seinen archetypischen Gestalten.

Für die Ontogenese des Organismus bedarf neurale Kommunikation keiner äußeren Informationsspeicher, obwohl auch diese eine Rolle spielen – in Form von Notiz- und Tagebüchern sowie anderer Aufzeichnungen und Artefakte. Sie kann sich aber auch ihre eigenen konservativen Langzeitspeicher im Gehirn schaffen, wobei sie sich offenbar mit metabolischer und genetischer Kommunikation zu einer konzertierten Aktion verbindet. Nach jüngsten Forschungen des führenden schwedischen Hirnforschers Holger Hydén (1976) treten zu Beginn des neuralen Lernprozesses Änderungen in elektromagnetischen Feldern auf, die die nur kurz andauernde Synthese zweier besonderer Hirnproteine stimulieren (sogenannte Membrandifferenzierung). Der Kalziumgehalt der beteiligten Neuronen nimmt dabei zu und wirkt als Vermittler zwischen elektrischen Phänomenen einerseits und Änderungen auf molekularer

Basis andererseits. Die Ausbildung eines Kurzzeitgedächtnisses nimmt in Tierversuchen Sekunden bis Minuten in Anspruch, die Konsolidierung eines Langzeitgedächtnisses bis zu vielen Stunden, wobei die Art der neuen Information und das emotionelle Erregungsniveau eine Rolle spielen. Acht bis 20 Stunden später wird ein lösliches großmolekulares Protein in verschiedenen Teilen des Hirns gebildet, das in einigen Stunden wieder verschwindet. Es trägt vermutlich dazu bei, die neue Information in ein Langzeitgedächtnis zu konsolidieren. Neurales Lernen oder die Ausbildung eines konservativen neuralen Speichers läuft also nach diesem empirisch fundierten Modell über die Koppelung mit einem epigenetischen Prozeß. Die Entstehung einer vielschichtigen Prozeßrealität wird auch hieran sichtbar. Neurale Kommunikation koordiniert die evolutionär älteren metabolischen und genetischen Formen von Kommunikation. Die Proteindifferenzierung in Hirnzellen wird durch metabolische Kommunikation im genetischen Mechanismus ausgelöst. Das in den Hirnzellen enthaltene Genom (die genetische Information in ihrer Gesamtheit) verfügt also über ein hinreichend komplexes Repertoire von Proteinherstellungsprogrammen, um den ganzen Reichtum unseres Erfahrungsraumes kodieren zu können! Allerdings – und darauf kommt es wohl vor allem an – nicht nur in Proteinarten und Membranformen, sondern in einer aus diesen Elementen gebildeten Makrostruktur.

Der produzierte Informationsspeicher ist kein punktueller Datenspeicher im üblichen Sinne, sondern ein Strukturspeicher, der assoziativ wirkt. Hydén nimmt an, daß beim Abruf dieselben Arten von Stimulation, die die Differenzierung der Hirnzellen ausgelöst hatten, nun wieder dieselben Hirnzellen aktivieren können. Es wird dann gleichzeitig eine ganze Makrostruktur von Zellen aktiviert, die »dieselben qualitativen und quantitativen Werte in räumlich-zeitlicher Koordination aufweisen«. Diese Identität der Stimulation bei Kodierung und Abruf erinnert wieder an die Rolle des kohärenten Lichts bei der Holographie und an Pribrams (1971) bereits erwähntes holographisches Modell der Hirnfunktionen. Die Bildung eines neuralen Gedächtnisses und das Erinnern können mithin als ein vielschichtiger epigenealogischer Prozeß aufgefaßt werden, der auf einer Ebene einen epigenetischen Prozeß mit einschließt.

Epigenealogischer Prozeß – dissipatives und konservatives Prinzip in Wechselwirkung

Konservativ gespeicherte Information ist tote Gleichgewichtsstruktur. Sie ist in eine bestimmte Form gebracht worden, ist In-formation im direkten und eigentlichen Sinne. Erst im semantischen Kontext, im Zusammenhang mit der Bedeutung der formalisierten Information in einer bestimmten Situation wird Information dem Leben dienlich. Dieser Kontext kann sowohl durch metabolische als auch durch neurale Kommunikation hergestellt werden (siehe Abb. 38). Wir können diesen Zusammenhang allgemein als das *epigenealogische Prinzip* bezeichnen. Es gilt generell für kognitive oder wissensverwertende Systeme, wenn diese definiert werden als Systeme, die genealogisch überlieferte dynamische Spielregeln »entdecken«, sie sich selbst auferlegen und auf solche Weise eine Vielfalt geordneter morphologischer oder Verhaltensmuster generieren (Goodwin, 1978).

Diese Art der Nutzung alter Information in einem neuen semantischen Kontext spielt sowohl in der biologischen Ontogenese wie in der Phylogenese eine ausschlaggebende Rolle. Beispiele für den epigenetischen Prozeß, das Zusammenwirken von biologischer, metabolischer und genetischer Information, sind in Kapitel 8 zur Sprache gekommen. Doch spielt die gleiche Art von Speicherung und Abrufung der Information auch auf dem makroskopischen Zweig der soziokulturellen Evolution eine entscheidende Rolle. Es wurde bereits erwähnt, daß Lévi-Strauss die »Dampfmaschinen«-Gesellschaften auf die Anwendung der Schrift zurückführt. Aber Information, enthalten in Büchern und Schriften, bedeutet nichts, solange sie nicht selektiv ausgehoben und benützt wird durch die lebendigen Prozesse, die von einer Vision oder einer Gesamtidee ausgehen. Das gleiche »Wiedererleben« von Erfahrung

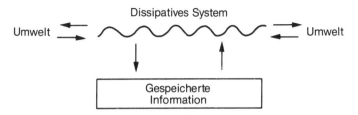

Abb. 38. Schematische Darstellung des epigenealogischen Prozesses der selektiven Nutzung konservativ gespeicherter Information in Abhängigkeit von einem lebendigen, sich wandelnden Bedeutungszusammenhang.

unter neuen Lebensumständen findet im Kunsterlebnis statt. Ausführende Künstler und Publikum werden durch die eingefrorene Form eines Gedichtes oder Dramas, eines Gemäldes oder einer Skulptur, oder sogar durch die noch abstraktere Form einer Musikpartitur in aktive Kommunikation mit dem Leben des schöpferischen Künstlers einbezogen.

Hier wird schon sichtbar, daß Evolution im Grunde ein gigantischer, vielfältig durchstrukturierter Lernprozeß ist, insgesamt kein heuristischer, bei dem das Lernziel (wie in der Schule) vorgegeben wäre, sondern ein offener Lernprozeß. Genealogisch determinierte Chreoden, die in der genetischen Kanalisierung besonders deutlich in Erscheinung treten, aber auch in sozialen und kulturellen Traditionen zur Wirkung gelangen, setzen der freien Entwicklung gewisse Grenzen. Die dynamisch wirkende Chreode kann freilich als eine Abfolge intermediärer Ziele interpretiert werden, doch geht dies an der Natur der Sache vorbei. Der Unterschied zwischen einem vorgegebenen Ziel mit zielsuchender Ausrichtung von Prozessen einerseits und offenen, doch kanalisierten Prozessen andererseits ist subtiler Art, doch wesentlich. Er entspricht dem Unterschied zwischen Struktur- und Prozeßdenken.

Symbiose

In der Evolution des Lebens spielen jene Prozesse eine große Rolle, mit denen Systeme in wechselseitigen Austausch treten. Für alle selbstorganisierenden dissipativen Systeme ist Austausch mit der Umwelt wesentlich. Befinden sich andere selbstorganisierende Systeme in dieser Umwelt, so ergeben sich besondere Arten des Austausches. Diese seien im folgenden kurz charakterisiert, da sie für den Begriff der Koevolution in der lebenden Welt sehr wichtig sind. Sie spielen auch eine entscheidende Rolle beim Übergang zwischen Ebenen evolutionärer Prozesse, wie im nächsten Kapitel erörtert wird.

Es sind hier verschiedene Begriffe auseinanderzuhalten, die Grundformen dieses Austauschs bezeichnen (siehe Abb. 39). Kommunikation stellt dabei nur das eine Ende eines breiten Spektrums möglicher Beziehungen dar.

Findet der Austausch zwischen einem System und einer nicht auf derselben Ebene strukturierten Umwelt statt, also zum Beispiel zwischen einer dissipativen Struktur und einer Umwelt aus nicht-kooperativen Molekülen, so können wir den neutralen Begriff der *Interaktion*

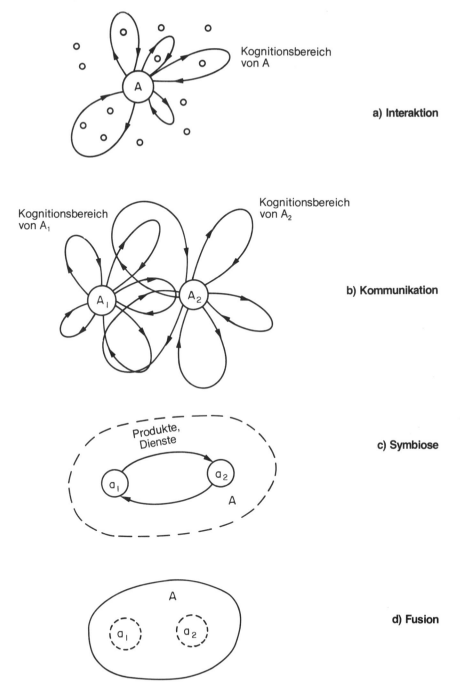

Abb. 39. Schematische Darstellung verschiedener Arten von Beziehungen zwischen zwei Systemen.

verwenden. Eine endliche Umwelt wird dann durch diese Interaktion verändert, zum Beispiel durch die Umwandlung bestimmter Energie- und Materialreserven, während ein autopoietisches System sich im selben dynamischen Regime erhält, solange der Austausch nicht durch Erschöpfung der Umwelt zusammenbricht. Schließlich zerfällt das System, wenn es von der Umwelt nicht länger erhalten wird. Mit Maturana (1970, 1978) können wir die Gesamtheit von interaktiven Prozessen – mit anderen Worten: den Geist – als Nische oder *Kognitionsbereich* bezeichnen. Eine autopoietische Struktur »weiß«, welche Interaktionen mit der Umwelt sie aufrechterhalten muß, um sich selbst zu erhalten. Aber Kognition ist hier einseitig. Die unstrukturierte Umwelt besitzt keinen Kognitionsbereich vergleichbarer Art und kann sich nicht selbst erhalten.

Im Austausch zwischen zwei autopoietischen Strukturen lassen sich Beziehungen unterscheiden, die im allgemeinen der Symbiose entsprechen, im Extrem aber zu reiner Kommunikation oder Fusion werden können. Wird beiderseits volle Autonomie aufrechterhalten, so können wir von *Kommunikation* in dem Sinne sprechen, den Maturana (1970) diesem Begriff gibt. In seinem Modell schließt Kommunikation keinerlei Transfer von Produkten oder Wissen von einem System an ein anderes ein, sondern beruht auf der Reorientierung der Eigenprozesse – also des Kognitionsbereichs, oder des Geistes – eines Systems durch die Selbstpräsentierung eines anderen Systems und seiner ihm eigenen Prozesse. Die verbale Beschreibung eines Sonnenuntergangs vermittelt nichts von diesem Erlebnis, es sei denn durch Erinnerung an ein eigenes Erlebnis vergleichbarer Art. Mit anderen Worten, Kognition fällt hier mit Re-Kognition zusammen, Erkennen mit Wiedererkennen. Präsentation wird zur Repräsentation.

Kommunikation ist nur dort möglich, wo die Kognitionsbereiche autopoietischer Systeme hinlänglich überlappen. Auch im intellektuellen Gespräch kommt es ja nur allzu oft zu einem »Dialog zwischen Taubstummen«. Das andere System muß energetisch und funktionell über die Möglichkeit verfügen, teilweise die gleiche Dynamik zu realisieren. Kommunikation ist nicht Geben, sondern eine Präsentation seiner selbst, seines eigenen Lebens, die entsprechende Lebensprozesse im anderen evoziert. Dies ist die Art und Weise, wie Ganzheiten, lebende Systeme, miteinander kommunizieren. Sie wird etwa in der metabolischen Kommunikation mit Hilfe von Hormonen deutlich, die lokale Prozesse stimulieren und katalysieren. In einer physikalischen Analogie kann Kommunikation am ehesten mit dem Phänomen der Resonanz verglichen werden, in welchem Oszillatoren praktisch ohne Energieübertragung andere Oszillatoren zum Schwingen bringen. Energie muß für das Übertragungsmedium (Luftschwingungen, Licht) aufgebracht werden. Doch bei der Kommunikation von dissipativen Systemen geht es um mehr als Resonanz. Im anderen System wird nicht eine einfache Schwingung, sondern eine Selbstorganisations-Dynamik stimuliert und zur Evolution gebracht. Jedes System muß seine Erfahrungen selbst machen, mit seinen Strukturproblemen selbst fertig werden und sich selbst den Energiestrom sichern, um sein Leben zu entfalten. Da wir in Kapitel 9 die Selbstorganisations-Dynamik mit Geist gleichgesetzt haben, können wir Kommunikation nun allgemein als Wechselwirkung zwischen Geist und Geist bezeichnen – nicht nur neuralem, sondern auch metabolischem Geist.

Von Termiten wird berichtet, daß sie auch ohne ihre Antennen, mit denen sie sich normalerweise berühren, vollwertige Gruppentiere sein können, sofern sie nur oft genug von den anderen Termiten berührt werden (Watson et al., 1972). Von ihrer Kolonie getrennt, werden sie aggressiv und beginnen, sinnlos zu trinken.

Der Geburtsvorgang ist ein Beispiel für einen Prozeß, den man nicht produzieren, sondern nur in seiner Selbstorganisation fördern kann. Der französische Gynäkologe Frederick Leboyer (1974) hat eine Geburtshilfetechnik entwickelt, die ein Musterbeispiel für diese Art der Kommunikation mit einem lebenden System in der schwierigsten Übergangsphase seines Lebens darstellt. Das Wichtigste dabei ist, diesem lebenden System das Gefühl des Willkommenseins zu geben und ihm außerhalb des Mutterleibes die Gewißheit der fortgesetzten Beziehung zur früheren Matrix (dem Uterus) zu vermitteln. Halbdunkel, größtmögliche Stille, Auflegen des Neugeborenen auf den Bauch der Mutter sind einige der Grundregeln. Besonders aber vermittelt sanfte Massage, bei der eine Hand der anderen folgt und ein Gefühl von kontinuierlicher Bewegung vermittelt, die Erinnerung an die wellenartigen Bewegungen des Uterus. Leboyer sieht in einer solchen Massage ganz allgemein eine Entsprechung zum Liebesakt, der die »Wiederentdeckung der primordialen, langsamen Stetigkeit ist, des blinden, machtvollen Rhythmus der inneren Welt, der großen ozeanischen Weite. Der Liebesakt ist die große Heimkehr«.

An der Universität von Kalifornien in San Francisco hat ein Forscher (Kenneth Pelletier, nach persönlicher Mitteilung) Versuche an den

Hirnwellenmustern (EEG) eines »Heilers« und seines Patienten durchgeführt. Ein Heiler versucht, durch Handauflegen oder andere Techniken auf ganzheitliche Weise die gestörte psychosomatische Balance des Patienten wiederherzustellen und die Heilung von Krankheiten oder anderen Störungen den endogenen (eigenständigen) Prozessen des Patienten zu überlassen. Während der Behandlung waren die EEGs der beiden Personen völlig verschieden. Aber vor der Behandlung, als der Heiler sich auf den Patienten konzentrierte, um eine intuitive Diagnose zu »erfühlen«, stimmte sich das EEG des Heilers für einige Sekunden vollständig auf das des Patienten ein. Erkennen wurde zum Wiedererkennen aus sich selbst heraus.

Dasselbe gilt auch für Kommunikation im soziokulturellen Bereich. Echtes Lernen ist niemals Auswendiglernen, sondern immer stimulierte Eigenerfahrung. Wir können vielleicht allgemein sagen, daß pragmatische Information immer der Prozesse des Lebens bedarf, um zu wirken. Offenheit gegenüber Erstmaligkeit, die sie kennzeichnet, findet in der Offenheit des Lebens seine Entsprechung.

Kommunikation zwischen autopoietischen Systemen schließt die Möglichkeit der Selbstorganisation von Wissen durch wechselseitige Stimulierung des Auslotens und Ausweitens von Kognitionsbereichen ein. Ein echter Dialog ist nicht nur ein Austausch vorhandenen Wissens, sondern auch aktive Gestaltung von Wissen, das vorher nicht in der Welt war.

Schließt der Austausch zwischen zwei autopoietischen Strukturen die wechselseitige Verwendung von Umwandlungsprodukten oder von gegenseitigen Dienstleistungen ein (wie etwa der Mobilität oder der Befreiung von Parasiten), so können wir von *Symbiose* im engeren Sinne sprechen. In der Symbiose opfert jedes System einen Teil seiner individuellen Autonomie, gewinnt aber dafür die Teilnahme an einem übergeordneten System und an einer neuen Ebene von Autonomie, mit welcher sich das übergeordnete System in der Umwelt etabliert. Autopoiese wird so modifiziert, daß sie nun auf zwei semantischen Ebenen gleichzeitig spielt, auf der Ebene der individuellen Subsysteme und auf der Ebene des Gesamtsystems. Symbiose führt also zur Ausbildung einer hierarchischen Organisation, in der die unteren Ebenen jedoch ihre Autonomie teilweise behalten. Gesellschaften und Ökosysteme sind besondere Formen symbiotischer Systeme. Wie die Symbiose von Organellen den Metabolismus der Zelle sichert und die Symbiose von Zellen den Metabolismus des Organismus, so sichern symbiotische Systeme aus Organismen den Metabolismus des soziobiologischen oder ökologischen Systems. Es überrascht daher nicht, daß einige moderne Architekten – vor allem der Japaner Kisho Kurokawa (1977) und der in Texas wirkende Deutsche Wolf Hilbertz (1975) – eine Architektur der metabolischen Symbiose zwischen dem Menschen und seiner Behausung entwickeln, die wieder auf eine lebendige Entsprechung von Struktur und Funktion hinausläuft. Hilbertz experimentiert sogar mit selbstorganisierenden Baumaterialien (zum Beispiel auf der Basis von Ionenablagerung unter Wasser).

Symbiose wird üblicherweise strukturell definiert, das heißt als Beziehung zwischen zwei oder mehreren Entitäten, zum Beispiel Organismen. Man kann aber vielleicht mit mehr Berechtigung von einer *Symbiose zwischen Prozessen* sprechen, zum Beispiel in einem Jäger-Beute-Verhältnis, das zwar die Entitäten der Beuteart zerstört, nicht aber ihren Evolutionsprozeß. Im Gegenteil, wie wir gesehen haben, profitieren in dynamischer Sicht beide Arten davon. So führt diese Prozeß-Symbiose zum Begriff der Koevolution.

Bei Aufgabe der Autonomie der Subsysteme kann Symbiose zur vollkommenen *Fusion* führen. Das übergeordnete System verbleibt dann als einzige autopoietische Einheit. Dies geschieht bei sexueller Befruchtung, aber auch bei der experimentell durchgeführten Fusion zweier befruchteter Eizellen, etwa von einer grauen und einer weißen Maus, mit dem Resultat zebragestreifter Mäusekinder – oder sogar zwischen einer menschlichen und einer pflanzlichen Zelle (Dudits et al., 1976). Man sollte annehmen, daß eine solche Fusion zweier verschiedener Zellsysteme, von denen jede Tausende von chemischen Reaktionen unterhält, außerordentlich schwierig sein müßte. Dem ist aber nicht so. In geeigneter Umgebung fusioniert ein Teil der vermischten Zellen spontan. Fast augenblicklich stellt sich eine neue komplexe mikroskopische Ordnung ein. Sie wird, wie auch bei der sexuellen Rekombination, durch die Flexibilität des eukaryotischen Chromosoms und seinen ständigen Auf- und Abbau im Chromosomenfeld möglich. Nichts ist vielleicht geeigneter, die Realität von Ordnung durch Fluktuation zu demonstrieren.

Der größte Gewinn an Komplexität oder Wissen tritt in der Symbiose teilweise autonomer Systeme mit dem Resultat zweischichtiger Autopoiese ein. Dieser Fall entspricht einer Balance von Erstmaligkeit und Bestätigung. Kommunikation und Fusion bezeichnen die Extremfälle von Symbiose, bei denen jeweils eine autopoietische Ebene absolut dominiert – entweder die Ebene der teilnehmenden Subsysteme oder die

Ebene des neu entstehenden Gesamtsystems. Daß es fast nie zu diesen reinen Extremformen kommt, wird schon an der Endosymbiose der Prokaryoten zur eukaryotischen Zelle deutlich. Oberflächlich betrachtet handelt es sich dabei um einen klaren Fall von Fusion. In Wahrheit behalten die Organellen im Rahmen der größeren Zelle zum Teil ihre Autonomie, ihr eigenes genetisches Material und sogar das Management des weltweiten Gaia-Systems. Ebenso ist reine Kommunikation selten. Bei metabolischer wie neuraler Kommunikation spielt meistens auch ein gewisser Austausch von Materie, Energie oder Information eine Rolle. Zwischen Fusion und Kommunikation, Erstmaligkeit und (weitgehender) Bestätigung stellt also Symbiose einen weit variierenden Bereich einer Balance zwischen Erstmaligkeit und Bestätigung dar, wie sie kennzeichnend ist für das Leben.

Alle lebenden Systeme sind durch Symbiose irgendwelcher Art gekennzeichnet. Wir haben schon bei den Eigenschen Hyperzyklen in der präzellulären Evolution die Symbiose zwischen zwei Molekülarten kennengelernt (siehe Kapitel 6). Symbiose kann zur totalen wechselseitigen Anpassung führen, die einen erheblichen Verlust an Autonomie darstellt, ohne in der Fusion etwas Neues zu schaffen. Ein solcher Verlust kann mit dem Verlust von Bewußtsein gleichgesetzt werden, sei es nun, daß zwei Tiere in ihren biologischen Funktionen voneinander abhängig werden oder zwei Menschen in ihren psychologischen Funktionen. In einem solchen Fall wird Bestätigung auf Kosten von Erstmaligkeit maximiert. Das System strebt einem Gleichgewicht zu, was früher oder später mit biologischem oder psychischem Tod enden muß.

Kommunikation in den Hauptphasen der Koevolution von Makro- und Mikrokosmos

In den Kapiteln des zweiten Teils habe ich die Geschichte der Evolution aus dem Blickwinkel der Koevolution von Makro- und Mikrokosmos erzählt. Fassen wir die verschiedenen Phasen dieser Koevolution zusammen, so ergibt sich ein interessantes Bild von Prozessen, die dreimal aufs neue zur Schaffung vom Komplexität antreten (Abb. 40). Nicht nur wechseln dabei die Kommunikationsprozesse zwischen Makro- und Mikrokosmos, die für die räumliche Verbundenheit der Systeme maßgebend sind, sondern auch die Prozesse, die die zeitliche Kohärenz und Kontinuität der Evolution auf jedem ihrer Zweige gewährleisten. Wäh-

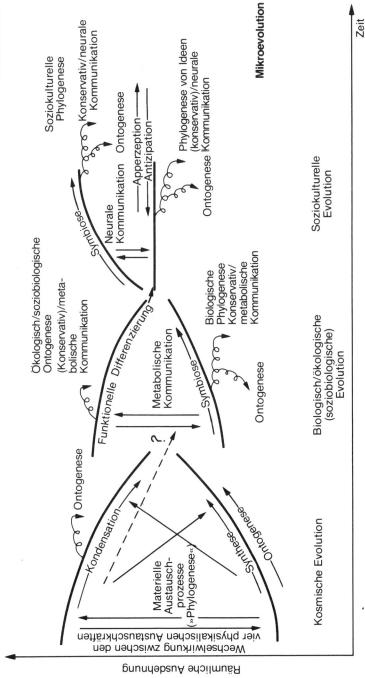

Abb. 40. Die evolvierende Rolle der Kommunikation in den drei Hauptphasen der Evolution.

rend die ersteren wesentlich in die Ontogenese eingehen, ermöglichen die letzteren Phylogenese oder echte Stammesgeschichte. Beide zusammen erst resultieren in der Koevolution von Makro- und Mikrowelt.

In der *kosmischen Evolution* wird die Ontogenese durch das Zusammenwirken physikalischer Austauschkräfte geregelt, während die Resultate sowohl auf dem Makro- wie auf dem Mikrozweig der Koevolution in Form von Materie weitergegeben werden. Ist die Makroevolution in dieser Phase zunächst vor allem durch Kondensation von Materie gekennzeichnet, also durch konservative Selbstorganisation, so spielen in der Mikroevolution verschiedene Prozesse der Materiesynthese eine Rolle, die ebenfalls Gleichgewichtsstrukturen (stabile Atomkerne und Atome) hervorbringen – zumindest scheint es so aus einem makroskopischen oder intermediären Blickwinkel. Die immer ausgeprägtere Koevolution beider Zweige bringt dann offenbar dissipative Selbstorganisation von Makrostrukturen – Galaxiezentren und Sterne – ins Spiel. Ontogenese dominiert in der kosmischen Evolution. Doch tritt eine Art von ungeordneter »Phylogenese« auf, in der Materie kreuz und quer in neue Evolutionssequenzen übertragen wird, womit, wie auch in der späteren biologischen Phylogenese, Komplexität sich über mehrere Generationen in Form von Planetensystemen aufbauen kann. Auch wird über den Kohlenstoff-Zyklus (mit Kohlenstoff als Beitrag einer solchen »Phylogenese«) ein geregelter Langzeitabbrand kleinerer Sterne (wie unserer Sonne) ermöglicht, der seinerseits die Entwicklung biologischer Komplexität auf einigen dieser Planeten ermöglicht. Die Einheiten dieser Phylogenese sind in hohem Maße typisiert. Die Besonderheiten der Geschichte der so übertragenen Materie sind nur in ganz groben Umrissen rekonstruierbar, vor allem auf Grund von Isotopenverhältnissen, die eine relativ genaue Datierung zum Beispiel einer Supernova-Explosion ermöglichen. Auf diese Weise sind wir gerade in letzter Zeit jener Supernova auf die Spur gekommen, die unserem Sonnensystem zum Leben verhalf.

In prozeßorientiertem Denken kann sogar die Mikroevolution subatomarer Teilchen als eine Art von Endosymbiose zwischen jenen Sätzen von dynamischen Systemeigenschaften verstanden werden, die Bastin und Noyes (1978) *Schnurs* nennen (im Kontrast zum statischen Begriff des *Ur*) und damit das Bild sich vernetzender Fasern nahelegen. Eine metaevolutionäre Hierarchie entsteht in ähnlicher Weise, wie in der Mikroevolution des Lebens Eukaryoten aus der Endosymbiose von Prokaryoten entstehen und vielzellige Organismen aus der Endosymbiose einzelliger Eukaryoten. Bastin und Noyes errechnen eine kombinatorische Hierarchie, in der die Zahl der möglichen Varianten auf jeder Ebene durch die Sequenz 3, 7, 127, $2^{127}-1\approx10^{38}$ gegeben ist. Diese Sequenz sieht wie eine Quantifizierung jener schöpferischen Hierarchie aus, die Lao Tze im *Tao Teh Ching* beschwört:

> *Aus Tao entstand das Eine,*
> *Aus dem Einen entstanden Zwei,*
> *Aus Zwei entstanden Drei,*
> *Aus Drei entstanden all die Myriaden von Dingen.*

Sie läßt auch an Diracs bereits erwähnten Korrelationsfaktor 10^{40} zwischen Makro- und Mikrokosmos denken (siehe oben S. 30). Bastin und Noyes interpretieren die erste Ebene als Ausdruck der drei absoluten Bewahrungsgesetze (Baryonen-Zahl, Leptonen-Zahl und Ladung im Universum), die zweite Ebene als Ausdruck der Quantenzustände der Baryonen und die dritte als Ausdruck der Wechselwirkungen zwischen Baryonen und Leptonen, während die vierte Ebene auf eine nahezu unendliche Vielfalt möglicher instabiler Konfigurationen hinweist. Sie erkennen aber auch in der numerischen Sequenz die reziproken Werte der superstarken, starken, elektromagnetischen und Gravitations-Koppelungskonstanten, so daß die Symmetriebrüche beim Übergang zwischen Ebenen in der Hierarchie sich auf die Entfaltung jener physikalischen Kräfte beziehen, die die raum-zeitliche Bühne für die kosmische Evolution aufrichten.

Mit der *Entstehung des Lebens* auf der Erde kommen andere Prozesse ins Spiel. Die Verbindung zwischen Mikro- und Makrowelt ist vor allem durch die im vorigen Kapitel diskutierten evolutionären Ultrazyklen charakterisiert. Sie wirken zuerst in groben, einseitigen Aktionen wie der Umwandlung der Erdoberfläche und der Atmosphäre durch die Prokaryoten. Dadurch wird aber mit der entstehenden eukaryotischen Organisation der Mikroevolution des Lebens der feiner abgestimmte, kontinuierlich wirkende epigenetische Prozeß möglich. Metabolische Kommunikation spielt in dieser zweiten Hauptphase der Evolution die Hauptrolle. Die Resultate dieser Koevolution aber werden nicht mehr direkt in Form von Materie weitergegeben, sondern gehen in Form von Information in echte Phylogenese ein. Was in der phylogenetischen Entwicklung zu höherer Komplexität evolviert und weitergegeben wird, ist *Organisation* – eine Organisation, die im Prinzip unabhängig von Zeit und Raum materiell realisiert werden kann, sofern die Umgebung der Selbstorganisation günstig ist.

Diese Übertragung von Information entlang der Zeitachse geschieht aber auf dem Mikro- und Makrozweig der Evolution nicht auf die gleiche Weise. Die Entwicklung der Makrosysteme beruht auf der Entwicklung von Makrostrukturen metabolischer Prozesse, die eher einer über sehr lange Zeitspannen ausgedehnten Ontogenese dissipativer Strukturen entspricht. Ökosysteme bewahren nicht die Struktur ihrer Kreisprozesse, worauf auch Margalef (1968) hinweist. Ausgestorbene Arten werden durch neue ersetzt, die andere Beziehungen aufbauen. Die von der ausgestorbenen Art hinterlassenen Spuren auf der Erde werden in der Regel rasch verwischt und präjudizieren kaum die Evolution der Systemdynamik. Doch als Ganzes gesehen stellt ein Ökosystem, solange es nicht völlig abstirbt, ein dynamisches Beziehungsgefüge, eine Raum-Zeit-Struktur dar, in der sich seine Geschichte ebenso ausdrückt, wie eine chemische dissipative Struktur ihre Geschichte in sich trägt (siehe Kapitel 3).

Erfahrung wird im Ökosystem als Set von dynamischen Regeln oder Funktionen übertragen. Was entsteht, ist immer durch systemhafte Beziehungen geprägt. Ein Ameisenhaufen wird zum Beispiel so gebaut, daß er bestimmte Funktionen im Verhältnis zu Umweltprozessen erfüllen kann, insbesondere Temperaturkontrolle und Ventilation. Normalerweise wird unter gleichbleibenden lokalen Bedingungen von jeder Generation immer dieselbe Architektur angewandt, was zu der irrigen Vorstellung geführt hat, genetisch bedingtes Verhalten (der Instinkt) der beteiligten Organismen bringe blind immer die gleiche morphologische Struktur hervor, die sich dann über längere Zeitspannen in darwinistischer Selektion behaupten oder ändern müsse. Dagegen berichtet der österreichische Nobelpreisträger Karl von Frisch in seinem wundervollen Buch *Tiere als Baumeister* (1974), wie die Verminderung der Ventilationsleistung eines Termitenhaufens durch Zudecken mit einem plastischen Zelt dazu führte, daß die Tiere innerhalb von 48 Stunden völlig neuartige, zusätzliche Bauten anfügten, die die alte Ventilationsleistung unter den geänderten Bedingungen wiederherstellten. Information wird also auf dem Makrozweig der Evolution des Lebens offenbar als Funktion übertragen, die je nach Austauschbeziehungen mit der Umwelt evolvieren kann.

In der Phylogenese der biologischen Mikroevolution hingegen wird Information in konservativen Strukturen gespeichert und übertragen.

Sie wird aber nicht starr übertragen, sondern im Zusammenwirken von genetischer und metabolischer Kommunikation im epigenetischen Prozeß. Daraus ergibt sich eine enge schöpferische Beziehung zwischen Ontogenese und Phylogenese, ein dauerndes Ungleichgewicht zwischen evolutionären Prozessen, das der Entwicklung höherer Komplexität zugrunde liegt.

Die *soziokulturelle* Mikrowelt, also die Evolution des Individuums in der letzten Hauptphase, beruht auf Fortsetzung der äußeren Differenzierung in der Differenzierung einer symbolischen Innenwelt. Die Ontogenese mentaler Strukturen umfaßt die Organisation von Information, die sowohl in der Außenwelt wie in der Innenwelt (Gedächtnis) konservativ gespeichert werden kann. Sie kann aber auch auf direktem Kontakt mit anderen Individuen und ihren mentalen Strukturen beruhen. Die Phylogenese mentaler Konzepte kann sich in einem oder in mehreren Individuen, über kurze oder sehr lange Zeitspannen hinweg abspielen. Der Gewinn an Flexibilität gegenüber biologischer Information liegt auf der Hand.

Ganz wesentlich ist aber dabei die weite Öffnung gegenüber der Erstmaligkeit, zunächst in Gegenwart und Vergangenheit (Apperzeption) und dann in der Zukunft (Antizipation). Dies gilt für kurzfristige Pläne ebenso wie für die Äonen umspannenden Antizipationen der Religionen und anderer Formen visionärer Weltsicht. Kosmische und biologisch-ökologische Evolution haben in der Phylogenese Information weitergegeben, die vor allem aus Bestätigung bestand, während die Erstmaligkeit in den ontogenetischen Prozessen der Gegenwart (im Zusammenwirken physikalischer Kräfte und in der metabolischen Kommunikation) Einlaß fand. In der soziokulturellen Evolution erhöht sich Erstmaligkeit in der Erfahrung der Gegenwart und der Vergangenheit, kann aber vor allem auch aus der Zukunft in die Gegenwart einbrechen.

Dies betont einmal mehr, daß in der soziokulturellen Evolutionsphase das Individuum für die Makroevolution mitverantwortlich wird. Der Mentationsprozeß entsteht im Individuum, aber die autopoietischen Strukturen des neuralen Geistes formen ihre eigenen Beziehungssysteme, die sich in soziokulturelle Makrosysteme wie Gemeinschaften, Gesellschaften und Kulturen übersetzen. Desgleichen formt der neurale Geist eine Makrowelt von Gleichgewichtsstrukturen wie Bauten, Maschinen und Straßen und greift gestaltend in Ökosysteme ein, wie zum Beispiel in der Landwirtschaft.

War Chemotaxis ein starres Regelsystem für soziobiologisches Verhalten, so bilden Emotionen nun ein flexibles Regelsystem für soziokulturelle Dynamik. Es wird hier deutlich, wie eine neue Ebene evolutionärer Prozesse eine neue Ebene von Unbestimmtheit, mithin von Freiheit erschließt. Obwohl bestimmte physische Korrelate, wie etwa biochemische Vorgänge und Blutdruckänderungen, mit Emotionen verbunden sind, gehen Emotionen über den Rahmen physischen Austauschs hinaus. Das gleiche gilt für die Anziehungs- und Abstoßungswirkung von Ideen, Plänen und Visionen. Die symbolische Neuerschaffung der Welt aus Strukturen »reiner«, nicht materiell gebundener Information bestimmt in erster Linie die Dynamik selbstorganisierender, soziokultureller Systeme. Damit ist der Übergang von der Evolution der Materie zur Evolution des immateriellen, symbolhaften Geistes vollzogen. Auf die Evolution der Materie folgt die Evolution der Organisation von Materie und auf diese die Evolution mentaler, von der Materiewelt losgelöster Strukturen und Beziehungen. Kann die Ontogenese von kosmischen Strukturen, Bioorganismen und Ökosystemen als die Evolution eines *Materiesystems* betrachtet werden, so stellt biologische und soziokulturelle Phylogenese die über Generationen reichende Evolution eines *Informationssystems* dar. Die Dynamik eines ganzheitlich gesehenen Universums, die immer neue Ebenen evolutionärer Prozesse und Wirkungen ins Spiel bringt, wäre dann zu verstehen als die Evolution eines *Energiesystems*.

Geist und Materie sind komplementäre Aspekte ein und derselben Selbstorganisations-Dynamik, Geist als ihr dissipatives und Materie als ihr konservatives Prinzip. Aber Geist transzendiert die ihm eigenen Materiesysteme, er kann im Materiesystem des Gehirns die ganze Außenwelt symbolisch neu erschaffen. Geist liegt der Selbsttranszendenz zugrunde und kann selbst evolvieren, wie im nächsten Kapitel dargestellt werden wird. Zuvor seien aber noch weitere Dimensionen horizontaler Kommunikation skizziert, die in der Ontogenese eine offenbar bedeutende Rolle spielen und das bisher entworfene einfache Bild metabolischer und neuraler Kommunikation wesentlich bereichern. Sie stellen das irdische Leben in einen kosmischen Bezug.

Der kosmische Bezug irdischen Lebens

Das in Abb. 40 dargestellte Schema einander ablösender Phasen der Koevolution von Makro- und Mikrokosmos vereinfacht die Dinge allzusehr. Eine korrektere, aber kompliziertere Darstellung müßte das gleichzeitige Zusammenwirken aller drei Phasen sichtbar machen. Die Evolution des Lebens auf der Erde ist schließlich eng mit der Evolution der Sonne und des Sonnensystems verbunden. Alle Primärenergie auf der Erde (mit Ausnahme der Nuklearenergie und eines vernachlässigbaren Auskühleffektes des Erdinneren) stammt von der Sonne, im direkten Strahlungsfluß ebenso wie in organisch oder fossil gespeicherter Form. Entspricht der Materieaspekt der Organisation von Lebenssystemen auf der Erde einem irdischen Blickwinkel, so ist der Energieaspekt nicht von der Sonne zu trennen. Leben ist also in gleichem Maße ein kosmisches Phänomen wie ein terrestrisches.

In gleicher Weise ist die soziokulturelle Evolution eng mit der biologischen und soziobiologischen Evolution verbunden. Bei der Beschreibung der Entstehung von neuralem Gedächtnis in diesem Kapitel hat sich bereits herausgestellt, daß neurale Kommunikation in Verbindung mit genetischer und metabolischer Kommunikation auftritt. In unserer Zeit wird aber auch deutlich, daß soziokulturelle mit kosmischer Evolution verbunden ist. Raumfahrt, Suche nach außerirdischer Intelligenz und Pläne für die Kolonisierung des Weltraums sind nur die auffälligsten Aspekte einer solchen ins Bewußtsein tretenden Verbundenheit. Das Selbstbildnis des Menschen im Universum, das der selbstreflexive Geist entwirft, steht für eine subtilere, geistige Verbundenheit, aus der sich Verantwortlichkeit ebenso wie Sinn ergeben. Davon soll im letzten Teil des Buches noch ausführlicher die Rede sein.

In letzter Zeit interessiert sich die Wissenschaft für einen wachsenden Bereich von Phänomenen, die aus kosmischen Einflüssen auf Systeme des Lebens auf der Erde herrühren. Ein Teil dieser Einflüsse wirkt sich über das Wetter aus. Gerade während ich diese Zeilen niederschreibe, findet in San Francisco ein großer Kongreß der American Geophysical Union statt, in dem die Diskussion solcher Phänomene, die noch vor wenigen Jahren von der Wissenschaft kaum ernst genommen wurden, eine große Rolle spielt (vgl. Petit, 1977). Im Mittelpunkt des Interesses steht der Einfluß des Magnetfelds der Sonne und ihrer Partikelstrahlung – des sogenannten »Sonnenwindes« – auf unser Wetter. Daß geomagnetische Stürme mit Effekten wie Nordlichtern und Funkstörungen wesentlich mit Vorgängen auf der Sonne zusammenhängen, weiß man seit langem. Jetzt fand man jedoch auch Zusammenhänge zwischen dem 11jährigen Sonnenfleckenzyklus und Stürmen, Gewitterhäufigkeit – und sogar mit den kalifornischen Dürreperioden. Der wesentliche Punkt dabei ist, daß die stimulierten Effekte auf der Erde hinsichtlich der in Gang gesetzten Energieflüsse mindestens zehntausendmal stärker sind als die auslösenden Energieflüsse. Dies läßt einerseits an die Regelung großer Energieströme mit minimalem Energieaufwand in der Kybernetik denken, andererseits an die Rolle von Fluktuationen in der Selbstorganisation und Evolution autopoietischer Systeme.

Von noch größerem Interesse – aber von der Wissenschaft auch noch weniger ernst genommen – sind direkte kosmische Einflüsse auf das irdische Leben. An der Koppelung bestimmter kosmischer und biologischer Rhythmen ist nicht mehr zu zweifeln. Doch wäre es wohl falsch, in jedem Falle von einer »Kontrolle« biologischer durch kosmische Rhythmen zu sprechen, wie dies oft geschieht. Oszillation ist ein Grundphänomen jedes selbstorganisierenden Systems und daher auch des Lebens. Von dem relativ neuen Forschungszweig der *Chronobiologie*, die sich damit beschäftigt, wird noch in Kapitel 14 die Rede sein.

Die Koppelung der Eigenoszillationen biologischer Systeme (der sogenannten endogenen Rhythmen) mit kosmischen Rhythmen ist ein wesentlicher Aspekt der Koevolution von Leben und Umwelt. Sie drückt sich in makroskopischen »biologischen Gezeiten« aus (Lieber, 1978). Vielfach dient sie der Anpassung von Leben. So weisen alle eukaryotischen ein- und mehrzelligen Lebewesen – und wahrscheinlich auch schon die Prokaryoten – sogenannte *zirkadiane* Rhythmen und solche höherer Frequenzen auf. Zirkadiane Rhythmen (wörtlich übersetzt: »ungefähr von der Periode eines Tages«) haben mit dem Ablauf von Tag und Nacht, Hell und Dunkel zu tun, der für die meisten Lebensformen von entscheidender Bedeutung ist. Viele grundlegende Aktivitäten des Lebens sind in zirkadianen Zyklen organisiert, von biochemischen Prozessen in der Zelle und in der Kommunikation zwischen Zellen bis zu koordinierten Prozeßsystemen des Gesamtorganismus. So wird zum Beispiel das Ausschlüpfen der Obstfliege *(Drosophila)* für große Gruppen von Eiern durch Licht synchronisiert. Andererseits schließen sich die zarten Eintagsblüten meiner Spinnenpflanze immer genau bei Sonnenuntergang, einerlei ob der Abend sonnig und hell ist oder ob der vom Meer heranziehende Nebel frühe Dunkelheit bringt. Es ist interessant, daß die zirkadianen Rhythmen des menschlichen Organismus offenbar stärker mit seinem gesellschaftlichen Zyklus als mit dem Hell/Dunkel-Zyklus synchronisiert sind (Scheving, 1977). Auch hier wirkt sich also die soziokulturelle Emanzipation, die Ablösung einer mentalen von der physischen Realität wieder aus.

292

Neben der mechanischen Rotation der Erde um ihre eigene Achse und um die Sonne spielen anscheinend auch elektromagnetische Phänomene planetarischer Dimensionen eine Rolle für das irdische Leben. Es sei daran erinnert, daß eine elektromagnetische Welle von der Länge des vollen Erdumfangs, also 40 000 Kilometer, eine Frequenz von rund 7 Hertz (Hz) oder Zyklen pro Sekunde aufweist (Frequenz mal Wellenlänge ergibt immer die Lichtgeschwindigkeit von 300 000 Kilometern in der Sekunde). Tatsächlich treten erdumspannende Wellen mit Frequenzen dieser Größenordnung auf. Dies läßt daran denken, daß die »Leerlauffrequenz« der elektrischen Hirnstöße, der sogenannte Alpha-Rhythmus, eine ganz ähnliche Frequenz von etwa 8 bis 14 Hz aufweist und daß der Hirnrhythmus im Schlaf und Traum noch langsamer wird. Stroboskopisches Licht dieser Frequenzen induziert Alpha-Rhythmen und sensibilisiert Menschen für Resonanzen mit anderen Menschen über gewisse Entfernungen. Dabei werden diese Resonanzen nicht bewußt erlebt im Sinne einer direkten Wahrnehmung, sondern äußern sich in vitalen Rhythmen wie Herzschlag oder Atmung oder auch in einer Hautfeuchtigkeit, die mit gewissen »unterschwelligen« Emotionen verbunden sein kann. Am Stanford Research Institute in Kalifornien hat man festgestellt, daß unter solchen Umständen (stroboskopisches Licht) Resonanzen der beschriebenen Art auftreten, wenn eine in einem anderen Raum befindliche Person ein starkes Erlebnis, etwa einen Elektroschock durchmacht. Dies ist anscheinend die erste experimentelle Anordnung, mit der parapsychologische Phänomene reproduzierbar werden.

In der Nacht, vor allem auch in Verbindung mit Polarlichterscheinungen, treten elektromagnetische Wellen mit einer Frequenz um 1/8 Hz auf und noch längere Wellen mit einer Frequenz von 1/40 Hz, was einer Wellenlänge von 12 Millionen Kilometern entspricht. Sie scheinen aus der Tiefe des Weltraums zu kommen. Je länger die Welle, desto geringer wird der Energieverlust bei ihrer Fortpflanzung. Bei elektromagnetischen Stürmen wirkt die Erdatmosphäre als gewaltiger Resonator, der gewisse Resonanzen – 7,8 Hz, 14,1 Hz und 20,3 Hz – praktisch ohne Absorption lange Zeit schwingen läßt (Taylor, 1975).

Akustische Schwingungen (das heißt mechanische Luftschwingungen) der gleichen niedrigen Frequenzen können sich auf den menschlichen Körper lebensgefährlich auswirken, offenbar durch Verstärkung bestimmter Eigenschwingungen des Körpers. Wir wissen nicht, auf welcher dynamischen Ebene diese Eigenschwingungen liegen. Doch ist aus der Elektromedizin bekannt, daß sich Muskelfasern am besten mit einer Frequenz von weniger als 10 Hz stimulieren lassen, während Blutzirkulation und Schmerzlinderung am besten auf eine Frequenz von 90 bis 100 Hz reagieren. Der normale Rhythmus des Herzschlags liegt beim Menschen bekanntlich um 1 Hz.

Außerirdische Einflüsse auf irdisches Leben können auf Strahlungs- oder Schwerkraftwirkung zurückgeführt werden. Die Wissenschaft hat einige dieser Effekte, soweit sie auf Ursachen aus dem Sonnensystem zurückgeführt werden können, nur zögernd und »auf kleiner Flamme« studiert. Eine gute, wenn auch nicht immer sehr kritische Zusammenfassung gibt Lyall Watson (1976). So hat man zum Beispiel beobachtet, daß Austern, die vom Long Island Sound nach Evanston, Illinois, verpflanzt worden waren, sich hier wie dort genau dann öffneten, wenn der Mond am höchsten stand. Nicht die Gezeitenbewegung kann also dafür verant- wortlich gemacht werden, sondern die Gravitationswirkung des Mondes. Das Leben der Krustentiere – ihr Sexualzyklus, die Erneuerung der Muscheln, Regenerationsprozesse – scheint ebenfalls mit dieser Schwer- kraftwirkung in Zusammenhang zu stehen. Bei anderen Meerestieren ist es nicht so sicher, ob ihr mit bestimmten Mondphasen gekoppelter Sexualzyklus auf Schwerkraft oder auf Licht reagiert. Und der Men- struationszyklus der Frau? Er ist bei natürlich lebenden Völkern nicht nur in der Länge der 28tägigen Periode, sondern auch in der Phase (Einsetzen der Menstruation einen Tag vor Vollmond) mit dem kosmi- schen Rhythmus gekoppelt. Im modernen Stadtleben kann sich diese Phasenentsprechung weitgehend verwischen – die soziokulturelle Eman- zipation macht sich wieder bemerkbar. Doch hat man bei Bewohnerin- nen großer Studentenwohnhäuser an amerikanischen Universitäten eine auffällige Koppelung der individuellen Rhythmen festgestellt, eine Art Einstimmung menschlicher »Oszillatoren« aufeinander, die sowohl bio- logischen wie soziokulturellen Ursprungs sein kann.

Der Einfluß der Sonne beschränkt sich nicht auf jahreszeitliche Schwankungen (die ja dem Erdumlauf zuzuschreiben sind). Pflanzen- wachstum, wie es sich etwa in den Jahresringen von Bäumen nieder- schlägt – eine konservative Speicherung metabolischer Information –, zeigt auch deutliche Zusammenhänge mit dem 11jährigen Sonnenflek- kenzyklus und einem noch längeren Zyklus von 80 oder 90 Jahren. Eruptionen auf der Sonne können irdisches Leben sowohl mittels erhöh- ter Ultraviolett-Strahlung und der daraus resultierenden Erhöhung des Ozongehaltes der Atmosphäre beeinflussen wie auch über das auf

Sonnenereignisse reagierende Magnetfeld der Erde. Wir wissen, daß viele Lebewesen nicht nur auf Änderungen in der Schwerkraft, sondern auch auf Änderungen in der Stärke und Richtung des Magnetfeldes außerordentlich fein reagieren. Störungen im Richtungssinn der Zugvögel etwa konnten letzten Endes auf Sonneneruptionen zurückgeführt werden. In diesem Zusammenhang scheinen auch die Bewegung der Planeten um die Sonne und ihre jeweilige Stellung eine gewisse Rolle zu spielen, die allerdings nocht nicht genau erforscht ist. Nicht mechanische oder Schwerkraftwirkungen stehen im Vordergrund, sondern die Wechselwirkung zwischen Wolken aus Plasma (ionisiertem Gas) um Sonne und Planeten einerseits und solaren und planetaren Magnetfeldern andererseits. Es scheint ein gewisser Zusammenhang zwischen Planetenkonfiguration und Sonnenfleckenaktivität zu bestehen, der sich wiederum auf das Auftreten geomagnetischer Stürme auswirkt. Was einst als Astrologie in Bausch und Bogen abgetan worden wäre, ist im Begriff, zumindest teilweise eine plausible wissenschaftliche Erklärung zu finden.

Die dramatischste kosmische Einwirkung auf irdisches Leben aber könnte sich auf molekularer Ebene durch Änderungen in der Struktur des Wassers ergeben, für die ein relativ weiter Spielraum besteht. Sämtliche Lebensformen bestehen zu einem hohen Prozentsatz aus Wasser, könnten also im Prinzip auf dieser Ebene alle zugleich beeinflußt werden – vielleicht nicht nur im Sinne von Störungen, sondern auch im Sinne einer globalen Systemregelung, die ebenso erdumspannend wäre wie die Selbstregelung des Gaia-Systems.

Im Biometeorologischen Forschungsinstitut Leiden in Holland wurde die Setzungsrate von Blutkolloiden gemessen zugleich mit der Produktion von Albumin und Gamma-Globulin sowie von Antikörpersubstanzen des Immunsystems (Tromp, 1972). Dabei ergaben sich Zyklen, die einerseits dem Tagesablauf und jahreszeitlichen Schwankungen entsprachen, andererseits aber auch Perioden von drei, sechs und elf Jahren aufwiesen. Durch Vergleiche mit Messungen aus anderen Ländern konnte ein Einfluß der Witterung ausgeschlossen werden, so daß außerirdische Einflüsse zur Erklärung der längeren Zyklen auch hier an Wahrscheinlichkeit gewinnen.

In der kosmischen Phase der Evolution ist es nicht schwer zu sehen, wie neue Ebenen evolutionärer Prozesse ins Spiel kommen. Die Auffächerung der physikalischen Kräfte bedingt ihre Wirksamkeit in bestimmten Konstellationen und Phasen der Evolution. Nicht so einfach liegen die

Dinge bei der Evolution des Lebens. Die Selbsttranszendenz evolutionärer Prozesse, die Selbstüberschreitung ihrer eigenen Grenzen, ist im wesentlichen immer noch ein Mysterium. Doch beginnen sich systemhafte Beziehungen abzuzeichnen, die dieses Dunkel etwas erhellen. Der Schlüsselbegriff scheint dabei Symbiose zu sein, die die Mikroevolution des Lebens auf höhere Stufen hebt. Im folgenden Kapitel sei der Versuch gewagt, die Entstehung komplexen biologischen und geistigen Lebens in einer Symbiose-Stufenleiter darzustellen. Jede Erschließung einer neuen Ebene evolutionärer Prozesse entspricht einem zeitlichen oder räumlichen Symmetriebruch besonderer Art. Mit jeder neuen Ebene kommt auch eine weitere Grundeigenschaft des Lebens ins Spiel, die sich jeweils aus einem neuen Kriterium der Selbstbestimmung optimaler Stabilität ergibt.

12. Die Evolution evolutionärer Prozesse

> Das Individuelle wird verallgemeinert, das Allge-
> meine wird individualisiert, und auf diese Weise
> wird die Ganzheit von beiden Seiten her erhöht.
> *Jan Smuts,* Holism and Evolution

Systemdynamik in makro- und mikroskopischer Sicht

Die Dynamik eines bestimmten Systems kann immer von zwei Seiten betrachtet werden, von einer mikroskopischen – Prozesse, die in einem System ablaufen – und von einer makroskopischen – das Verhalten des Systems als Ganzes gesehen. So finden zum Beispiel die Kollisionen zwischen Molekülen in einem isolierten System – ein mikroskopisches Bild – ihre makroskopische Entsprechung in der Gesamtdynamik eines auf sein Gleichgewicht hin sich entwickelnden Systems. Ebenso finden die chemischen Reaktionen in einem System fern vom Gleichgewichtszustand und unter Einschluß einer autokatalytischen Stufe ihre Entsprechung in der makroskopischen Ordnung einer dissipativen.Struktur. In diesem Fall ist jedoch auch die Aufrechterhaltung eines Austausches zwischen System und Umwelt wesentlich, so daß wir noch eine weitere, übergeordnete makroskopische Sicht einführen können, die das System mitsamt seiner Umwelt betrachtet. In den Abbildungen dieses Kapitels wird der entsprechende Blickwinkel graphisch mit Hilfe von Indikatoren verdeutlicht, die sich aus Punkten zusammensetzen: Ein Punkt bezeichnete die ganzheitliche, makroskopische Sicht auf ein System mitsamt seiner Umwelt; zwei Punkte bezeichnen den Austausch zwischen einem System und seiner Umwelt oder zwischen zwei Systemen; drei Punkte schließlich bezeichnen eine mikroskopische Sicht auf der Ebene der im System ablaufenden Prozesse.

Dissipative Strukturen stellen die niedrigste Ebene dar, auf welcher Phänomene spontaner Strukturation in echter dissipativer Selbstorganisation auftreten. Makroskopisch können solche Strukturen als autopoietisch und evolvierend beschrieben werden. Aus diesem Blickwinkel betrachtet, sind nur die Selbstregenerierung und gegebenenfalls die kohärente Evolution des zyklisch organisierten Systems und seiner Strukturen von Interesse. Die im System vor sich gehenden Transformationen von Energie und Materie im Stoffwechselprozeß – für den das System global als Katalysator wirkt – erscheinen als sekundär. Treten

jedoch die Produkte der Umwandlungsprozesse verschiedener autopoietischer Systeme auf der gleichen Ebene ihrerseits zu autopoietischen
Systemen zusammen, so kann sich die Selbstorganisations-Dynamik auf
höherer Ebene fortsetzen. Dieser Vorgang ist nichts anderes als Symbiose in einer Spielart, die sich schon mehr oder weniger der Fusion
annähert und auch als Endosymbiose bezeichnet wird. Wie im vorigen
Kapitel ausgeführt, schafft Symbiose eine neue semantische Ebene. Auf
diese Weise können sich evolutionäre Prozesse, die sukzessiven autopoietischen Ebenen angehören, in einer evolvierenden Kette – einer
Metaevolution – miteinander verbinden. Dies ist in der Tat der Ansatz,
mit dem man Ursprung und Evolution des Lebens im Paradigma der
Selbstorganisation beschreiben kann. Symbiose von Molekülarten führt
in den Eigenschen Hyperzyklen zur prokaryotischen Zelle, Symbiose
von Prokaryoten zu Eukaryoten, und Symbiose von Eukaryoten zu
vielzelligen Organismen.

Abbildung 41 zeigt schematisch, wie das Ineinandergreifen von Prozessen in dieser Metaevolution zu verstehen ist. Dabei sind drei Dimensionen evolutionärer Prozesse zu unterscheiden, die durch Kohärenz
und, global betrachtet, durch Kontinuität gekennzeichnet sind. Erstens
evolviert jedes autopoietische System – zum Beispiel ein Organismus –
durch eine Abfolge von Raum-Zeit-Strukturen in seiner eigenen Ontogenese. Zweitens evolvieren die Systeme auf einer autopoietischen
Ebene in einer komplexen Phylogenese, zum Beispiel in den Verzweigungen, die die Evolution einer reich differenzierten Tier- und Pflanzen-
welt kennzeichnen. Und drittens evolvieren die evolutionären Prozesse
selbst und bringen neue autopoietische Ebenen ins Spiel. Es ist diese
dritte Dimension, die uns hier nun interessiert.

Ist in der Metaevolution der vertikale Übergang zur benachbarten
Ebene als Symmetriebruch zu verstehen, so ist jedes evolvierende
System in allen Prozeßdimensionen zu einer *Re-ligio,* einer Rückwen-
dung zum eigenen Ursprung fähig, die dahin strebt, die ungebrochene
Einheit wiederherzustellen. Symmetriebruch aber bedeutet Zunahme
der Komplexität.

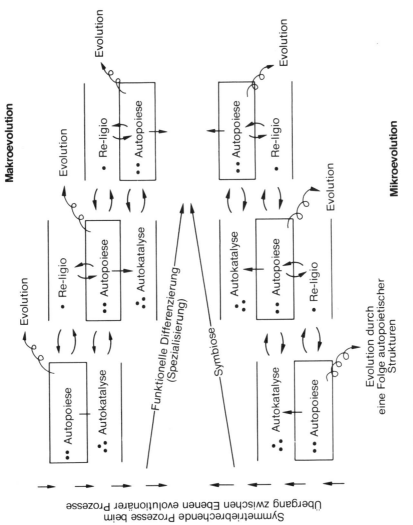

Abb. 41. Die Koevolution evolutionärer Prozeßebenen, in Prozeßbegriffen ausgedrückt.

299

Die Entstehung von Komplexität

Das Schema der symbiotischen Entstehung einer evolvierenden Hierarchie von Strukturen, wie es Abb. 41 darstellt, läßt sich auch auf die Evolution von Wissen durch »Symbiose von Information« darstellen (Abb. 42). Wissen als organisierte Information kann aber als Komplexität gedeutet werden.

Das Resultat jeder Erfahrung drückt sich als Information aus, die in eine bestimmte Form gebracht worden ist – eben als In-formation. Diese In-formation entspricht einem ganz bestimmten dynamischen Regime einer selbstorganisierenden Struktur. Sie kann aus einer bestimmten

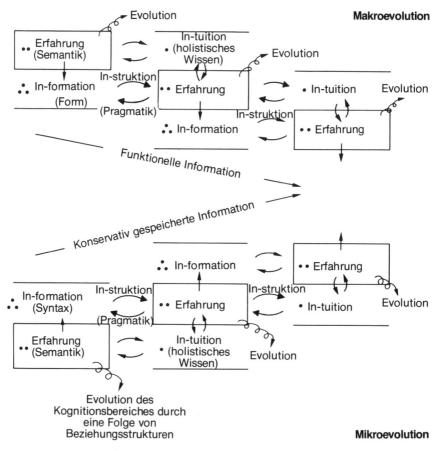

Abb. 42. Die Koevolution evolutionärer Prozeßebenen, in Informationsbegriffen ausgedrückt.

bioenergetischen Prozeßkette bestehen, wie zum Beispiel aus der Photosynthese, oder auf dem Makrozweig der Evolution aus den Beziehungen verschiedener Nischen eines Ökosystems zueinander. Für das ursprüngliche autopoietische System ist diese Information weitgehend Bestätigung. Aber auf einer neuen Ebene kann sich Selbstorganisation von Information ergeben, die von verschiedenen autopoietischen Systemen stammt. Diese Selbstorganisation kann sich über Prozesse biomolekularer, metabolischer oder neuraler Kommunikation ergeben. Für die als Resultat solcher Informationssymbiose neugebildete autopoietische Struktur ist diese Information zunächst weitgehend Erstmaligkeit. Doch sobald sich die neue Struktur etabliert hat, sucht sie sich zu bestätigen und wird in zunehmendem Maße nur jene Information selektiv abrufen und nutzen, die ihr in ihrem laufenden Austausch mit der Umwelt dient. Trotzdem stellt diese Metaevolution von Informationen im Grunde eine *Nettoumwandlung von Bestätigung in Erstmaligkeit* dar. Symbiose läßt sich auch mit diesem Prinzip darstellen: Die übliche Nettoumwandlung von Erstmaligkeit in Bestätigung wird durch ein Leben, das auf derselben autopoietischen Existenzebene verharrt, in ihr Gegenteil verkehrt.

Das der Re-ligio entsprechende holistische Wissen um die eigene Evolution, das schon einfachen chemischen dissipativen Strukturen eigen ist, ist *In-tuition* – Lernen aus sich selbst. Intuition ist nicht strukturelles Wissen, sondern Wissen um den eigenen Geschichtsprozeß. Damit wird Intuition zum einzigen Richtungsanzeiger, wenn im raschen Wandel die Orientierung an gespeicherter Information und am Austausch mit der Umwelt versagt.

Intuition ist nichts anderes als jenes ganzheitliche Systemgedächtnis, das sich in Prozeßsystemen in Form von Hysterese ausdrückt, das heißt in jener geringen Verschiedenartigkeit der Wege, die sich einstellt, wenn das System durch äußere Einwirkung in seiner Evolution zurückgezwungen wird. Intuition kann sich sowohl auf metabolische wie auf neurale Prozesse beziehen. Die Erforschung dieser Phänomene hat in der letzten Zeit so große Fortschritte gemacht, daß die Deutsche Bunsengesellschaft ihre Jahrestagung 1976 dem Thema der Speicherung und Wiedergewinnung von Informationen durch physikalisch-chemische Mechanismen widmete. Neben der Speicherung auf konservativen Strukturen (wie in der DNS oder in Computern) kamen Prozeßsysteme chemischer und biochemischer Art zur Sprache, die zur Intuition im hier gemeinten Sinne fähig sind.

Während uns neurales Gedächtnis vertraut ist, mutet die Vorstellung eines metabolischen Gedächtnisses westlichem Denken noch etwas seltsam an. Doch schon einzellige Mikroorganismen zeigen Lernverhalten, das heißt, ihre biochemischen Prozesse übernehmen neben anderen Funktionen auch die eines Gedächtnisses. In Pflanzen, die ja kein Nervensystem besitzen, mag Gedächtnis mit der Bildung von Lignin zusammenhängen (Falkehag, 1975), einer außerordentlich stabilen Substanz, die die Pflanze auch gegen äußerlich verursachten Streß schützt. Henri Bergson wandte sich seinerzeit gegen die Meinung, menschliches Gedächtnis habe seinen Sitz ausschließlich im Gehirn; Gedächtnis ist ihm zufolge eine Funktion des Gesamtorganismus (Bergson, 1896). Die Unterscheidung zwischen metabolischem und neuralem Gedächtnis, je nach Art der beteiligten Kommunikationsprozesse, bringt hier Klärung. Die Existenz eines metabolischen Gedächtnisses im Menschen bestätigte sich, als Wilhelm Reich in der ersten Hälfte unseres Jahrhunderts nachwies, daß sich traumatische Erlebnisse nicht nur in der Psyche, sondern auch in Muskelkontraktionen niederschlagen. Ein ganzes Spektrum therapeutischer Techniken der sogenannten Bioenergetik – wie Tiefmassage, strukturelle Neuausrichtung von Muskelgruppen (»structural patterning«) und eine Art induzierter Selbstfreisetzung von Spannungen – beruht darauf.

In den Hirnfunktionen schließlich ist neben einem punktuell wirkenden ein *zustandsspezifisches* neurales Gedächtnis sehr wichtig. Wir erinnern uns an bestimmte Ereignisse oft nur in gestalthafter Assoziation mit ganzen Situationen, Stimmungen oder besonderen Zuständen. Ich komme darauf noch zurück.

Alles Wissen beruht auf Erfahrung. Diese ist in der geschilderten Intuition ganzheitlich, wenn auch nur teilweise und in manchmal verschwommenen Konturen, zugänglich. Sie ist bedeutend klarer, wenn sie konservativ gespeichert und so übertragen wird. Entlang der phylogenetischen Kette wird diese Erfahrung aber nicht einfach den neu entstehenden Systemen aufgepfropft. Sie wird durch die epigenealogischen Prozesse in immer neue semantische Kontexte eingebracht und dient damit neuem Leben, das seine ihm eigene, spezifische Dynamik entwickkelt. Damit wird auch Wissen selbst zu einem evolvierenden System, das sich in einer Abfolge vieler verschiedener Strukturen manifestiert. Mit anderen Worten: Die Entstehung von Komplexität schließt Differenzierung und die offene Evolution der sich differenzierenden Prozeßsysteme ein.

Metaevolution in Symmetriebrüchen

Die Geschichte der Gesamtevolution kann als Geschichte von Symmetriebrüchen dargestellt werden, wie ich es bereits in Teil II dieses Buches versucht habe. Jeder Symmetriebruch spannt ein neues Raum-Zeit-Kontinuum für die Selbstorganisation von Strukturen auf. Jede neue *Art* von Symmetriebruch aber bedeutet den Übergang zu einer Ebene evolutionärer Prozesse oder die Selbsttranszendenz der Evolution in der Metaevolution. Die Symmetriebrüche können dabei jeweils als Bruch einer zeitlichen oder einer räumlichen Symmetrie interpretiert werden.

Bei der kosmischen Evolution ist dies nicht so offensichtlich, und ich kann kein geschlossenes Schema angeben. Immerhin sind auf dem Makrozweig der kosmischen Evolution einige dieser Symmetriebrüche nicht schwer zu erkennen. Der Urknall etablierte eine, wie wir heute annehmen, irreversible Ausdehnung des Universums, womit eine zeitliche Symmetrie zwischen Vergangenheit und Zukunft gebrochen wurde. Die Entstehung von Materie im Überschuß über Antimaterie brach sowohl zeitliche wie räumliche Symmetrie. Die Auskondensierung von Makrostrukturen in einer mindestens dreischichtigen Hierarchie von Superhaufen, Galaxienhaufen und Galaxien brach die makroskopische räumliche Symmetrie des ursprünglich homogenen Universums. Und mit den Sternen, vielleicht sogar schon mit den Galaxien, wurde eine weitere zeitliche Symmetrie gebrochen, individuelle Evolution setzte ein. Die Energieerzeugung in Prozessen der Umwandlung von Materie hat einen Beginn und ein Ende und durchläuft eine bestimmte Sequenz qualitativ verschiedener Phasen.

Viel interessanter wird diese Art von Betrachtung jedoch für die Geschichte des Lebens auf unserem Planeten. Abb. 43 versucht, einige grundsätzliche Aspekte der Evolution, von der biochemisch-biosphärischen bis zur soziokulturellen Phase, grob zu skizzieren. Der Makrozweig der Koevolution ist zumindest seit der Entstehung des Gaia-Systems autopoietisch strukturiert. Interessant ist, daß die erste Differenzierung der erstarrenden Erdoberfläche sinnvoll mit den vier Elementen der griechischen Naturphilosophie beschrieben werden kann: Erde, Wasser, Luft und Feuer (die Blitze, die für das Ingangsetzen der chemischen Evolution als Vorläufer der biochemischen Evolution so wichtig waren). Ökosysteme im eigentlichen Sinn eines Gewebes lebenswichtiger Beziehungen treten erst mit der Heterotrophie auf. Gesellschaftliche Systeme beginnen sich schon früh hierarchisch zu strukturieren. Dies wird zum

Art des Symmetriebruches:

(s räumlich, t zeitlich)

- s Räumliche Strukturierung
- t Evolution organischer Materie
- s Chemisches und thermisches Ungleichgewicht
- t Beziehungen und Irreversibilität in der Biosphäre
- s Arbeitsteilung
- t Verschiedenheit der Evolutionswege innerhalb einer Art
- s Individuation
- s Individuell spezifische Verbundenheit mit Gesamtevolution
- t Loslösung der neuerschaffenen von der erschaffenen Welt
- s Loslösung der mentalen von der realen Welt
- t Epigenetische Freiheit in der Nutzung genetischer Information
- s Raumverschränkung mit der Vergangenheit (ganzes Phylum)
- s Zeitverschränkung mit der Vergangenheit (linear)
- s Räumlich-zeitliche Strukturierung
- t Gerichtetheit der Zeit

Makroevolution

- Erstarrende Erdoberfläche • Kondensation
- Anorganisch chem.-phys. Makrodynamik
- Organisches Substrat, Urmeer • Synthese
- Metabolische Verbindung Bio- und Atmosphäre
- Gaia
- Bioenergetische Prozesse
- Chemisch und thermisch selbststabilisierende Biosphäre
- Ökosysteme
- Spezialisierte Fähigkeiten
- Heterotrophe Energienutzung
- Arbeitsteilige Gesellschaften
- Soziale Bindungen
- Sozialisierung, Autarkie
- Gruppen, Familien
- Mythen
- Symbolische Notation
- Reflexiver Geist, Situationsmodelle
- Archetypen (symbolhafter Selbstausdruck)
- Selbstreflexiver Geist, Ideen, Pläne
- Paradigmata
- Selbstbildnis Mensch – im Universum (Sinn)
- Weltanschauung

Mikroevolution

- Nichtlineare Ungleichgewichts-Thermodynamik
- Lineare irreversible Thermodynamik
- Gleichgewichts-Systeme
- Dissipative Strukturen
- Informierte Biomoleküle
- Selbstreproduzierende Hyperzyklen
- Gene
- Prokaryoten
- Eukaryoten
- Genotypen
- Endosymbiose
- Instinkt
- Vielzellige Organismen (Phänotypen)
- Traditionen, Verhaltensmuster

metabolischer Geist   2   3   4 / 1'

neuraler Geist   2'   3'   4' / 1''

spiritueller Geist   4' / 1''

Die Spiralform der Mikroevolution

1   2   3   4 / 1'   2'   3'   4' / 1''

Stufen der Mikroevolution:

Evolutionsphase	chemisch	präbiotisch	genetisch	epigenetisch	imaginativ	rekreativ	integrativ
Entstehende Systemeigenschaft	Geschichtlichkeit	Metabolismus	Lineare Selbstreproduktion	Systemhafte Selbstreproduktion (Sexualität)	Verhaltensanpassung	Ablösung von der Realität	Neuschöpfung der Realität / Verantwortung
Maßgebliches Kriterium für Stabilität	Energiedurchsatz	Fehlerkorrektur in der Informationsübertragung	Varietät	Flexibilität gegenüber dem Unerwarteten	Erprobung an Realität	Innere Konsistenz	Dynamische Verbundenheit (Einfühlung)

Abb. 43. Schematische Darstellung der Koevolution evolutionärer Prozeßebenen in der soziobiologischen und soziokulturellen Phase der Evolution. Jeder Übergang zwischen zwei Ebenen autopoietischer Existenz ist durch einen bestimmten räumlichen oder zeitlichen Symmetriebruch gekennzeichnet. Zur Erklärung der Dynamik siehe Abb. 41 und 42. Eingerahmte Felder bezeichnen autopoietische Systemebenen.

Beispiel an Insektengesellschaften deutlich. Die kürzlich im Waadtländer Jura entdeckte Kolonie roter Waldameisen, die größte in der Welt bekannte, weist zum Beispiel eine Bevölkerung von 200 bis 300 Millionen Tieren auf, ist aber in 1200 Ameisenhaufen aufgeteilt, die sich über fast einen Quadratkilometer erstrecken, und offenbar stehen auf einer höheren Ebene auch Kolonien über Raum und Zeit miteinander in Verbindung. Bei Säugetieren reicht die Hierarchie von Arten und regionalen Völkern bis zu Sippschaften und einfachen Familien. Afrikanische Elefanten etwa treten vor allem in matriarchalisch organisierten Sippschaften auf (Douglas-Hamilton, 1976), die aber lose regionale Gruppen von Hunderten und Tausenden von Tieren bilden.

Die Weitergabe von funktioneller ökologischer Information auf dem Makrozweig der Evolution weist der holistischen System-Intuition eine besondere Rolle beim Übergang zu neuen autopoietischen Ebenen zu. Da hier Information im allgemeinen nicht konservativ gespeichert wird, ist das Systemgedächtnis der Makrosysteme der Hauptvermittler eines Lernprozesses. Ein soziobiologisches System oder eine Nische, die sich aus einem umfassenderen System herausdifferenziert, richtet sich nach der Gesamtstruktur dynamischer Beziehungen, innerhalb welcher es seine Autonomie zur Geltung bringt. Selbstkonsistenz, das für subatomare Teilchen geltende oberste Prinzip (vgl. Kapitel 2), herrscht auch hier. Die Makroevolution des Lebens wird sehr wesentlich durch die Entstehung höherer Komplexität in der Mikroevolution bestimmt. Ihre Rolle ist mehr ausgleichender Natur, während die Mikroevolution auf der Basis konservativ übertragener Komplexität eine mehr innovative und ausgreifende Rolle spielt.

Auf dem Mikrozweig liegt ein wesentlicher Punkt in der Identifizierung echter autopoietischer Einheiten. Organe sind zum Beispiel nicht autopoietisch, sondern stehen arbeitsteilig im Dienst des Gesamtorganismus. Die übliche Hierarchie Zelle-Organ-Organismus wäre hier daher irreführend. Doch bilden sich, wie in Kapitel 14 noch zu besprechen sein wird, vielfache Zwischenstufen autopoietischer Systeme, die im Rahmen des Organismus koordiniert werden; sie treten nicht selbständig auf und sind nicht durch Symbiose integriert worden, sondern im Verlauf einer hierarchischen Differenzierung komplexer Organismen entstanden. Die Eigenschen Hyperzyklen der Evolution traten zwar selbständig auf, sind aber noch zur Ebene der dissipativen Strukturen zu zählen; ein scharfer Übergang zwischen diesen beiden Ebenen ist nicht so leicht zu identifizieren und hat vielleicht gar nicht stattgefunden.

Die Evolution der wesentlichen dynamischen *Systemeigenschaften* von Geschichtlichkeit bis zur Verantwortung für die Makrosysteme zeigt, wie die Grundmerkmale des Lebens in bestimmter Abfolge entstanden sind. Diese evolutionäre Progression wird auch *Anagenese* genannt. Es erscheint fast willkürlich, ab welcher Stufe man diese so eng ineinander verwobene Evolution morphogenetischer Prozesse als *Leben* bezeichnet. Die übliche Minimalforderung nach dem dreifachen Kennzeichen von Stoffwechsel, Selbstreproduktion und Übertragung von Mutationen ist schon in den Eigenschen Hyperzyklen erfüllt. Mit der Sexualität, die mit Eukaryoten auftritt, wird systematisch Varietät erzeugt. Bedeutet lineare Selbstreproduktion eine zeitlich ins Unbestimmte ausgedehnte Autopoiese, die in der Zellteilung überhaupt keinen natürlichen Tod kennt, so erschließt die Sexualität eigentlich erst die Möglichkeit der Evolution über viele Generationen und damit der Phylogenese. Waddington (1975) spricht in diesem Zusammenhang von der »Metagenetik«, der Evolution genetischer Systeme. Sie reicht von der Organisation von Genen in Chromosomen über die sexuelle Reproduktion bis zu »soziogenetischen« Mechanismen. Die letzteren evolvieren ihrerseits von einfachem Lernen von Traditionen bis zum »Lernen des Lernens«. Diese Abfolge, die den neuralen Geist einbezieht, wäre vielleicht besser allgemein als *metagenealogische Entwicklung* über viele Ebenen zu bezeichnen, um biologische Formen genealogischer Kommunikationen (Genetik) nicht mit dem Oberbegriff in einen Topf zu werfen.

Auf jeder Ebene autopoietischer Existenz (in Abb. 43 durch Einrahmung hervorgehoben) gibt es ein *ganzheitliches Kriterium* – oder vielleicht mehrere – für die Selbstbestimmung des Systems im Hinblick auf seine *optimale Stabilität* gegenüber Fluktuationen, also für die Raum-Zeit-Struktur, die es wählt. Einige dieser Kriterien sind im Schema angegeben. Ein besonders wichtiges Kriterium ist die Zunahme von Flexibilität gegenüber dem Unerwarteten. Diese Zunahme zeigt sich nicht nur in genetischer Überbestimmung, die beim Menschen etwa das Zehn- oder Fünfzehnfache der benötigten Informationen beträgt. Sie zeigt sich zum Teil auch in der Entstehung eines Immunsystems, das sich während des ganzen Lebens verbessert. Der menschliche Körper zum Beispiel besitzt eine praktisch vollständige Bibliothek aller Antikörper, die er im Laufe des Lebens in der Abwehr gegen die Infektion durch Bakterien und Viren hervorgebracht hat. Ein Eindringling (Antigen) wird von diesen Antikörpern nach seiner Molekülform abgetastet und vom »zuständigen« Antikörper (einem Proteinmolekül) erkannt, worauf ein Prozeß ausgelöst wird, mit dem die normalerweise wirkenden Hemmungen zur Produktion der spezifischen Antikörper abgestellt und große Mengen der benötigten Antikörper in der sogenannten Immunreaktion produziert werden. Der Organismus kann sich damit zwar nicht vor erstmaliger schlimmer Erfahrung, wohl aber vor ihrer Bestätigung durch Wiederholung schützen.

In der Sequenz neu entstehender Eigenschaften und Optimierungskriterien drückt sich eine Zunahme von Autonomie gegenüber der Umwelt aus – und damit von *Bewußtsein*. Ein Aspekt dieser zunehmenden Autonomie ist die bereits erwähnte schrittweise Emanzipation des Individuums vom Kollektiv. Auf einen weiteren Aspekt hat Gregory Bateson (1972) hingewiesen: Evolution schreitet von »Adjustierern« (zum Beispiel poikilothermischen Tieren, die ihre Körpertemperatur in Anpassung an die Umwelttemperatur adjustieren) über »Regler« (zum Beispiel homoiothermische Tiere, die ihre Körpertemperatur konstant halten) zu »Außenreglern« fort (zum Beispiel dem Menschen mit seiner Fähigkeit, sich eine künstliche Umwelt in Form von Behausung mit Heizung und Kühlung zu schaffen). Die frühesten Lebewesen waren weitaus am besten an ihre Umwelt angepaßt. Bestünde der Sinn der Evolution, wie man so oft hört, nur in Anpassung und Erhöhung der Überlebensfähigkeit, so hätte sie sich die Entwicklung komplexer Lebensformen ersparen können.

Jeder Übergang zur nächsthöheren Ebene der Mikroevolution in Abb. 43 schließt einen *Symmetriebruch* ein. Zusätzlich zum zeitlichen Symmetriebruch in der Gleichgewichts-Thermodynamik – die Zukunft unterscheidet sich von der Vergangenheit – wird beim weiteren Übergang zur nichtlinearen Ungleichgewichts-Thermodynamik (zu dissipativen Strukturen) räumliche Symmetrie gebrochen, indem spontane Strukturierung und Polarisierung erfolgen. In der Evolution einer dissipativen Struktur markiert jede Instabilitätsschwelle mit Übergang zu einer neuen Struktur den Bruch einer weiteren räumlichen Symmetrie. Bei weiteren Übergängen zu höheren Ebenen der Mikroevolution wechseln weitere Brüche der zeitlichen und räumlichen Symmetrie einander ab. Im ersten folgenden Paar wird die zeitliche und räumliche Verteilung von Erfahrung der Vergangenheit so verschränkt, daß sie in der Gegenwart zur Wirkung gelangen kann. Im darauffolgenden Paar wird die Autonomie des evolvierenden Systems gegenüber der Umwelt erhöht, zunächst durch die wachsende Bedeutung des epigenetischen Prozesses, dann durch die Etablierung einer autonomen Innenwelt. Im letzten Paar schließlich wird zunächst die Symmetrie zwischen den Schöpfungsprozessen der Außen- und Innenwelt gebrochen und schließlich die Verbundenheit des Menschen mit dem evolvierenden Universum auf bestimmte Weise strukturiert. Man kann diese vier Paare symmetriebrechender Prozesse auch mit vier verschiedenen Phasen der Mikroevolution des Lebens verbinden: mit einer thermodynamisch-chemischen, einer biologisch-genetischen, einer epigenetischen und einer neuralen (soziokulturellen) Phase der Evolution.

Eine noch umfassendere dynamische Ordnung in der Evolution des Lebens ergibt sich, wenn die in Abb. 43 so bezeichneten Stufen 1 bis 4 als biologisch-metabolische, die Stufen 1' bis 4' als neurale und die Stufen 1'' ... als spirituelle Evolution zusammengefaßt werden. Die vierte Stufe fällt dabei immer mit der ersten Stufe der folgenden Gruppe zusammen. Vier ist die »machtvolle Rückwendung zur Eins«, wie Marie-Louise von Franz (1970), die Gedanken von C. G. Jung weiterentwickelnd, in vielen Mythologien bestätigt gefunden hat. Evolution ist eben im Grunde nicht lineare Progression, wie Abb. 43 mit ihrer unvermeidlichen Vereinfachung in der graphischen Darstellung noch suggerieren könnte. Evolution bildet immer, aus welchem Blickwinkel sie auch betrachtet wird, eine Spirale, wie in der Nebenskizze zu Abb. 43 angedeutet. Die Verbundenheit über Zeit und Raum – die Einheit der Gesamtevolution – wird dadurch noch schärfer akzentuiert.

Hierarchische Sicherung von Offenheit

Die Erschließung neuer semantischer Ebenen in der Kette der Mikroevolution läßt sich mit den von uns schon oft benützten Weizsäckerschen Informationsbegriffen von Erstmaligkeit und Bestätigung besonders einleuchtend darstellen. Beim Lernen einer neuen Sprache zum Beispiel werden Buchstabenfolgen, Wörter, Idiome, kurze Sätze, Floskeln und so weiter wiederholt, das heißt zunehmend bestätigt. Die untersten Ebenen (Buchstaben, Wörter) werden zuerst weitgehend bestätigt, während sich mit jeder Öffnung neuer semantischer Ebenen jeweils zunächst viel Erstmaligkeit einstellt, also etwa bei der Formulierung von ganzen Sätzen. Um eine elegante, kultivierte Ausdrucksweise in einer fremden Sprache zu erlernen, benötigt man Jahre, wenn dieses Ziel überhaupt erreicht wird.

Die Einbeziehung höherer semantischer Ebenen reduziert die Erstmaligkeit auf den anderen Ebenen und verpflanzt sie gewissermaßen auf eine höhere Ebene (E. v. Weizsäcker, 1974). Dies drückt sich zum Beispiel im hohen Grad der Normierung, das heißt Bestätigung, auf den unteren Ebenen der Mikroevolution aus. Es gibt weniger als hundert chemische Elemente. Das Leben benötigt zwanzig Aminosäuren zum Aufbau von Proteinen und vier Nukleotide in Triplet-Anordnung, die $4^3 = 64$ Codons ergeben, zum Aufbau von DNS. Allem Leben auf der Erde liegen die gleichen molekularen Strukturen für die Übertragung genetischer Information zugrunde, ob es sich um Pflanzen, Pilze oder Tiere, um Einzeller oder Vielzeller handelt. Selbst ein so komplexes Säugetier wie der Mensch besteht aus Zellen, die nicht mehr als 200 verschiedenen Typen angehören, die er mit seinen nächsten Verwandten, etwa den Schimpansen, gemeinsam hat. Die Verhaltensformen evolutionär früher Tiere weisen ein begrenztes Spektrum auf. Doch die soziokulturelle Evolution, in welche die höheren Säugetiere und insbesondere der Mensch eingetreten sind, scheint unabsehbare Fronten von Erstmaligkeit zu eröffnen.

Diese Betrachtungsweise legt eine kühne Hypothese nahe. Wenn es die Aufgabe höherer semantischer Ebenen ist, Erstmaligkeit auf den unteren Ebenen zu reduzieren, so ergibt sich die beschriebene hochgradige Normierung vielleicht erst dann, wenn sich eine neu erschlossene Ebene evolutionärer Prozesse in eine Hierarchie einordnet. Es gab viele Millionen verschiedener »Arten« von Prokaryoten, mehr als die zwei Millionen Tierarten heute, doch die aus ihnen hervorgegangenen wenigen Organellen in eukaryotischen Zellen sind weitgehend normiert. Aus der großen Zahl eukaryotischer Protozoen ging die beschränkte Zahl von Zelltypen hervor, aus denen die vielzelligen Metazoen bestehen. Vielleicht hat es auch mehrere Ansätze zur Selbstreproduktion gegeben, die erst in voll ausgebildeten Einzellern auf die universale DNS reduziert wurden – nicht auf Grund eines darwinistischen Kampfes um Überleben, sondern auf Grund ihrer Nützlichkeit innerhalb einer komplexen Hierarchie.

Mit der Einbeziehung des reflexiven und selbstreflexiven Geistes in der soziokulturellen Phase ändert sich diese Regel. Zwar werden die unteren Ebenen der sozialen Dynamik immer stärker ritualisiert und damit normiert – ein Vorgang, der durch die Technik noch weiter akzentuiert wird. Aber die Individuen selbst werden nicht normiert, um in Gesellschaften integriert zu werden. Die soziokulturellen Ebenen großer Erstmaligkeit wirken *in* uns selbst. Wir sind biologisch normiert, bis auf wenige grundsätzliche Rassenunterschiede wie Hautfarbe. Neural hingegen sind wir Träger von Kultur, der endlosen Front schöpferischer Umwandlung von Erstmaligkeit in Bestätigung.

Eine offene Frage ist, ob dasselbe Prinzip der Reduzierung von Erstmaligkeit auch für die Makroevolution gilt, nur in entsprechender spiegelbildlicher Umkehrung für die höheren Ebenen. Immerhin deuten die gewaltige Umwandlung der Erdoberfläche und der Atmosphäre in den Phasen frühesten irdischen Lebens und die darauffolgende erstaunliche Stabilität des Gaia-Systems in diese Richtung. Sind die höheren Ebenen der Makroevolution tatsächlich zunächst gegenüber Erstmaligkeit weit offen, so kann die Entwicklung des Lebens nicht nur von einem eng definierten Zustand auf einer Planetenoberfläche ausgehen, sondern auch von einem verhältnismäßig breiten Spektrum. Wie wir gesehen haben, schafft sich das Leben zu einem guten Teil seine Bedingungen selbst. Freilich werden wir über diesen Punkt erst Auskunft erhalten, wenn es uns gelingt, außerirdisches Leben zu finden.

Die Umwandlung von Erstmaligkeit in Bestätigung läßt sich auf allen Ebenen von Mikro- und Makrosystemen des Lebens beobachten. Ökosysteme entwickeln sich, wie wir gesehen haben, von Erstmaligkeit oder raschem Wandel zu Bestätigung des gleichen dynamischen Regimes in der Reife. Margalef (1968) drückt dies, wie bereits erwähnt, so aus, daß jede Gemeinschaft nach Information aus der Umwelt strebt und sie auch erhält, doch nur, um dann diese Information dafür einzusetzen, die Assimilierung neuer Information zu verhindern. Die digitale Informationsverarbeitung, die sich normalerweise in der linken Hirnhälfte des Menschen ausbildet, kann bis zum Alter von zwei Jahren auch der rechten Hirnhälfte aufgeprägt werden, später aber nicht mehr. Pflanzen, die in ihrem Wachstum auf ein Hindernis stoßen, können für ihr Leben verkrümmt bleiben, auch wenn ihnen das Hindernis (zum Beispiel mein Duschvorhang) nur eine halbe Stunde im Wege war. Und schließlich wissen wir aus der menschlichen Physiologie, daß sich hochspezialisierte Zellen, für die also ein hohes Maß von Bestätigung gilt, nicht regenerieren.

Im vierten der Bücher, in denen Carlos Castaneda (1975) das Weltbild des Schamanen Don Juan aus dem Stamm der mexikanischen Yaqui-Indianer darlegt, findet sich eine weitgehende Parallele und Verallgemeinerung dieses Prinzips. Nach Don Juan zerfällt die Wirklichkeit in zwei Aspekte, deren einer (Tonal) die Regelmäßigkeiten der durch unsere Konzepte geordneten Welt umfaßt, während der andere (Nagual) das Unerwartete verkörpert. Dieser letztere Aspekt kann durch schöpferisches Denken und Handeln und durch spontane Entscheidungen (das heißt durch den freien Willen) gemeistert werden. So besteht die Aufgabe des Lebens in der Umwandlung von Nagual in Tonal, von Erstmaligkeit in Bestätigung. Der englische Physik-Nobelpreisträger Brian Josephson (1975) hat darauf hingewiesen, daß damit ein neuer Ausdruck für die Gerichtetheit der Zeit, für die Irreversibilität der Lebensprozesse vorliegt.

Die sukzessive Zunahme von Bestätigung durch die Erschließung neuer semantischer Ebenen – »höherer« Ebenen vom Standpunkt der Mikroevolution, aber »niedrigerer« vom makroskopischen Standpunkt – ergibt Differenzierung, zunehmende Komplexität. Ebenso wie im Prozeßdenken Evolution allgemein nicht als Evolution von Entitäten, sondern als Evolution ihrer Organisation betrachtet werden kann (Eigen und Winkler, 1975), kann sie auch als Evolution von Wissen oder von Organisation bestimmter Information verstanden werden. Rupert Riedl (1976) hat einen solchen Ansatz vorgeschlagen. Wie die Quantität der Energie, so wäre auch die Quantität der Information im Universum konstant – grob geschätzt um die 10^{91} bits (*bit* ist die Einheit der Anzahl von Zweischritten für die vollständige Beschreibung der Verteilung mikroskopischer Zustände). Das Universum wäre demnach mit 10^{91} Ja/Nein-Entscheidungen vollständig abfragbar. Aber wie die Organisation von Energie, so kann auch die Organisation von Information zumindest lokal aufgewertet werden. Riedl definiert Ordnung als Komplexität mal Zahl des Auftretens. Das Ergebnis einer Aufwertung durch Evolution ist dann das Erscheinen immer komplexerer Strukturen in immer kleineren Zahlen. In einem Ökosystem etwa scheint die Zahl der teilnehmenden Organismen ungefähr umgekehrt proportional zum Quadrat ihrer Körperlänge zu sein (May, 1978).

Es mag unmöglich sein, die Wirklichkeit auf solide Grundbausteine zurückzuführen (siehe Kapitel 2). Global stabile Zustände von Prozeßstrukturen bilden indessen klar geordnete Hierarchien, die auf Bestätigung beruhen – auch wenn sie ursprünglich von Erstmaligkeit ins Leben gerufen worden sind.

Das Auftreten hoher Erstmaligkeit bei der Erschließung einer neuen semantischen Ebene der Mikroevolution ist gleichbedeutend mit dem Auftreten neuer Unbestimmtheit, neuer Freiheitsgrade. Ich habe bereits erwähnt, daß diese makroskopische Unbestimmtheit in unserer Alltagswelt eine sehr viel größere Rolle spielt als die mikroskopische Unbestimmtheit auf der quantenmechanischen Ebene. Bisher beruhen Versuche, für die Morphogenese auf jeder Ebene gültige Formulierungen zu finden, bestenfalls auf einer Sicht, die das Zusammenwirken von stochastischen und deterministischen Faktoren nur aus dem Blickwinkel einer einzigen Ebene betrachtet (siehe Kapitel 3). Alle Prozesse, die diese Ebene von einer anderen Ebene her erreichen, werden als zufällig angesehen. Aber was bedeutet »zufällig« im Kontext einer vielschichtigen Evolution, in welcher auf jeder Ebene neue Ordnungsprinzipien wirksam werden? Wie zufällig ist die Fluktuation, die in ein System von einem seiner Mitglieder oder von einem Außenseiter eingebracht wird, wenn dieses Individuum selbst das Produkt einer langen Evolutionsreihe und seiner eigenen Ontogenese ist? Es scheint, daß wir oft Unbestimmtheit und Zufall verwechseln. Unbestimmtheit ist jene Freiheit, die sich auf jeder Ebene neu eröffnet, sich aber nicht über die Geschichte hinwegsetzen kann. Evolution ist die Geschichte einer sich entfaltenden Komplexität, nicht die Geschichte zufälliger Prozesse. Es beginnt sich das Bild einer Welt abzuzeichnen, in der nichts zufällig, vieles aber unbestimmt und in Grenzen frei ist.

Leben auf der Erde ist mit allen Phasen der Evolution verbunden. Einerseits stammt die Materie, die sich im Leben selbst organisiert, aus fernen kosmischen Zeiten und Räumen. Andererseits wirkt die kosmische Verbindung in der Abstimmung der Dynamik des Lebens auf die Dynamik des Kosmos fort – vielleicht sogar in einer wechselseitigen Abstimmung, von der wir noch wenig ahnen. Die Alchimisten glaubten an eine psychische Beeinflußbarkeit des physikalischen Kosmos, und ich würde diesen Glauben nicht von vornherein als unsinnig bezeichnen: Er nimmt das moderne Prinzip kybernetischer Steuerung mit minimalem Energieaufwand vorweg.

Was wir aber direkt verfolgen können, ist jener Aspekt der Evolution, den wir als Zeit- und Raumverschränkung bezeichnen können. Ereignisse, die zeitlich und räumlich weit auseinanderliegen, werden auf der Bühne des Lebens so präsentiert, daß die von Aristoteles geforderte dramatische Einheit von Raum, Zeit und Handlung in hohem Maße hergestellt wird. Diese Einheit erst vermittelt Evolution als pragmatische, wirkende Information. Leben ist Intensität. Evolution wirkt in Richtung einer Erhöhung dieser Intensität. Dies sei im folgenden Kapitel kurz dargestellt.

13. Zeit- und Raumverschränkung

> 12 Götter, 10 Heroen, weit über 300 Menschen,
> weit über 200 Tiere sind hier im Festzug der alle
> vier Jahre gefeierten »Panathenäen« vereinigt, und
> zwar nicht aneinandergereiht, nicht aufgezählt, son-
> dern zu einem einzigen lebenden, atmenden, *wer-
> denden* und *vergehenden* Körper durchdrungen.
>
> *Ernst Buschor,* Über den Parthenonfries

Wechselseitige Entsprechung von Raum und Zeit in der Kommunikation

Die evolutionäre Rolle der Kommunikation ist bisher in vielen Aspekten angeklungen. Aber der wichtigste ist vielleicht der Aspekt der wechselseitigen Substitution von Raum- und Zeitdimensionen. Information auf der Ebene der Syntax, der Aufeinanderfolge von Einheiten, kann räumlich-ganzheitlich durch Matrizen übertragen werden, wie es beim Kopieren der genetischen Information geschieht. Sie kann aber auch in eine räumlich-zeitliche Prozeßstruktur aufgelöst werden, wie es in der epigenetischen Entwicklung der biologischen Evolution und allgemein in jedem epigenealogischen Prozeß durch Abruf und Synchronisierung konservativ gespeicherter Information mit Hilfe dissipativer Prozesse geschieht. Auf der Ebene der Semantik kann ein Bedeutungszusammenhang ganzheitlich durch resonanzartige Kommunikation vermittelt werden. Er kann aber auch in einer zeitlichen Abfolge von Information übertragen werden, die sich auf eine Folge von Situationen bezieht (wie in den einzelnen Bildern eines Films). Auf der Ebene eines evolvierenden Systems schließlich kann die Gesamtheit des Evolutionsprozesses vierdimensional erfahren werden, oder sie kann durch eine Folge von wechselnden Sätzen dynamischer Regeln wiedergegeben werden.

Leben wählt jeweils die ganzheitliche Übertragung von Information, wenn es um die gleiche Ebene geht, und die Auflösung in Sequenzen bei der Überschreitung dieser Ebene. Matrizenübertragung wirkt in der genetischen Kommunikation, resonanzartige Kommunikation in der metabolischen. In der neuralen Kommunikation spielen beide Übertragungsarten eine gewisse Rolle – aber es geht hier letzten Endes um die dritte ganzheitliche Übertragungsform, nämlich die direkte, vierdimensionale Erfahrung. Evolution wirkt offenbar in einer Richtung, die eine solche vierdimensionale Erfahrung in immer höherem Maße ermöglicht. Nicht nur das Universum als räumliche Struktur wird selbstreflexiv, sein Evolutionsprozeß selbst wird selbst-referentiell.

Die Feinstruktur der Zeit

Georg Picht und Klaus Müller (Müller, 1974) haben vorgeschlagen, Zeit nicht nur in ihrem Fluß von der Vergangenheit in die Zukunft zu betrachten, sondern auch in einer Art von Feinstruktur, die sie in jedem Moment besitzt. Diese Feinstruktur ist wieder durch eine Aufspaltung jedes Moments in Aspekte von Vergangenheit (V), Gegenwart (G) und Zukunft (Z) darstellbar. Die Gegenwart eines dynamischen Systems hat nicht nur eine Gegenwart (GG), die aus den unmittelbaren Erfahrungen des Augenblicks besteht, aus den horizontalen Prozessen, sondern auch eine Vergangenheit (VG), die ebenso den vertikalen Evolutionsprozeß einschließt, der zur gegenwärtigen Struktur des Systems geführt hat, wie auch eine Zukunft (ZG), die den Optionen weiterer Evolution entspricht. Andererseits gibt es auch eine Gegenwart der Vergangenheit (GV), ein Wirken vergangener und konservativ gespeicherter Erfahrung in der Gegenwart, wofür genetische und allgemein genealogische Kommunikation ein Beispiel ist. Und schließlich gibt es auch eine Gegenwart der Zukunft (GZ), entsprechend der kausalen Wirkung in der Gegenwart, die ein Plan oder eine Zukunftsvision, oder prinzipiell jede Antizipation, auf gegenwärtiges Handeln ausüben kann.

Es ist interessant, daß »Zeitbindung« schon in den 20er Jahren als zentraler Begriff in der Allgemeinen Semantik von Alfred Korzybski (1949) auftauchte. Die Allgemeine Semantik war der Vorläufer einer kybernetischen Theorie lebender Systeme und betrachtete den Menschen als ganzheitlichen Organismus in einer Umwelt. Doch war bei Korzybski, wie auch bei Picht und Müller, Zeitbindung dem Menschen vorbehalten.

Ich übernehme hier das allgemeine Schema und die Notation von Picht und Müller, ohne mich im übrigen an ihre Interpretation anzulehnen. Vor allem scheint mir die Zeitverschränkung nicht auf den menschlichen Bereich beschränkt, sondern ein universales Kennzeichen der Evolution zu sein. Ferner möchte ich die Zeit- durch eine Raumverschränkung ergänzen, die ich durch das Suffix s (für *spatio*, Raum) kennzeichne. Lineare, rein vertikale Selbstreproduktion in der Zellteilung wäre ein Beispiel reiner Zeitverschränkung (GV). Die horizontale Genübertragung unter Bakterien fügt dem eine Raumverschränkung in der Gegenwart hinzu ($G_s G_s$), wobei das erste Suffix andeuten soll, daß es sich hier eher um die Evolution eines ganzheitlich gesehenen Genvorrates handelt als um die Evolution wohldefinierter Arten. Bei Prokaryoten treten beide Formen in einer Ad-hoc-Mischung auf, bei der sexuellen Fortpflanzung von Eukaryoten und komplexeren Lebewesen in systematischer Verbindung über einen Stammbaum (GV_s). Evolution ist sowohl durch Zeit- wie durch Raumverschränkung gekennzeichnet.

Bei der Anwendung dieser Begriffe sind einige Grundeigenschaften von Evolution zu betrachten, die in Abb. 44 graphisch dargestellt werden. Am wichtigsten ist dabei die prinzipielle Offenheit der Evolution gegenüber der Zukunft. Sprechen wir von der Zukunft der Gegenwart (ZG), so gibt es praktisch immer eine Vielzahl von zukünftigen Strukturen und Prozessen, die zu ihnen hinführen. Das gleiche ist der Fall, wenn wir von der Zukunft der Vergangenheit (ZV) sprechen; wir erhalten eine Vielzahl von Gegenwartsstrukturen, die aus der Perspektive der Vergangenheit prinzipiell möglich gewesen wären. Sprechen wir aber von der Gegenwart der Vergangenheit (GV), so handelt es sich nur um die realisierte Gegenwart. Wird unter dem Gesichtspunkt der in der Gegenwart wirkenden Zukunft (GZ) die Offenheit der Evolution betont, so bezieht sich die Zukunft der Gegenwart (ZG) auf die spezifische Zukunft, die realisiert werden wird.

Zeit- und Raumverschränkung kann im Prinzip mit zwei vertrauten Bildern veranschaulicht werden. Der »Stammbaum« verzweigt sich in die Vergangenheit, wie es der genetischen Kommunikation in der sexuellen Vermehrung entspricht. Die »Wurzel« hingegen verzweigt sich in die Zukunft, wie es einem gemeinsamen Ursprung bei der Zellteilung oder auch in der Geschichte von Adam und Eva entspricht (wobei gemäß der Bibel eigentlich Adam allein der Ausgangspunkt war). Beide Bilder oder Metaphern lassen sich jedoch nicht bis in ihre letzten Konsequenzen durchdenken. Der Stammbaum verliert sich in einer unendlichen Vielfalt des Beginns, die Wurzel in einer Singularität. Beide Auffassungen durchdringen einander, sind komplementär. Sie bedürfen allerdings noch eines dritten Bildes, das die lebendigen Beziehungen der Gegenwart mit einbringt.

Dieses dritte Bild ist das des *Rhizoms,* das von Gilles Deleuze und Félix Guattari (1977) vorgeschlagen wurde. Ein Rhizom, auch Wurzelstock oder Erdstock genannt, ist ein unterirdischer Sproß, zum Beispiel

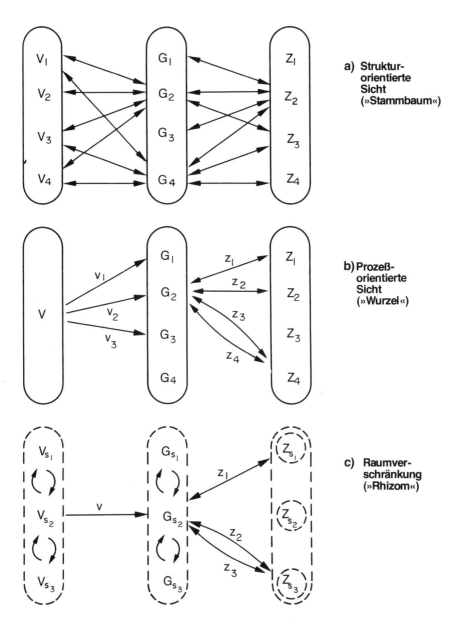

Abb. 44. Prinzipielle Möglichkeiten der Zeit- und Raumverschränkung: (a) In einer strukturorientierten Sicht ist zu bedenken, daß verschiedene Konfigurationen der Vergangenheit (V) zu ein und derselben Konfiguration in der Gegenwart (G) geführt haben können. Es ergibt sich das Bild eines Stammbaums. (b) In einer prozeßorientierten Sicht hat ein bestimmter Prozeß v zur Gegenwart G geführt, während verschiedene Prozesse z_i in eine im Prinzip offene Zukunft (Z)

führen; es können auch mehrere verschiedene Prozesse zu ein und derselben Zukunft führen. Dieser Sicht entspricht das Bild der Wurzel. (c) In der Raumverschränkung, angedeutet durch den Index s, kann die Erfahrung vieler selbstorganisierender Systeme in einem System zusammengefaßt werden. Hier gilt das Bild des Rhizoms.

ein Knollen, doch keine Wurzel, sondern ein Stengelorgan. Seine ältesten Teile sterben in dem Maße ab, wie es sich an der Spitze verjüngt. Es erreicht daher nicht stetig immer größere Ausmaße, wie andere Stengelorgane, sondern erneuert sich autopoietisch selbst. Das Rhizom schafft ständig neue Beziehungen – keine Kopien, wie der Stammbaum, sondern eine Karte, wie Deleuze und Guattari es nennen: »Das Rhizom läßt sich weder auf das Eine noch auf das Viele zurückführen. Es ist nicht das Eine, das zwei wird, auch nicht das Eine, das direkt drei, vier, fünf etc. wird. Es ist weder das Viele, das vom Einen abgeleitet wird, noch jenes Viele, zu dem das Eine hinzugefügt wird (n + 1). Es besteht nicht aus Einheiten, sondern aus Dimensionen.« Es ist, mit anderen Worten, ein selbstorganisierendes, global autopoietisches Prozeßsystem – wie eine dissipative Struktur, der Gen-Pool der Bakterien, ein Ökosystem oder das gesamte Gaia-System.

Alle drei Bilder gemeinsam – Stammbaum, Wurzel und verbindendes Rhizom – geben eine Vorstellung davon, wie Zeit- und Raumverschränkung in der Evolution wirkt. Sie wird nicht auf einmal, sondern stufenweise eingeführt. Die Vervollkommnung der Zeit- und Raumverschränkung scheint eine dynamische Grundeigenschaft, ein *post hoc* feststellbarer »Zweck« der Evolution als ganzheitlich gesehenes Phänomen zu sein.

Stufenweise Zeit- und Raumverschränkung in der Evolution

In der kosmischen Evolution wäre die heiße Anfangsphase des Universums, in der sich Strahlung, Materie und Antimaterie dauernd ineinander umwandelten (vgl. Kapitel 5), mit GG_s zu charakterisieren; das Universum hatte anfangs nur einen makroskopischen Grundzustand, nur eine Gegenwart, die aber Ausdruck einer sich vielfältig manifestierenden und über den Raum variierenden Gegenwarts-Dynamik war. Das »Ausfrieren« von Baryonen (Protonen und Neutronen) auf dem Zweig der Mikroevolution wäre dann ebenfalls die Gegenwart einer räumlich

verschränkten Gegenwart (GG$_s$). Mit der Synthese von Wasserstoff-
und Heliumkernen während der weiteren Abkühlung des expandierenden Universums kommt die Gegenwart einer räumlich verschränkten
Vergangenheit (GV$_s$) ins Spiel. Die Notation GV$_s$ bezeichnet allgemein
die Strukturbildung im Rahmen eines Kondensationsmodells oder konservativer Selbstorganisation. Sie kennzeichnet daher die Ausbildung
der mittleren »Körnigkeit« des Universums (Superhaufen, Galaxienhaufen, Galaxien, Sternhaufen und protostellare Wolken) ebenso wie von
Planeten. Komplexer ist die Sternevolution, die sowohl von der Gegenwart nuklearer Prozesse wie von der Vergangenheit des überlieferten
Ausgangsmaterials, jeweils in räumlicher Verschränkung, abhängt.
Sternevolution selbst geht im Universum in vielen verschiedenen Strukturen gleichzeitig vor sich und ist auch innerhalb des Sterns in verschiedenen dynamischen Regimes strukturiert (Schalenbrand). Daher wäre
die korrekte Bezeichnung vielleicht G$_s$ (G$_s$, V$_s$). Die entstehenden
schwereren Atomkerne, Atome und Moleküle hingegen haben nur eine
Gegenwart G (G$_s$, V$_s$).

Die dauerhaften Strukturen, die in der Synthese von Materie auf
dem mikroskopischen Zweig der kosmischen Evolution entstehen, weisen geringe Geschichtlichkeit auf. Subatomare Teilchen und Atome der
gleichen Isotopen sind voneinander nicht unterschieden. Nur ihre relative Häufigkeit gibt schwache Hinweise auf ihre Geschichte. Imperfekte
Kristalle, wie sie in der Natur normalerweise auftreten, geben schon
klareres Zeugnis von so manchen Ereignissen ihrer Geschichte. Die
evolvierenden Makrosysteme hingegen, wie Sterne, Sternhaufen und
Galaxien, weisen einen viel höheren Grad an »Funizität« auf, wie es der
in Amerika wirkende österreichische Physiker Viktor Weisskopf in
einem Vortrag in Berkeley einmal ausdrückte. Der originelle Terminus
»Funizität« soll an die unglückselige Figur jenes Funes in einer Erzäh-
lung von Jorge Luis Borges erinnern, der unfähig ist, etwas zu vergessen.

Interaktion erhöht diese Funizität. Sie prägt sich besonders auf dem
Mikrozweig der Evolution von irdischem Leben aus. Doch horizontale
Prozesse verwischen zum Teil auch die Funizität, wie etwa im Gen-Pool
der Bakterien. Komplexere Organismen hingegen geben nicht nur Auskunft über ihre eigene Geschichte, sondern auch über die ihrer Art und
ihres ganzen Stammbaums bis in die Anfänge der Evolution. Auch
Ökosysteme, Gesellschaften und Kulturen werden um so ausdrucksvol-
ler hinsichtlich ihrer Geschichte, je komplexer und reifer sie werden. Wir
können auch sagen, Komplexität und Austausch mit der Umwelt erhö-

hen die Individualität und damit zugleich das Bewußtsein von Systemen.

Tafel 5 skizziert Zeit- und Raumverschränkung auf dem Mikrozweig der Evolution von Leben, einschließlich der soziokulturellen Evolution. Man vergleiche dazu Abb. 43 im vorigen Kapitel. Ich möchte es dem Leser überlassen, die einzelnen Gedankenschritte nachzuvollziehen (oder zu korrigieren), die mich zu dieser Tafel geführt haben. Sie resultieren aus den in Teil II beschriebenen evolutionären Prozessen, wie sie die jeweilige autopoietische Ebene auszeichnen. Mit der Entwicklung des Menschen erschöpft sich die Matrix möglicher einfacher Stufen der Zeit- und Raumverschränkung. Die vierdimensionale »Gesamterfahrung der Evolution«, wie sie sich auf der letzten Stufe der Integration mit der Dynamik des Universums – der Stufe des Sinnes – einstellt, ist aber wohl ein Thema, das sich niemals voll ausschöpfen läßt.

Zeit- und Raumverschränkung wirkt sowohl in der Innen- wie in der Außenwelt. Ich habe schon in der Einleitung dieses Buches auf die gewaltige Ausdehnung des Beobachtungsraumes durch die moderne Wissenschaft hingewiesen; er umspannt heute in der zeitlichen Dimension 41 Größenordnungen und in der Längendimension 43 Größenordnungen. Wissenschaft ist ein mentales System, das mittels Zeit- und Raumverschränkung ganzheitlich wirkende Paradigmen in Selbstorganisation erstehen läßt.

Es wird nun auch deutlich, wie Evolution, ausgehend von der Gegenwartsbezogenheit physikalischer und chemischer Strukturen, der Reihe nach in der biologischen Entwicklung die Vergangenheit und in der neuralen Entwicklung die Zukunft in die Lebensprozesse der einzelnen Systeme integriert. Dabei ist es interessant, daß die neurale (soziokulturelle) Evolution noch einmal auf neuer Ebene die Integration der Vergangenheit in die Gegenwart nachvollzieht – und nicht in der gleichen Reihenfolge wie die biochemische und biologische Evolution (siehe Tafel 5). Es ist auch bemerkenswert, daß sich an den entscheidenden »Nahtstellen« zwischen chemischer und biologischer Evolution (in den Prokaryoten) einerseits und zwischen biologischer und soziokultureller Evolution andererseits je zwei Verschränkungsschritte treffen. Was dies im einzelnen bedeuten mag, bleibe hier dahingestellt.

Entsprechende Zeit- und Raumverschränkungen wirken auch in den genealogischen und epigenealogischen Prozessen auf dem Makrozweig der soziokulturellen Evolution.

Relative Position in Abb. 43 (S.304) / Autopoietische Ebene	Re-ligio	Autopoiese	Selbst-transzendenz
Gleichgewichtssysteme	VG	GG	ZG
Dissipative Strukturen	V_SG	G_SG	Z_SG
Prokaryoten — Horizontale Genetik	V_SG_S	G_SG_S	Z_SG_S
Prokaryoten — Vertikale Genetik (Zellteilung)	VV	GV	ZV
Eukaryoten — Sexualität (horizontale/vertikale Genetik)	VV_S	GV_S	ZV_S
Eukaryoten — Epigenetik	V_SV_S	G_SV_S	Z_SV_S
Phänotyp — Organismischer Geist (Selbstrepräsentation)	VV_S	GV_S	ZV_S
Reflexiver Geist (Apperzeption)	VG_S	GG_S	ZG_S
Selbstreflexiver Geist (Antizipation)	VZ_S	GZ_S	ZZ_S
Integration (Mensch-im-Universum)	$V_S(V_S, G_S, Z_S)$	$G_S(V_S, G_S, Z_S)$	$Z_S(V_S, G_S, Z_S)$

Tafel 5. Zeit- und Raumverschränkung auf dem chemisch-biologischen Zweig der Mikroevolution und seiner Fortsetzung in der soziokulturellen Evolution. Jede neue Ebene realisiert die Zeit- und Raumverschränkung aller vorhergehenden Stufen und eröffnet eine neue Dimension.

Interpretation – der evolutionäre »Zweck«

Ich glaube, daß sich die Tendenz der Evolution zu immer vollkommenerer Verschränkung aller ihrer Aspekte von Raum und Zeit als ein dreifacher, sich selbstorganisierender und *post hoc* erkennbarer »Zweck« interpretieren läßt. Zum ersten ergibt sich daraus eine außerordentliche Intensivierung des Lebens. Die Erfahrung nicht nur der vergangenen Evolution, sondern auch die antizipierte Erfahrung zukünftiger Evolution schwingt in der Gegenwart mit. Dies ist die wahre Bedeutung des oft mißbrauchten und mißverstandenen Schlagworts vom Leben im »Hier und Jetzt«. Goethe läßt Faust auf dem Osterspaziergang beim Anblick der untergehenden Sonne diese Intensität in Bilder der Zeit- und Raumverschränkung kleiden:

> *O daß kein Flügel mich vom Boden hebt,*
> *Ihr nach und immer nach zu streben!*
> *Ich säh im ewigen Abendstrahl*
> *Die stille Welt zu meinen Füßen,*
> *Entzündet alle Höhn, beruhigt jedes Tal,*
> *Den Silberbach in goldne Ströme fließen.*
> *Nicht hemmte dann den göttergleichen Lauf*
> *Der wilde Berg mit allen seinen Schluchten;*
> *Schon tut das Meer sich mit erwärmten Buchten*
> *Vor den erstaunten Augen auf.*

Soll man es einen Zufall nennen, daß der bedeutende Wissenschaftler und Erfinder Nicola Tesla diese Verse zitierte, als er 1882 in einem Budapester Park die Sonne untergehen sah – und ihm wie eine plötzliche Erleuchtung die Prinzipien der Mehrphasen-Wechselstromtechnik aufgingen, die er dann sechs Jahre später patentieren ließ und die die Grundlage unserer heutigen Kraftstromtechnik bilden (Spurgeon, 1977)?

Die gleiche Intensivierung meint auch Ivan Illich (1977), wenn er Gesundheit nicht als einen bestimmten Zustand, sondern als die Intensität definiert, mit welcher ein Organismus sich mit seiner Umwelt auseinandersetzt. Eine solche Prozeßdefinition der Gesundheit erinnert auch an den Brauch im alten China, Ärzte zu bezahlen, solange sie einen gesund erhalten und nicht, wenn man krank geworden ist.

Zum zweiten verleihen die Vielfalt phylogenetischer Vergangenheit und die Offenheit der Zukunft dem Leben in der Gegenwart eine Tiefe, die sich aus der Konzentration eines praktisch unendlich reichen Potentials möglicher Lebensstrukturen ergibt. Im Leben jedes einzelnen komplexen Individuums vollzieht sich damit noch einmal die Entfaltung jenes ursprünglichen, undifferenzierten Kerns, der im Buddhismus *Shunyata* genannt wird und der reine Qualität (die sich erst in der Entfaltung in Quantität umsetzt) in sich schließt. Diese Entfaltung ist aber kein linearer Prozeß, sondern ein »Austanzen« des Potentials, wobei man immer wieder zum Ursprung zurückkehrt. Dieser wohl profundeste aller kybernetischen Lebensprozesse heißt im Buddhismus *Tantra*.

Sind die stufenweisen Symmetriebrüche in der Evolution als Aufspannen von Zeit und Raum für die Selbstorganisation von Strukturen zu verstehen, so wirkt Zeit- und Raumverschränkung in Richtung einer Wiederherstellung dieser Symmetrien. Damit wird erst die Rückwendung zum Ursprung – die *Re-ligio* – möglich. In ihr wird jedes System zum Ursprung und Zentrum der Evolution – oder auch umgekehrt: Evolution verlegt ihren Ursprung und ihr Zentrum in jedes selbstorganisierende System. Evolution ist in den Prozessen der Strukturierung prinzipiell offen, wird aber in der Verbindung von Symmetriebruch mit Zeit- und Raumverschränkung selber zum Kreisprozeß in einem vierdimensionalen Raum-Zeit-Kontinuum.

Zum dritten schließlich wird nun erkennbar, daß das Universum in seinen komplexen Lebensformen nicht nur hinsichtlich seiner Morphologie in zunehmendem Maße selbstreflexiv und selbsterkennend wird, sondern auch und vor allem hinsichtlich seiner morphogenetischen Dynamik. Morphologische Strukturen lassen sich in der Gegenwart studieren, Dynamik nur in der zeitlichen Ausdehnung. Mit der Einbeziehung der gesamten Zeitdimension der Evolution, von der fernen Vergangenheit bis in eine (dem heutigen Wissensstand entsprechend weniger ferne) Zukunft, sowie mit der teilweisen Einbeziehung von Ereignissen in fernen Räumen, wird der Gesamtprozeß der Evolution in zunehmendem Maße direkt erfahrbar. In gewissem Sinne können wir den Evolutionsprozeß in uns selbst ganzheitlich wirken lassen, vor allem in meditativen Bewußtseinszuständen und in der höchsten Intensität des Lebens, in der Liebe.

Wir können all dies vielleicht so zusammenfassen, daß wir sagen, Zeit- und Raumverschränkung sei der evolutionäre Weg zur direkten Erfahrung einer vierdimensionalen Realität, jenes Raum-Zeit-Kontinuums, das von der Evolution geschaffen wird und in dem sie sich entfaltet. In dieser direkten Erfahrung zeichnen sich neue Dimensionen der Offenheit für die zukünftige Entwicklung der Menschheit ab. Davon mehr in den letzten zwei Kapiteln dieses Buches.

Zeit- und Raumverschränkung kommt in der Evolution schrittweise zur Wirkung. Im Ergebnis der Evolution aber, in komplexen Raum-Zeit-Strukturen, wie sie sich in den höheren Formen des Lebens manifestieren, wirkt sie in allen Teilschritten gleichzeitig. Autopoiese und Evolution vielschichtiger Strukturen setzt die Synchronisation vieler Ebenen von Selbstorganisations-Dynamik voraus. Die allgegenwärtige Tatsache einer solchen vielschichtigen Synchronisation ergibt sich aus der systemhaften Verbundenheit nicht nur von Strukturen, sondern vor allem ihrer homologen (wesensverwandten) Dynamik. Das Wenige, das wir heute darüber wissen, sei im folgenden Kapitel zusammengefaßt.

14. Dynamik einer vielschichtigen Realität

> Wir gestalten unser Schicksal durch die Wahl unserer Götter.
>
> *Vergil*

Vielschichtige Autopoiese

Die im Zuge der Koevolution erfolgte Differenzierung von Makro- und Mikrowelt in hierarchische Ebenen ist nicht als ein »Springen« von Stufe zu Stufe zu verstehen. Jede Stufe bleibt bestehen und evolviert weiter, so daß sich die Zahl der Wirkungsebenen evolutionärer Prozesse vermehrt und Komplexität nicht auf jeder Ebene für sich zunimmt, sondern vor allem auch in der hierarchischen Auffächerung dieser Ebenen. Keine Ebene verschwindet aus der Welt, obwohl sie sich im Laufe der Zeit umstrukturieren kann. Es gibt heute noch Archäbakterien und Prokaryoten, wie es noch immer das Gaia-System gibt – alles Organisationsformen, die vor Milliarden Jahren entstanden sind. Der Bereich der Insekten hat sich seit 100 Millionen Jahren praktisch nicht verändert. Spezifische Arten mögen aussterben, aber die großen Entwicklungslinien der Tiere, Pflanzen und Pilze etc. bleiben ebenso bestehen wie ihre wichtigsten Unterteilungen in Säugetiere, Vögel und so fort.

Eine verkürzte Betrachtungsweise hat daraus den Schluß gezogen, in der Evolution gehe es vor allem um die Erhaltung stationärer Zustände. In Verbindung mit dem darwinistischen Bild einer steten morphologischen Entwicklung durch fortwährende Neuanpassung ist das ebenso irreführende Bild eines punktuell durchbrochenen Gleichgewichts (*punctuated equilibrium*) entstanden. Beide Extremauffassungen ergeben sich aus einer einseitig mikroskopisch orientierten Sicht. Im Rahmen der Koevolution von Makro- und Mikrosystemen besteht nie Gleichgewicht, sondern Autopoiese in einem Ungleichgewicht, in dem zu jeder Zeit und an jeder Stelle Fluktuationen durchbrechen können. Komplexität nimmt nicht in jedem einzelnen Mikrosystem zu, sondern vor allem in der Art und Weise, in dem eine vielschichtig stratifizierte Welt dynamischer Beziehungen evolviert.

Wie steht es nun aber mit einzelnen, höher entwickelten Lebewesen wie zum Beispiel dem Menschen? Die Vorstellung, der Mensch stehe auf einer hierarchisch höheren Ebene, wäre grundfalsch. Richtig ist vielmehr, daß der Mensch viele autopoietische Ebenen der Mikroevolution

– und durch den neuralen Geist auch Ebenen der Makroevolution – in sich vereinigt. Schieben wir die in Abb. 43 (siehe S. 304 f.) ausgebreiteten Stufen der Mikroevolution zusammen, so daß eine einzige Kolonne entsteht, so erhalten wir als Grundstruktur des Menschen die folgende Hierarchie:

(Selbstbildnis)

Selbstreflexive Mentation (soziokulturelle Dimension)

Reflexive Mentation (gestalthafte Perzeption)

Organismus/organismische Mentation

Zellen (Eukaryoten)

Organellen (Prokaryoten)

Dissipative Strukturen (intrazelluläre Prozesse)

Jede dieser Ebenen besitzt ihre eigene selbstorganisierende Dynamik, ihren eigenen Geist. Die Gesamtperson koordiniert diese Dynamik ebenso gut oder schlecht, wie es in seinem mentalen Bereich das Dreifach-Hirn tut. Das Ergebnis kann als vielschichtige Autopoiese bezeichnet werden. Mentation erscheint hier als integraler Aspekt eines dynamischen Menschenbildes. Sie ist nicht gegen die Evolution gerichtet, sondern ihr hoher Ausdruck.

Die Idee einer solchen vielschichtigen Autopoiese und Evolution des Menschen ist im Grunde nicht neu. Das hinduistische System der sieben *Chakras* stipuliert eine Entsprechung zwischen den Ebenen, auf denen der Mensch mit seiner Umwelt in Austauschbeziehungen eintritt, und bestimmten körperlichen Strukturen, die entlang der Wirbelsäule bis über den Kopf hinaus angeordnet sind und in denen sich die sogenannte *Kundalini*-Energie manifestiert und fokussiert. Diese Strukturen sind so gedacht, daß sie sich trichterförmig zur Vorderseite des Körpers hin öffnen und diesen durchdringen. Die sieben Chakras lassen sich grob etwa auf folgende Weise charakterisieren: 1. Rumpfboden: physisches Überleben; 2. Pelvis: Sexualität; 3. Solarplexus: Macht über Umwelt und andere Menschen; 4. Herz: transpersonale Liebe, Verbundenheit mit der gesamten Menschheit; 5. Kehle: Gottsuche; 6. »Drittes Auge« auf der Stirn: Weisheit; 7. »Krone« über dem Kopf: Einheit mit dem Göttlichen. Die meisten Menschen leben gemäß einer der drei niedrigsten Chakras. Das Ideal ist aber nicht, einfach höhere Stufen zu erklimmen, sondern möglichst viele Chakras gleichzeitig zu aktivieren und zu harmonisieren.

Das Konzept vielschichtigen Lebens bereitet westlichem Denken erhebliche Schwierigkeiten. Dies zeigt sich etwa daran, wie Abraham Maslows Konzept einer hierarchischen Wertordnung vor allem in der angloamerikanischen Psychologie und Sozialpsychologie angewandt wird. Maslows Werthierarchie entspricht im wesentlichen drei Hauptschichten, die von unten her die folgenden Aspekte einführen: 1. Physische Werte (physiologische Bedürfnisse, physische Sicherheit); 2. Soziale Werte (Zugehörigkeit, Wertschätzung); 3. Geistige Werte (Selbsterfüllung). Diese Skala mag ungefähr einer phylogenetischen und ontogenetischen Sequenz entsprechen. Daraus wird nun aber in allen möglichen Zusammenhängen eine Prioritätsskala konstruiert und der ausgereiften Persönlichkeit aufgepfropft. Das Ergebnis wird in einem Brecht-Song anschaulich vorweggenommen: »Erst kommt das Fressen, dann kommt die Moral!«

Die Story des jungen Beethoven würde sich dann etwa so lesen: Er kommt aus Bonn nach Wien und verschafft sich zunächst einen lukrativen Job, von dem er gut leben kann und der ihm erlaubt, ein dauerhaftes und komfortables Quartier zu beziehen oder sogar ein eigenes Haus zu kaufen. Als nächstes geht er auf Brautschau, heiratet eine Frau aus angesehenem Hause und gewinnt, diese Verwandtschaft geschickt ausnützend, Zutritt zu immer feineren Kreisen, deren Liebling er wird. Nachdem er so seine Finanzen und seinen sozialen Status gesichert hat, verspürt er aber noch immer eine leise Unruhe in sich, als ob noch etwas zu tun übrig sei. Er beginnt nachdenklich zu werden. Schließlich kommt ihm die Erleuchtung, und er setzt sich hin und komponiert seine erste Symphonie (oder vielleicht gleich die Neunte).

Reduktionisten sind durch solche Geschichten kaum zu überzeugen. Künstler seien auch sonst verrückt, erklären sie achselzuckend. Aber der Wiener Psychologe und Begründer der Logotherapie, Viktor Frankl, hat sich mit eigenen Augen und am eigenen Leibe in Nazi-Konzentrationslagern davon überzeugen können, daß es das Festhalten an einem höheren Sinn war (zum Beispiel in Form starker Religiosität), das unter so extremen Umständen ein Überleben ermöglichte (Frankl, 1949). Und

Alexander Solschenizyn hat in seinem Erstlingsroman *Ein Tag im Leben des Iwan Denissowitsch* eindrucksvoll dargestellt, wie improvisierte Selbsterfüllung nicht nur physisches Überleben, sondern auch innere Freiheit schenkt. Indem er die schlecht organisierte Zwangsarbeit für das verhaßte Regime als Herausforderung an die eigene Schöpferkraft, an Einfallsreichtum und persönliche Ambition akzeptiert, wird der Sibiriensträfling zum Herrn seines eigenen Schicksals.

Ich habe selbst bei sogenannten primitiven Völkern, wie bei dem im Schlamm lebenden und erst seit wenigen Jahren vereinzelt mit katholischen Missionaren gesegneten Stamm der Asmat in West-Irian, immer wieder bestätigt gefunden, daß ihr kärgliches Leben in viel höherem Maß durch die Strukturen ihrer Mythen und Kulte bestimmt wird, als das Leben von Völkern in materiellem Überfluß, etwa der westlichen Industriegesellschaft, durch ihre Kultur. Es sind viel eher Überfluß und Besitzgier als Armut und Not, die das Leben auf eine materielle Ebene reduzieren. Natürliches Leben ist vielschichtig koordiniert, vibriert auf vielen Ebenen und gewinnt durch diese reiche Orchestrierung Würde und Schönheit.

Die aus einer reduktionistischen, westlichen Wissenschaft geborene Idee des Materialismus hat in der Geschichte des 19. und 20. Jahrhunderts mächtige Auswirkungen in der Neuerschaffung der Welt durch den selbstreflexiven Geist gezeigt. Aber sie wird in unseren Tagen von eben dieser Wissenschaft – sogar von ihrem »härtesten« Teil, nämlich der Physik – ad absurdum geführt. »Die Verwendung des Ausdrucks ›wissenschaftlicher Materialismus‹ sollte heutzutage höchstens noch in bezug auf eine Gruppe von Methoden oder auf eine Geisteshaltung zulässig sein«, schreibt Bernard d'Espagnat (1976), der Philosoph der Quantenmechanik. »In bezug auf eine allgemeine Vorstellung von der Welt ist er zu einer sinnlosen Wortverbindung geworden.«

In einer vielschichtigen dynamischen Realität bringt jede neue Ebene neue evolutionäre Prozesse ins Spiel, die die Prozesse der hierarchisch niedrigeren Ebenen auf besondere Weise koordinieren und akzentuieren. Deshalb ist Reduktion auf eine Beschreibungsebene niemals möglich. Um Selbstorganisation und insbesondere das Phänomen des Lebens zu verstehen, ist nicht nur ein Erkennen verschiedener Ebenen nötig, sondern auch ein Verständnis ihrer Beziehungen zueinander. Mit anderen Worten, es stellt sich die Aufgabe, Autopoiese und Evolution von Systemen zu verstehen, die viele Ebenen von Existenz und Koordination umfassen.

Die stufenweise entwickelten dynamischen Systemeigenschaften (siehe Abb. 43 auf S. 304 f.) werden nun von höherer Ebene aus koordiniert. Während zum Beispiel dissipative Strukturen bereits Stoffwechsel entwickeln, werden in Organismen die bioenergetischen Prozesse grundsätzlich auf der Ebene der Zelle koordiniert, wobei aber auf der Ebene des Gesamtorganismus eine weitere Akzentuierung eintritt, indem zum Beispiel Nahrung selektiv und effizient beschafft oder produziert wird. Während Biomoleküle am Beginn der Entwicklung eines Mechanismus der Selbstreproduktion standen und damit auch am Beginn einer konservativen Erfahrungsspeicherung, wird die letztgenannte Fähigkeit auf der Ebene der eukaryotischen Zelle mit der Einführung der Sexualität bedeutend erhöht und weiter akzentuiert durch die Selektivität, mit der Sexualität auf der Ebene des Organismus spielt, der seinerseits wiederum durch soziobiologische und soziokulturelle Faktoren akzentuiert wird. Sofern ein Mensch Kultur besitzt, wird er sich nicht einfach sexuell paaren. Eine hohe Auffassung von Liebe wird durch den Partner eine geistige Verbundenheit mit der gesamten Menschheit, ja mit der Schöpfung als ganzer suchen. Doch diese hohe Auffassung funktioniert nicht, wenn nicht eine grundsätzliche biologische Vereinbarkeit der beiden Partner gegeben ist, die sich offenbar auf den (mental) unterbewußten Ebenen der vielschichtigen Person entscheidet.

Vielleicht spielen dabei elektromagnetische und andere Frequenzen und Feldwirkungen, die noch kaum erforscht sind, eine Rolle. Immerhin lassen sich durch die sogenannte Kirlian-Photographie, die (vermutlich) Elektronenemission in Hochfrequenzfeldern aufzeichnet (Krippner und Rubin, Hg., 1974), solche Auswirkungen leicht demonstrieren. Ich habe an mir selbst solche Versuche im Laboratorium von Thelma Moss an der Universität von Kalifornien in Los Angeles vornehmen lassen. Ein Kollege legte seinen Finger neben den meinen, und die Emissionen aus meinen Fingerspitzen zeigten freie Ausstrahlung nach allen Seiten – ich hatte ihn offensichtlich gern. Er aber schnitt meine Ausstrahlung wenige Millimeter vor seinem Finger in einer wie mit dem Lineal gezogenen Linie ab, offenbar durch ein »abwehrendes Feld«. Er traute mir wohl nicht ganz. Dieser Effekt verstärkte sich noch außerordentlich, als ich vorgab, auf ihn böse zu sein, obwohl dies vorher so abgemacht war. Und er verminderte sich, wenn ich den Arm um die Schulter meines Kollegen legte und ihn einen lieben Freund nannte. An der Wand aber hing eine Kirlian-Photographie, die mit einem verliebten Studentenpaar gemacht worden war: Beide Fingerabdrücke waren in einer echten Symbiose der Felder von einem einzigen Strahlenkranz umgeben . . .

Wie die Systemeigenschaften in vielschichtiger Autopoiese modifiziert und zum Teil neu organisiert werden, so bildet sich offenbar auch eine Art »Feinstruktur« vieler autopoietischer Subsysteme, die, in die Hierarchie eingepaßt, koordinieren und selbst koordiniert werden. Es scheint sich dabei um Selbstorganisations-Dynamik in Zellgruppen zu handeln, die eine ständig verfügbare Grundaktivität anbieten, die aber normalerweise unterdrückt wird. Die motorische Aktivität ist dabei evolutionär besonders interessant. Sie wird nicht, wie früher angenommen wurde, durch Sinneseindrücke hervorgerufen; diese dienen nur der Korrektur. In wirbellosen Tieren wird sie entweder durch die oszillatorische Aktivität einzelner Nervenzellen (Schrittmacher) geregelt oder durch die Oszillationen einer ganzen Gruppe von Nervenzellen, von denen keine allein oszilliert. Bei der Schabe, einem bevorzugten Versuchstier, hat man festgestellt, daß die Extensor-Motor-Neuronen ständig erregt sind, aber normalerweise durch periodische Ausbrüche (Grenzzyklus-Verhalten?) eines als Flexor-Ausbruch-Generator bezeichneten Neuronensystems unterdrückt werden (Pearson, 1976). Bei Wirbeltieren spielen *nur* solche komplexen Neuronensysteme eine Rolle.

Die Immunsysteme (nach neueren Ergebnissen gibt es beim Menschen mindestens zwei voneinander unabhängige, ein inneres und ein äußeres) stellen ebenfalls Beispiele für normalerweise unterdrückte Grundaktivitäten dar, die gegebenenfalls freigesetzt werden und sich sehr rasch nichtlinear verstärken können. Obwohl sie auf molekularer Basis wirken, ist ihre Selbstorganisation nicht auf molekularer Basis, sondern auf der Ebene von Populationen von Lymphozyten (Zellen, die Antikörper herstellen) organisiert. Das Zusammenspiel von Inhibitor- und Aktivatorsubstanzen bei der Kopfbildung von Süßwasserpolypen wurde bereits erwähnt (s. o. S. 100). Auf ähnliche Weise regeneriert sich auch die menschliche Haut. Die Zellen der Epidermis sind stets zur Teilung bereit, werden aber normalerweise von Inhibitoren, sogenannten Chalonen, daran gehindert. Bei einer Verletzung fließt der Inhibitor ab, so daß die Zellteilung in Gang gesetzt wird. Dabei spielen anscheinend auch stimulierende Substanzen eine Rolle. Nach Schließung der Wunde steigt die lokale Inhibitorkonzentration wieder an und unterbindet weitere Teilung. Schließlich üben auch, wie bereits erwähnt, Neuronenpopulationen im Gehirn stets eine Grundaktivität aus, die einem Leerlauf vergleichbar ist und sich zum Teil im Alpha-Rhythmus der elektrischen Hirnwellen (8 bis 14 Hz) äußert. Weitere selbstregelnde intermediäre Systeme sind etwa das endokrinale (Drüsensekretions-) System, das sexuelle System (mit dem auf dem Plateauzustand sich selbst organisierenden Orgasmus), die Verdauung und der Blutkreislauf. Wenn ich die chinesische Akupunktur richtig verstehe, beabsichtigt sie, die Selbstregelung solcher intermediären autopoietischen Körpersysteme durch nichtlineare Verstärkung an geeigneter Stelle zu verbessern.

Koordinierte Eigendynamik auf hierarchischen Ebenen

Die *Chronobiologie* (Bünning, 1977; Scheving, 1977) untersucht die biologischen Rhythmen, die früher auch als biologische oder physiologische Uhren bezeichnet wurden. Solche Rhythmen ergeben sich sowohl aus der Eigendynamik selbstorganisierender Systeme in den Organismen wie auch aus der Interaktion mit der Umwelt. Im ersten Falle werden sie als *freilaufende* oder *endogene Rhythmen* bezeichnet. Die beobachteten Perioden reichen von Sekundenbruchteilen bis zur Größenordnung von 10 Jahren. Sie umspannen also mindestens neun bis zehn Größenordnungen, vielleicht noch mehr, da die schnellsten Rhythmen noch wenig erforscht sind. So hat man noch keine obere Grenze für die Schwingungszahlen der Hirnströme gefunden; die oft angeführten Zahlen von 30 bis 40 Hz sind meistens durch Grenzen der Meßinstrumente, nicht der beobachteten Phänomene bedingt. Menschliche Blutzellen werden in einem Rhythmus verbraucht und ersetzt, der von der Größenordnung einer Stunde ist. Bestimmte Körperzellen teilen sich etwa einmal im Jahr, andere während des ganzen Lebens nicht. Alle Zellen bauen sich ständig auf und ab, wobei das metabolische System (das Selbstregelsystem der Enzyme) in Rhythmen pulsiert, die etwa bei der Größenordnung einer Minute beginnen. Ebenfalls auf der subzellulären Ebene wirken epigenetische Oszillationen, die sich aus dem Rhythmus der Enzymsynthese in Abhängigkeit vom genetischen Kontrollmechanismus ergeben; hier ist die Periode von der Größenordnung einer Stunde. An neuen Sprößlingen meiner Zimmerfarne beobachte ich solche epigenetischen Oszillationen in Form achterförmiger »Suchbewegungen« der Spitze, die eine Periode von etwa einer Stunde aufweisen. Mit ihrer Hilfe findet der neue Sproß unfehlbar seinen optimalen Lebensraum hinsichtlich Licht und Feuchtigkeit.

Während wir die Regelung des Zyklus der Zelle selbst bei prokaryotischen Bakterien inzwischen gut verstehen, ist sie für die eukaryotische Zelle noch relativ wenig erforscht. Es gibt aber Anzeichen für einen mitotischen Oszillator, der die Zellteilung regelt, sowie für andere Oszillatoren, die in den Grundaktivitäten der Zelle eine bedeutende Rolle spielen. Eines der wichtigsten und geheimnisvollsten Phänomene ist die Fähigkeit der eukaryotischen Zelle, bei radikaler Änderung des Umwelt-Substrats genau diejenigen Makromoleküle zu erzeugen, die erforderlich sind zur Katalyse der biochemischen Prozesse, die das neue Substrat verwenden können. Es scheint, daß das neue Substrat die Synthese dieser Makromoleküle zu induzieren vermag (Nicolis und Prigogine, 1977). Der entsprechende Regelkreis reicht also über die Zelle selbst hinaus und umfaßt Umweltbeziehungen. Die bereits erwähnte Chromosomenfeld-Theorie liefert einen Ansatz zum Verständnis dieser epigenetischen Dynamik.

Nichtlineare Oszillatoren haben immer die Tendenz, sich zu synchronisieren. Bei Störungen wird die Synchronisation sehr rasch wiederhergestellt. Dabei kann sie so wirken, daß übergeordnete Rhythmen entstehen. Zirkadiane Rhythmen, also Rhythmen mit einer Periode von etwa einem Tag, können auf sehr einfache Weise aus der Koppelung biochemischer Oszillatoren hervorgehen, deren Periode von der Ordnung einer Minute ist (Nicolis und Prigogine, 1977). Zirkadiane Enzymrhythmen in roten Blutkörperchen des Menschen wurden selbst in der aufgelösten Zelle nachgewiesen, wirken also schon auf der subzellulären Ebene.

Wie in Kapitel 11 diskutiert wurde, sind zirkadiane Rhythmen wohl vor allem als Resultat der Anpassung an Umweltrhythmen zu verstehen. In einer anderen Umwelt (zum Beispiel in verdunkelten, geschlossenen Räumen oder in Höhlen) setzen sich aber viele dieser Rhythmen fort. Sie sind dann freilaufend (endogen) und verschieben ihre Periode in der Regel etwas. In Höhlen tendieren Menschen zum Beispiel zu einem längeren Tageszyklus zwischen 24 und 25 Stunden. Freilaufende Rhythmen sind auch oft durch Licht oder Magnetfelder beeinflußbar. Ist bei Kaltblütern die Temperatur der Hauptsynchronisator, so wirken bei komplexeren Tieren offenbar mehrere Steuersysteme, so daß ursprünglich zusammengehörige Rhythmen wie etwa die des Schlafs und der Körpertemperatur auch getrennt und entsynchronisiert werden können. Zum Teil sind die freilaufenden Rhythmen anscheinend genetisch verankert. So hat man kürzlich bei der Obstfliege (*Drosophila*) einen kleinen Chromosomenabschnitt gefunden, der anscheinend für zirkadiane Rhythmen verantwortlich ist. In Säugetieren werden zirkadiane Rhythmen zum großen Teil von der Nebenniere und der Zirbeldrüse gesteuert.

In der Ontogenese, die auch bei komplexen Lebewesen immer von einer einzigen Zelle (der Zygote) ihren Ausgang nimmt, wird die vielschichtige Koppelung von Regelkreisen besonders deutlich. Vorgänge auf molekularer und subzellulärer Ebene führen letzten Endes zu einer vielschichtigen Dynamik vielzelliger Organisation, die auch die Umwelt einschließt. Wir haben also eine Kette selbsttranszendierender Prozesse vor uns. In eukaryotischen Zellen weist das Chromosom selbst eine gewisse selbstorganisierende Dynamik auf. Auf einer weiteren Ebene der Entwicklung des Organismus spielen offenbar elektrische Felder ebenso eine Rolle wie morphogene Substanzen. Elektrische Felder, die im Zusammenhang mit einem Teilsystem entstehen (darüber weiß man noch wenig), sind für die Positionierung insofern ideal geeignet, als sie weit über die physische Struktur des evolvierenden Systems hinausreichen können. Hinsichtlich morphogener Substanzen ist es noch nicht klar, ob es sich dabei in erster Linie um die Diffusion und die Konzentrationsgradienten solcher Substanzen handelt oder um einen Phasengradienten (wobei jede Zelle als autonomer Oszillator wirkt) oder aber um die Fixierung von Substanzen auf Membranen. Doch kann soviel gesagt werden, daß es sich im Falle morphogener Substanzen immer um die nichtlineare Interaktion von mindestens zwei Substanzen handeln muß (Nicolis und Prigogine, 1977). In der Regel wirken immer ein Unterdrückungsmechanismus von großer Reichweite und ein Aktivierungsmechanismus von kurzer Reichweite zusammen. Der Aktivator kommt ins Spiel, wenn er einen Schwellenwert überschreitet; bis dahin wird seine Wirkung unterdrückt. Daß hierbei die Zeit eine Rolle spielt, geht auch aus einem neuen Modell hervor (Wolpert, 1978), nach welchem eine Zelle mit längerem Verweilen in einer »Fortschrittszone« ihre positionelle Aktivität vermindert. Im Zuge der Zellteilung verlassen laufend neugebildete Zellen die Zone; die ersten bilden benachbarte Strukturen, mit den letzten nimmt die Strukturierung ein Ende.

Aus der Raum-Zeit-Struktur selbstorganisierender, nichtlinearer Systeme ergibt sich mithin auch die Selbstorganisation einer übergeordneten Dynamik, welche die Koppelung von Oszillatoren zu Superoszillatoren und die Synchronisierung morphogenetischer Prozesse auf vielen Ebenen sicherstellt. Wir können gewissermaßen von einer Symbiose und Selbsttranszendenz der Eigendynamik selbstorganisierender Systeme sprechen, die noch viel wichtiger ist als Symbiose und Selbsttranszendenz in morphologischer Sicht. Dieses Phänomen der Selbstorganisation hierarchisch aufeinander bezogener Schichten ermöglicht die Autopoiese und Evolution einer ganzheitlich wirkenden, vielschichtigen Realität. Es entsteht keine Kakophonie der einzelnen Schichten, sondern dynamische, reich orchestrierte Verbundenheit. Die Brüder McKenna (1975) haben eine solche vielschichtige Weltdynamik aus der Annahme heraus entwickelt, daß die dem *I-Ging*, dem altchinesischen Buch des Wandels zugrunde liegende Wellenform auf allen Makro- und Mikroebenen in verschiedenen Frequenzen wiederkehrt.

Dies ist vielleicht die wunderbarste gestalthafte Wirkung in einer vielschichtigen Realität: Jedes autopoietische System schafft sich seine eigene System-Zeit, die ein grundlegender Parameter für viele Phänomene ist. Eine allgemeine Systemtheorie, die mit dieser endogenen System-Zeit operieren würde anstatt mit dem Ticken einer mechanischen Uhr und mit einem starren Maßstab, könnte vielleicht tiefe Gemeinsamkeiten bloßlegen. Von einem Tag im Leben der Eintagsfliege zu sprechen, besagt nicht viel; von ihrer vollen Lebensspanne zu sprechen, bedeutet hingegen, sie mit anderen lebenden Systemen auf der Basis der Eigendynamik dieser Systeme zu vergleichen. Und dabei führt dieser Individualismus der System-Zeit – der endogenen Rhythmen – ebensowenig zu einem Chaos wie der Zusammenschluß ausgeprägter Individualisten in einer dynamischen, motivierten Gesellschaft. Vielmehr ergeben sich auf ganz natürliche Weise Resonanzen und Synchronisationen.

Vielleicht wird es einmal möglich sein, solche dynamisch gekoppelten Regimes höherer Art zur Deutung von Phänomenen heranzuziehen, die als abnorm oder sogar wunderbar anmuten. Die westliche Medizin beginnt langsam zu begreifen, daß sie ihre Wirkung nur auf ein einziges dynamisches »Grund«-Regime des Organismus ausrichtet. Darüber hinaus sind Heilungen in anderen Regimes möglich. Ich habe einmal im Bergland der Torajas im Inneren von Sulawesi (Celebes) anläßlich eines sakralen Dorffestes den überaus eindrucksvollen, seltenen Maro-Trancetanz zu sehen bekommen. Die stark blutenden, tiefen Schnitte, die sich die Männer dabei an der Stirn beibrachten, waren, sobald die Blutung gestillt worden war mit Hilfe des roten Blattes der Ti-Pflanze, nach etwa zwanzig Minuten spurlos verheilt. Der in Kalifornien wirkende holländische Meditationsmeister Jack Schwarz, der jedes Jahr mehrere Wochen lang an der Universität von Kalifornien in San Francisco medizinische Versuche an sich selbst vornehmen läßt, gab des öfteren vor großen Gruppen von Ärzten Demonstrationen, bei denen er sich eine starke Stricknadel durch den Oberarm stieß. War er in einem tieferen Meditationszustand (an den Hirnströmen meßbar), so floß kein Blut, und die Wunde war nach einer halben Stunde verheilt, ohne eine Spur zu hinterlassen. Als er aber einmal bei einem solchen Versuch abgelenkt wurde, spritzte das Blut meterweit über die Reihen seiner wenig erbauten Zuschauer.

Das Schreiten über glühende Steine auf Bali oder den Fidschi-Inseln, das Durchstechen von Wangen und Zungen und das Essen von Glas, wie es von Indien bis Indonesien praktiziert wird, deute ich ebenfalls als Handlungen, die in verschiedenen Stufen von Trance – das heißt in dynamischen Alternativ-Regimes des Organismus – gefahrlos ausgeübt werden können. Das Wandeln auf glühenden Kohlen ist sogar unter amerikanischen Akademikern schon zum Hobby geworden, oder vielleicht eher zu einem Mittel der Selbstbestätigung. Trance, Meditation, Ekstase aber sind nichts anderes als sogenannte »alternative Bewußtseinszustände«, die uns in Kapitel 18 noch beschäftigen werden. Mit ihrer Hilfe bleibt die Gesamtperson offen für Erstmaligkeit und kann sie in Bestätigung des eigenen Lebens umwandeln, ohne Zerstörung befürchten zu müssen.

In *Ökosystemen* kompliziert sich dieses Bild. Haben wir es bei der Entwicklung des Organismus mit zwei Arten von nichtlinearen Prozessen zu tun, mit genetischen und metabolischen, so sind es bei Ökosystemen mindestens deren sechs. Zu genetischen Prozessen (Geburt, Tod, Mutation) und metabolischen Regelkreisläufen soziobiologischer Art (Chemotaxis) treten weitere nichtlineare metabolische Prozesse, nämlich Wettbewerb um Nischen (vor allem Nahrung) innerhalb einer Art oder zwischen zwei oder mehreren Arten, Jäger-Beute-Beziehungen und Symbiose sowie optisch-akustische Kommunikation. All diese Prozesse bringen ihre eigenen Rhythmen ins Spiel, die sich zum Beispiel in Oszillationen der Populationsdynamik äußern.

Hinzu treten die in Ökosystemen besonders wichtigen Umweltrhythmen, vor allem tages- und jahreszeitliche Rhythmen. Hier zeigt sich jedoch auch besonders deutlich, wie die Koppelung nichtlinearer Oszillatoren von kürzerer Periode auf höherer, ganzheitlicher Systemebene in Schwingungen längerer Perioden resultieren kann. Ein gut erforschter Fall ist die 80- bis 90jährige Periode in der Interaktion zwischen dem Fichtenknospenwurm (*spruce budworm*) und Fichten-Föhren-Wäldern im östlichen Kanada (Holling, 1976). Der Wurm tritt in großer Zahl nur nach einer Folge mehrerer ungewöhnlich trockener Jahre auf, und auch dann nicht immer. Dazwischen wird er durch seine natürlichen Feinde in kleiner Zahl gehalten. Sind die Bedingungen günstig, so vermehrt er sich durch Fraß der Balsa-Föhren so schnell, daß seine Jäger nicht mitkommen. Das Ergebnis ist ein zerstörter Bestand Föhren inmitten von wenig angegriffenen Fichtenbeständen und unangefochtenen Birkenbeständen, bei starkem Nachwuchs von Jungföhren und Fichten. Die Zerstörung der erwachsenen Föhren nimmt schließlich ein solches Ausmaß an, daß die Wurmpopulation wieder stark zurückgeht. In der langen Zeit bis zum nächsten Ausbruch nimmt die Föhre wieder ihren Wettbewerb mit Fichte und Birke auf, bei dem sie den größeren Vorteil hat. Das périodische Schwingen des gesamten Ökosystems dank dem Auftreten des Wurms ermöglicht erst das Entstehen eines komplexen Ökosystems, in dem sonst die Föhre allein dominieren würde.

Nicht Kontrollhierarchie, sondern stratifizierte Autonomie

Der wichtigste Aspekt dieser vielschichtigen dynamischen Koppelung in der Welt des Lebendigen ist vielleicht die Wahrung einer gewissen Autonomie auf allen hierarchischen Ebenen. Vielschichtige Autopoiese darf nicht mit einer Kontrollhierarchie verwechselt werden, in welcher Information nach oben und Befehle nach unten fließen. Vor kurzer Zeit noch wurde die Dynamik des Lebens so gründlich mißverstanden, daß in der Systemtheorie der Begriff des »organismischen Systems« für Kontrollhierarchie stand. In einem lebenden System kann jede autopoietische Ebene mit der gesamten Umwelt auf teilweise autonome Art interagieren und in Kommunikation treten. Die Umwelt einer Zelle besteht nicht nur aus ihren Nachbarzellen, sondern aus der gesamten Biosphäre mit ihrer Chemie und ihrem Energiefluß, ja aus dem Sonnensystem mit seinen Phänomenen der Strahlung und der Schwerkraft. Jede Ebene hat ihre eigene, selbstorganisierende Dynamik, die die entsprechende autopoietische Struktur mit ihrer Umwelt in Beziehung treten läßt.

In Amerika ist es derzeit große Mode, mittels des sogenannten *biofeedback* zu versuchen, selbsttätige Körperfunktionen wie Herzschlag, Kreislauf, elektrische Hirn- und Muskelwellen oder die Verdauung zu beeinflussen. Die Enthusiasten dieser Richtung erblicken darin die Möglichkeit eines Evolutionssprungs für den Menschen. Totale Kontrolle des rationalen Denkens über den Körper! Mich erschrecken solche

338

Vorstellungen, auch wenn es indische Yogis schon weit darin gebracht haben. Ich bin heilfroh, daß mein Körper auf vielen Ebenen ganz von allein funktioniert und diese Ebenen selbständig untereinander harmonisieren. Ich bin zufrieden mit meiner vielschichtigen dynamischen Realität.

Ich habe bisher in diesem Kapitel nur von Organismen und Ökosystemen gesprochen. Die gleiche hierarchische Koppelung von Schwingungen gilt aber in noch höherem Maße für *soziokulturelle Systeme*. Hier sind die nichtlinearen Prozesse noch ungleich vielfältiger. Zur biologischen Genetik treten weitere Formen genealogischer Kommunikation, zum Beispiel im sozialen Bereich (Tradition, Gesetze) und im kulturellen (Bücher, Kunstwerke, Architektur). Die metabolischen Prozesse bereichern sich durch die Umwandlung und Verteilung von Energie, Gütern und Dienstleistungen. *Politik* kann als die komplexe Interaktion vieler nichtlinearer Regelprozesse angesehen werden. Hinzu treten jedoch auch die nichtlinearen, selbstorganisierenden Systeme von Emotionen, neuralen Konstruktionen (Ideen, Paradigmen, Ideologien) und Werten. Die dynamische Komplexität der Menschenwelt ist mit diesen wenigen Begriffen freilich noch kaum in ihren wesentlichen Konturen umrissen. Und doch ergibt die Koppelung dieser Selbstorganisations-Dynamik auf vielen Ebenen soziale und kulturelle Strukturen autopoietischer und zeitweise harmonischer Art, die außerordentliche Kreativität zu stimulieren und zu tragen vermögen. Soziokulturelle Systeme können dabei fast zeitlos sein (wie die bereits erwähnten »Uhrwerk«-Gesellschaften von Lévi-Strauss), oder sie können bei voller Aktivierung der skizzierten Prozeßsysteme rasch evolvieren und dabei doch auf eindrucksvolle Weise kohärente Gestalt annehmen.

Als natürliche, vielschichtige Systeme sollten gesellschaftliche Systeme, Unternehmen und Staaten *nicht als Kontrollhierarchien* organisiert sein, in denen Entscheidungen und Befehle von oben ausgehen. Eine starre und zentralistische Weltregierung ist keine Lösung für die sichtbar werdende Weltproblematik. Ich habe an anderer Stelle (Jantsch, 1972) das Prinzip der dezentralisierten Initiative und zentralen Synthese im Management komplexer menschlicher Systeme hervorgehoben, das bereits in gut organisierten Unternehmen angewandt wird. Milan Zeleny und Norbert Pierre (1976) sprechen vom Manager nicht als einem Entscheidungsträger und Befehlsgeber, sondern als einem Katalysator.

Die wachsende Kluft zwischen sehr großen und sehr kleinen Systemen in der Menschheit (zum Beispiel zwischen Großkonzernen und Kleinbetrieben oder Familienunternehmen) wurde von E. F. Schumacher (1973) richtig als ungesund und gefährlich erkannt. Auf seiner letzten amerikanischen Vortragsreise vor seinem Tode, im Frühjahr 1977, erzählte Schumacher von seinen Besuchen bei Herstellern landwirtschaftlicher Maschinen. Der »Traktor der Zukunft«, bereits auf den Reißbrettern dieser Fabriken entworfen, ist ein Riesending, weitgehend automatisiert, mit vollklimatisierter Kabine und Stereo-Anlage; er kostet, nach heutigem Geldwert, 90 000 Dollar. Als Schumacher nach Maschinen für den landwirtschaftlichen Familienbetrieb fragte, erhielt er die klassische amerikanische Antwort: »*Forget it!*« In fünfzehn Jahren werde der Kleinbauer sowieso ausgestorben sein. So wird ein bedenklicher Trend durch die technische Entwicklung noch weiter verstärkt. Die in jüngster Zeit aufkommenden Bestrebungen zur gezielten Entwicklung einer »angepaßten« Technik mittlerer Dimensionen, vor allem auch für die Entwicklungsländer, dient der Wiederbelebung solcher mittlerer Ebenen, die für die Erhaltung der Lebensfähigkeit einer vielschichtigen Realität wohl unabdingbar sind.

Eine weitere Überlegung scheint für die Lebensfähigkeit und Lebbarkeit der komplexen Menschenwelt wesentlich zu sein. In Kapitel 12 habe ich von der Komplementarität der pragmatischen Informationsaspekte Erstmaligkeit und Bestätigung bei der Metaevolution einer Hierarchie von semantischen Ebenen der Evolution gesprochen. Die jeweils oberste Ebene war jene, die für Erstmaligkeit am weitesten offenstand, während sich auf den unteren Ebenen immer mehr Bestätigung einstellte. Ein Resultat davon war die Normierung der Elemente auf den unteren Ebenen.

Gälte das noch für die vielschichtige Menschenwelt, so müßte die höchste Ebene, nämlich die der Wertesysteme und der sie verkörpernden gesellschaftlichen Institutionen, für Erstmaligkeit am offensten sein. Das Gegenteil aber ist, wie es scheint, der Fall, sogar in den westlichen Demokratien. Es gelte gerade, diese gesellschaftlichen Institutionen in ihrer gegenwärtigen Struktur zu bewahren, so tönt es allenthalben. Regierungen hätten die Verfassung zu schützen, Kirchen die Religionen, Universitäten die »objektiven« Strukturen der Wissenschaft und wir alle die bestehenden Institutionen. Die Werte der Gesellschaft dürften nicht angetastet, ihre Strukturen nicht in Frage gestellt werden ...

Das Ergebnis ist eine Abnahme der Innovationshäufigkeit, der »schöpferischen Vibrationen«, mit jeder höheren Ebene einer soziokulturellen Hierarchie. Diese Abnahme aber ist genau die Bedingung für die Etablierung einer Kontrollhierarchie, die nur funktionieren kann, wenn die kontrollierenden Ebenen niedrigere Frequenzen aufweisen als die kontrollierten (Mesarović et al., 1970). Wenn die höheren Ebenen sich gegen Innovation und Erstmaligkeit abschließen, drängt sich eine Kontrollhierarchie geradezu auf. Nicht nur aus Machtdrang, sondern auch aus dem Unverständnis der Dynamik lebender Systeme wird Evolution nicht nur in den Diktaturen des Ostens, sondern auch in den »aufgeklärten« Demokratien des Westens vergewaltigt. Eine Konvergenz wird sichtbar, die wohl nicht gemeint war. George Orwell hat ihr in *1984* beängstigende Kontur verliehen und darüber hinaus eine Terminprognose erstellt, die fünf Jahre vorher noch immer unheimlich aktuell wirkt.

Im letzten Teil dieses Buches möchte ich daher an Hand einiger Aspekte der Menschenwelt grundsätzliche Überlegungen dazu anstellen, wie Offenheit in ihr möglich ist.

Teil IV

Kreativität: Selbstorganisation und Menschenwelt

> Das Schöpferische ist . . . eine lodernde Flamme, zu heiß, um ohne Sorgfalt gehandhabt zu werden. Es ist die andere Sonne, die nicht-deterministische Sonne des Werdens.
>
> *Paolo Soleri,* Matter Becoming Spirit

Und wie soll es nun weitergehen mit der Menschheit? Hat sie sich, wie manche behaupten, in einem Netz von »Sachzwängen« gefangen, in das sie sich mit jeder Bewegung nur noch weiter verstrickt? Gelangt die Evolution des Menschen – oder gelangt gar die Evolution irdischen Lebens *im* Menschen – an ihr Ende? Ich möchte im letzten Teil dieses Buches nicht die Problematik unserer Zeit analysieren oder Lösungen anbieten, sondern nur einige Perspektiven aufzeigen. Ich glaube, es geht heute vor allem darum zu erkennen, ob und in welcher Richtung Freiheitsgrade für das Ausleben evolutionärer Prozesse bestehen. Es kommt darauf an, daß die noch auf lange Sicht unbegrenzte Offenheit der menschlichen Innenwelt ihre Entsprechung in der Außenwelt findet und aktiv herstellt. Ich glaube, daß der soziokulturelle Mensch in der »Koevolution mit sich selbst« grundsätzlich die Möglichkeit hat, sich die Bedingungen für seine weitere Evolution selbst zu schaffen – wie das Leben auf der Erde sich seit seinem ersten Auftreten vor vier Milliarden Jahren in der Koevolution von Makro- und Mikrosphäre immer wieder die Bedingungen für seine eigene Evolution zu höherer Komplexität geschaffen hat.

15. Evolution – Revolution

> Die Wahrheit zu ergründen,
> Spannt ihr vergebens euer blöd Gesicht!
> Das Wahre wäre leicht zu finden,
> Doch eben das genügt euch nicht.
>
> *Goethe,* Paralipomena zum »Faust«

Umwälzung, Manipulation oder evolutionäre Fluktuation?

Die Theorie der Fluktuationen als Grundlage eines Verständnisses kohärenter Systemevolution durch eine Abfolge zeitweise stabilisierter Strukturen ließe sich ohne Zweifel zu einer politischen Theorie ausbauen, die in vielen Fällen eine realistische Beschreibung zu liefern imstande wäre. Eine solche Theorie würde den Rahmen dieses Buches allerdings sprengen und übersteigt meine Ambition. Doch klingen Ansätze dazu schon in manchen Versionen der marxistischen Theorie an. Die Ausschaltung des »Gesetzes der großen Zahl« ist allerdings nicht leicht mit dem Anspruch auf einen Nenner zu bringen, daß Revolutionen auf Massenbewegungen gründen müßten.

Die Entstehung eines weltweiten Systems wurde von Karl Marx schon 1848 im *Kommunistischen Manifest* am Beispiel des Weltmarktes und einer sich entwickelnden Weltliteratur erkannt. Aber sein Denken war verständlicherweise noch im Gleichgewichtsdenken der Physik des 19. Jahrhunderts befangen. Er sah die kommende Weltrevolution als letzten Schritt zu einer dauerhaften, klassen- und spannungslosen Gesellschaft, die auch den Endzustand der Evolution des Menschen und seines Bewußtseins markieren würde. Der Endzustand der Bewegung ist wie in einem Gleichgewichtssystem eindeutig vorbestimmt. Die Auslösung und Beschleunigung dieses Makroprozesses ist Aufgabe des Menschen, wobei allerdings diese Aufgabe in der Geschichte der marxistischen Theorie verschieden interpretiert wird. Galt sie zunächst als spontanes Durchdringen einer Fluktuation, so wurde sie mit den enttäuschten Hoffnungen des 19. Jahrhunderts immer mehr zur mühsamen, kumulativ wirkenden Reformarbeit, zum »langen Marsch durch die Institutionen«, wie man heute sagt. In seinem Vorwort von 1895 zu Marx' *Klassenkämpfe in Frankreich* verwirft Friedrich Engels eine Revolution durch Überrumpelung und will sie auf lange, andauernde Arbeit gegründet sehen, aus welcher sich dann der Erfolg »mit mathematischer Sicherheit« einstellen werde.

Erst Lenin erkannte wieder das Potential einer Fluktuation im richtigen Augenblick – doch er mißtraute jeder Spontaneität. Ihm wird der Ausspruch zugeschrieben: »Vertrauen ist gut, Kontrolle ist besser.« In seiner materialistischen – und daher reduktionistischen – Geschichtsauffassung hielt er zwar dafür, daß Geschichte, vor allem die Geschichte von Revolutionen, stets reicher und vielfältiger, lebendiger und erfindungsreicher sei, als es auch die bewußtesten unter den Parteien und Erneuerern sich vorstellen könnten (zitiert bei Feyerabend, 1977). Aber die Oktoberrevolution 1917 war eiskalte Manipulation, war viel eher der Ausdruck eines starken Machtwillens als ein Ausgreifen und Übergreifen spontaner Prozesse. So wenigstens hat es Solschenizyn in seinem Buch *Lenin in Zürich* (1976) glaubhaft dargestellt.

Die Schwierigkeiten, denen die Theorie der Fluktuationen bei ihrer Anwendung auf die menschliche Gesellschaft begegnet, haben wohl vor allem damit zu tun, daß wir die Natur zwischenmenschlicher Kommunikation bisher so schlecht verstehen. Ein Phänomen wie die Entstehung einer neuen Kultur – die meistens sehr rasch, in Zeitspannen von Jahrzehnten durchdringt – ist zwar mit der Eigenverstärkung einer inneren Fluktuation offenbar gut beschreibbar. Das Frappierende daran ist aber, daß sich solche Strukturen spontan auch in geschichtlichen Situationen einstellen, in denen Kommunikation über größere Entfernungen recht langsam vor sich geht. Der Begründer des Christentums, der nur 33 Jahre alt wurde, konnte seine Botschaft der Nächstenliebe kaum wirkungsvoll von Angesicht zu Angesicht verbreiten. Eher läßt sich vielleicht eine Resonanz des Bewußtseins annehmen, die zum Teil durch die soziale Situation bedingt gewesen sein mochte, also durch den römischen Imperialismus im Mittelmeerraum und vor allem in Kleinasien. Der Menschenkern, aus dem eine neue Kultur geboren wird, scheint oft auch in relativ kleinen, eng zusammenlebenden Stämmen von wenigen hundert oder tausend Mitgliedern organisiert gewesen zu sein. Die Schriftenrollen der Essener, die in den Höhlen am Toten Meer gefunden wurden, vermitteln uns ein Bild dieser Art von Organisation. Ähnliche Ansätze zeigten sich in der Strukturierung der Gegenkultur in den 60er Jahren unseres Jahrhunderts. Wie bei dissipativen Strukturen scheint eine kritische Größe für den Beginn der Selbstorganisations-Dynamik entscheidend zu sein. Andererseits verhindert aber auch hier die Entsprechung von Struktur und Funktion ein Aufblähen der Gruppe. Der Wachstumsprozeß einer solchen Kultur ist wohl eher mit einer Multiplikation solcher Einheiten verbunden.

346

In solchen Gruppen, deren Größe direkten Kontakt noch möglich macht, können soziale Prozesse in hoher Intensität ablaufen. Einer dieser Prozesse ist die Nachahmung. Menschen, schreibt Doris Lessing (1975), entwickeln sich nicht »durch Aneignung unzusammenhängender Gewohnheiten, durch einzelne Brocken von Wissen, wie man Dinge auf einem Ladentisch auswählt: ›Ja, dieses da möchte ich haben!‹ oder ›Nein, das dort möchte ich nicht!‹ In Wirklichkeit entwickeln sich Menschen, zu ihrem Vorteil oder auch nicht, indem sie ganze Personen, Atmosphären, Ereignisse, Orte in sich aufnehmen – indem sie bewundern. Oft genug natürlich unbewußt. Wir sind die Gesellschaft, in der wir uns bewegen.«

Metastabilität der Institutionen

Wie ein Mensch als Fluktuation in einer kleinen Gruppe wirken kann, so können dann solche größeren autopoietischen Einheiten ihrerseits als Fluktuation in größeren, räumlich ausgedehnten Gesellschaften wirken. Doch offenbar spielt hier jenes Phänomen der *Metastabilität* eine große Rolle, das in Kapitel 3 zur Sprache gekommen ist. Bei enger, flexibler Koppelung der Subsysteme, wie sie die Prozesse menschlicher Kommunikation im Zeitalter der Technik in immer höherem Maße ausbilden, bleibt die alte Struktur weit über jenen Punkt hinaus stabil, an dem sie, makroskopisch betrachtet, eigentlich instabil werden sollte.

Es stellt sich hier wieder die Frage nach den Grenzen der Komplexität. Im Prinzip sind diese Grenzen dort zu suchen, wo Stabilität aufhört. Stabilität ist ihrerseits durch die Stärke der Koppelung mit der Umwelt begrenzt. In einer statischen Betrachtungsweise bedeutet höhere Komplexität einen Verlust an Stabilität, wie es auch die meisten mathematischen Systemmodelle fordern (May, 1973). Doch selbstorganisierende Ungleichgewichtssysteme können instabil sein und doch existieren – indem sie evolvieren. Es genügt, daß die Prozesse zwischen den Subsystemen rasch genug ablaufen, um kleinere und mittlere Fluktuationen zu dämpfen und das System in einen Zustand der *Metastabilität* zu versetzen. Damit wird das Umklappen in eine neue Struktur während einer begrenzten, aber für die Entfaltung von Lebensprozessen ausreichenden Zeitspanne hintangehalten. Metastabilität ist verzögerte Evolution. Mit ihr strukturiert ein dissipatives System selbst das Raum-Zeit-Kontinuum für die Entfaltung seiner Eigendynamik. Kein komplexes System ist jemals stabil; es ist, solange es sich eine Struktur bewahrt, immer metastabil. Diese Art von dynamischer Existenz ermöglicht daher eine gewaltige Erhöhung der Komplexität. Mit der Aufgabe permanenter struktureller Stabilität wird Evolution offen und unbegrenzt. Kein Ende ist in Sicht, keine Beständigkeit, kein Telos. »Wir können nicht mehr vom Ende der Geschichte sprechen«, schreiben Ilya Prigogine und Isabelle Stengers (1975), »nur noch vom Ende der Geschichten.«

Der Widerstand einer autopoietischen Struktur gegen ihre Evolution, die ja gleichzeitig die Zerstörung der alten Struktur bedeutet, ist in der umfassenden Evolutions-Dynamik als wesentlicher Aspekt mit eingeschlossen. Keine autopoietische Struktur kann sich auf immer stabilisieren, aber sie muß sich trotzdem verteidigen und ihr Möglichstes tun, um Fluktuationen zu dämpfen. Täte sie es nicht, so wäre die Evolution nichts als ein müdes Dahinschleichen, von dem man nicht viel zu erwarten hätte. Je größer der Widerstand gegen strukturellen Wandel, desto machtvoller die Fluktuationen, die schließlich durchdringen – desto reicher und vielfältiger aber auch die Entfaltung von Selbstorganisations-Dynamik auf der Plattform einer widerstandsfähigen Struktur. Desto großartiger die Entfaltung von Geist, wie wir auch sagen können.

Evolutionär sein heißt, sich in der Struktur der Gegenwart mit voller Ambition und ohne Reserve zu engagieren, und doch loszulassen und in eine neue Struktur zu fließen, wenn der Zeitpunkt dafür gekommen ist. Ein solches Verhalten ist mit der buddhistischen Tugend des »Nicht-Festhaltens« gemeint, die so oft mit seichtem Nicht-Engagement verwechselt wird. Die politische Flaute, in welche die Metafluktuation der 60er Jahre mittlerweile geraten ist, beruht in hohem Maße auf einem solchen Geist des Nicht-Engagements in persönlichen und gesellschaftlichen Beziehungen.

Aber führt die komplementäre Entwicklung immer höherer Stabilität und immer stärkerer Fluktuationen nicht in gefährliche Bereiche der Zerstörung? Bedrohen die Fluktuationen, die in den Waffenarsenalen der Großmächte potentiell bereitstehen, nicht schon das Leben auf der ganzen Erde? Das stimmt leider. Würde die Entwicklung so weiterlaufen, wäre jeder Quantensprung der Evolution zu neuen sozialen und kulturellen Strukturen potentiell von solch zerstörerischer Kraft, daß dabei in immer stärkerem Maße das Substrat – die Systeme der Biosphäre ebenso wie die in Genvorräten und Bibliotheken gespeicherte biologische und soziokulturelle Erfahrung – leiden müßte. Sind die Grenzen der Komplexität hier endgültig erreicht? Ich glaube nicht.

Von Quantensprüngen zu »gleitender« Evolution?

Einerseits können in selbstreflexiven Systemen Fluktuationen antizipiert werden und in den mentalen Konstruktionen der Gegenwart wirken, wenn auch in primitiver Form nur als Furcht (vor der Atombombe, vor der Umweltverschmutzung, vor den »Grenzen des Wachstums«). Wir können lernen, sie zwar nicht zu unterdrücken, aber zu »entschärfen«. Andererseits aber – und dies scheint mir noch viel wichtiger zu sein – zeichnet sich mit der Vollendung der Zeitverschränkung, mit dem Einbezug von Vergangenheit und Zukunft in die Gegenwart eine teilweise Aufhebung des genealogischen, strikt sequentiell ablaufenden historischen Prozesses ab. Ich werde im letzten Kapitel noch darauf zurückkommen. Hier möchte ich nur andeuten, daß damit nicht mehr ganze strukturelle Plattformen, ganze Kulturen, Gesellschaftsformen, Kunst- und Lebensstile auf einmal den Sprung zu einer neuen Struktur machen müssen. Es entsteht ein Pluralismus, in dem sich gewissermaßen viele dynamische Strukturen, die der gleichen Ebene angehören, gegenseitig durchdringen. In einem solchen Pluralismus gibt es nicht mehr lediglich die Evolution in großen Stufenfunktionen. Der absolut immer mächtiger werdende Wandel verläuft nicht nur vertikal, in der historischen Zeit, sondern auch horizontal, in einer Vielfalt gleichzeitiger Prozesse, von denen keiner zerstörerische Ausmaße annehmen muß. Die Realität der Menschenwelt löst sich in viele Realitäten auf, ihre Evolution in eine Vielfalt horizontal verbundener Evolutionen. Man mag an die Evolution eines pluralistischen Ökosystems denken, das keine großen Sprünge zu machen braucht, wenn eine seiner Arten ausstirbt oder eine neue auftritt.

Bis in unsere Tage folgte die Evolution der Menschheit im wesentlichen dem Mechanismus der Eigenverstärkung von Fluktuationen und der spontanen Umstrukturierung eines mehr oder weniger einheitlich wirkenden soziokulturellen Systems. Insofern waren Evolution und Revolution bisher nicht prinzipiell, sondern höchstens graduell und nach willkürlichen Kriterien unterscheidbar. Auf den Ebenen von kleineren und untergeordneten Systemen merken wir es kaum. Auf der Ebene der allgemeinen Gesellschaftsstrukturen werden wir uns manchmal einschneidender Zäsuren bewußt, die oft auch blutige Spuren hinterlassen. Und doch ist die Umstrukturierung oft weniger radikal, als es die Begleitumstände vermuten lassen. Die Französische Revolution führte zunächst zum Kaiserreich, und es bedurfte mindestens anderthalb Jahrhunderte, um ihre Forderungen halbwegs durchzusetzen. Denken wir an die Bürgerrechtsbewegung in Amerika oder an den Kampf um die Gleichberechtigung der Frau, so finden wir uns noch mitten in jenen Prozessen, die damals ausgelöst wurden. Die Revolutionen von 1848 mußten auf das Ende des Ersten Weltkriegs warten, also immerhin 70 Jahre lang, um wenigstens einige ihrer Postulate durchzusetzen. Und die Pariser Studenten von 1968 wurden Punkt für Punkt um alles betrogen, wofür sie auf die Barrikaden gestiegen waren. Nicht einmal ihre interdisziplinäre Universität haben sie bekommen. Und doch haben sie irreversible Prozesse ins Rollen gebracht.

Diese Phasenverschiebung in der Evolution zweier Hauptebenen der Menschenwelt – jener der sozialen Strukturen und jener der kulturellen Leitbilder – läßt sich vielleicht so darstellen, wie es O. Markley vom Stanford Research Institute versucht hat (Abb. 45). Jede Ebene wird abwechselnd von der anderen nachgezogen und zieht selber die andere voran. Vorauseilende Leitbilder treten offenbar in verschiedenen Rhythmen auf. Die langsamsten Rhythmen, mit Perioden von der Länge eines Äons (mehr als 2000 Jahre), entsprechen dem Wandel von Religionen. Ich habe an anderer Stelle (Jantsch, 1976) dargestellt, wie

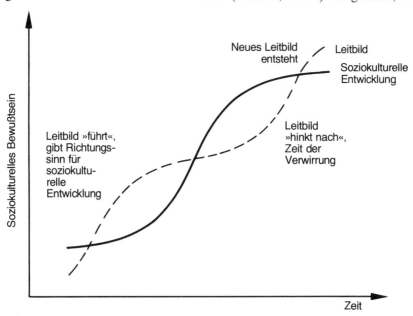

Abb. 45. Phasenverschiebung zwischen kulturellen Leitbildern und soziokultureller Entwicklung. In der einen Phase führt das Leitbild, in der anderen hinkt es nach. Nach O. W. Markley (1976).

350

Religionen die Menschheit über lange Zeiträume gleich einem Licht am Ende eines langen Tunnels geleitet haben. Die im Christentum enthaltene Botschaft der Liebe ist noch kaum in die Wirklichkeit umgesetzt worden, aber sie hat einem Teil der Menschheit die Richtung gewiesen. Unsere Zeit ist ebenfalls eine, in der neue Leitbilder auf dieser höchsten Ebene des Selbstbildnisses des Menschen-im-Universum fällig sind.

Auf der Ebene der umfassendsten menschlichen Systeme, der Kulturen, hat sich die zerstörerische Wirkung struktureller Instabilität schon vor Jahrtausenden erwiesen. Von den meisten der alten Kulturen ist nicht viel mehr übriggeblieben als archäologische Scherben. Manche Mythen tauchen in späteren Kulturen in neuem Gewand wieder auf – in diesen geistigen Strukturen zeigt sich vielleicht die eindrucksvollste Kohärenz der ganzheitlichen Entwicklung der Menschheit. Allerdings ist nicht immer klar, ob solche Mythen durch Tradition überliefert werden oder auf gemeinsame archetypische Wurzeln zurückgehen, auf gemeinsame Urerlebnisse des Menschseins.

In der jüngeren Kulturgeschichte der Menschheit ist hier eine Änderung eingetreten. Die christliche Kultur enthält viele lebendige Elemente der griechisch-römischen Antike, in der Wissenschaft ebenso wie in Philosophie, Ästhetik, Staatslehre, Theater, Sport und anderen Bereichen. Hier hat echte Evolution stattgefunden, bei der viel Wesentliches verwandelt in neue Strukturen eingegangen ist. Eine ähnliche Umstrukturierung, die wir traditionsgemäß als einen Vorgang *innerhalb* der christlichen Kultur ansehen – eine einigermaßen willkürliche Ansicht –, fand mit der Renaissance, mit den Rationalisten des 17. Jahrhunderts und dem Beginn des wissenschaftlich-technischen Zeitalters statt, als Gott aus der Wissenschaft ausgeschlossen wurde. Auch in der Neuzeit lebt vieles vom Altertum und Mittelalter in neuer Form weiter. Der Evolutionssprung zu einer neuen kulturellen Struktur ist nicht einmal eindeutig in der Zeit fixierbar. Zwischen der Entdeckung Amerikas durch europäische Seefahrer und dem Aufkommen der Oper verstrichen mehr als hundert Jahre, und doch gehören beide dem gleichen Geist an. Die westliche Industrialisierung im 19. Jahrhundert schließlich, und vielleicht auch die Kybernetisierung im 20. Jahrhundert, haben neue kulturelle Strukturen ins Leben gerufen, die ohne große Schwierigkeiten aus den alten erwuchsen und weitgehend mit ihnen kohärent sind.

Im 20. Jahrhundert zeichnet sich eine deutliche Abnahme der Rolle sogenannter »großer Gestalten der Geschichte« ab, die – ob weise Staatsmänner oder blutige Usurpatoren – oft Fluktuationen mit umwälzender Wirkung auslösten. Heute sind die Fluktuationen anonymer, breiter und damit auch zum Teil weniger scharf. Das gleiche gilt, etwa im Vergleich zum 19. und frühen 20. Jahrhundert, von den Führungsgestalten in Technik und Wirtschaft. Ihre Systeme sind so unübersichtlich geworden, daß, um einen Ausdruck von Galbraith (1967) zu gebrauchen, die »Technostruktur«, das heißt die Schicht der mittleren Kader und Projektleiter, ausschlaggebend für die Bestimmung des Kurses geworden ist.

Liegt in einer »gleitenden« Evolution, in der sich anstelle einer einzigen sprunghaften Umstrukturierung das Ineinanderweben vieler Teilprozesse und Teilsprünge einstellt, eine Möglichkeit für die großen sozialen Umstrukturierungen, die vor uns stehen – nicht nur innerhalb der westlichen Gesellschaft, sondern auch innerhalb der Weltgesellschaft mit ihren brennenden inneren Gegensätzen? Vielleicht stehen wir am Beginn einer neuen Phase echter gesellschaftlicher Kreativität. Der Drang nach Teilnahme an den Entscheidungen auf allen Ebenen politischer, wirtschaftlicher und zum Teil auch kultureller Prozesse, der sich in Schlagworten wie »Partizipation« oder »Parität« äußert, scheint dafür zu sprechen. Bis zu einem gewissen Grade sind ja, wie schon bemerkt, soziale Umwälzungen durch Revolutionen nur in ihren geistigen Dimensionen abgesteckt worden, um sich dann in oft gar nicht präzise synchronisierten Entwicklungen über Jahrzehnte und Jahrhunderte zu entfalten. Der moderne westliche Wohlfahrtsstaat, was immer man von ihm hält, wurde nicht durch blutige Revolutionen eingeführt.

Kultureller Pluralismus und Autonomie der Systeme menschlichen Lebens

Für die Zukunft glaube ich, daß neben anderen Faktoren vor allem zwei sehr wichtig sein werden. Der eine betrifft den im vorigen Kapitel geforderten Abbau der Kontrollhierarchie auch in bezug auf menschliche Systeme, womit die Aufgabe der Idee eines monolithischen kulturellen Leitbildes verbunden ist. Der andere betrifft die Stärkung der Autonomie – das heißt des Bewußtseins – von Subsystemen.

In einer Kontrollhierarchie müssen, wie bereits erwähnt, die höheren Ebenen langsamer schwingen als die unteren, die von ihnen kontrolliert werden sollen. Deshalb wird in den Kontrollhierarchien der westlichen Demokratien der kulturelle Plafond bewußt starr gehalten, so mobil auch die sozialen Strukturen auf mittleren und unteren Ebenen geworden sein mögen. Sozialer Wandel wird nur im Rahmen unveränderbarer »Werte der Gesellschaft« zugelassen, und ihre Depositorien, die Institutionen, sollen ewig und unwandelbar sein. In einer lebendigen, vielschichtigen Realität geht es aber gerade darum, die höchste Ebene für den Einbruch von Erstmaligkeit offen zu halten.

Eine Gesellschaft, die auf vielen Strukturebenen lebt und evolviert, würde eine Umkehrung des gegenwärtigen Schemas voraussetzen. Die unteren Ebenen, auf denen sich etwa der technische Wandel abspielt, der bis vor kurzem immer schnellere Frequenzen hervorrief (auch in dieser Tendenz scheint sich eine Umkehr vorzubereiten), würden dann die Ebenen verminderter Innovation und vermehrter Bestätigung sein. In der technischen Umwelt könnte das Erreichte konsolidiert und qualitativ verbessert werden. Die Innovationsfrequenzen würden in weiten Alltagsbereichen der Technik langsamer werden. Am anderen Ende hingegen, auf der kulturellen Ebene, würde die langsam schwingende, fast starre monolithische Struktur sich in einen kulturellen Pluralismus auflösen, der gleichzeitig viele Frequenzen aufweist und in dem viele Fluktuationen kleinere Evolutionen auslösen, die sich miteinander verbinden und in Wechselwirkung treten, ohne je eine feste Plattform zu bilden. Es ist bemerkenswert, daß in dem von mir und Conrad Waddington herausgegebenen Buch (1976) mehrere Autoren unabhängig voneinander den Beginn eines solchen kulturellen Pluralismus, einer multiplen Struktur hoher lokaler Fluktuationen und einer symbiotischen Verbindung kultureller Leitbilder und Lebensstile diagnostiziert haben. Magoroh Maruyama (1976) spricht in diesem Zusammenhang von einem »transepistemologischen Prozeß«, in dem sich die einzelnen Epistemologien oder Weltsichten gegenseitig durchdringen. In Berkeley ist ein Pluralismus der Lebensstile bereits farbiger Alltag, wenn auch die Farben in den letzten Jahren ein wenig verblaßt sind.

Ein lebendig brodelnder kultureller Pluralismus würde nicht nur das Leben wieder viel interessanter und aufregender machen, er würde auch die Zwangsjacke der starren Werte von den sozialen Strukturen streifen und ihr Eigenleben legitimieren. In Amerika wird immer mehr darüber diskutiert, daß Polizei und juristischer Apparat in unsinniger Weise mit der Verfolgung sogenannter »opferloser Verbrechen« belastet sind, die oft nur aus der moralischen Anmaßung einer bestimmten Weltsicht heraus verfolgt werden. Sexualverhalten gehört ebenso dazu wie die selektive Verteufelung von Drogengenuß, der oft weit harmloser als der gesellschaftlich sanktionierte (Alkohol, Nikotin) ist. Die Entkriminalisierung von Marihuana ist in Amerika schon weit fortgeschritten, und Homosexuelle können sich zu ihren Neigungen offen bekennen, ohne gesellschaftliche Ächtung und wirtschaftliche Nachteile befürchten zu müssen. Im Gegenteil, die Stadt San Francisco gewährt ihnen sogar Zuschüsse zu ihren Straßenfesten.

Vielleicht würde sich mit einem kulturellen Pluralismus auch die politische Struktur der westlichen Spielart von Repräsentationsdemokratie ändern, an die zu rühren heute noch als vermessen, ja als verbrecherisch gilt. Aber die heutige Form der Demokratie weist zumindest zwei Charakteristika auf, die den Gesetzen natürlicher Evolution sehr schlecht entsprechen. Zum einen hält sie starr am Gesetz der großen Zahl fest und leugnet die Rollen der Fluktuationen. Die absolute Mehrheit entscheidet, oft noch bevor eine Fluktuation Gelegenheit hatte, Resonanzen zu stimulieren. Zum anderen ist sie gegenüber längerfristigen Entwicklungen – und gegenüber Prozessen überhaupt – blind. Zukünftige Strukturen werden in kleinen Schritten ausgehandelt, wobei jede überspielte Partei sich das Ziel setzt, einen widerwillig mitgemachten Schritt möglichst im nächsten Jahr durch zwei Schritte in der entgegengesetzten Richtung zu kompensieren. Zusammen mit der kurzfristigen Ausrichtung auf Wahlen in Perioden von meist nicht mehr als vier oder fünf Jahren wird dadurch die Tendenz verstärkt, Strukturen eher zu stabilisieren und zu zementieren, als ihre evolutionäre Wandlung katalytisch zu fördern.

Die Stärkung der Autonomie der Subsysteme ist ein Thema, das in letzter Zeit auf interessante Weise aufgegriffen wird. So hat Dieter Senghaas (1977) vorgeschlagen, in der Entwicklungsstrategie der Dritten Welt die »assoziativen« Strukturen – die sich an die bestehenden Austauschstrukturen vor allem der westlichen Welt anschließen sollen – durch »dissoziative« zu ersetzen, die weitgehend autonom funktionieren würden. Eine »autozentrierte« Entwicklung armer Länder und Regionen würde sich nicht nur auf die Betonung des Binnenhandels gegenüber dem Außenhandel beschränken, sondern auch Kultur, Zivilisation, Technik und Konsummuster weitgehend unabhängig von westlichen Modellen machen. Unabhängig, doch nicht getrennt. Die weitgehende Ausrichtung der Produktion der Entwicklungsländer auf westliche Bedürfnisse führt ebenso wie ihre unflexible Anwendung westlicher Techniken und politischer Modelle zu einer immer prekäreren Situation. Viele Länder, auch manche westliche Industrieländer, können sich nicht selbst ernähren. Die meisten Industrieländer sind in ihrem Energiebedarf von Importen abhängig. All dies läßt sich sicherlich nicht von heute auf morgen ändern. Aber der Zusammenschluß zu einem einzigen Weltsystem kann nicht mehr das Zukunftsziel sein. Die westliche Welt hat sich hinsichtlich Ausbeutung der Weltressourcen schon zu sehr abseits gestellt, um einer zukünftigen equitablen Weltfamilie anzugehören.

Der schon erwähnte, in Amerika wirkende japanische Anthropologe Magoroh Maruyama (1976) betont nicht-hierarchische Organisationsregeln menschlicher Systeme, die er »heterogenistisch« nennt. Sie bestimmen so manche nicht-westliche Gesellschaftsform (Camara, 1975). Es handelt sich dabei um nichts anderes als um dasselbe Ungleichgewichtsprinzip, das jeder dissipativen Selbstorganisation zugrunde liegt. Dieses Prinzip wirkt nicht nur in nicht-hierarchischen Gesellschaftsformen, sondern auch in der ästhetischen Gestaltung der Systeme menschlichen Lebens wie in Gärten und in der Architektur. Maruyama wendet seine Prinzipien auch auf den Entwurf der Strukturen menschlicher Gemeinschaften in zukünftigen Weltraumkolonien an, die ja, wenn sie überhaupt realisiert werden, zu Laboratorien der Gestaltung menschlicher Systeme werden könnten. Der Schutz all dessen, was schwach und benachteiligt ist, entspricht der Ethik einer selbstreflexiven Gesellschaft. Diese wird aber heute oft im Sinne einer »homogenistischen« Gleichmacherei mißverstanden, die kreative Dynamik erheblich bremst. Wie Gregory Bateson als Regent der Universität von Kalifornien kürzlich festgestellt hat, geht es heute an amerikanischen Universitäten viel mehr um die Rechte der schlechtesten Studenten als um das eine Prozent, das an den »ewigen Wahrheiten« interessiert ist und sie später erforschen wird.

Evolution bringt Ganzheiten hervor, die autonom miteinander in Beziehung treten. Diese Ganzheiten sind nicht nur auf der Ebene von Nationalstaaten fatal durchbrochen worden. Auf der Ebene des Individuums hat, wie Ivan Illich (1978) es ausdrückt, die heteronome (fremdbestimmte) Produktionsweise sozialer Leistung die autonome (selbstbestimmte) in den Schatten gestellt. Wir lernen nicht mehr, wir werden belehrt (im besonderen auch durch die Fertigmeinung der Medien); wir gestalten unsere Umwelt nicht mehr selbst, sie wird uns von der Industrie geliefert; wir leben nicht mehr gesund, sondern werden medizinisch versorgt; wir bestimmen nicht mehr selbst die Werte unseres Lebens, sie werden uns von Experten vorgeschrieben. Und so fort. Menschen, die nicht mehr autonome Werte schaffen können, müssen beliefert werden. Die dafür nötigen Aktivitäten verstopfen in zunehmendem Maße das gesellschaftliche System. Diese Art der Rückkoppelung, die von einem gewissen Punkt ab den Wirkungsgrad sozialer Aktivität sinken läßt, nennt Illich treffend »spezifische Kontraproduktivität«. Beispiele dafür finden sich überall. Bei geringer Verkehrsdichte kann das Auto noch das leisten, wofür es gebaut wurde, nämlich zum Beispiel raschen Transport in der Stadt; sind zu viele Autos auf den Straßen, so kommt man in Stoßzeiten rascher zu Fuß voran. Ich habe schon in Kapitel 10 darauf hingewiesen, daß Energie in zunehmendem Maße dafür aufgewandt wird, um zyklisch angeordnete Industriesysteme zu betreiben, die manchmal nur noch ein Zehntel der in ihnen umgewandelten Energie für jene Bedürfnisse liefern, die zum Bau solcher Systeme Anlaß gegeben hatten. Der Rest ist Leerlauf.

Als integraler Aspekt der soziokulturellen Evolution hat der Mensch die Möglichkeit und die Aufgabe, in seinem Bereich – das heißt auf dem Planeten Erde – evolutionäre Verantwortung zu übernehmen. Mit anderen Worten, er ist zum Systemmanagement auf allen Ebenen aufgerufen. Dieses Systemmanagement erscheint nun als jene Aktivität, die der Evolution zur Geltung verhelfen soll. Nicht *gegen* die Evolution sollen wir handeln, sondern *mit* ihr. Was dies im einzelnen bedeutet, soll im nächsten Kapitel erörtert werden. Vor allem bedeutet es die Erkenntnis und Anwendung einer vielschichtigen Ethik, die über die Ebene des Individuums hinausreicht, also selbsttranszendent wirkt.

16. Ethik, Moral und Systemmanagement

> Wenn die ganze Welt Schönheit schön findet,
> so liegt schon allein darin Häßlichkeit.
> Wenn die ganze Welt Gutes gut findet,
> so liegt schon allein darin Übel.
>
> *Lao Tze,* Tao Teh Ching

Vielschichtige Ethik

In strukturorientierter Sicht wird Ethik oft als metaphysische Kategorie behandelt, als ein Satz von Verhaltensregeln, der absolut gilt oder doch zumindest logisch *a priori* gegeben ist. Diese Sicht wird noch dadurch unterstrichen, daß Ethik in der Regel als pragmatischer, das heißt wirkender Aspekt von Religionen und Ideologien aufscheint, die ihrerseits Anspruch auf absolute Geltung erheben. Es bleibt dann nur noch, sich zu fügen und sich anzupassen.

In einer Prozeßperspektive evolvierender Systeme steht Selbstbestimmung zumindest hinsichtlich gewisser Aspekte im Vordergrund. Ethik bezieht sich dann auf dynamisches Verhalten. Dieses richtet sich aber auf verschiedenen Ebenen der Evolution nach verschiedenen Kriterien. Auf der Ebene der dissipativen Strukturen steht der Energiedurchsatz im Vordergrund, auf der Ebene der ersten selbstreproduzierenden Strukturen die maximale Fehlerkorrektur, und so fort. In Abb. 43 (Seite 304 f.) habe ich den Versuch unternommen, solche Kriterien anzugeben. Wir können ethisches Verhalten ganz allgemein als *evolutionsgerechtes* Verhalten definieren. Dies bedeutet, daß Ethik mit der Evolution überhaupt erst entsteht und daß ihre Entwicklung im Prinzip offen verläuft. Mit jeder neuen autopoietischen Ebene kommt eine neue Ethik ins Spiel und auch ein neuer Mechanismus, mit dessen Hilfe sie regelnd wirkt. Ist dieser in der Soziobiologie vor allem chemischer Natur, so wirken in der Menschenwelt vor allem Gesetze, Verhaltensregeln und Tabus – und die direkt von innen her erfahrbare Moral.

Ethik als integraler Aspekt der Evolution beruht nicht auf Offenbarung, wie die Ethik von Religionen, die einen personalen Gott annehmen. Sie ist durch die Dynamik der Selbstorganisation und damit auch durch die Dynamik des schöpferischen Prozesses auf allen Ebenen direkt erlebbar. Ich möchte diesen Erlebensaspekt der Ethik als *Moral* bezeichnen. Als dynamisches Prinzip ist Moral eine Erscheinungsform des

Geistes – des metabolischen Geistes auf seinen Ebenen wie des neuralen Geistes. Die lebendige, direkte Erfahrung von Moral schlägt sich in Form der Ethik nieder, wird Form, wie biologische Erfahrung im genetischen Code Form wird. Die gespeicherte ethische Information wird wiederum vom moralischen Prozeß in aktuellen Lebenssituationen zur Anwendung gebracht. Die Wechselwirkung von Ethik und Moral ergibt damit einen weiteren epigenealogischen Prozeß, in welchem Komplexität dem Leben verfügbar wird und damit neue Komplexität entstehen läßt.

Es ist Unsinn zu behaupten, Tiere hätten keine Moral; ihre Moral gehört nur einer anderen Bewußtseinsebene an als die menschliche. Ist Re-ligio, die Rückwendung, eine Möglichkeit, die Dynamik der Evolution an ihrem Ursprung zu erfühlen, so bringt sie auch die Moral zur Wirkung. Ganz allgemein nimmt mit fortschreitender Zeit- und Raumverschränkung in der Evolution auch das moralische Erlebnis zu. Es löst damit in immer stärkerem Maße den genetisch bedingten Instinkt als Regulator des Verhaltens ab. Im menschlichen Bereich, in dem die Handlungsmöglichkeiten so unerhört reich aufgefächert sind, sind es vor allem die mentalen Strukturen – unsere Intentionen, Wünsche und Vorlieben –, die moralisch gesteuert werden und unser Gesamtverhalten bestimmen.

Auf den höheren Ebenen menschlichen Bewußtseins, die eine Selbstreflexion kennen, bedeutet evolutionsgerechtes Leben mehr als nur Selbsterhaltung und Selbstpräsentation, die beide schon der Ethik früherer Evolutionsstufen und sogar schon der Ebene chemischer dissipativer Strukturen angehören. Es bedeutet auch mehr als bloße Fortpflanzung und Evolution der Gattung, da diese Merkmale bereits für evolutionär früh aufgetretene Organismen gelten. Schon gar nicht kann das heute so oft genannte Schlagwort vom »Überleben der Gattung« für den Menschen evolutionsgerecht sein; es stellt nichts als ein stumpfes Gleichgewichtsprinzip dar. Im Kielwasser der reduktionistischen Soziogenetik, die sich irreführenderweise Soziobiologie nennt (Wilson, 1975, 1978), treten neue reduktionistische Ansätze auf, die, wie dort das Verhalten von Tieren, hier nun sogar den Ursprung menschlicher Werte rein genetisch deuten wollen. So spricht etwa George Edgin Pugh in einem dicken Buch (1977) von primären Werten, die genetisch fixiert seien und angeblich über Lust und Schmerz das Verhalten regeln. Diese primären Werte seien die Nahrungsaufnahme und die Sexualität – womit der im Vorwort zu diesem Buch angesprochene freudianisch-marxistische

Reduktionismus europäischer Prägung in Amerika fröhliche Urständ feiert. Pughs sekundäre Werte – Moral, Ethik und so weiter – seien dann von den primären Werten nur im Hinblick auf ihre Nützlichkeit beim Problemlösen etabliert worden!

Menschliche Ethik ist in höherem Maße als jede andere eine vielschichtige Ethik. Unser Bewußtsein weist transpersonale Dimensionen auf. Mit unseren mentalen Strukturen gestalten wir gesellschaftliche und kulturelle Systeme. Daher schließt die menschliche Ethik vor allem auch eine *Ethik von Gesamtsystemen* ein, wie West Churchman (1973) sie fordert. Letzten Endes sind wir jedoch dazu aufgerufen, eine Ethik zu entwickeln, die ich *evolutionäre Ethik* nennen möchte. Sie müßte nicht nur über den Einzelnen, sondern über die ganze Menschheit hinausreichen und die Prinzipien der Evolution wie Offenheit, Ungleichgewicht, die positive Rolle von Fluktuationen, Engagement und Nicht-Festhalten explizit mit einschließen. Am Beginn einer weltweiten schöpferischen Krise, die unser bisheriges Leben auf allen Ebenen in Frage stellt, sind wir freilich noch weit davon entfernt, eine solche evolutionäre Ethik zu formulieren und wirksam werden zu lassen.

Was wir in der westlichen Welt Ethik nennen, ist ein Verhaltenskodex auf der gesellschaftlichen Ebene, der aber fast ausschließlich darauf ausgerichtet ist, die freie Entfaltung des Individuums zu sichern. Daher ist bei uns immer soviel von *Rechten* die Rede, von grundsätzlichen Menschenrechten ebenso wie von besonderen Rechten bestimmter Berufsgruppen, Stände, privilegierten oder benachteiligten Minoritäten – und fast nie von *Verantwortung.* Sir Geoffrey Vickers (1973) hat darauf hingewiesen, daß der Rechtsanspruch ein statisches und defensives, strukturell empfundenes Konzept darstellt, während die Übernahme von Verantwortung schöpferische Teilnahme an der Gestaltung der Menschenwelt bedeutet. Die im Westen vorherrschende Ethik ist demnach eine individualistische Ethik im Gewande eines gesellschaftlich verbindlichen Kodexes. Sie ist nicht vielschichtig im echten Sinne.

Moral hingegen ist das direkte Erleben einer evolutionsinhärenten Ethik. Auch Moral bedient sich einer Form, nämlich einer bestimmten Epistemologie, einer Grundeinstellung zur Welt, die einer Struktur unseres Bewußtseins entspricht. Je vielschichtiger und intensiver wir leben, desto vielschichtiger und intensiver wirkt auch die Moral als Aspekt unseres komplexen Bewußtseins. Die Spannung zwischen Ethik und Moral in diesem Sinne war einer der tiefsten Wesenszüge der griechischen Tragödie. Sophokles' Antigone begräbt gegen das Gesetz ihren Bruder Polyneikes, der sich gegen den König erhoben hatte und dessen Leichnam, den wilden Tieren überlassen, vor der Stadtmauer liegt. Ihre Moral gebietet ihr, das göttliche Gesetz der Liebe, das sie in sich fühlt, über das Staatsgesetz zu stellen. Aber auch das Staatsgesetz entspricht der göttlichen Ordnung. Aus freiem Willen und mit innerer Stärke nimmt Antigone ihren Tod auf sich. Ihr Leben wird nicht, wie es heute so oft mißverstanden wird, von einem blinden Schicksal zermalmt. Sie lebt es in voller Konsequenz. In höchster Tragik gewinnt sie die höchste Freiheit.

Moral ist eine Manifestation des Bewußtseins. Ein Ziel in der Gestaltung der Menschenwelt durch den Menschen selbst muß darin liegen, Ethik mit den Ebenen eines vielschichtigen Bewußtseins immer besser zur Deckung zu bringen. Das gleiche gilt für jene mentalen Strukturen, mit deren Hilfe wir planend die Realisierung der Zukunft vorbereiten. Sie müssen auf jeder Stufe vor jener Ethik bestehen können, die wir selbst dort als Wächter über unsere Handlungen eingesetzt haben.

Zeit- und Raumverschränkung in der Planung

Die Beschäftigung mit der mittel- und langfristigen Zukunft hat Theorie und Praxis der Planung seit der Mitte der 60er Jahre – also seit dem Auftreten der erwähnten Metafluktuation – in eine schöpferische Krise gestürzt und grundlegend verändert. Die alten Konzepte kurzfristiger Planung ließen sich nicht einfach auf einen erweiterten Zeithorizont übertragen. Mag auch in der kurzfristigen Planung eine bestimmte und verhältnismäßig klare Produktidee in einer starren Planungs- und Handlungsstruktur ökonomisch optimal realisierbar sein, so läßt sich doch kein starrer Plan wie ein Zollstock von der Gegenwart in eine ferne Zukunft legen. Planung wird vielschichtig. Über die taktische oder operationelle Planung legt sich eine strategische Ebene, auf welcher Optionen möglichst vielfältig ausgedacht, geprüft und vorbereitet werden. Es wird gewissermaßen eine mentale Ungleichgewichtsstruktur geschaffen, in die man bewußt Fluktuationen einbringt, die die Struktur in diese oder jene Richtung evolvieren lassen. Über diese strategische Ebene legt sich ferner die Ebene der Gesamtpolitik (zum Beispiel der Unternehmenspolitik), auf der die Dynamik des betreffenden Systems in Zusammenhang mit der gesellschaftlichen Dynamik gesehen wird. Darüber folgt schließlich die Ebene der Werte, die zwar aus der rationalen

360

Planung ausgeschlossen bleibt, aber implizit oder explizit immer die entscheidende und führende Rolle spielt. Offene Planung ist daher nie ein rein rationaler Prozeß.

Ich habe an anderer Stelle (Jantsch, 1972, 1975) ausgeführt, wie die gesellschaftliche Dimension bereits auf der strategischen Ebene hereinkommt, indem eine bestimmte gesellschaftliche Funktion – zum Beispiel Transport, Kommunikation oder Energieerzeugung und -verteilung – betrachtet wird und die technischen Optionen daraufhin geprüft werden, wie sie sich auf die Lebenssysteme des Menschen auswirken. Die Methodik des Systemansatzes befaßt sich mit dieser Aufgabe. Dabei kann als Kriterium nicht mehr allein kurzfristige Profitmaximierung gelten. Es treten ergänzende Überlegungen hinzu, die vor allem der Wahrung der Rolle des betreffenden Unternehmens im Wandel von Technik und Bedürfnissen gelten.

Eine noch weitergehende soziokulturelle Verantwortung ergibt sich auf der Ebene der Gesamtpolitik. Dort spielt sich die Evolution von institutionellen Leitbildern ab. Das Leitbild des Wirtschaftsunternehmens zum Beispiel hat sich vor rund zwanzig Jahren von dem einer geldproduzierenden Maschine zu dem noch heute dominierenden Leitbild eines Organismus gewandelt, dessen Überleben durch Diversifizierung und andere Methoden gesichert werden soll. Aber dieses Leitbild ist dabei, sich weiterzuentwickeln, denn nicht das Überleben einer bestimmten Organisation ist letzten Endes ausschlaggebend, wenn es drunter und drüber geht, sondern die Kontinuität gesellschaftlicher Prozesse wie Produktion und Verteilung, die im Prinzip auch mit anderen Strukturen gewahrt werden kann, als sie in den gegenwärtigen, meist gemischtwirtschaftlichen Systemen des Westens gegeben sind.

Diese vielschichtige Planung verbindet nicht nur die Perspektive verschiedener Zeithorizonte miteinander, sondern auch verschiedene Grundhaltungen und Logiken. Ich habe diese Grundhaltungen an anderer Stelle (Jantsch, 1975) mit den Beziehungen zu einem Strom verglichen: Stehen wir am Ufer auf dem Trockenen und schauen auf den vorbeifließenden Strom, so entspricht dies der rationalen Weltsicht. Steuern wir unser Schiff im Strom, in direkter Verbindung und Auseinandersetzung mit seiner Bewegung und dabei Distanz zu beiden Ufern haltend, so entspricht dies der mythologischen Weltsicht – wir gehen mit den lebendigen Kräften der Welt gewissermaßen auf gleicher Ebene um, wir sind involviert und engagiert und beeinflussen den Gesamtprozeß. Stellen wir uns aber vor, daß wir selber der Strom *sind*, wie eine Gruppe von Wassermolekülen der Strom ist und doch nur ein Aspekt von ihm, so entspricht dies der evolutionären Weltsicht, die wir im Westen nur mit großen Schwierigkeiten realisieren können, die aber dem reinen Prozeßdenken des Buddhismus und Taoismus entgegenkommt.

Tafel 6 entwirft ein Schema der Entsprechungen zwischen dieser Bewußtseinslogik, den Planungsebenen, Leitbildern und systemtheoretischen Begriffen. Aus ihr wird deutlich, wie planerische Aktivität als evolutionärer Prozeß organisiert werden kann.

Realitätsebene	Planungsebene	Zeitperspektive	Logik
Werte Gesamtpolitik (Systemdynamik)	Gesamtpolitik	langfristig	evolutionär (Welche System-Dynamik im Rahmen einer umfassenden Dynamik?)
Gesellschaftliche Funktionen	Strategie	mittelfristig	wechselseitig-kausal (Wie strukturiere ich Beziehungen in einem System so, daß es lebensfähig bleibt?)
Taktische Ziele (Produkte, Dienstleistungen)	Taktik (Operation)	kurzfristig	linear-kausal (Wie erreiche ich ein bereits erkanntes Ziel?)
Ressourcen (Menschen, Wissen, Materialien, Energie, Geld)			

Vielschichtiges Management widerstrebt den Denkweisen und emotionalen Präferenzen vieler Menschen. Die meisten denken entweder kurzfristig-»konkret« oder langfristig-»allgemein«. Die Kunst des Managers besteht darin, nicht auf einer, sondern auf mehreren Ebenen gleichzeitig zu denken, zu fühlen und zu handeln. Im Einklang mit der in Kapitel 14 diskutierten vielschichtigen Autopoiese und Evolution ist es dabei wesentlich, daß die oberen Ebenen gegenüber dem Auftreten von Erstmaligkeit möglichst offen bleiben. Entgegen einer weitverbreiteten

Leitbild für		System-Paradigma	Beschreibungsebenen
Organisation	Manager		
Managen (Katalysieren) gesellschaftlicher Prozesse	Katalysator	Evolution, Ordnung durch Fluktuation	Struktur ←→ Funktion ↘ ↗ Fluktuation
Überleben eines Organismus	Koordinator	Autopoiese	Struktur ←→ Funktion
Mechanismus zur Erbringung bestimmter Leistungen	Informationsempfänger und Befehlsgeber	Gleichgewichtssystem (Problemlösung)	Struktur

Tafel 6. Vielschichtige Planung in einer vielschichtigen dynamischen Realität. Die aus der Praxis entstandenen Planungsebenen entsprechen einerseits verschiedenen Zeithorizonten, andererseits aber auch verschiedenen Ebenen von Planungslogik und Systemvorstellungen.

Meinung besteht also eine solche evolutionsgerechte Planung nicht in der Verminderung von Unsicherheit und Komplexität, sondern im Gegenteil gerade in ihrer Vermehrung. Die Unsicherheit nimmt zu, indem das Spektrum der Optionen bewußt ausgeweitet wird; hier kommt Imagination ins Spiel. Statt das Naheliegende zu tun, wird auch das Fernerliegende bewußt gesucht und erwogen. Die Komplexität nimmt zu, indem der unmittelbare Bereich der Organisation überschritten wird und die Beziehungen innerhalb der Gesamtgesellschaft, der Kultur oder der ganzen Welt in den Vordergrund treten. Die Wirklichkeit *ist* komplex; größere Komplexität (nicht Kompliziertheit) bedeutet daher, daß Planung realistischer wird.

Öffnung »nach oben«

Mit der Öffnung nach oben werden die Manager der höheren Denkstufen (denen nicht unbedingt höhere hierarchische Macht zukommen muß) zu Managern des Wandels, während auf den unteren Denkstufen weiterhin Administratoren erforderlich sind: Operatoren eingespielter und sich weniger oft ändernder Prozesse. Viele Menschen ziehen jene statische Sicherheit vor, die aus Spezialistentum und vertrauter Arbeitsumgebung resultiert. Andere bevorzugen eine dynamische Sicherheit, die sich mit der Fortbewegung auf einem Fahrrad vergleichen und nie daran zweifeln läßt, daß sich immer neue Herausforderungen an schöpferisches Handeln, immer neue Aufgaben und Belohnungen ergeben werden. Es sind diese dynamischen Menschen, die an die Spitze eines Systemmanagements gehören.

In den aufgeschlossensten Wirtschaftsunternehmen funktioniert das bereits, nicht aber in gesellschaftlichen Managementsystemen wie Regierungen, Gewerkschaften oder Universitäten. Dort sind fast überall die höheren Ebenen gegen Erstmaligkeit abgeschlossen und auf Bestätigung ausgerichtet. Das gilt sogar dort, wo der »Souverän« Volk direkt mitsprechen darf, also in Direktdemokratien wie etwa der Schweiz. Dort geht im Prinzip jeder Stimmbürger mehrmals im Jahr zu Abstimmungen über Fragen von nationaler, kantonaler oder kommunaler Bedeutung. In der Praxis geht allerdings *nicht* jeder (trotz der angedrohten Strafe von sage und schreibe zwei Franken bei Fernbleiben von den Urnen). Eine 1977 veröffentlichte Untersuchung, die im Auftrag des Schweizer Bundesrates durchgeführt wurde, hat festgestellt, daß von einer nach Einkommen und Ausbildung so definierten »Unterschicht« nur 28 Prozent zu den Abstimmungen gehen, von der »Oberschicht« dagegen 68 Prozent. Übersteigt das Einkommen den Ausbildungsgrad, so resultiert daraus ebenfalls eine hohe Beteiligung, bleibt es hinter ihm zurück, so gehen die solchermaßen Enttäuschten nur zu 25 Prozent an die Urnen. Schon aus diesen Zahlen wird deutlich, daß Management eine Angelegenheit von Bewußtsein ist.

Freilich, in der Art ihrer Fragestellungen spricht die Schweizer Direktdemokratie dem hohen Bewußtsein oft Hohn. Als in Zürich vor ein paar Jahren über ein neues städtisches Verkehrssystem abgestimmt werden sollte, wurde die strategische Entscheidung (für eine U-Straßenbahn) im Stadtrat getroffen sowie auch die taktische Entscheidung (für eine bestimmte Linienführung) vorweggenommen und mit erheblichen Kosten in einem alternativlosen Detailplan ausgearbeitet. Die Frage an den »Souverän« lautete nur noch: Soll eine U-Straßenbahn mit dieser und keiner anderen Linienführung für diesen präzisen Betrag gebaut werden? Die Antwort der Bürger lautete: »Nein.« Sie konnte ja auch nicht anders als Ja oder Nein lauten. Was den »Souverän« ungnädig gestimmt hatte, ging aus diesem schlichten Nein nicht hervor. So machte man sich daran, aufs Geratewohl einen Ersatzplan auszuarbeiten.

Der Dialog mit dem Souverän Volk sollte auf der höchsten Ebene der Werte stattfinden. Ich bin mir sehr wohl bewußt, daß dafür noch kein wirksamer Mechanismus besteht; er wäre vordringlich zu schaffen. Der von der Entscheidung betroffene Bürger sollte darüber mitdiskutieren können, wie die Werte in seinem zukünftigen Lebensraum beeinflußt werden. Die strategischen Entscheidungen, die viele komplexe Gedankengänge und technische Auswertungen voraussetzen, sollten Aufgabe der Parlamente oder Stadträte sein; dafür sind vollamtlich tätige Manager nötig. Die taktischen Entscheidungen können dann den Spezialisten und Experten überlassen bleiben. Offenheit ist wichtig an der Spitze. Regierungschefs, Bürgermeister, Gewerkschaftsführer und Universitätspräsidenten sollten nicht Administratoren sein, sondern die Hauptagenten der Offenheit und des Wandels. Dieses Wunschbild ist freilich noch weit von seiner Realisierung entfernt. Immerhin hat sich aber in der Diskussion um Atomkraftwerke schon recht deutlich gezeigt, daß technische Experten auf der Ebene der Werte nicht mehr beizutragen haben als der Normalbürger. Der Senat von Kalifornien hat dies vor kurzem ausdrücklich festgestellt, nachdem er ein Dutzend Nobelpreisträger angehört hatte, von denen sich die Hälfte als engagierte Befürworter und die andere Hälfte als ebenso engagierte Gegner der Kernenergie erwiesen.

Evolution stellt das Prinzip der Demokratie, zumindest in ihrer heute praktizierten Form, überhaupt in Frage. Eine Demokratie kann nur insofern schöpferisch wirken, als sie Fluktuationen zuläßt und sogar fördert. Dies setzt jedoch eine neue Einstellung zum Mehrheitsprinzip voraus, das an und für sich Bestätigung repräsentiert und jeder Erstmaligkeit mißtrauisch oder gar feindselig gegenübersteht. Evolutionäre Kreativität hebt stets das Gesetz der großen Zahl auf, wirkt also *elitär* im positivsten Sinne. Wo Demokratie einigermaßen funktioniert, wird daher zwar die individuelle Phantasie meist stillschweigend toleriert oder gar unterstützt. Aber es wäre wohl an der Zeit, uns auch staatsphilosophisch klarzumachen, daß das Bekenntnis zum Mehrheitsprinzip – oder, deutlicher gesagt, zum Prinzip der Herrschaft des Durchschnitts – geeignet ist, die gesellschaftliche Dynamik immer mehr vom schöpferischen Individuum auf die »Systemzwänge« zu verlagern. »Du glaubst zu schieben und du wirst geschoben«, wie Mephistopheles höhnisch ausruft. Das wohl tiefste politische Paradoxon unserer Zeit liegt darin, daß Selbstbestimmung der elitären Fluktuationen bedarf, um zur Selbsttranszendenz zu werden. Andernfalls gibt es nur Gleichgewicht und »Ausgewogenheit« – die Friedhofsruhe des geistigen, gesellschaftlichen und kulturellen Todes.

Prozeß- statt Strukturplanung

Evolutionsgerechte, das heißt in unserem Sinne ethische Planung stößt aber noch auf weitere grundlegende Schwierigkeiten. Durch Antizipation kann ein Ziel ausgewählt werden. Aber es wird oft als fixe Struktur gewählt, und weitere Antizipation und Apperzeption werden ausgeschaltet. Die extrapolierende Planung der Ökonometriker verfolgt Prozesse linear in die Zukunft unter stillschweigender Zugrundelegung einer starren Prozeßstruktur, was über längere Zeiträume von vornherein unrealistisch ist. Die normative Planung stipuliert »gute« Szenarios für einen bestimmten Zeithorizont und versucht, die Handlungsprozesse der Gegenwart auf diese in der Zukunft anvisierte Struktur auszurichten. Eine naive *Teleologie* – das geradlinige Anvisieren eines Zieles – wird manchmal durch eine verfeinerte *Teleonomie* ersetzt, die erkennt, daß das Ziel nur über bestimmte Prozeßnetze und Umwege erreicht werden kann. Das ändert gleichwohl nichts daran, daß auf diese Weise die Werte der Zukunft vergewaltigt werden, denn sie sind rational nicht vorhersehbar. Jede Struktur impliziert ein bestimmtes Wertsystem, das oft in der Gegenwart kaum sichtbar ist. Der amerikanische Soziologe und Wirtschaftswissenschaftler Edgar S. Dunn (1971), der als erster seines Fachgebietes eine breite, evolutionäre Betrachtungsweise eingeführt hat, spricht daher etwas abschätzig von »utopischem Konstruieren«. Es liegt hier auch tatsächlich ein Ansatz vor, der aus dem Bereich der technischen Planung stammt.

Evolutionsgerecht wäre es, schöpferische Prozesse möglichst frei miteinander in Wechselwirkung treten und ihre eigene Ordnung finden zu lassen. Dunn nennt dies »evolutionäres Experimentieren«. Das Urbild dafür ist die Bewegung prokaryotischer Einzeller wie der Bakterien (Boos, 1978). Bei ihnen wechseln Laufphasen mit Taumelphasen ab, wobei ihre Geißeln oder Flagella, die wie Turbinen rotieren, je nachdem gebündelt werden oder in alle Richtungen weisen. Die in den Laufphasen eingeschlagenen Richtungen sind willkürlich. Trotzdem findet das Bakterium früher oder später zu den Bereichen größter Nahrungskonzentration. Es mißt die Konzentration in der Umgebung des Körpers. Bleibt sie gleich oder nimmt sie ab, so dauert die Laufphase normal lang, das heißt etwa eine Sekunde. Nimmt die Konzentration aber zu, so dauert sie etwas länger. Mit der Zeit gelangt das Bakterium durch solchen »Irrflug mit Bevorzugung« *(random biased walk)* unfehlbar zur höchsten Nahrungskonzentration.

In einem prozeßorientierten Management wäre die Rolle des Managers, wie schon erwähnt, die eines Katalysators. Er hätte gewissermaßen die in die richtige Richtung laufenden Prozesse zu verlängern, wie es das Bakterium tut, während er ergebnislose Prozesse nach einiger Zeit unterbrechen und unkreative nach Möglichkeit unterbinden müßte. So würde er zugleich Wechselwirkungen zwischen Prozessen fördern.

Moderne langfristige Unternehmensplanung, wie ich sie oben kurz skizziert habe, bringt mit ihren vielschichtigen Prozessen tatsächlich jene Flexibilität ins Spiel, die das Kennzeichen offener Evolution ist. Zum Teil ist es nur der Umstand, daß Manager Handlungsrichtungen und -intensitäten nicht wie Schiffskapitäne übersetzen können (»Steuer Südsüdwest, halbe Kraft voraus!«), der sie punktuelle und strukturelle Ziele formulieren läßt. Aber diese Ziele werden mit der Erfahrung der auf sie ausgerichteten Prozesse laufend modifiziert, bis zur Unkenntlichkeit verändert oder überhaupt aufgegeben. »Den Unternehmensplan abmurksen« (»*Aborting the Corporate Plan*«) nannte der Kybernetiker Stafford Beer seinen Beitrag zu einem Planungssymposium, das ich im Jahre 1968 in Bellagio organisiert hatte (Jantsch, Hg., 1969). Was mich heute darüber nachdenken läßt, in welch unerhörtem Maße sich die Management-Philosophie in diesen zehn Jahren weiterentwickelt hat – zumindest was meine eigene Perspektive betrifft.

In dieser offenen Art von Planung liegen – wie in jeder offenen Evolution – Ziel und Zweck nicht am Ende eines Weges in die Zukunft, sondern sind eins mit dem Beschreiten dieses Weges. Erkennen ist letzten Endes stets nur durch Handeln möglich. Die Oszillationen in der Evolution dieser Dynamik sind den endogenen, freilaufenden Rhythmen vergleichbar, die Organismen unter einschränkenden Umweltbedingungen entwickeln. Planung etabliert in dieser Sicht neue Spielregeln für die soziokulturelle Dynamik und führt damit zur Selbstorganisation neuer Beziehungsmuster, die die metabolischen Produktions- und Verteilungsprozesse koordinieren. Leitbilder der Planung und soziokulturelle Dynamik stellen eine Komplementarität im gleichen Sinne dar wie Genotyp und Phänotyp, wobei jeweils der erste Begriff zeitunabhängig und der zweite zeitabhängig ist (Pattee, 1978). Im Systemansatz der Planung aber, der den beschrittenen Weg ständig an den Umweltbedingungen überprüft, können wir auf soziokultureller Ebene ein neues Beispiel für einen epigenealogischen Prozeß erblicken.

Komplementarität der Werte

Vielschichtiges Management und vielschichtige Ethik bringen noch eine weitere Schwierigkeit für den westlichen Menschen mit sich. Wir sind es gewohnt, zwischen Gegensätzen eindeutig zu unterscheiden, vor allem zwischen »gut« und »böse«. Ethisch handeln heißt nach dieser Vorstellung, das »Gute« zu vertreten und seine Umsetzung in die Wirklichkeit zu fördern – und umgekehrt das »Böse« zu unterdrücken. Das geht dialektisch noch halbwegs auf einer einzigen Ebene. Aber in einer vielschichtigen Ethik können sich die Werte von Ebene zu Ebene geradezu in ihr Gegenteil verkehren. Der amerikanische Slogan der 50er Jahre »Was gut ist für General Motors, ist gut für die Vereinigten Staaten; und was gut für die Vereinigten Staaten ist, ist gut für General Motors« ist schon lange als gefährlicher Fehlschluß erkannt worden, der zwei semantische Ebenen willkürlich auf eine reduziert. Was technisch

368

gut ist, kann gesellschaftlich von Übel sein. Was breiten gesellschaftlichen Wünschen und Bedürfnissen entspricht (zum Beispiel hemmungsloser Benzinverbrauch beim Autofahren), kann auf der Ebene des nationalen Wirtschaftsystems großes Unheil bedeuten. Krieg ist, mikroskopisch gesehen, immer etwas Böses, und doch empfinde ich es für meine Generation als etwas außerordentlich Gutes, dank des letzten Krieges nicht im »Tausendjährigen Reich« leben zu müssen. Die Pestseuchen, die im Mittelalter rund ein Drittel der Menschheit hinwegrafften, brachten gewiß unendlich viel persönliches Leid mit sich; aber die Evolution wurde durch sie kein bißchen aufgehalten oder zurückgeworfen. Die Lebensprozesse, wie auch das numerische Wachstum der Menschheit, setzten sehr bald denselben Gang fort, den sie auch ohne die Störung genommen hätten. In der Evolution spielt *Homöorhese* eine große Rolle. Mit Homöorhese bezeichnete Conrad Waddington die Beharrungstendenz ganzer Prozesse – im Gegensatz zur Homöostase, der Beharrungstendenz von Strukturen.

Vielleicht wird die Evolution sich auch nicht viel aus einer turbulenten Entwicklung machen, die womöglich bereits in naher Zukunft große Zerstörungen und Verluste an Menschenleben (das heißt genauer gesagt: Verkürzungen von Menschenleben) mit sich bringt. Ein Lebewesen, das sich fortgepflanzt hat, ist für die biologische Evolution durchaus entbehrlich. Vielleicht bedeuten solche Katastrophen für die Evolution auf dem Planeten Erde nicht viel mehr als für uns das Ausjäten eines Gartens – nämlich etwas Gutes, denn es ermöglicht trotz der Vernichtung vielfältigen Lebens die Bildung neuer Strukturen, die einer von uns höher bewerteten Ordnung angehören, wie etwa Blumenbeete. Wenn wir, wie Bertrand de Jouvenel (1968) es ausgedrückt hat, zum Gärtner dieses Planeten bestellt sind, müßten wir seine Evolution eigentlich verstehen können.

Problemlösen setzt eine eindeutige Antwort auf die Frage nach gut und böse, nach richtig und falsch voraus. Aber eine solche Antwort ist jeweils nur auf einer einzigen Ebene der vielschichtigen Realität möglich. Ein technisches Problem kann gelöst werden; die Lösung – zum Beispiel ein neues Material oder eine neue Konstruktion, die bestimmten Bedingungen genügen – bleibt in der statischen Gleichgewichtswelt der Technik gültig und immer anwendbar. In der Dynamik dissipativer biologischer, sozialer und soziokultureller Prozesse hingegen gibt es keine Probleme, die ein für allemal gelöst werden können. Es gibt nur eine dynamische, evolvierende Problematik (Ozbekhan, 1976), die auf vielen Ebenen unter den verschiedensten Aspekten erscheint. Für Armut oder Ungerechtigkeit gibt es keine »Lösung«. Doch ist die Dynamik, die eine Problematik hervorruft, einer möglichen Regelung zugänglich. Nicht auf einer einzigen, sondern auf vielen Ebenen immer neue Fragen zu stellen – das wäre ein Ansatz zum Verständnis dieser Dynamik. Eine Antwort ist ein Ende, ein Abschluß. Auf immer neuen Erkenntnisebenen Fragen zu stellen, entspricht einer Öffnung des Bewußtseins für eine vielschichtige Realität.

Eine dynamische Ethik des Werdens – im Unterschied zu einer statischen Ethik des Seins – kennt keinen Besitz. Die Bewohner von Bali sehen sich nicht als Besitzer ihrer Insel, sondern als Gäste auf der »Insel der Götter«. Als Gäste, die jeden Tag hart für ihren Lebensunterhalt arbeiten müssen. Gleichwohl ist jenes nie verblassende Gefühl, bei den Göttern zu Gast zu sein, eine unversiegbare Quelle von Glück, das sich in ständiger Dankbarkeit, in Opfern an alle Göttergaben – an das Wasser, das Feuer, die Nahrung – ausdrückt. Wir im Westen leben kaum länger, unser Besitz ist kaum weniger vergänglich als auf Bali. Aber die westliche Besitzethik läßt uns das Leben nicht als Prozeß, sondern als Akkumulation von Geld und Gütern, Wissen und Einfluß erscheinen.

In einer vielschichtigen, evolvierenden Realität gibt es letzten Endes keine klaren Gegensätze mehr. Vor allem gibt es kein »Gut« und kein »Böse«. Es ist kindisch, sich der Evolution zu schämen, wie ich es kürzlich einen alten Nobelpreisträger emphatisch bekennen hörte. Mit teilweiser Ausnahme der photosynthetisierenden Pflanzen lebt alles Leben von anderem Leben – und wir tun es heute noch, auch wenn wir unsere Beute nicht auf offenem Feld zerreißen, sondern dafür Schlacht-häuser und Spezialisten haben.

Im Prozeßdenken gibt es keine Trennung gegensätzlicher Aspekte der Realität. Es gibt auch keine dialektische Synthese von Gegensätzen, jenen plumpen westlichen Versuch, eine starre Struktur von Begriffen in Bewegung zu setzen. Es gibt nur eine Komplementarität, in der die Gegensätze einander einschließen, wie es Hölderlin in seinem Sophokles-Distichon vielleicht am tiefsten zum Ausdruck gebracht hat:

Viele versuchten umsonst, das Freudigste freudig zu sagen.
Hier spricht endlich es mir, hier in der Trauer sich aus.

17. Energie, Wirtschaft und Technik

> Kraft ist die Moral der Menschen, die sich vor
> anderen auszeichnen, und sie ist auch die meinige.
>
> *Beethoven*

Zeitverschränkung in der Erschließung von Energiequellen

Wie jedes dissipative Phänomen entfaltet Leben sich in einem Energiestrom, wobei es freie Energie in Entropie umwandelt. Im Falle unseres
Planeten sorgt das Sonne-Erde-Weltraum-System für das Temperaturgefälle, in dem der Energiestrom von der Sonne die Atmosphäre und die
Biosphäre (also im wesentlichen das Gaia-System) durchsetzt und dabei
abgewertet wird. Durch diese Einbeziehung des Kosmos als Energiequelle und -senke wird die Umwelt, die für den Austausch von Energie
sorgt, praktisch unerschöpflich. Damit erst wird auf der Erde dissipative
Selbstorganisation in großem Maßstab möglich.

Die gesamte Sonneneinstrahlung beträgt rund 173000 Terawatt (TW
oder 10^{12} Watt, das heißt eine Milliarde Kilowatt). Davon gehen fast
52000 TW postwendend durch direkte Reflexion in den Weltraum
zurück, ohne auf der Erde etwas geleistet zu haben. 81000 TW werden
in Wärme umgewandelt, 40000 TW in Wasserverdampfung investiert
und 370 TW für Wettermechanik wie Wind, Wellen, Konvektion und
Strömungen aufgewandt (Hubbert, 1971). Nur ein kleiner Anteil – nach
neueren Schätzungen (Hall, 1978) 95 TW – alimentiert die vielfältigen
Lebensprozesse über die Photosynthese, wobei die in diesem Prozeß
entstehende Abwärme (rund hundertmal soviel) bereits abgezogen ist.
Doch diese Lebensenergie durchströmt so komplexe Ökosysteme mit so
vielen trophischen Ebenen, daß sie auf vielen Stufen genutzt werden
kann.

An den 95 TW Energiefluß des Lebens partizipiert die Menschheit auf
der höchsten trophischen Ebene derzeit mit etwa einem halben Prozent
oder 0,5 TW (4 Milliarden Menschen mal durchschnittlich 125 Watt
Wärmeleistung). Der biologische Energiefluß wird aber weit übertroffen
durch den technischen Energiefluß, der die Menschenwelt durchsetzt.
Dieser technische Energiefluß beträgt derzeit schon fast 10 TW, also ein
Zehntel vom gesamten Energiefluß des irdischen Lebens. Damit hat die
Technik den biologischen Anteil der Menschheit auf das Zwanzigfache
erhöht, wobei die Vereinigten Staaten den weltweiten Pro-Kopf-Durch-

schnitt von mehr als 2 Kilowatt um das Sechsfache übertreffen, während der indische Pro-Kopf-Verbrauch weniger als ein Fünftel des Durchschnitts beträgt.

Seit der Zähmung des Feuers vor rund 450000 Jahren, mit der die Urzeit menschlicher Technik einsetzte, hat der Mensch von jenem »Kurzzeitspeicher« der Sonnenenergie Gebrauch gemacht, der mit der Biomasse gegeben ist. Brennholz und organischer Abfall können jedoch bei kontinuierlicher Anzapfung dieser Speicher im Maximum nur 5 bis 10 TW liefern, wobei weniger als die Hälfte wirtschaftlich praktikabel erscheint (Starr, 1971). Der andere kontinuierlich wirkende »Kurzzeitspeicher« der Sonnenenergie, der mit der Verdampfung von Wasser ins Spiel kommt, kann über Wasserkraftwerke maximal 3 TW liefern, wovon derzeit etwa ein Drittel ausgenutzt wird. Der nicht auf die Sonne zurückgehende »mittelfristige« Speicher der geothermischen Energie enthält insgesamt überhaupt nur 3 TWJ (Terawattjahre).

Von den direkt anzapfbaren Energieströmen der Biosphäre können die Gezeiten und andere Phänomene nur eine ganz geringe Rolle spielen. Zusammen mit den bereits erwähnten Kurzzeit- und Mittelzeitspeichern der Erde könnten sie nach Starr (1971) in ihrer Gesamtheit maximal 18 TW liefern, wovon aber bis zum Jahre 2000 nur etwa 3 TW nutzbar wären.

Es ist daher kein Wunder, daß der Mensch seit Beginn des industriellen Zeitalters versucht hat, sich die »Langzeitspeicher« der Erde nach und nach nutzbar zu machen. Seit dem Beginn des Kambriums vor 600 Millionen Jahren, als vielzellige Organismen entstanden, ist ein Teil des Lebens bei seinem Tode nicht in seine molekularen Bestandteile zerfallen und rezirkuliert worden, sondern in Sümpfen und Mooren versunken, wobei die potentielle Energie der makromolekularen Strukturen zum Teil erhalten blieb. Vom Energiestrom, der das Leben durchpulste, ist damit ein Teil, der nicht viel mehr als ein Millionstel ausgemacht hat, vom Kurzzeitspeicher des Organismus in jenen Langzeitspeicher fossiler Brennstoffe transferiert worden, in dem Kohle, Erdöl, Erdgas und Ölschiefer lagern. Dieser Speicher wird insgesamt auf etwa 15000 TWJ geschätzt, wobei aber höchstens die Hälfte abbaufähig sein dürfte. 89 Prozent davon entfallen auf Kohle. Von den abbaufähigen Vorkommen ist bestenfalls ein Fünftel, also etwa 1500 TWJ, zu Kosten nutzbar, welche die heutigen um nicht mehr als das Doppelte übersteigen (Hubbert, 1971; Starr, 1971). Der fossile Speicher regeneriert sich auch heute noch ungefähr im gleichen Maße wie eh und je, das heißt etwa mit maximal 100 Megawatt, was aber derzeit nur ein Hunderttausendstel seines Abbaus ausmacht.

Größer sind die Langzeitspeicher, die nicht aus primärer Sonnenenergie stammen, sondern aus jenen Prozessen der kosmischen Evolution, die noch vor der Entstehung des Sonnensystems abliefen. Dies sind die Speicher von Atomkernen, die sich entweder für Spaltung oder Fusion eignen. Werden Spaltungsreaktoren für direkten Einweg-Abbrand von Uran zugrunde gelegt, so ist der Spaltungsenergiespeicher von der gleichen Größenordnung wie jener der fossilen Brennstoffe. Mit der Brutreaktor-Technik der »Schnellen Brüter« steigt der Energiewert dieser Reserven hingegen bis auf das Hundertfache, entspricht also dem einer vielfachen Jahreseinstrahlung der Sonne. Dabei hängt die Größe der Reserven, die diesen Berechnungen zugrunde gelegt wird, sehr stark von dem Preis ab, der für ein Pfund Uranoxid bezahlt werden kann. In Preisen ausgedrückt, die vor 1973 galten (und seither auf ein Vielfaches angestiegen sind), ist die Situation etwa folgende: bei 10 Dollar pro Pfund beträgt die Reserve etwa 1000 TWJ, bei 100 Dollar etwa 3000 bis 30000 TWJ und bei Preisen bis 500 Dollar etwa 1500000 TWJ. Aus Meerwasser kann Uran im Umfang von etwa 100000 TWJ gewonnen werden (Trüeb, 1974).

Viel mächtiger ist der andere nukleare Langzeitspeicher, aus dem Fusionsenergie freigesetzt werden könnte. Solange die einfachere Deuterium-Tritium-Reaktion anvisiert wird, ist das Gesamtpotential durch das Vorkommen von Lithium begrenzt, das sich im Reaktionssystem zu Tritium verwandelt. Lithium kann aus Meerwasser gewonnen werden. Bei einer Extraktion von 2 Prozent ergibt sich ein Fusionsenergiepotential von etwa einer Million Terawattjahre, das also vergleichbar ist mit den Reserven an Spaltungsenergie. Wird jedoch die Deuterium-Deuterium-Reaktion eines Tages gemeistert, die höhere Temperaturen voraussetzt, so ändert sich das Bild gewaltig. Die Weltmeere enthalten ein Deuterium-Atom auf je 6700 einfache Wasserstoff-Atome, das heißt, jeder Kubikmeter Wasser enthält 34,4 Gramm Deuterium, dessen energetisches Potential der Verbrennungswärme von 300 Tonnen Kohle entspricht. Da das Volumen der Weltmeere eineinhalb Milliarden Kubikkilometer beträgt, also $1,5 \times 10^{18}$ Kubikmeter, ergibt sich daraus selbst bei einer Abreicherung von nur 2 Prozent des Deuteriums ein Energiespeicher, der die Größenordnung von 10^{10} TWJ hat, also eine Million Male so groß ist wie der Speicher fossiler Brennstoffe (Hubbert, 1971).

Dieser Rückgriff auf Energiespeicher, die aus immer früheren Phasen der Evolution stammen und deren Potential mit der Zeitdistanz zunimmt, ist nichts anderes als ein weiterer Aspekt der Zeit- und Raumverschränkung. In der Freisetzung materiell gespeicherter chemischer und nuklearer Energie wird eine immer fernere Vergangenheit in der Gegenwart wirksam. Mit der Produktion von Umweltverschmutzung und Abfall wird allerdings auch die Gegenwart in der Zukunft wirksam. Dies wird am Beispiel des radioaktiven Abfalls dramatisch sichtbar, wobei die bessere Ausnützung des Spaltungsenergie-Speichers durch die Plutonium-Brütertechnik auch die unerwünschten Auswirkungen auf die Zukunft enorm verstärkt. Ist dies nun eine »Bestrafung« dafür, daß wir in die Speicherungsaktivität der Evolution eingegriffen haben, oder ist unser geistiger Horizont zu beschränkt, um in solchen evolutionären Dimensionen zu denken? Ist die Kernenergie »sündhaft« oder evolutionsgerecht?

Wenn ich die hitzig geführte Kernkraft-Debatte verfolge, kann ich – bei aller Besorgnis – manchmal nicht umhin, an die Prokaryoten zu denken. Hätten sie ihren eigenen Wissenschaftsrat und ihre eigenen Umweltschützer gehabt, so hätten diese bestimmt gewarnt: »Es gibt einen außerordentlich giftigen Stoff, Sauerstoff genannt, der organisches Gewebe verbrennt und unser aller Ende bedeuten würde, träte er jemals frei auf. Manche unter uns sprechen von besserer Energiewirtschaft mit seiner Hilfe. Die Verantwortungslosigkeit solcher Reden ergibt sich von selbst.« Und sie hätten völlig recht gehabt. Manche der Nachfahren jener Prokaryoten, die dann doch den Sauerstoff auf der Erde einführten, verstanden es, sich anzupassen. Andere müssen unter der Erde leben und sich von den Pflanzen vor jenem »giftigen« Sauerstoff beschützen lassen. Allesamt sind sie nicht mehr die alleinigen Herren der Erde, und viele haben ihre Freiheit verloren. Aber sie haben mit ihrer Selbsttranszendenz die Voraussetzung für alles komplexere Leben geschaffen – auch für uns.

In den letzten hundert Jahren ist der »energie-genealogische« Weg der Zeitverschränkung in der Erschließung von Energiequellen einseitig ausgebaut worden. Ihm steht der »energie-autopoietische« Weg gegenüber, der in einer Wechselwirkung mit der Umwelt besteht, also in einer direkten Ausnützung der Sonnenenergie. Nur jener Teil der Sonnenstrahlung, der normalerweise in Wärme umgewandelt wird, und auch davon nur jener Teil, der auf die feste Erdoberfläche gelangt, kann im Maximum genutzt werden, das heißt etwa 28000 TW. Rechnet man mit einem zehnprozentigen Umwandlungs-Wirkungsgrad, so müßten beim heutigen Energiekonsum schon ein Drittelprozent der Landflächen weltweit mit Sonnenkollektoren belegt sein, und in Zukunft noch mehr. Es sei denn, es ließen sich Pläne für außerirdische Sonnenkollektoren verwirklichen, die die umgewandelte Energie in Mikrowellenbündeln zur Erde übertragen. Wie bei der Freisetzung gespeicherter Energie würde dann aber der Energiehaushalt der Erde zusätzlich belastet werden, anders als bei einer Nutzung der natürlichen Sonneneinstrahlung. Es ist noch nicht klar, welche Begrenzung früher entscheidend sein wird, die der Energiebeschaffung oder die des Energiekonsums.

Energieintensive Wirtschaft

In Kapitel 8 wurde erwähnt, daß mit der Reifung von Ökosystemen der spezifische Energiebedarf pro Einheit der Biomasse sinkt. Die durchströmende Energie wird immer besser ausgenützt, was vor allem auch durch die Ausbildung einer Hierarchie trophischer Ebenen geschieht, in denen die gleiche Energie gewissermaßen von Stufe zu Stufe rezirkuliert wird. Dementsprechend nimmt in reifen Ökosystemen auch die Primärproduktion von Pflanzen pro Einheit der Biomasse ab. Insgesamt aber nimmt die Biomasse zu, das heißt das Ökosystem wird immer komplexer und dichter. Damit wird auch die im System zwischen ihrem Eintritt und Wiederaustritt gespeicherte Energie um so größer, je höher das System organisiert ist. Dies ist ein allgemeines Gesetz des Lebens (Morowitz, 1968). Es ergeben sich somit typische Kurven, die in Abb. 46 dargestellt werden. Wie daraus hervorgeht, stellt sich der Maximalertrag bei Ökosystemen von relativ niedrigem Reifegrad ein.

Ramón Margalef (1968) hat darauf hingewiesen, daß landwirtschaftliche Systeme bewußt auf einen solchen niedrigen Reifegrad hin angelegt werden. Das bringt zugleich den Vorteil hoher Robustheit mit sich, den jüngere Systeme aufweisen. Normale landwirtschaftliche Systeme sind viel weniger in Gefahr, unter der menschlichen Ausbeutung zusammenzubrechen, als es komplexere Systeme wären. Margalef glaubt, daß die Menschen allgemein auf Systeme niedrigen Reifegrades eingestellt sind. Der zusätzliche Energiefluß, den sie durch die Ökosysteme pumpen, kann sich ihm zufolge nur im Sinne einer Verjüngung der Biosphäre auswirken, die neue Gelegenheiten für Evolution schafft. Selbst die Umweltverschmutzung verstärkt ja zum Teil die biologische Aktivität,

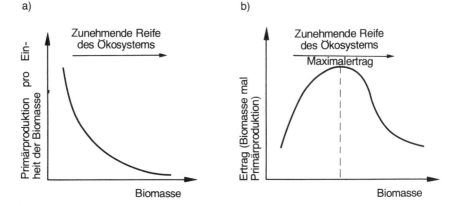

a) Zunehmende Reife des Ökosystems →

Primärproduktion pro Einheit der Biomasse

Biomasse

b) Zunehmende Reife des Ökosystems →

Maximalertrag

Ertrag (Biomasse mal Primärproduktion)

Biomasse

Abb. 46. Primärproduktion und Ertrag in einem Ökosystem vorgegebener räumlicher Ausdehnung: (a) Mit der Reifung des Ökosystems nimmt die Biomasse absolut zu, aber die Primärproduktion pro Einheit der Biomasse nimmt ab, das heißt das Ökosystem lernt, besser hauszuhalten. (b) Der Ertrag erreicht daher in einem Ökosystem relativ niedrigen Reifegrades ein Maximum, weshalb landwirtschaftliche Systeme einem solchen niedrigen Reifegrad entsprechen. Nach R. Margalef (1968).

wie zum Beispiel in eutrophisierten Gewässern. Der durch die Verbrennung fossiler Brennstoffe ansteigende Kohlendioxidgehalt der Luft führt zu einer allgemeinen Zunahme des Pflanzenwuchses, der ja gerade durch das verfügbare Kohlendioxid begrenzt und damit reguliert wird.

Die Energie, die aufgewandt wird, um eine Einheit der menschlichen Biomasse (also zum Beispiel einen einzelnen Menschen) zu versorgen, nimmt dabei ständig zu. In der Landwirtschaft geht dies vor allem auf die Herstellung von Kunstdünger und auf die Mechanisierung der Arbeit zurück, aber auch auf eine Verschiebung der Primärproduktion (pflanzliche Nahrung) in Richtung auf einen größeren Anteil für die Sekundärproduktion (tierische Nahrung, wobei das Tierfutter oft zu einem großen Teil aus Getreide und anderen hochwertigen, für den menschlichen Konsum geeigneten Primärprodukten besteht, nicht nur aus Grünfutter). Weitere Faktoren sind Verarbeitung und Transport. Wurde in den Vereinigten Staaten noch 1940 für die konsumierte Nahrungsenergie nur das Fünffache an Fremdenergie investiert, so war es 1970 schon das Neunfache.

Margalefs Interpretation des höheren Energieaufwands als Verjüngung des Systems hat sicherlich etwas für sich. Die Industrialisierung hat der Menschheit eine erhebliche Beschleunigung evolutionärer Prozesse beschert. Neue »Nischen«, das heißt neue Berufe, wurden geschaffen. Neben dem landwirtschaftlichen Sektor entstanden der industrielle und der Dienstleistungssektor der Wirtschaft, zu denen sich heute der Informationssektor gesellt. Wie in einem Ökosystem durchströmt die Primärenergie viele Trophen, die in den Industrieländern um so mehr Menschen umfassen, je ferner sie der primären Energieumwandlung in der Landwirtschaft stehen. Doch der Vergleich hinkt. Denn er entspräche ja einem *reifen* Ökosystem, in dem der Energieaufwand pro Einheit der Biomasse *absinken* müßte. Im menschlichen System nimmt der Energieaufwand aber mit wachsender Komplexität nicht nur pro Kopf, sondern zum Teil auch (wie das zitierte Beispiel der Landwirtschaft zeigt) pro Einheit der Produktion zu. Wie ist das zu erklären?

Ich glaube, es hängt damit zusammen, daß soziokulturelle Systeme nicht wie soziobiologische oder Ökosysteme vorwiegend nur autopoietisch wirken – das heißt schöpferisch in der Selbstverwirklichung auf einer bestimmten Stufe –, sondern auch schöpferisch in der Gestaltung ihrer eigenen Evolution und in der Transformation einer Umwelt, die über die primären Bedürfnisse des Menschen weit hinausgeht. Es spielt ferner wohl eine bedeutende Rolle, daß der Mensch als einziges Lebewesen in großem Stil exosomatische Werkzeuge wie Maschinen und Fahrzeuge einsetzt. Ihr Betrieb verschlingt zugleich mehr Energie als der Betrieb der lebenden Teile des Systems. Soziokulturelle Systeme gehorchen nur zum Teil den Gesetzen des biologischen Lebens. Sind selbstorganisierende Systeme – von chemischen dissipativen Strukturen bis zu Ökosystemen – selbstbeschränkend, so repräsentiert die Technik eine Gleichgewichtswelt, deren Wachstum (wie etwa das Wachstum der Kristalle) unbeschränkt ist. Ihr energetischer Aspekt ist der von gemischten Gleichgewichts/Ungleichgewichts-Systemen – von Menschen/Technik-Systemen.

Der amerikanische Anthropologe Richard Adams hat in seinem hochinteressanten Buch *Energy and Structure* (1975) den Drang nach Energie als einen Drang nach Macht durch Beherrschung der Umwelt dargestellt. Selbst die marxistische Theorie wußte es nicht besser, als sie den Weg zur Befreiung des Menschen aus den feudalen Strukturen über eine Phase des Machtgewinns durch Aufbau einer Schwerindustrie suchte. Auch so manches Entwicklungsland sieht sich um die Früchte seines Aufbaus einer eigenen Schwerindustrie betrogen. Algeriens Hoffnungen, seine mit Priorität aufgebaute Schwerindustrie werde sich zur

»*Industrie industrialisante*« entwickeln können und eine Selbstorganisation industrieller Wirtschaft einleiten, sind in nichts verflogen. Technische Prozesse sind keine Lebensprozesse. Sie können bestenfalls Hilfestellung für die Entfaltung von Leben leisten.

Der evolutionäre Trend zu höherer Flexibilität wirkt sich auf der menschlichen Ebene ungleich stärker aus als in Ökosystemen mit evolutionär älteren und weniger komplexen Lebensformen. Dort bedeutet höhere Autonomie eines reifen Ökosystems zuweilen geringere Flexibilität gegenüber unerwarteten Umweltfluktuationen. Der Mensch ist nicht nur fähig zu viel schnelleren Lernprozessen und damit zu einer rascheren Einstellung auf Veränderungen in der Umwelt. Er ist auch von der Evolution so eingerichtet, daß er mit einem hohen Maß an Ungewißheit leben und Erstmaligkeit absorbieren kann. Evolutionär ältere Organismen sind in der Regel hochspezialisiert, zum Beispiel auf eine oder wenige Arten von Nahrung, in der Beschaffung dieser Nahrung, in der Kommunikation oder in der Verteidigung. Der Mensch hingegen ist von Natur aus außerordentlich vielseitig. Erst seine Technik läßt ihn dies wieder vergessen und verlernen.

Es ist vielleicht nicht uninteressant, daran zu erinnern, daß die zwei Milliarden Jahre dauernde, gewaltige Umgestaltung der Erdoberfläche und der Atmosphäre durch die Sauerstofferzeugung der Prokaryoten keiner komplexen Systeme bedurfte. Sie legte vielmehr erst den Grund für die Entstehung komplexer Systeme und für die Selbsttranszendenz des Lebens zu höheren autopoietischen Ebenen. Spätere Transformationen durch jüngere Ökosysteme schufen ebenfalls die Voraussetzungen für das Auftreten höherer evolutionärer Prozesse. Kündigt heute vielleicht die zeitlich und räumlich unerhört dichte Umgestaltung der Erde durch die soziokulturelle Evolution einen weiteren Schritt der Selbsttranszendenz an? Es könnte der Schritt vom Planeten Erde in den Weltraum sein.

Der unmittelbare Effekt ist allerdings eher eine Verstopfung unseres irdischen Systems. Das exponentielle Wachstum des Energiebedarfs, das in der jüngeren Vergangenheit einer Verdoppelungszeit von nur etwa 13 Jahren entsprach, ist eng mit der Natur des Wirtschaftsprozesses verbunden, der heute in den industrialisierten Ländern vorherrscht. Er ist im wesentlichen ein Einweg-Prozeß, der treffend auch »Wegwerf-Wirtschaft« genannt wird. Georgescu-Roegen (1971) hat diesen Wirtschaftsprozeß als einen entropieerzeugenden Prozeß dargestellt, wobei sich die entstehende Entropie nicht nur in Abwärme, sondern auch in Abfall und

Umweltverschmutzung manifestiere. Das ist nicht falsch, geht aber am Kern der Sache vorbei. Denn auch jeder andere Lebensprozeß erzeugt Entropie und Abfall, doch wird dieser Abfall in biologischen Kreisprozessen praktisch vollständig rezirkuliert.

Worin wir indessen noch völlig im dunkeln tappen, ist die Frage, welche Auswirkungen der industrielle Abfall und die Pollution auf das selbstregulierende Gaia-System haben werden. Wird es, wenn der heute bereits deutlich feststellbare Anstieg des Kohlendioxidgehalts der Luft zu verstärkter Wärmestrahlung führt, die Temperatur langfristig irgendwie anders auf den optimalen Wert für das irdische Leben einstellen können? Gibt es einen Mechanismus, um den Folgen der Ozon-Zerstörung in den oberen Schichten der Atmosphäre entgegenzuwirken? Ist Gaia ganz allgemein robust, oder läßt sie sich heute, anderthalb Milliarden Jahre nach ihrer Geburt, durch den Menschen leicht aus dem Konzept bringen? Wir wissen es nicht, weil die Wissenschaft bisher zwar wohl den Lebensformen, kaum aber den Lebensprozessen Interesse entgegengebracht hat.

Die Einweg-Wirtschaft muß immer mehr Energie aufwenden, um den durch sie verursachten Abfall und die Umweltverschmutzung zu beseitigen. Eine Rezirkulationswirtschaft nach biologischen Prinzipien erscheint zu einem guten Teil möglich und wird immer dringender gefordert. Was aber wohl noch viel schwerer wiegt, ist der Umstand, daß der technisierte Wirtschaftsprozeß immer mehr Menschen aus ihrer Beteiligung am gesellschaftlichen Prozeß verdrängt. Man fordert Wirtschaftswachstum, um der Arbeitslosigkeit zu begegnen. Es wird ein »Recht auf Arbeit« geltend gemacht, wo es im Grunde doch darum ginge, die Verantwortung für die gesellschaftlichen und wirtschaftlichen Prozesse mit allen schöpferischen Menschen zu teilen. Das Ergebnis ist einer Schraube vergleichbar, in der sich Arbeitslosigkeit, Inflation, nutzlose Produktion und sinnloser Konsum, Abfall und Pollution in einem positiven Rückkoppelungssystem gegenseitig in die Höhe treiben.

Ursprünglich war wohl die Flexibilität der menschlichen Gesellschaft so groß, daß soziale Struktur und wirtschaftliche Funktion einigermaßen zur Deckung gebracht werden konnten. Richard Adams (1975) führt das Beispiel einer indischen Kastengesellschaft aus dem Jahre 650 an: Eine Bauernkaste hatte die Aufgabe der Produktion, eine Händlerkaste die der Lagerung und des Transports der Güter, eine Krieger- und Adelskaste handelte nicht mit materiellen Dingen, kontrollierte aber das Ganze und konsumierte. Eine Priesterkaste stand jenseits der Lebensprozesse; im energetischen Schema entspräche ihr nach Adams die Entropieerzeugung. Die Kastenlosen schließlich beseitigten den Abfall. Im Klassenkonzept der westlichen Soziologie ließen sich wohl ursprünglich in ähnlicher Weise organisierte gesellschaftliche Strukturen mit Funktionen des Wirtschaftsprozesses zur Deckung bringen (Bauern und Arbeiter, Händler, Besitzende und Beamte). In unserer Zeit aber haben diese Entsprechungen sich weitgehend verwischt. Dies ist vielleicht ein Anzeichen für eine bevorstehende grundlegende Änderung des überkommenen Wirtschaftsprozesses, der unserer Zeit kaum noch entspricht.

Wirtschaft, Umwelt und Bewußtsein

Wirtschaft ist im wesentlichen ein Prozeßsystem des menschlichen Bewußtseins. Sie kann prinzipiell in so vielen dynamischen Strukturen ablaufen, wie wir uns vorstellen können. Wirtschaft ist ein System aus subjektiven, dynamischen Beziehungen, das wesentlich von psychologischen Faktoren abhängt. Dies wird heute zum Teil erkannt, und es werden mögliche neue Strukturen diskutiert, die das Wirtschaftssystem in die Perspektive des menschlichen Bewußtseins setzen. Aus der gegenwärtigen Diskussion schälen sich die folgenden fünf Grundtypen heraus:

1. *Dominanz* über die Umwelt mittels Energie- und Materietechnik. Die Umwelt wird durch Umstrukturierung vorhersehbar gemacht, was ihre Kontrolle erleichtert. Mit anderen Worten, es wird Bestätigung maximiert. Angestrebt wird ein Gleichgewichtszustand, in dem die Umwelt nicht evolvieren kann und damit die Menschenwelt ebensowenig. Dieser Weg führt zur Verstopfung der Prozesse der Eigenstruktur und zu dem, was Ivan Illich (1978) die bereits erwähnte spezifische Kontraproduktivität nannte.

2. *Anpassung* der Eigenstruktur an die Umwelt, auch hier mit dem Ziel eines Gleichgewichtszustandes, in dem Bestätigung überwiegt und damit statische Sicherheit gewährleistet wird. John Rodman (1977) hat kürzlich die »populäre Rhetorik des Überlebens« kritisiert und auf die gefährliche Einengung des Bildes hingewiesen, das wir uns mit einseitigen Rezepten von der Natur und von uns selbst machen: Die Konservierung von Ressourcen impliziert eine eindimensionale Reduktion der Erfahrung auf eine anthropozentrisch definierte wirtschaftliche Nützlichkeit. Die Bewahrung der wilden Natur hat mit einer religiösen Suche

380

nach dem Heiligen zu tun, das vermittelt wird durch eine provisorische, kontemplative und nicht selten ökologisch unverständige Ästhetik. »Naturmoralismus« trachtet nach Gerechtigkeit für die außermenschliche Natur, sieht aber die Beziehungen zwischen den lebenden Arten nur unter dem Blickwinkel einer viel zu artspezifischen Moralität von Rechten und Pflichten. Auch Paolo Soleri (1973) hält nichts vom »ökologischen Eifer der Gegenwart«, der »nur ein Schnitzelchen von der zeitlich-räumlichen Struktur der Ökologie« erfasse und wenig von der Bedeutung begreife, die die Ökologie als Geschichte oder Evolution in sich trage; eine bloße Momentaufnahme lasse dies freilich nicht erkennen. Nur eine Haltung, die John Rodman »ökologischen Widerstand« nennt, erweitert unser Selbst- und Naturbild, indem sie Verschiedenartigkeit als natürlich betrachtet und über eine Haltung der Scheu, der Ehrfurcht und des Moralismus hinausgeht. Sie entspricht aber eher der folgenden Variante 3.

3. *Symbiose* mit der Umwelt, die vor allem Kreisprozesse nach biologischem Muster vorsieht, zum Beispiel Anzapfung des direkten Kreislaufes von Sonnenenergie, Nutzung der Energie auf vielen Trophen menschlichen Lebens (wie etwa in den kompakten Zukunftsstädten von Paolo Soleri und bereits im Prototyp *Arcosanti),* Rezirkulation von Materie und erhöhter Einsatz von biologischer Technik (nicht nur in der Landwirtschaft). Das wirtschaftliche Ideal wäre hier etwa Willis Harmans (1974) Idee eines »humanistischen Kapitalismus«, der sowohl eine »ökologische Ethik« wie eine »Selbstverwirklichungs-Ethik« voraussetzen und sich bei der Planung und Mobilisierung des schöpferischen Potentials möglichst vieler Menschen etwa an jene Prinzipien des Systemmanagements halten würde, die ich im vorigen Kapitel skizziert habe. Diese Haltung betont Autopoiese, aber noch nicht Evolution.

4. *Evolution* und Erschließung neuer Entfaltungsmöglichkeiten (Nischen) *durch Erweiterung der Umwelt,* das heißt durch Kolonisierung des Sonnensystems und weiterer Teile des Weltraums. Im Vordergrund des Interesses stehen dabei derzeit von Menschen fabrizierte und besiedelte Strukturen, die nach ernsthaften Studien des amerikanischen Physikers Gerard O'Neill (1977) nicht nur machbar, sondern auch wirtschaftlich vorteilhaft sein sollen. Auch die Verwertung der Rohstoffe (vor allem Metalle) kleiner Asteroiden, die auf eine Umlaufbahn um die Erde gebracht werden, spielt in solchen durchaus seriös betriebenen Spekulationen ebenso eine Rolle (O'Neill, Hg., 1978) wie die schon erwähnten Sonnenstrahlungs-Kollektoren auf Erdumlaufbahnen. Diese

Haltung stellt eine Art »technische Flucht nach vorn« dar, die für den derzeit dominierenden Wirtschaftsprozeß (gemäß Punkt 1) neue räumliche Möglichkeiten erschließen will und auch eine breitere Basis für symbiotische Prozesse anstrebt. Die wesentliche Gestaltungsaufgabe bezieht sich aber nicht nur auf technische Konstruktionen, sondern auf die Gestaltung von Ökosystemen, menschlichen Gesellschaften und Kulturen. Und hier liegen wohl größere Ungewißheiten als im Bereich der physischen Technik. Es geht buchstäblich um Kreation neuer Welten in ihrer ganzen vielschichtigen Realität – eine großartige Erweiterung der Neuerschaffung der Welt in der soziokulturellen Evolution.

5. *Evolution* und Erschließung neuer Nischen *durch Erweiterung des Bewußtseins.* Hierher gehört eine Informationstechnik, die nicht nur der Steuerung von Energie- und Produktionsprozessen dient, sondern vor allem der Diversifizierung unserer eigenen persönlichen Erfahrung. Lernen wäre dann nicht mehr Anpassung an eine bestimmte Form, in die das vorhandene Wissen gebracht worden ist (Lernen einer wissenschaftlichen Disziplin), sondern die Bildung lebendiger Beziehungen zu einer vielfältigen und in vielen Formen erfahrbaren Realität – es wäre schöpferisches Spiel mit dieser Realität. Anstelle von »utopischen Konstruktionen« könnten sich gestalterische Prozesse ausleben und neue Strukturen bilden. Der Energieaufwand wäre dabei äußerst gering. Eine Informationsgesellschaft in diesem Sinne würde den wirtschaftlichen Prozeß auf eine ganz neue Ebene heben, vergleichbar der Ergänzung langsamer metabolischer Prozesse durch jene schnellen neuralen Prozesse, die mit der Evolution des Gehirns in Erscheinung traten. Ansätze zu einer solchen Informationsgesellschaft bestehen schon und haben die soziokulturellen Prozesse stark beschleunigt. Doch die Erschließung neuer Bewußtseinsebenen und -erfahrungen bleibt eine weit offene Front. Sie in Bewegung zu halten, ist das Ziel dieses Strebens. Zeit- und Raumverschränkung können die Erfahrung in der Gegenwart praktisch unbegrenzt intensivieren. Hier besteht die Möglichkeit, zum vierdimensionalen Erlebnis der Zeit-Raum-Entfaltung des Evolutionsprozesses selbst zu gelangen.

Von diesen fünf Varianten, die hier zur besseren Unterscheidung einigermaßen extrem dargestellt worden sind, führen die ersten zwei zur Erstarrung des Lebens. Variante 3 beschreibt eine harmonische, lebendige, autopoietische Existenz ohne Evolution. Die Varianten 4 und 5 beziehen sich auf scheinbar unvereinbare Alternativen. Die eine erfordert mehr Energie- und Materietechnik, die andere schwenkt auf eine

Technik ein, die Information auf einer höheren Ebene evolvieren läßt, also einen neuen Geist ins Leben ruft. Vielleicht aber entspricht eine Mischung – oder, besser gesagt, eine Ökologie – aus den Varianten 3 bis 5 einer Offenheit der soziokulturellen Evolution, die der Menschheit eine schöpferische Rolle bei der Gestaltung ihrer eigenen Zukunft zuweist.

Die autopoietische Variante 3 räumt mit der Vorstellung auf, nur eine Kontrollhierarchie könne mit den komplexen Problemen der Gegenwart und Zukunft fertig werden. Im Gegenteil, hier wird die Kooperation zwischen autonomen Ganzheiten zum Prinzip erhoben. Eine gewisse Arbeitsteilung kann durchaus bestehen, doch darf sie nicht zur völligen Abhängigkeit von anderen Systemen führen.

Evolution ist auch im biologischen Bereich niemals rein funktionell. Es ist immer ein Stück Extravaganz dabei, etwa die reine Schönheit morphologischer und verhaltenstypischer Merkmale, die im utilitaristischen Sinne zwecklos erscheinen. Adolf Portmann hat immer wieder darauf hingewiesen und ist von den Darwinisten dafür verhöhnt worden. Auf der menschlichen Ebene können wir freilich die Richtigkeit seiner Gestaltenschau selbst nachprüfen. Wollen wir wirklich eine genau vorhersehbare und rational kontrollierbare Umwelt? Wem lief nicht ein kalter Schauer über den Rücken, als publik wurde, daß die Kennedy-Regierung in der Kubakrise 1962 ihre Computer Entscheidungen ausspucken ließ – denen sie dann zum Glück selbst nicht traute? Und vor allem: Wollen wir nur »funktionieren«, unser Leben nur in Arbeit und Sexualität erschöpfen, wie Freud es verkündete? Und sonst nichts?

Die wichtigste Offenheit ist die des vielschichtigen Bewußtseins, die uns als schöpferische Wesen – als Personen – am Leben erhält. Vielleicht dienen alle drei zuletzt genannten Varianten im Grunde vorrangig dieser Offenheit. Als Gerard O'Neill, der Promotor der Weltraumkolonien, im Sommer 1977 in San Francisco einen Vortrag hielt, kamen – ohne daß die Veranstaltung groß angekündigt worden wäre – Tausende junger Leute, als handle es sich um ein Rock-Konzert. Es waren zum Teil noch dieselben, die eine humanere Gesellschaft gefordert und partiell auch durchgesetzt hatten. Der Drang nach kosmischen Bezügen, nach einer Symbiose der Menschheit mit Leben und Intelligenz außerhalb unserer Erde, kann nicht einfach als »Flucht aus der Wirklichkeit« abgetan werden. In ihm spiegelt sich die Suche nach einer tieferen Beziehung zur Evolution und damit zu dem, was wir selbst sind. Die Erweiterung des Bewußtseins ist gleichzeitig Selbstbezug und kosmischer Bezug.

Frühere Kulturen haben den Weg nach innen gepflegt. Unsere westliche Kultur hat in der Suche nach Erkenntnis ebenso wie nach schöpferischer Wirkungsmöglichkeit vor allem den Weg nach außen entwickelt. Am Kreuzweg unserer Zeit können wir uns für jeden der beiden Wege entscheiden – oder aber, zum ersten Mal in der Geschichte der Menschheit, für ihre Symbiose in einer Komplementarität. Dies setzt allerdings voraus, daß wir den schöpferischen Prozeß selbst begreifen und seine Geburt aus dem Prozeß der Evolution verstehen lernen. Davon handelt das folgende Kapitel.

18. Der schöpferische Prozeß

> Philemon und andere Gestalten brachten mir die ent-
> scheidende Erkenntnis, daß es Dinge in der Seele
> gibt, die nicht ich mache, sondern die sich selber
> machen und ihr eigenes Leben haben.
>
> *C. G. Jung,* Erinnerungen, Träume, Gedanken

Selbstorganisation, Kunstwerk und Kunsterlebnis

Das herkömmliche Bild vom Künstler, der das Kunstwerk schafft, wird immer wieder von den schöpferischen Künstlern selbst in Frage gestellt. »Der Film macht sich ganz von allein, wenn die Kamera läuft«, betont zum Beispiel der französische Regisseur Jean Eustache. In einem dualistischen Weltbild war es die Muse oder die göttliche Eingebung, die sich des Künstlers als Instrument bediente. In einem nichtdualistischen Weltbild aber erscheint der schöpferische Prozeß als Aspekt evolutionärer Selbstorganisation. »Der ursprünglichste aller Prozesse«, schreibt Roland Fischer (1970), »ist jene evolutionäre Entwicklung – mit all ihren unergründeten Gesetzmäßigkeiten –, welche das Lebendige in unendlicher Vielfalt, einer herrlich-erschütternd-grandiosen Form- und Farbenpracht, hervorgebracht hat. Dieser unaufhaltsame, immer weiter voranschreitende Prozeß, mit seinen manieristischen Variationen, Mutationen, Modulationen und Transformationen, ist der schöpferische Prozeß in *statu nascendi* . . . Und das, was wir täglich als ›schöpferisch‹ zu bezeichnen gewohnt sind, ist nur ein schwacher Abglanz jener Kräfte, die uns selber hervorgebracht haben.«

Ein künstlerischer Aspekt der Metafluktuation der sechziger Jahre ist der »Nouveau Roman«, der in seinen Ursprüngen vor allem mit Namen wie Alain Robbe-Grillet und Nathalie Sarraute verknüpft war. Er wirkte – und wirkt noch – weit über Frankreich hinaus. Robbe-Grillet ist dabei nicht nur der wichtigste Autor, sondern auch der Haupttheoretiker dieser Richtung. In einem Vortrag in Berkeley im November 1976 – ironischerweise am selben Tage, als hier der Anthropologe Colin Turnbull die Selbstzerstörung des Geistes proklamierte (siehe oben S. 28 f.) – versuchte er, die Dynamik des Nouveau Roman in thermodynamische Begriffe zu fassen. Der intuitiv richtig angelegte Versuch mißlang im Detail, da sich Selbstorganisations-Dynamik, wie wir wissen, nicht mit den älteren Begriffen der Gleichgewichts-Thermodynamik begründen läßt. Und um die Idee echter Selbstorganisation des Kunstwerks geht es beim Nouveau Roman.

Robbe-Grillet sprach von einem »*ordre mouvant*«, einer fließenden Ordnung im Roman oder Film. Von »beweglicher Ordnung« spricht interessanterweise auch der Züricher Germanist Emil Staiger aus einem ganz anderen Blickwinkel, nämlich aus dem der Klassik. Ordnung ist dabei nicht von vornherein etabliert. Gleich zu Beginn tritt bei Robbe-Grillet Ungleichgewicht und Polarisation in Erscheinung. Ein Satz wird niedergeschrieben; er ist noch frei wählbar. Aber er zieht sofort weitere Sätze nach sich, die ihn in Frage stellen. Bildet eine Folge solcher Sätze ihrerseits eine gewisse Ordnung aus – wir können sagen, eine Ungleichgewichtsstruktur –, so wird sie ihrerseits wieder in Frage gestellt und evoliert zu einer neuen Struktur. Der Autor fühlt sich ohne sein eigenes Zutun ständig über viele solcher Instabilitätsschwellen weitergetrieben, ohne je Beständigkeit zu erreichen.

Ein weiteres Kennzeichen des Nouveau Roman ist der aktive Austausch zwischen Kunstwerk und Umwelt. Der Roman soll keinen Sinn vermitteln, vor allem keinen, der mit Analogien aus der psychischen Lebenswelt eingebracht wird. Sinn entsteht erst aus der Interaktion des Werkes mit dem Leser oder Betrachter – ein »*sens tremblant*«, ein vibrierender Sinn, der sich nie statisch fixieren läßt. Man muß die Dinge für sich sprechen lassen. Der Künstler ist bestenfalls Katalysator.

Ein Jahr nach Robbe-Grillet kam Jerzy Grotowski, der wohl kühnste und wesentlichste Theater-Erneuerer der sechziger Jahre, nach Berkeley, wo heute eine Gruppe von Jüngern seine neuesten Ideen eines »Paratheaters« verwirklichen will. Es sind nicht mehr die gleichen Ideen, die sein Theaterlaboratorium von Wroclaw, dem früheren Breslau, in der ganzen Welt berühmt gemacht hatten. Die unglaubliche Intensivierung des Darstellungsprozesses, die sich aus der rigorosesten Beschränkung auf das Wesentliche einerseits und aus höchster Ekstase des Ausdrucks andererseits ergab, hat das letzten Endes dualistische Konzept der Darstellung an sich – es setzt immer Darsteller und Zuschauer voraus – zur Selbstauflösung getrieben. Ich erinnere mich lebhaft der Gastspiele in Paris, die in bewußt engem Rahmen stattfanden, in einem Holzverschlag auf der Bühne des Odéon, in den hundert Zuschauer (mehr hatten nicht Platz) wie in einen jener Gänge hinabblickten, in denen Vieh zum Schlachten getrieben wird, oder in der Sainte-Chapelle, dem kostbarsten Juwel der französischen Gotik. Mir ist noch der Rhythmus des ekstatischen Kantierens gegenwärtig, mit dem der ganze Körper des Zuschauers mitschwang – wie mit den Bewegungen des Ozeans, wenn man auf einem Schiff ist. Aber man blieb trotzdem noch Zuschauer, man durfte auf einer Bank sitzen und still sein.

Grotowski nannte dieses Stadium »Theater der Armut« und führte es zu seinem Zenit. Jenseits davon liegen die »paratheatralischen Phänomene«, denen heute sein Interesse gilt. Sie kennzeichnen ein Theater, in dem es Darstellung als solche nicht mehr gibt, in dem überhaupt nicht mehr zwischen Darstellern und Zuschauern unterschieden wird, sondern nur noch zwischen »Initiatoren« und »Teilnehmern« in einer Begegnung, deren Dynamik sich selbst organisiert. Es soll aber offenbar mehr sein als ein »Happening« im Stil der sechziger Jahre, das mit extremer Erstmaligkeit experimentierte. Die evolutionäre Balance zwischen Erstmaligkeit und Bestätigung, aus der neue Ordnung aufsprießt, ist auf dem Theater noch zu leisten. Diese letzte Konsequenz der Intensivierung des Theaters nennt Grotowski selbst »Prozeßtheater«. Prozesse werden nicht mehr dargestellt, sondern entfalten sich, interagieren, fügen sich zu dynamischen Strukturen, die eine offene Evolution durchmachen. Es geht hier wieder darum, die Dinge und die Menschen selbst für sich sprechen zu lassen. Grotowski hat wie Prigogine erkannt, daß lebendige Ordnung sich von selbst bildet, wenn Prozesse sich ausleben können.

Doch selbst durchaus traditionelles Theater soll »leben«, vibrieren. Dazu ist in der dualistischen Aufspaltung zwischen Darstellern und Zuschauern nicht nur Leben auf der Bühne, sondern auch im Zuschauerraum erforderlich. In einem Aufsatz des in London wirkenden Theaterkritikers Fritz Thorn (1976), »Die Triebfedern der Apathie: Zur Rolle des Publikums im Gegenwartstheater«, fand ich die folgenden frappierenden Hinweise auf die Selbstorganisations-Dynamik von Zuschauersystemen, die mit der Bühne in eine lebendige Beziehung treten: »Zwei Faktoren bestimmen den Grad der magischen Verbindung, die für den Erfolg der Salonkomödie und des engagierten Dramas gleicherweise entscheidend ist: die Dunkelheit im Zuschauerraum und die Anzahl der Zuschauer, die noch ein Kollektiv ergibt. Sie hängt von so weltlichen Dingen ab wie dem Theaterbau, der physischen Anordnung von Personen in den vorderen Sitzreihen und ihrer Heterogenität. Die Erfahrung hat übrigens gezeigt, daß ein homogenes Publikum, etwa Studenten, Arbeiter oder Angehörige der ›besseren Stände‹, zahlenmäßig größer sein muß als ein bunt zusammengewürfeltes, um bei der Verbindung eine Rolle zu spielen – *seine* Rolle.« Man vergleiche damit auch die Aussage des Pianisten Wladimir Horowitz (Epstein, 1978):

»Das Publikum ist ein sehr seltsames Wesen. Einzeln für sich verstehen sie manchmal überhaupt nichts; aber wenn sie alle beisammen sind, dann verstehen sie.«

Am Beispiel des Wiener Malers Ernst Fuchs spricht Walter Schurian (1978) vom Gemälde als einem lebendigen Kunstwerk, das durch Autopoiese ebenso wie durch Selbsttranszendenz gekennzeichnet ist. Die Dynamik lebender Systeme wird für den Künstler zum »irisierenden Lächeln um den Mund der Sphinx«. Ihr Rätsel kann nicht erklärt werden; um es zu lösen, muß der Beschauer selbst Teil des Kunstwerks werden. Die Eigendynamik des Bildes muß unmittelbar erlebt werden. Mehr noch, der Beschauer muß sie an sich selbst erleben. Für verschiedene Betrachter und zu verschiedenen Zeiten ist diese dynamische Struktur des Kunstwerks dabei unterschiedlich. Es evolviert mit der Geschichte. In der Bühnenausstattung zur Hamburger Aufführung der *Zauberflöte* (1977) ging es Fuchs darum, diese Aneignung der Dynamik eines Kunstwerks durch den Betrachter dadurch zu fördern, daß Zeit und Handlung der Oper mit einem »Schleier von Bildern und Vorstellungen der Phantasie« überzogen werden, die der Alltagswelt des schaffenden Künstlers entsprechen. Für Mozart und Schikaneder, so vermutete Fuchs, mochten dies die phantastischen und exotischen Berichte aus der Neuen Welt gewesen sein, die zur Zeit der Entstehung ihrer Oper Europa bewegten.

Jedes Kunstwerk hat seinen formalen Aspekt. Er kann visuell-anschaulich sein, wie in Gemälden und Skulpturen, oder halb abstrakt, halb sprachmelodisch, wie in Gedichten, oder logisch-abstrakt, wie in Musikpartituren. Selbst im Formalen sind noch die Kennzeichen selbstorganisierender Strukturen sichtbar. So wies die Musikwissenschaftlerin Hildemarie Streich anläßlich der Eranos-Tagung 1977 unter dem Generalthema »Der Sinn des Unvollkommenen« (Schoch, 1977) darauf hin, daß die so glänzend verlaufene Entwicklung der abendländischen Musik erst durch den Übergang von der *Ars antiqua* zur *Ars nova* in der Renaissance möglich geworden war. Damals wurde das klassische pythagoräische Tonsystem durch das natürlich-harmonische ersetzt, in dem die bis dahin verpönte kleine Terz zugelassen wurde. Damit nahm man einen »Wolf« genannten Intervallrest, ein inneres Ungleichgewicht, in Kauf. Die Verhältnisse der Schwingungszahlen gingen nicht mehr restlos ineinander auf. Das Resultat war, daß die verschiedenen Tonarten verschiedenen Charakter bekamen; C-Dur hat, wie man sagt, eine andere »Temperatur« als Es-Dur. Die reine Stimmung der *Ars antiqua* verlieh dieser ihren engelhaften Glanz. Das innere Ungleichgewicht der *Ars nova* aber führte zu jenem unerhörten Reichtum des Ausdrucks, mit dem die Musik von nun an die Menschenwelt durchdrang. Damit übernahm die Musik eine neue Rolle in der Selbstreflexion des abendländischen Menschen.

In der zeitgenössischen Musik gibt es dazu eine gewisse Parallele. Die serielle Musik (Zwölftontechnik), die einem deterministischen Prinzip entspricht, verbindet sich mit der Aleatorik (von *alea,* Spielwürfel), das heißt mit der Freiheit der Interpretation durch Zufallskombinationen fixer Moduln. Damit wird jene Komplementarität von deterministischen und stochastischen Elementen – von Bestätigung und Erstmaligkeit – eingebracht, die zur Selbstorganisation gehört. Ganz neu ist die Aleatorik allerdings nicht, denn es gibt schon Toccaten von Girolamo Frescobaldi aus dem Jahre 1637 und Menuette von Mozart, deren Teile sich frei kombinieren lassen.

Alle große Kunst nimmt teil an der Gestaltung des »Einbezugs der Welt in das Weltallbewußtsein«, wie Schurian (1978) es ausgedrückt hat. Dieser Einbezug ist aber nicht ein Akt der Gnade, sondern Selbsttranszendierung des Lebens.

Das Kunsterlebnis ist eine weitere Variante jenes allgemeinen epigenealogischen Prozesses, in dem Lebensprozesse bestimmte formale Aspekte in einen semantischen Kontext stellen und zu lebendigem Austausch mit ihrer Umwelt veranlassen. Da hier gerade von Musik die Rede ist, läßt sich dieser Vorgang vielleicht an jener Geschichte des Barons Münchhausen verdeutlichen, in welcher ein Postillion bei klirrender Kälte ein fröhliches Lied auf seinem Posthorn bläst, aber kein Ton zu hören ist. Erst später, in der warmen Wirtsstube, taut das Lied auf und schmettert aus dem Horn, das der Postillion an die Wand gehängt hat.

Das Leben einer Skulptur liegt nicht in der Form des Steins, sondern in den Prozessen, die sich zwischen Kunstwerk und Betrachter einstellen. Das Leben eines Musikstücks ist vom Komponisten in der Partitur nur höchst unvollständig in formale Notation übertragen worden; und doch kann die Aufführung voller Leben sein. Wie geht diese Übertragung toter Formen in lebendige Prozesse vor sich? Nikolaus Harnoncourt (1976), der um historisch getreue Wiedergaben alter Musik verdiente Dirigent, spricht von einer »weitgehend ungeschriebenen *Konvention* zwischen Komponisten und Interpreten«, die aber lange Zeitspannen mit entsprechendem kulturellen Wandel überbrücken muß. Wir haben, so meint Harnoncourt, »jahrzehntelang in gutem Glauben die gesamte abendländische Musik nach den Konventionen der Zeit etwa von Brahms gelesen und aufgeführt. Dabei kam es zu zwei prinzipiell verschiedenen, ja geradezu extremen Auslegungen, denen dieselben Voraussetzungen, ja paradoxerweise sogar dieselbe Geisteshaltung zugrunde lag: entweder wurden die ›fehlenden‹ Bezeichnungen (Dynamik, Espressivo, Tempi, Besetzung) hinzugefügt, oder es wurde ›werkgetreu‹ und ›objektiv‹ das musiziert, was geschrieben steht. Unser Ziel hingegen muß sein, herauszufinden, *was gemeint ist*.«

Die Konvention muß sich also auf der Bedeutungsebene – vielleicht, besser gesagt, sogar auf der Wirkungsebene – einstellen. »Wenn ich mich an den Flügel setze«, erklärt Horowitz (Epstein, 1978), »verwandle ich mich. Ich sehe den Komponisten. Ich *bin* der Komponist. Die Musik gibt mir dieses Gefühl.« Es gibt offenbar eine gewisse Entsprechung zwischen der Eigendynamik des Künstlers im schöpferischen Akt, der Eigendynamik des Kunstwerks und der Eigendynamik des Betrachters oder Zuhörers – eine »Einstimmung« über Zeit und Raum hinweg, die auf der homologen Selbstorganisations-Dynamik aller Aspekte der Evolution beruht – oder kurz gesagt: auf der Homologie allen Geistes. Voraussetzung dafür ist aber die Möglichkeit von Resonanz in den wesentlichen Bereichen. »Nur ein guter Mensch kann Debussy dirigieren«, sagte mir einmal der Dirigent Ernest Ansermet.

Ein Orchesterkonzert ist vielleicht das komplexeste Beispiel einer solchen vielschichtigen und vielstufigen Kommunikation. Hier gibt es den Komponisten, das Musikwerk, den Dirigenten, das Orchester und das Publikum. Und doch stellt sich hier in Sternstunden jenes Phänomen der allumfassenden »Liebesgemeinschaft« ein, von der Wilhelm Furtwängler (1955) am Ende seines Lebens sprach.

Offene Wissenschaft

Die Selbstorganisation des Werkes, die im schöpferischen Menschen wurzelt, aber über ihn hinausreicht, erweist sich an Strukturen des Wissens nicht weniger als an Strukturen der Kunst. Auch das rationale Denken der Wissenschaft ist ein Kreisprozeß, der nicht in einem Absoluten, sondern in sich selbst verankert ist. Nur auf diese Weise kann Wissen überhaupt evolvieren (statt einfach zu wachsen). Ich habe bereits Thomas Kuhns (1962, 1977) Theorie der Evolution solcher mentaler

Strukturen oder Paradigmen erwähnt. Wesentlich ist dabei, daß diese Strukturen nicht wie Gleichgewichtsstrukturen (zum Beispiel Kristalle) kumulativ neues Wissen »ansetzen«, sondern von Zeit zu Zeit über eine Instabilitätsphase zu einer neuen Struktur evolvieren, die bestenfalls Subsysteme der alten unverändert übernimmt. Dabei muß sich die Instabilität durchaus nicht über den Weg einer Falsifizierung der alten Struktur ergeben. Nicht das Beziehungsgefüge des verfügbaren Wissens, die statische Ordnung, ist ausschlaggebend, sondern die Offenheit des dynamischen Regimes, in dem mentale Prozesse ablaufen. Auch hier »lebt« die geistige Struktur, das Paradigma, am intensivsten und natürlichsten, wenn sie sich im Bereich einer Balance von Erstmaligkeit und Bestätigung befindet. Wie Paul Feyerabend (1977) betont, ändern sich diese geistigen Strukturen auch mit den Menschen, die mit ihrer Hilfe ihr eigenes Leben zum Ausdruck bringen. Subjektives und objektives Wissen fallen im Denkrahmen der Selbstorganisation zusammen. Der schöpferische Prozeß, wo immer er sich entfaltet, in Kunst oder Wissenschaft oder auch einfach in natürlichem und wirksamem Leben, fällt mit der Dynamik der Evolution zusammen.

Die Offenheit und das innere Ungleichgewicht wissenschaftlicher Strukturen spiegeln sich in der Arbeitsweise eines schöpferischen Wissenschaftlers. Von Niels Bohr etwa berichtet sein enger Mitarbeiter Leon Rosenfeld (1967), er habe »Resultate niemals in einem anderen Licht gesehen denn als Startpunkte für weitere Exploration. Wenn er über die Aussichten einer bestimmten Forschungsrichtung spekulierte, verwarf er die üblichen Kriterien wie Einfachheit, Eleganz und sogar Konsistenz mit der Bemerkung, solche Qualitäten könnten erst im nachhinein richtig beurteilt werden . . .« Da aber Wissenschaft stets ein offener Prozeß ist, schließt Paul Feyerabend (1977) daraus, daß Einfachheit, Eleganz und Konsistenz *niemals* notwendige Bedingungen wissenschaftlicher Praxis sind.

Die Selbstorganisations-Dynamik des schöpferischen Werkes – sein Geist – und die Selbstorganisations-Dynamik des Menschen – der Menschengeist – sind zwei Seiten ein und desselben evolutionären Prozesses; sie bilden eine Komplementarität. Daher sehen auch die Beziehungen zwischen den Wissenschaftlern eines bestimmten Gebietes wie eine evolvierende Struktur aus. Stephen Toulmin (1977) hat kürzlich in einem Aufsatz mit dem bezeichnenden Titel »Von Form zu Funktion« die jüngste Geschichte der Wissenschaftsphilosophie mit einem amerikanischen Volkstanz verglichen, dem sogenannten »square dance«, bei dem Phasen eines getrennten, parallelen Vorwärtsmarschierens mit solchen des »Webens« alternieren, in denen sich alle Teilnehmer die Hände reichen und gemeinsame Figuren ausführen. Toulmin sieht darin den einzigen Weg, um sowohl die Verhärtung der Wissenschaft in einem »dauerhaften professionellen Scholastizismus« als auch ihre »Aufweichung in einem Morast wohlgemeinter Ungenauigkeit« zu verhindern.

Auf der Drehbühne des Bewußtseins

Kreativität ist kein Zustand, sondern ein Prozeß. Das läßt sich vielleicht am besten am Modell einer »Drehbühne des Bewußtseins« zeigen, das Roland Fischer (1975/76) entworfen hat (siehe Abb. 47). Vom Alltags-

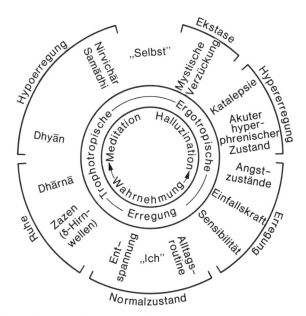

Abb. 47. Die Drehbühne des menschlichen Bewußtseins. Vom Alltags-Ich zum transpersonalen Selbst führen im Prinzip zwei gleichwertige Wege, der meditative (links) und der ekstatische (rechts). Die fremd klingenden Ausdrücke in der linken Ringhälfte bezeichnen spezifische Zustände östlicher Meditationspraxis. Kreativität ist in diesem Diagramm kein lokalisierbarer Zustand, sondern der Rückkoppelungsprozeß der laufenden Verbindung des Alltags-Ich mit höheren Bewußtseinszuständen. Nach R. Fischer (1975/76).

392

Ich zum transpersonalen Selbst führen zwei im Grunde gleichwertige Wege. Den einen, der in der Geistesgeschichte des Westens die Hauptrolle spielt, nennt Fischer das Wahrnehmungs-Halluzinations-Kontinuum zunehmender ergotropischer (zentral-sympathetischer) oder Hyper-Erregung; es ist auf Abb. 47 rechts zu sehen. Den anderen Weg, der der spirituellen Praxis des Fernen Ostens entspricht, nennt er das Wahrnehmungs-Meditations-Kontinuum zunehmender trophotropischer (zentral-parasympathetischer) oder Hypo-Erregung; es entspricht der linken Hälfte von Abb. 47. Mit einfacheren Worten gesagt: Sowohl Ekstase als auch Meditation führen vom Ich zum Selbst. In Fischers Terminologie ist das Selbst dabei der sehende, erkennende, bilderproduzierende Aspekt der Person – wir können auch sagen: der selbstorganisierende Aspekt oder Geist der Gesamtperson – und das Ich das, was gesehen, erkannt und imaginiert wird, nämlich die Welt. »Daher werden wir uns in einer mystischen Erfahrung auf der Ebene des Selbst dessen bewußt, was wir auf der Ich-Ebene nicht erkennen können: daß wir das Bewußtsein des Universums sind.« Hier wird Schurians oben zitierte Sicht der Kunst als Teilhabe am »Weltallbewußtsein« zur Teilhabe an unserem eigenen Potential.

Die Ebenen bestimmter subkortikaler Erregungszustände sind oft durch komplette Amnesie (Vergessen) voneinander getrennt. Dabei ergibt sich relativ leicht ein Umklappen zwischen den einander entsprechenden ekstatischen und meditativen Erregungszuständen. Aber die Erfahrungen, die man auf einer bestimmten Ebene macht, sind häufig zustandsgebunden. Ich habe das oft an mir selbst erlebt. Als zum Beispiel das Violinkonzert von Alban Berg zum erstenmal nach dem Kriege in Wien aufgeführt wurde, wollte ich dieses Ereignis trotz erheblichen Fiebers nicht versäumen. Mir war elend schlecht – und noch nach Jahren wurde mir beim Anhören dieses Konzertes immer wieder schlecht, obwohl ich es andererseits sehr liebte. Schließlich konnte ich diese unwillkürliche Assoziation überwinden, was mir hinsichtlich einer ähnlich entstandenen Abneigung gegen Tee mit Milch niemals gelang. In Harold Pinters Theaterstück *No Man's Land* – wie auch in Charlie Chaplins älterem Film *City Lights,* den Roland Fischer als Beispiel zitiert – führt das Umklappen von Assoziationskomplexen zu skurrilen Situationen, etwa wenn einer, mit dem ein anderer unter Alkoholeinfluß Freundschaft geschlossen hat, von diesem später je nach der Ähnlichkeit seines momentanen Zustands (je nachdem, ob er wieder betrunken ist oder nicht) abwechselnd hochgeehrt oder verächtlich abgewiesen wird.

Roland Fischer, der die wichtigsten Forschungen über die zustandsspezifische Charakteristik der Hirnfunktionen durchgeführt hat, erhielt einmal von einem Alkoholiker einen Brief: »Da war diese Frau in San Antonio. Wenn ich betrunken war, konnte ich ihre Wohnung finden. Aber ich konnte sie nicht finden, wenn ich nüchtern war.« Fischer zitiert in diesem Zusammenhang den mexikanischen Dichter Octavio Paz, der schrieb: »Gedächtnis ist nicht das, woran wir uns erinnern, sondern das, was sich unser erinnert.«

Halluzinogene Drogen, mit deren Hilfe viele der Zustände auf den ekstatischen und meditativen Wegen stimuliert werden können, katapultieren das Bewußtsein oft auf eine Ebene, die von der Umweltrealität weitgehend getrennt erscheint. Der phantastische Formen- und Farbenreichtum, der in Halluzinationen erlebt wird, hat oft zu Versuchen geführt, etwas davon zeichnerisch festzuhalten. Das Ergebnis war fast jedesmal erbärmlich; die unmittelbare Erfahrung ließ sich nicht ohne weiteres in Gestaltung umsetzen.

Diese Amnesie, die Bewußtseinsebenen voneinander trennt, gilt aber offenbar nicht für Menschen, die sich ihr Leben lang in mystischen Zuständen geübt haben. So hörte ich Lama Govinda, den über 80jährigen deutschen Gelehrten und Abt eines tibetanischen Buddhisten-Ordens, berichten, daß ihm auch eine zehnfache LSD-Dosis, die ihm amerikanische Drogenenthusiasten eingegeben hatten, keine neuen Erfahrungen zu vermitteln und ihn nicht von der Alltagsrealität der Welt zu trennen vermochte. Doch wird im Drogenerlebnis meditativ geübter Personen die Vielschichtigkeit des Bewußtseins so deutlich wie selten sonst. Sie können dann gleichzeitig halluzinieren und ganz rational darüber nachdenken – und auch über dieses Nachdenken wieder nachdenken und so fort. Die Welt kann sich für sie in Wellenbewegungen auflösen und zugleich solide bleiben. In einem Wasserspiegel, der als solcher erkannt wird, kann sich gleichzeitig die ganze Tiefe des Universums spiegeln. Übrigens habe ich selbst gelegentlich die Erfahrung vielschichtiger Träume gemacht, in denen ich eine Handlung auf verschiedenen Ebenen oder auch verschiedene Handlungen gleichzeitig erlebte.

Für manche Völker ist die durch Drogen induzierte Erregung ein wesentlicher Zugang zum sakralen Bereich. Die Huichol-Indianer zum Beispiel, die seit Jahrhunderten fast ohne engere Berührung mit der westlichen Zivilisation in den unwirtlichen Berggegenden nordwestlich von Mexico City leben, wählen jedes Jahr eine Delegation, die die beschwerliche Reise von mehr als 500 Kilometern unternimmt, um den heiligen Peyotekaktus zu »jagen« und symbolisch mit Pfeil und Bogen zu erlegen. Diese Pilgerreise ist mit strengen Exerzitien verbunden, und die Einnahme der Droge, die Kommunikation mit der Gottheit, findet in tagelangen Ritualen statt. In dieser Kommunikation entscheidet sich das Schicksal des ganzen Stammes für ein Jahr. Nach der Heimkehr gestaltet der Huichol-Pilger dann seine Erlebnisse und Halluzinationen in Wollbildern (Sauter und Bertschy, 1977).

Der schöpferische Prozeß besteht in der Gestaltung einer Vision. Die Vision wird holistisch auf einer Ebene erlebt, die zwischen dem Alltags-Ich und dem Selbst liegt (vgl. Abb. 47) und einem bestimmten Grad von Ekstase oder Meditation entspricht. Ihr Form zu verleihen, ist Angelegenheit des rationalen Ich. Gestaltung nach der Erinnerung, wie sie die Huichol-Indianer praktizieren, ist eine Möglichkeit. In der westlichen Kunstausübung wechselt der schöpferische Prozeß jedoch ständig zwischen den niederen und höheren Ebenen der »Drehbühne des Bewußtseins«; weder kann sich der Künstler hemmungslos seiner Vision überlassen, noch kann er sich ganz aufs rein Handwerkliche konzentrieren. Was es heißt, die beiden Ebenen zu synchronisieren, läßt sich ermessen, wenn man zum Beispiel an einen Bildhauer denkt, der ja die Vision von Schönheit mit körperlicher Schwerarbeit verbinden muß. Erst in diesem oft schmerzhaften Prozeß der Gestaltung wird die Vision mitteilbar. Beethoven soll die Florestan-Arie nicht weniger als siebzehnmal umgeschrieben haben. Er hätte wohl kaum erklären können, was daran nicht recht war. Die Zweite Leonoren-Ouvertüre ist ein Meisterwerk; aber beim Anhören der Dritten verstehen wir, daß Beethoven es nicht dabei bewenden ließ.

Der schöpferische Prozeß stellt wohl weniger ein Oszillieren zwischen ekstatisch/meditativen und rationalen Ebenen dar als ein gleichzeitiges Vibrieren vieler Schichten dieses Kontinuums. Es ist in diesem Zusammenhang interessant, daß neuere Forschungsresultate (Brain/Mind Bulletin, 1977b) bei Zuständen gesteigerter Offenheit eine gewisse Ausgewogenheit des elektrischen Hirnwellen-(EEG-)Musters gefunden haben, das heißt zwischen den langsamen Theta-Rhythmen mit etwa 4–6 Hertz (Hz), die charakteristisch für träumerische Zustände sind, den Alpha-Rhythmen (8–14 Hz), die »reine« Offenheit oder »Leerlauf« charakterisieren, und den für aktiven Austausch mit der Umwelt charakteristischen Beta-Rhythmen (über 16 Hz). Ausgewogene Theta- und Alpha-Rhythmen kennzeichnen Meditation. In einem Zustand »luzider

Wachheit« hingegen treten alle drei Wellenbänder symmetrisch in beiden Hirnhälften auf. Interaktionen mit der Außenwelt, wie Gehen, Lesen, Denken, Problemlösen oder Emotionen, stören diesen Zustand anscheinend so gut wie gar nicht. Sogenannte »Wunderdoktoren«, die etwa durch Handauflegen Körperfunktionen ausbalancieren können, haben offenbar häufig ein solches EEG. Man geht wohl nicht fehl, in einem solchen ausgewogenen, vielschichtigen, autopoietischen Hirnwellenmuster den Prototyp der Hirnfunktionen in schöpferischen Prozessen zu vermuten.

Es geht jedoch nicht nur darum, eine Vision in irgendeine Form zu bringen. Die Form muß auch auf einer Ebene konzipiert werden, die zumindest im Rahmen einer bestimmten Kultur allgemeine Gültigkeit hat. Sie muß der innersten Erregung und Erinnerung des ausführenden Künstlers wie denen des Betrachters oder Zuhörers entsprechen. Sie muß nicht nur das Leben des schöpferischen Künstlers ausdrücken, sondern ebenso auch das der anderen beteiligten Menschen. Mit anderen Worten, die Form muß mit einem Urgrund des Menschlichen korrespondieren. Diese Korrespondenz wird möglicherweise über Frequenzen hergestellt, die wir beim Erleben des Kunstwerks direkt erfahren und die mit natürlichen Rhythmen unseres Körpers – metabolischen ebenso wie mentalen Funktionen – in Resonanz treten. Dies wird etwa am »Atmen« der Musik deutlich oder auch in der Dynamik eines Bildes, die den Betrachter ergreift und mitreißt.

Die linke Hirnhälfte ist normalerweise der Sitz des rationalen Alltags-Ich. Die rechte Hirnhälfte ist zwar nicht der Sitz des Selbst, wohl aber die Erweiterung eines holistisch orientierten Gesamt-Nervensystems, dem die digital wirkenden Funktionen der linken Hirnhälfte durch einen epigenealogischen Prozeß erst aufgeprägt worden sind. Insofern ist es vielleicht nicht richtig, von einer hemisphärischen Spezialisierung zu sprechen. Nur die linke Hirnhälfte hat sich spezialisiert. Erziehung im westlichen Sinne dient fast ausschließlich dem Training der linken, analysierenden Hirnhälfte. Erst in letzter Zeit werden in Amerika, vor allem außerhalb der etablierten Schulen, Ansätze entwickelt, deren Ziel eine Balance zwischen holistischen und analytischen Hirnfunktionen, zwischen Erstmaligkeit und Bestätigung ist. So haben Versuche an amerikanischen Primärschulen interessanterweise ergeben, daß die Beschäftigung mit Zeichnen und Malen das kognitive Lernen erheblich fördert (Brain/Mind Bulletin, 1977d).

Mithin liegt der Kreativität im menschlichen Sinne ein Zusammenwirken verschiedener Bewußtseinsebenen zugrunde. Zugleich aber können zwischen diesen Ebenen Fluktuationen in beiden Richtungen wirksam werden und damit die Evolution von autopoietischen Bewußtseinsstrukturen stimulieren. Es wird oft von spontanen »Bekehrungserlebnissen« berichtet (sogar in den Memoiren des Erzatheisten Bertrand Russell), die innerhalb von Minuten ein ganzes Leben ändern und ihm neue Perspektiven geben. Intuition scheint manchmal nicht von der evolutionär in unserem Innern gespeicherten Geschichte herzurühren, sondern von der transpersonalen Ebene unseres Bewußtseins. Wissen ist in diesem Sinne dann nicht mehr nur gespeicherte Erfahrung aus vergangenen Prozessen, sondern jene Art von Weisheit, die den Beginn und das Ende gleichermaßen im Blick hat, also die Evolution als Gesamtphänomen zu erfassen imstande ist. Hier bietet sich wieder das in Kapitel 16 erwähnte Bild der möglichen Beziehungen zu einem Strom an: Wir können trockenen Fußes am Ufer stehen, wir können unser Schiff mit Bedacht im Strom steuern – oder wir können selbst der Strom sein. Der Philosoph Jean Gebser (zitiert bei Fischer, 1975/76) meinte vermutlich dasselbe, als er von mentalen, mythischen und magischen Strukturen des Bewußtseins sprach.

Erst das gleichzeitige Ausleben dieser drei Bewußtseinsebenen verleiht unserem Leben Tiefe. Jede Reduktion auf eine dieser Ebenen schränkt Offenheit ein und betont einseitige Bestätigung. Wie es einen »Reduktionismus nach unten« zum Materialismus hin gibt, so gibt es auch einen »Reduktionismus nach oben«, der einem rein spirituellen Leben entspricht, das ohne Breitenwirkung bleibt. Die spirituellen Übungen des Hinduismus und des Buddhismus gingen durchaus nicht immer mit vorbildlichen, offenen Gesellschaften einher. Entscheidend ist eine *vielschichtige Autopoiese* des Bewußtseins.

Aber was heißt hier »unten« und »oben«? Ein wesentlicher Aspekt unseres Strebens nach höheren Ebenen des Selbst ist die Erregung subkortikaler Teile des Nervensystems. Der evolutionär jüngste und in gewissem Sinne höchste Aspekt unseres Bewußtseins ist die rationale Mentation, die der niedrigsten Bewußtseinsebene des Alltags-Ich entspricht. Kunst (und wohl auch wissenschaftliche Intuition) ist zumindest teilweise mit den evolutionär älteren Hirnstrukturen verbunden, in denen Emotionen und Selbstausdruck residieren.

Der Schluß liegt daher nahe, daß nicht einzelne Ebenen Tiefe oder Höhe verleihen (beide Begriffe scheinen hier dasselbe auszudrücken), sondern das vielschichtige Vibrieren vieler Bewußtseinsebenen. Eine neue Ebene bedeutet nicht einen »Aufstieg«, sondern Bereicherung des Ganzen in seinen Ausdrucksmöglichkeiten wie in den Dimensionen seiner Autonomie. Zu Beginn dieses Buches wurde Bewußtsein mit jener Autonomie gleichgesetzt, die ein System in der Koevolution mit seiner Umwelt gewinnt. Hier kann nun hinzugefügt werden, daß diese Autonomie gleichzeitig Offenheit gegenüber Erstmaligkeit bedeutet. Sie hebt Beziehungen zur Umwelt nicht auf, sondern akzentuiert sie.

Diese intuitive Vergegenwärtigung der Evolution als ganzheitliches Phänomen, dieses Wissen um das Eingebettetsein des eigenen Lebens in eine umfassende Entfaltung schafft eine Art von vorreligiöser Durchdrungenheit, in welcher Mythologien und religiöse Rituale noch nicht fixiert sind und sogar pluralistisch nebeneinander bestehen können. Der größte Teil der 200 Millionen Bewohner der indonesischen Inseln bekennt sich offiziell zu einer der großen Weltreligionen. Es gibt dort Moslems, Christen, Hindus und Buddhisten. Aber ihre Formen und Riten sind nur Überbau über einer tiefen Verehrung des Lebensstromes, die sich im indonesischen Ahnenkult äußert und von westlichen Anthropologen als »Animismus« mißverstanden wird. Die Kontinuität des Lebens geht darin allem vor. Selbst zu Hahnenkämpfen werden nur solche Tiere zugelassen, die nachweislich Nachkommen gezeugt haben. Ein Junggeselle wie ich würde sich dort bis zum Ende der Welt auf einem Banyanbaum im Winde drehen – falls es ihm nicht gelingt, wenigstens geistige Kinder zu zeugen. Aus der Differenzierung einer solchen vorreligiösen Basis erwachsen, wie Emile Durkheim (1912) in seiner Wissenssoziologie gezeigt hat, die schöpferischen Prozesse von Kunst und Wissenschaft und überhaupt aller Kultur. Kreativität ist nichts anderes als das Ausleben von Evolution.

Die Frage, wie es nun mit der Evolution weitergehen wird, beschäftigt heute viele Menschen. Sie kann dort sinnvoll gestellt werden, wo es Offenheit gibt, wo Erstmaligkeit eine Chance hat, in die Evolution einbezogen zu werden. Das letzte Kapitel sei daher den neuen Dimensionen der Offenheit gewidmet, die Zeit- und Raumverschränkung in die Evolution einbringen.

19. Dimensionen der Offenheit

> Das einzige Prinzip, das den Fortschritt nicht
> hemmt, heißt: Mach, was du willst.
> *Paul Feyerabend*, Wider den Methodenzwang

Intensität, Autonomie und Sinn – dynamische Maßstäbe
für evolutionären Fortschritt

Die Evolution der Menschenwelt vollzieht sich auf mehreren Ebenen.
Die erste ist die biologische Ebene, auf der sich allerdings seit langer
Zeit nicht viel geändert hat, mit Ausnahme einer weiteren Zunahme und
Differenzierung des Gehirns. Damit verbunden ist offenbar die Evolu-
tion auf einer zweiten Ebene, nämlich der des neuralen Bewußtseins.
Wir können hier geradezu von einer Evolution der Innenwelt sprechen.
Die dritte Ebene schließlich ist die der von uns gestalteten Außenwelt,
der Welt der gesellschaftlichen und kulturellen Strukturen ebenso wie
der Gebilde der Technik und der in Beziehung zu ihr neugestalteten
Umwelt. Es ist offensichtlich, daß Innenwelt und Außenwelt in enger
Wechselwirkung koevolvieren, wiewohl nicht notwendigerweise in spiegelbildlicher Entsprechung oder auch nur in Phasenübereinstimmung.

Ein aufschlußreiches Maß für den Stand der Evolution ist, wie wir in
Kapitel 13 gesehen haben, der Grad an Zeit- und Raumverschränkung
oder, mit anderen Worten, die Wirksamkeit des Gesamtphänomens der
Evolution in der Gegenwart eines bestimmten Systems. Wir können
dieses Maß auch *Intensität* nennen. Ein weiteres Maß ist die Flexibilität
in der Herstellung und Organisierung von Beziehungen, mit anderen
Worten, die Offenheit gegenüber dem Auftreten von Erstmaligkeit in
der weiteren Evolution sowohl des Systems wie auch seiner Umwelt.
Eine alternative Bezeichnung für dieses Maß ist *Autonomie,* hier in
einem dynamischen Kontext verstanden. Autonomie setzt Komplexität
voraus, ist jedoch nicht dasselbe, da auch komplexe Systeme in weitgehende Abhängigkeit von anderen geraten können und ihre Verwund-
barkeit (wie auch in vielen hochtechnisierten Systemen der Menschenwelt) oft zunimmt. Eher ist Autonomie der aktive, dynamische Einsatz
von Komplexität und kommt damit, wie schon des öfteren angedeutet,
dem Begriff des Bewußtseins nahe. Der Begriff der Autonomie läßt sich
auch auf die Offenheit des neuralen Bewußtseins anwenden, also auf die
flexible schrittweise Emanzipation vom Diktat des limbischen Hirn-

systems (der Emotionen) und erst recht von dem des Reptilienhirns (der Borniertheit). Ein drittes Maß schließlich ist die Subtilität der Einstimmung auf die vielfältige Dynamik einer unteilbaren Evolution, der Grad an evolutionsgerechtem Verhalten, das weder völlige Anpassung noch völlige Unabhängigkeit zur Maxime hat. Wir können es als evolutionäre Verbundenheit oder *Sinn* bezeichnen.

Intensität, Autonomie und Sinn nehmen mit höherer Komplexität der Evolution im allgemeinen zu. Während aber Komplexität ein statischer Begriff ist, der im Hinblick auf die Entfaltung von Prozessen wenig besagt, sind Intensität, Autonomie und Sinn dynamische Begriffe, die die Dimensionen schöpferischer Prozesse umschreiben. Wenn aber, wie in Kapitel 12 ausgeführt, Komplexität mehr Komplexität schafft, so können wir nun auch sagen, daß Intensität, Autonomie und Sinn autokatalytisch wirken und die Voraussetzungen für ihre eigene Zunahme schaffen.

Bei unserer Gestaltung der Außenwelt sind wir in der Zeitverschränkung schon recht weit fortgeschritten. Das wird vor allem an der Erschließung von Energiequellen deutlich, die sich, wie in Kapitel 17 diskutiert, immer älteren Energiespeichern zuwendet, die aus immer früheren Phasen der Evolution stammen. War es zunächst der in der Gegenwart ständig erneuerte Pflanzenwuchs, so wurden der Reihe nach fossile Brennstoffe, Spaltstoffe und nun auch Fusionsmaterial herangezogen. Die leichten Kerne der fusionsfähigen Stoffe stammen aus der Urzeit des heißen Universums. Hand in Hand mit dieser Zeitbindung geht eine immer intensivere Umwandlung von Materie in Energie, nach der bekannten Einsteinschen Formel $E = mc^2$. Bei chemischer Umwandlung, das heißt Verbrennung, werden nur etwa 10^{-10} (ein Zehnmilliardstel) der Masse in Energie umgewandelt, bei Kernspaltung 10^{-3} (ein Zehntelprozent) und bei Kernfusion nahezu 10^{-2} (ein Prozent). Wir sind damit also schon recht nahe an die Energieausbeute aus der vollständigen Umwandlung von Materie in Energie durch Annihilation herangekommen, wie sie die ersten Sekunden der kosmischen Evolution dominierte. Die Intensität der Umwandlung wird also immer größer. Wir können aber auch sagen, daß mit der erhöhten Energiezufuhr in die Menschenwelt viele Aspekte unserer Beziehungen zur Außenwelt bedeutend intensiver werden. Wir brauchen nur an das Reisen zu denken oder an die landwirtschaftliche und industrielle Produktivität pro Arbeiter. Gleichzeitig nimmt dabei zweifellos die Autonomie des Menschen in vielerlei Hinsicht zu. Wir können mit mehr Energie vieles vollbringen, wozu wir allein auf unsere Muskelkraft angewiesen nicht fähig wären. Auf der anderen Seite werden wir abhängiger, wie wir es bei Stromabschaltungen oder Streiks der öffentlichen Verkehrsmittel am eigenen Leib erfahren. Vor allem aber präjudizieren wir in mancherlei Hinsicht die Zukunft. Dies wird uns heute vor allem am Problem der Lagerung von Abfällen aus der Kernspaltung bewußt, die es mit äußerst langfristigen Wirkungen zu tun hat, mit Zeitspannen, die zuweilen an die Größenordnung des bisherigen Alters der Menschheit heranreichen.

Das Frappierende an dieser Zeitverschränkung von Vergangenheit und Gegenwart liegt gerade darin, daß sie nicht auf die Vergangenheit beschränkt bleibt, sondern Entwicklungslinien ganz im Sinne der Waddingtonschen Chreoden schafft, die weit in die Zukunft weisen. Das liegt im Wesen der Evolution, der genetischen wie der soziokulturellen. Evolution trifft laufend Entscheidungen, die für eine ferne Zukunft verbindlich bleiben, bei der Auswahl des auf DNS und RNS beruhenden genetischen Mechanismus ebenso wie in allen anderen genealogischen Prozessen. Zugleich aber eröffnen sich auf jeder neuen Ebene evolutionärer Prozesse neue Freiheitsgrade, neue Dimensionen der Offenheit. Es gilt, mit Erstmaligkeit und Bestätigung gleichzeitig zu leben.

Der Autonomiegewinn in der Konstellation der Gegenwart geht immer mit einem Autonomieverlust in der Wahl des Weges in die Zukunft einher. Dies wird noch deutlicher, wenn wir an den Einsatz evolutionär alter Energiespeicher für Nuklearwaffen denken. Dieser Einsatz dient – wenigstens der Absicht nach – einer Erhöhung der nationalen Autonomie in der Gegenwart, aber er schränkt gleichzeitig die Offenheit der Zukunft immer unverkennbarer ein. Für eine totale Nuklearabrüstung scheint es bereits zu spät zu sein. Keine Seite könnte heute mehr sicher sein, daß die andere nicht eine versteckte Reserve zurückbehält. Vor zwanzig Jahren wäre solch eine Sicherheit technisch noch möglich gewesen.

Schon aus diesen Beispielen wird ersichtlich, daß Intensität ein viel leichter anwendbares Evolutionsmaß ist als Autonomie, während Sinn noch bedeutend komplexer erscheint und im Hinblick auf unsere Gestaltung der Außenwelt kaum simplen Argumenten zugänglich sein dürfte.

Vielleicht noch deutlicher wird dies an einer anderen, in jüngster Zeit aktuell gewordenen Zeitverschränkung, nämlich der Rekombination von DNS und der Schaffung neuer Lebensformen unter Umgehung der biologischen Evolution. Genaugenommen reicht diese Zeitverschränkung in jene Frühzeit des irdischen Lebens zurück, in der horizontaler

Gentransfer unter Bakterien eine dominierende Strategie des Lebens war. Er spielt auch heute noch eine Rolle, zumindest unter Bakterien. In welchem Maße aber komplexere Organismen, einschließlich des Menschen, solchen horizontalen genetischen Prozessen durch Viren ausgesetzt sind, ist vorderhand noch eine weit offene Frage. Ein Virus, der die DNS einer Körperzelle dadurch ändert, daß er seine eigene DNS hineinzwängt, ändert deshalb noch nicht unbedingt die in der Fortpflanzung wirkende DNS. Bisher ist nur bekannt, daß sich etwa der die Zeckenenzephalitis (eine Hirnhautentzündung) hervorrufende Virus über die Eizellen der Zecken direkt weiterverbreitet, allerdings ohne Aufgabe seiner Individualität.

Jedenfalls findet eine natürliche DNS-Rekombination über mehrere verschiedene Mechanismen laufend statt. Wie aber sieht die Chreode aus, die wir mit der planmäßigen Assoziation evolutionärer Informationen weit in die Zukunft hinein zu legen im Begriffe sind?

Kann die Frage nach der Zunahme von Intensität und Autonomie für die Gegenwart in der Regel – wenn auch oft nicht so einfach – beantwortet werden, so läßt sich die Frage nach der Zukunftsperspektive der Autonomie wohl nur im Zusammenhang mit dem Sinn beantworten. Dieser Sinn aber wird uns durch Beobachtungen der Außenwelt kaum voll zugänglich. Er erstrahlt viel heller aus einer Evolution der Innenwelt, des vielschichtigen menschlichen Bewußtseins.

Unmittelbarkeit der Existenz

In Kulturen mit echter Geschichte, das heißt mit echter Evolution der soziokulturellen Strukturen, erfährt das sich aufdrängende Konzept einer linear fortschreitenden, irreversiblen Zeit bemerkenswerte Modifikationen. Nicht nur wird die Rückwendung zum Ursprung – die Re-ligio – zum spirituellen Hauptanliegen, sie wird auch zum Kern schöpferischen Handelns. Tod und Wiedergeburt entsprechen dem evolutionären Prozeß der Zerstörung einer alten Struktur und der nachfolgenden Bildung einer neuen. Joseph Campbell (1956) hat diesem evolutionären Prozeß in seinem »Monomythos« der Persönlichkeitsentwicklung lebendigen Ausdruck gegeben. In den Mythen vieler Kulturen verläßt der Held die Heimat, besteht gefährliche Abenteuer, erlebt gleichsam seine Wiedergeburt und kehrt geläutert und gestärkt zurück. Von Odysseus und Siegfried bis zu den Auserwählten der Science-fiction-Romane und

-Filme (man denke nur an die 1977 herausgekommenen Filme *Krieg der Sterne* und *Unheimliche Begegnung der dritten Art*) haben es alle Helden so gehalten. Bruno Bettelheim (1976) hat den gleichen Entwicklungsprozeß im Märchen (*Hänsel und Gretel, Aschenbrödel* und andere) hervorgehoben. In letzter Zeit hat auch die Psychoanalyse diesen evolutionären Prozeß der Persönlichkeitsdynamik entdeckt und praktisch angewandt (Shainberg, 1973).

In der Rückwendung zum Ursprung wird aber nicht nur Kraft geschöpft, sie schafft auch die Möglichkeit, immer neue Chreoden, neue Entwicklungslinien zu erkennen und ins Spiel zu bringen. Dies ist der schöpferische Akt, wie ihn der historische Mensch ausführt und wie er dem tantrischen Ideal des Buddhismus entspricht. Der englische Mathematiker G. Spencer Brown (1969) hat darauf hingewiesen, daß der erste Schritt zur Teilung des Raumes – zum Beispiel, wenn ein Beobachter der von ihm beobachteten Welt reflexiv gegenübersteht und damit die ursprüngliche Einheit bricht – die Identität der Organisation von Innen- und Außenwelt etabliert. Alles weitere ist dann nicht mehr völlig offen, sondern durch diesen ersten Schritt – oder Schnitt – teilweise bedingt: »Der Akt selbst ist, wenn auch unbewußt, in unserer Erinnerung geborgen als unser erster Versuch, verschiedene Dinge in einer Welt zu unterscheiden, in der wir zunächst die Grenzen so ziehen können, wie es uns beliebt. In diesem Stadium kann das Universum nicht von den Handlungen unterschieden werden, die wir an ihm vornehmen, und die Welt ist wie flüchtiger Sand unter unseren Füßen. Obwohl alle Formen und damit alle Universen möglich sind und jede einzelne Form wandelbar ist, wird offenbar, daß die Gesetze, die sich auf solche Formen beziehen, in jedem Universum dieselben sind.«

In letzter Zeit wird eine Konsequenz der Quantenmechanik immer stärker beachtet, die die Untrennbarkeit des dynamischen Verhaltens zweier oder mehrerer Photonen oder Teilchen fordert, wenn diese aus demselben Ereignis hervorgegangen sind – im Falle der Photonen zum Beispiel aus der Annihilation eines Elektrons mit einem Positron – oder auf andere Weise interagiert haben und nun in verschiedene Richtungen davonfliegen. Obwohl die Anwendbarkeit des mikroskopischen Konzepts der Quantenmechanik auf makroskopische Geschehnisse vielleicht in noch weitgehend unbekannter Weise begrenzt ist, scheint hier ein Prinzip angesprochen, das eine grundsätzliche Verbundenheit der dynamischen Phänomene in einem Universum stipuliert, das in allen seinen Teilen aus dem Urknall und darauffolgenden sehr dichten Interaktionen hervorgegangen ist (D'Espagnat, 1976). Die in letzter Zeit systematisch forcierten Experimente sprechen überwiegend für eine Gültigkeit dieses Prinzips, soweit es einzelne Ereignisse betrifft (Bell, 1976).

Die Rückwendung zum Ursprung gibt auch die Möglichkeit zu einem Neubeginn. Selbst eine einfache dissipative Struktur löst sich in ihrem Beziehungsgefüge erst völlig auf, bevor sie zu einer neuen Struktur evolviert. Es ist daher nicht überraschend, daß sich hieran sogar Hoffnungen eschatologischen Ausmaßes knüpfen, wie etwa auf die Beeinflussung der biologischen Evolution des Menschen durch ein Ausloten des Bewußtseins bis hinab zu den Ebenen der Zellen, Moleküle und Atome mit dem Ziel eines »Abstiegs zum Ersten Tag« (Murphy, 1977). Daß Bewußtseinselemente aus jenen Tiefen im Prinzip zugänglich sind, scheinen Behandlungsserien mit LSD und anderen halluzinogenen Drogen in der psychotherapeutischen Praxis zu bestätigen (Grof, 1975).

Der Prozeß des Sichverbindens mit der Evolution kann, um ein diskutierfähiges Konzept zu ergeben, entweder so aufgefaßt werden, daß wir uns in der Re-ligio in unseren Ursprung versenken, oder so, daß wir diesen Ursprung in die Gegenwart »hereinholen«. Longchenpa, der bedeutendste Philosoph der tibetanischen Niyngma-Tradition, der vielleicht reinsten Form des Buddhismus, hat einen dreifachen Weg zur höheren Meditation angegeben: erstens reine Offenheit, die Visionen und höhere Erkenntnisse einströmen läßt; zweitens Ausstrahlungskraft des eigenen Herzens, die das ganze Universum durchdringt; drittens Ungeteiltheit, aus der schließlich Sinn entspringt (Longchenpa, 1976). In diesen drei Wegen können wir wieder die drei dynamischen Maße der Evolution erkennen: Autonomie, Intensität und Sinn. Alle drei Wege führen zu jener Unmittelbarkeit der Existenz, in der alle Gegensätze ineinander enthalten sind. »Wo es keine Hoffnung und keine Furcht mehr gibt«, sagt Longchenpa, »sind wir frei von jeder Behinderung.« Es ist höchst bemerkenswert, daß Meditation hier mit höchster Intensität gleichgesetzt wird, nicht mit jener »Leere«, die im westlichen Meditationsverständnis so oft herumspukt.

In der westlichen Literatur ist die Unmittelbarkeit der Existenz nirgends tiefer dargestellt worden als im Werk Heinrich von Kleists. Ist Penthesilea die verkörperte Intensität, die höchste Ausstrahlungskraft des Herzens, so ist das Käthchen von Heilbronn die reine Offenheit. Aber, so schreibt Kleist, sie sind »ein und dasselbe Wesen, nur unter entgegengesetzten Beziehungen gedacht«; Käthchen ist »ein Wesen, das ebenso mächtig ist durch gänzliche Hingebung wie jene durch Handeln«.

Der Prinz von Homburg aber erfährt mit verbundenen Augen, unter den Trommelwirbeln des vermeintlichen Hinrichtungskommandos, in höchster Ekstase die Verbundenheit mit dem Kosmos, den Sinn seines Lebens:

> *Nun, o Unsterblichkeit, bist du ganz mein!*
> *Du strahlst mir, durch die Binde meiner Augen,*
> *Mir Glanz der tausendfachen Sonne zu!*
> *Es wachsen Flügel mir an beiden Schultern,*
> *Durch stille Ätherräume schwingt mein Geist;*
> *Und wie ein Schiff, vom Hauch des Winds entführt,*
> *Die muntre Hafenstadt versinken sieht,*
> *So geht mir dämmernd alles Leben unter:*
> *Jetzt unterscheid ich Farben noch und Formen,*
> *Und jetzt liegt Nebel alles unter mir.*

Die Aufhebung der historischen Zeit

Der historischen Zeit zu entrinnen, ist eine uralte Sehnsucht des Menschen. Sie entspringt dem Streben nach Sinn, dem Bedürfnis, sich in einer kosmischen Ordnung wiederzuerkennen, von der eine linear fortschreitende Geschichte den Menschen zu entfernen scheint. Archaische Kulturen hielten daher am Konzept einer zyklischen Zeit fest, am Mythos der ewigen Wiederkehr (Eliade, 1954). Zeit war in sich selbst gebunden, und dies drückte sich auch in der räumlichen Bindung an ein Zentrum aus, wie etwa an einen heiligen Berg, der in Tempeln symbolisch dargestellt wurde. Die Ordnung der Ereignisse wurde nicht in ihrer Abfolge gesehen, sondern in der Assoziation mit früheren Ereignissen des gleichen Grundtyps. Ein solches Leitbild, das einer autopoietischen dynamischen Struktur entspricht – nicht unähnlich einer Struktur mit Grenz-Zyklus-Verhalten –, vermochte in jenen Kulturen tatsächlich die soziokulturelle Systemevolution über Tausende oder sogar Zehntausende von Jahren hintanzuhalten.

In der Unmittelbarkeit der Existenz wird die lineare, irreversible Zeit aufgehoben. Der erfahrene Prozeß der Vergangenheit und die Visionen einer antizipierten offenen Evolution werden in einer vierdimensionalen Gegenwart erlebbar. Die poetische Realität bricht in die profane ein.

»Ich will die Zukunft heute!« forderte Wladimir Majakowski in den ekstatischen zwanziger Jahren.

In einer solchen Zeit- und Raumverschränkung des Bewußtseins wird daher auch die sequentielle Ordnung der Information, die einer bestimmten zeitlichen Abfolge entspricht, aufgehoben und ein ähnlicher Zustand hergestellt wie im zyklischen Zeiterlebnis archaischer Kulturen. Ereignisse werden nicht sequentiell, sondern assoziativ miteinander verknüpft. Der Zugriff zu Informationen geschieht damit nicht mehr durch wenig effizientes lineares Absuchen, sondern durch assoziatives Suchen, vergleichbar dem eines Informationssystems, das auf Grund mehrerer thematischer Kennwörter sehr rasch jene Literatur findet, die durch eine Verbindung der betreffenden Kennwörter charakterisiert ist. Dies hat man schon vor der Einführung von Computern ganz einfach dadurch erreicht, daß man auf Karteikarten in bestimmte Felder Löcher stach, wobei jedes Feld einem Kennwort entsprach. Ließ man nun einen Stoß solcher Karteikarten an einer ebenso präparierten Deckkarte vorbeiziehen, so konnte man leicht herausfinden, welche Karteikarten die gewünschte Kombination von Kennwörtern aufwiesen.

Der kulturelle Pluralismus, von dem in Kapitel 15 die Rede war und der im Begriff ist, die Ära einheitlicher, verbindlicher Leitbilder abzulösen, kann als Aufhebung der historischen Zeit gedeutet werden. Sich vollendende Individuation führt in letzter Konsequenz zu einem Pluralismus, der wie in einem Vexierspiegel als eine neue Version von Monismus erscheint. Moderne Kunst drückt sich schon seit Jahrzehnten nicht mehr in bestimmten einheitlichen Zeitstilen, sondern pluralistisch aus – auch darin ist sie der allgemeinen kulturellen Entwicklung um einiges voraus. Überraschender mag für viele der Konzept-Pluralismus der modernen Naturwissenschaften sein. Relativitätstheorie und Quantenmechanik »funktionieren« jeweils in weiten Bereichen der Beobachtung, aber alle Versuche, sie in ein einheitliches Paradigma zu fassen, sind bisher gescheitert. Der Pluralismus jüngerer Konzepte, vor allem in der Subnuklearphysik, führt manche Physiker heute bereits dazu, von einer »Ökologie« verschiedener Modelle zu sprechen, die sich prinzipiell (also nicht nur infolge der Unzulänglichkeit des gegenwärtigen Wissens) zu keinem einheitlichen Modell fusionieren lassen.

Erinnern wir uns daran, daß auch die Evolution dissipativer Strukturen nur mit Hilfe von zwei komplementären Modellen, einem makroskopisch-deterministischen und einem mikroskopisch-stochastischen, beschrieben werden kann. Und die Koevolution von Makro- und Mikrokosmos ist auch nur in der Synopsis komplementärer Ansätze faßbar. Ganz prinzipiell wird es nie möglich sein, die durch Symmetriebrüche voneinander geschiedenen autopoietischen Ebenen einer vielschichtigen dynamischen Realität in einem Supermodell zu erfassen, sondern nur durch ein Beziehungsgefüge zwischen ihnen. »Die Welt ist viel zu reichhaltig, als daß es möglich wäre, sie in einer einzigen Sprache auszudrücken«, schreibt Ilya Prigogine (1977). »Musik erschöpft sich nicht in der Abfolge ihrer Stilisierungen. Desgleichen können wir die wesentlichen Aspekte unserer Erfahrung niemals in eine einzige Beschreibung kondensieren. Wir müssen uns vieler Beschreibungen bedienen, die sich nicht aufeinander reduzieren lassen, die aber miteinander durch präzise Übersetzungsregeln (technisch ›Transformationen‹ genannt) verbunden sind. Wissenschaftliche Arbeit besteht in ausgewählter Exploration und nicht in der Entdeckung einer vorgegebenen Realität. Sie besteht in der Auswahl der Fragen, die gestellt werden müssen.«

Die Welt der Kinder ist eine Welt der Assoziationen, in der die Gegensätze eng beieinanderliegen. Auch das Gehirn des Erwachsenen arbeitet nicht sequentiell, sondern, vielleicht auf sehr komplexe Art und Weise, durch Assoziation. Dasselbe gilt vom epigenetischen Prozeß sowie von allen anderen epigenealogischen Prozessen, die im Gehirn, aber auch in ganzen Gesellschaften wirken.

Das bereits erwähnte Verfahren des »Computer-Conferencing« versucht ebenfalls, die sequentiellen Prozesse bilateraler Kommunikation, zu denen ein Gruppengespräch bisher verurteilt war, assoziativ zu verdichten und auf eine neue Ebene zu heben, in der die Gruppenkreativität gesteigert werden soll. Es ist kein Wunder, daß einer der Pioniere dieser Technik, der in Kalifornien wirkende Franzose Jacques Vallée (1977), kürzlich den Gedanken geäußert hat, auch die von C. G. Jung und Wolfgang Pauli (1954) diskutierte »Synchronizität« – das assoziative Auftreten scheinbar unzusammenhängender Ereignisse, das mit linearer Kausalität nicht erklärt werden kann – sei auf einen Modus der Realität zurückzuführen, in dem Information assoziativ und nicht sequentiell auftritt.

Wie dem auch sei, die historisch wirkende Evolution hat im Menschen mit einer bereits sehr weitgehenden Zeit- und Raumverschränkung selbst die Voraussetzungen für eine Aufhebung und Neuverknüpfung der historischen Zeit geschaffen. Es ist vielleicht nicht mehr abwegig, von einem Prozeß zu sprechen, den ich den *epikulturellen* nennen möchte und der die epigenealogischen Prozesse auf der höchsten Evolutionsebene fortsetzt. Der epikulturelle Prozeß ist der Lernprozeß der Menschheit schlechthin. Wie im epigenetischen Prozeß Leben zum Teil (aber auch nur zum Teil!) die evolutionäre Sequenz genetischer Information umgehen kann, so könnte ein epikultureller Prozeß zum Teil die evolutionäre Sequenz von Ereignissen umgehen, die er uns bewußt werden läßt. Aus Ereignissen, die in Zeit und Raum auseinanderliegen, ergeben sich assoziativ ganz neue Bedeutungszusammenhänge, eine ganz neue vierdimensionale Realität. Die großen Visionen und Paradigmen, Religionen und Ideologien waren schon immer solche neuen Bedeutungszusammenhänge, die plötzlich und ganzheitlich ins Bewußtsein traten. In unserer Zeit aber könnten solche neuen Raum-Zeit-Strukturen *pluralistisch* auftreten und damit das unmittelbare, vierdimensionale Existenzerlebnis noch wesentlich vertiefen.

Wie schon in Kapitel 13 ausgeführt, können wir Evolution auf dreierlei Weise direkt erfahren: erstens als *Stammbaum,* der sich *gegen* die Richtung der historischen Zeit entfaltet und uns die Erfahrung eines ganzen genealogischen Phylums über Raum und Zeit vermittelt; der Stammbaum, sei er ein biologisch-genetischer oder ein kulturell-traditioneller, liefert uns mit seinen Stereotypen eine Art statische Sicherung; zweitens als *Wurzel,* die sich *in* der Richtung der historischen Zeit entfaltet und uns in der Re-ligio, der Rückwendung zum gemeinsamen Ursprung, zugänglich wird; Re-ligio erschließt uns das Ungestaltete mit seinem ganzen Reichtum an offenen Möglichkeiten, neuen Evolutionslinien und damit neuen Realitäten, sie gibt uns eine Art dynamische Sicherung; drittens schließlich können wir Evolution als *Rhizom* erfahren, das gewissermaßen *quer* zur Richtung der historischen Zeit liegt und in dem sich geballte Raum-Zeit-Evolution in der Gegenwart auslebt; beim Rhizom geht es um alle Arten von Werden zugleich, also um eine Art Sicherung durch Intensität.

Ich habe in diesem Buch zuerst die genealogischen Aspekte der soziokulturellen Evolution hervorgehoben, den Stammbaum an Erfahrung, der mit Büchern und Traditionen, mit Auswendiglernen und Nachahmung die Gegenwart mit Zeit und Raum der Vergangenheit verschränkt. Mit der Re-ligio rückte der schöpferische Aspekt in den Vordergrund. Doch erst mit dem zusätzlichen Bild des Rhizoms kann Zeit-Raum-Verschränkung in der Gegenwart wirksam, kann Information pragmatisch werden. Erst in dieser dreifachen Durchdringung wird die historische Zeit überwunden, wird Schicksal gestaltbar.

Für Deleuze und Guattari (1977) ist das Rhizom ein Bild für die natürliche Sprache, für eine neue Art des Denkens in Assoziationen und eine neue Art des Schreibens (die sie in ihrem eigenen psychologisch-linguistisch-politischen *Anti-Ödipus*-Buch demonstriert haben). Es ist ein Bild für eine neue, pluralistische Art des Lebens überhaupt. Das Rhizom hebt die historische Zeit auf, nicht weil es aus ihr herausfiele, sondern *weil es sie macht*. Aus isolierten Kultur-Chreoden, Trajektorien durch Raum und Zeit, wird ein vierdimensionales Kultur-Kontinuum – keine monolithische Kristallisation einer »Weltkultur«, sondern der lebendige Geist der Menschheit in sich ständig erneuernden Beziehungen, ständig wechselndem Ausdruck.

Damit aber schließt sich der Kreis. Denn was ich hier als globales Kultur-Rhizom beschrieben habe, ist nichts anderes als die Unmittelbarkeit der Existenz, wie sie schon die einfachste dissipative Struktur auf ihrer Ebene repräsentiert. Wie diese ist auch ein Rhizom durch Offenheit, Ungleichgewicht (Heterogenität in den Beziehungen) und autokatalytische Selbstverstärkung von Fluktuationen (Herstellung neuer Beziehungen) gekennzeichnet. Wie diese entwickelt es Autonomie und Bewußtsein. Auf der Ebene der Selbstreflexion handelt es sich aber nicht mehr um einzelne dynamische Regimes, sondern um die gegenseitige Durchdringung vieler solcher Regimes. Was die Evolution des Lebens hervorgebracht hat, ist im Grunde nichts anderes als eine Potenzierung dessen, womit sie begonnen hat.

Epilog: Sinn

> Tief im menschlichen Unterbewußtsein regt sich ein
> drängendes Bedürfnis nach einem logischen Uni-
> versum, das Sinn ergibt. Aber das wirkliche Univer-
> sum ist der Logik immer um einen Schritt voraus.
> *Frank Herbert,* Dune

Wir stehen am Beginn einer neuen großen Synthese. Nicht die Entsprechung statischer Strukturen ist ihr Inhalt, sondern der Zusammenhang
von Selbstorganisations-Dynamik – von Geist – auf vielen Ebenen. Es
wird möglich, Evolution als komplexes, aber ganzheitliches dynamisches
Phänomen einer universalen Entfaltung von Ordnung zu sehen, die sich
in vielen Aspekten manifestiert, als Materie und Energie, Information
und Komplexität, Bewußtsein und Selbstreflexion. Es ist nicht mehr
nötig, eine eigene Lebenskraft (wie Bergsons *»élan vital«* oder den
»prana« des Hinduismus) anzunehmen, die von den physikalischen
Kräften getrennt wäre. Naturgeschichte, unter Einschluß der Menschen-
geschichte, kann als Geschichte der Organisation von Materie und
Energie verstanden werden. Sie kann aber auch als Organisation von
Information in Komplexität aufgefaßt werden. Vor allem aber kann sie
als Evolution von Bewußtsein – das heißt von Autonomie und Emanzipation – und von Geist aufgefaßt werden. Geist erscheint nun als
Selbstorganisations-Dynamik auf vielen Ebenen, als eine Dynamik, die
selbst evoluiert. In dieser Hinsicht ist Naturgeschichte immer auch
Geistesgeschichte. Selbsttranszendenz, die Evolution evolutionärer Prozesse, ist geistige Evolution. Sie spielt sich nicht im Vakuum ab, sondern
manifestiert sich in der Selbstorganisation materieller, energetischer und
informationeller Prozesse. Damit wird jener Dualismus zwischen Geist
und Materie aufgehoben, der das westliche Denken in seinen Hauptströmungen mehr als zwei Jahrtausende lang geprägt hat.

Leben, vor allem auch menschliches Leben, erscheint nun als jener
Prozeß der Selbstverwirklichung, dessen äußerer, darwinistischer
Aspekt sich in der Erfahrung von Widerstand gegen Emanzipation zeigt,
dessen innerer koordinativer Aspekt sich aber in einem stetig anschwel-
lenden, voller werdenden Akkord des Bewußtseins ausdrückt. In der
Selbsttranszendenz, der Erschließung neuer Ebenen von Selbstorganisation – neuer geistiger Ebenen –, orchestriert sich Bewußtsein immer
reicher. Im Unendlichen fällt es mit dem Göttlichen zusammen. Das

Göttliche aber manifestiert sich dann weder in personaler noch sonstwie geprägter Form, sondern in der evolutionären Gesamtdynamik einer vielschichtigen Realität. Statt vom Numinosen können wir daher von Sinn sprechen. Jeder von uns wäre demnach, um mit Aldous Huxley (1954) zu sprechen, »Mind-at-large« – Geist schlechthin – und hätte teil an der Evolution des Gesamtgeistes und damit am göttlichen Prinzip, am Sinn.

Im Buddhismus, der umfassendsten Prozeßphilosophie und -religion, steigt kein dualistisch gesehener Gott auf die Erde herab, wie in den monotheistischen Religionen des Christentums und des Islams. Gautama Buddha war ein Mensch, der sich auf vollkommene Weise – und nicht ohne zu leiden – selbst verwirklichte und damit ans Göttliche heranreichte. Die Menschheit wird nicht von einem Gott erlöst, sondern aus sich selbst heraus. Wie C. G. Jung (1962) es am Ende seines Lebens ausgedrückt hat, kann es sich auch für uns nicht mehr um den dualistischen Gegensatz zwischen Gott und Mensch handeln, sondern nur um die immanente Spannung im Gottesbegriff selbst, wie sie sich in der Mandala des Mystikers Jakob Böhme in den »Rücken an Rücken« stehenden Kreishälften ausdrückt. Dieses innere Ungleichgewicht, die glorreiche Unvollkommenheit des Lebens, ist das Wirksamkeitsprinzip der Evolution. Die Gottesidee steht hier nicht als ethische Norm über und außerhalb der Evolution, sondern wird echt mystisch in die Entfaltung und Selbstverwirklichung der Evolution selbst hineinverlangt. Hans Jonas (1969) hat dieser evolutionären Gottesidee den vielleicht großartigsten Ausdruck verliehen in seinem Gedanken, daß Gott sich in einer Abfolge von Evolutionen immer wieder selbst aufgibt, sich in ihr transformiert mit allen Risiken, die Unbestimmtheit und freier Wille im Spiel evolutionärer Prozesse mit sich bringen. Gott ist also nicht absolut, sondern er evolviert selbst – er *ist* die Evolution. Da wir aber die Selbstorganisations-Dynamik jedes Systems seinen Geist genannt haben, können wir nun sagen, Gott sei zwar nicht der Schöpfer, wohl aber der Geist des Universums.

Dieser dynamische Gottesbegriff führt nun in der tiefsten Form der Re-ligio zurück auf den Begriff der Evolution – oder, genauer gesagt, eines Evolutionsbogens. Evolviert Gott wie eine allumspannende dissipative Struktur, so ist das buddhistische *Shunyata,* der Ursprung, selbst einer dissipativen Struktur vergleichbar, und Evolution wäre dann die offene Interaktion von Prozessen in der Instabilitätsphase zwischen zwei Strukturen – jene Phase, in der Erstmaligkeit hereinbricht, in der das

Gesetz der großen Zahl aufgehoben ist und in der die Fluktuationen des Bewußtseins die Entscheidungen für die nächste autopoietische Struktur herbeiführen. Wie schon Ilya Prigogine gesagt hat (siehe Kapitel 3), kann die Evolution einer dissipativen Struktur selbst als gigantische Fluktuation aufgefaßt werden. Unser Leben ist eine solche Fluktuation – das ganze Universum ist eine.

Die Singularität aber, die Gottes-»Struktur«, ist nicht Form oder Quantität, sondern das Unentfaltete, die Gesamtheit undifferenzierter Qualitäten. Sie ist reines Potential. Jede der großen Prozeßphilosophien hat dafür einen anderen Namen. Im ältesten überlieferten Weltbild, der hermetischen Philosophie – benannt nach der mystischen Persönlichkeit jenes Hermes Trismegistos, der lange vor Moses in Ägypten gelebt haben soll und der es in zwei Mythologien zum Gott gebracht hat, als Toth in Ägypten und als Hermes in Griechenland –, heißt diese in sich ruhende Ganzheit das »All«. Im Buddhismus heißt sie, wie schon erwähnt, »Shunyata«, was oft unrichtigerweise mit »Nichts« oder »Leere« übersetzt wird. Eine Version unseres Jahrhunderts ist das »extensive Kontinuum« in der Prozeßphilosophie Alfred North Whiteheads (1969). In jeder umfassenden Prozeßphilosophie wurzelt damit die Gottesidee noch tiefer als im Energiestrom der Evolution – sie verankert sich im Ursprung selbst, aus dem uns eine Sehnsucht nach Frieden wie eine ferne Erinnerung anrührt und zu dem wir uns selbst in der Re-ligio zurückführen können.

Tiefer als bis zu dieser Ebene der Stille, in der sich unentfaltete Evolution ballt, hat der Mensch, soweit wir wissen, auch in Augenblicken höchsten mystischen Erlebens niemals zu blicken vermocht. In ihr wurzeln Kunst und Wissen und überhaupt jeder schöpferische Prozeß. An den Horizonten unseres rationalen, emotionalen und spirituellen Wissens stehen wir immer vor der Entscheidung zwischen zwei metaphysischen Alternativen: zwischen einem im Grunde unfaßbaren Sinn, der einem Ordnungsprinzip entspricht und oft als Gottesidee seinen Ausdruck findet – und einer im Grunde ebenso unfaßbaren Sinnleere. Sinn wird zum bewegenden Element jener Selbsttranszendenz, die über den begrenzten Horizont hinausführt und das Ganze erfassen möchte. »Ob nicht Natur zuletzt sich doch ergründe?« fragt Goethe. Die Annahme zufälliger Anfangsbedingungen vor einem sinnleeren Hintergrund wird dagegen zum Ausdruck eines Strebens nach Reduktion auf Modelle, die wir – wie schon Galileis Zeitgenosse Giambattista Vico betonte – aus keinem anderen Grunde verstehen und sinnvoll finden, als weil wir sie selbst gemacht haben. Objektiver Drang nach Verstehen führt zu tiefstem subjektivem Erleben, subjektiver Drang nach Sicherheit zu einer Pseudo-Objektivität im Detail, der das Ganze entgleitet. Hier löst sich ein letzter Dualismus auf: Verstehen ist nicht mehr statisches Wissen, sondern selbst ein evolutionärer Prozeß, in dem Subjektivität und Objektivität einander komplementär sind.

Im menschlichen Bereich aber bedeutet eine solche neue Synthese Hoffnung anstelle von Furcht, das Ende der Entfremdung des Menschen von einer Welt, deren immer schnellerer Wandel zur kafkaesken Bedrohung geworden ist und dabei doch nur den Menschen selbst zum Motor hatte. Die neue Synthese gibt dem menschlichen Leben tiefen Sinn. Sinn entsteht aus der Erkenntnis von Verbundenheit. Fragen wir jemanden nach dem Sinn seiner Ambitionen, seines Hetzens und Raffens, so heißt es oft, nicht für sich selbst, sondern für die Kinder tue man das alles. Dies ist ein Akt der Selbsttranszendenz. Ein weitergehender Drang nach Sinn visiert Generationenfolgen, Völker, Kulturen, die Evolution der gesamten Menschheit, ja vielleicht sogar des ganzen Universums an. Das Bedürfnis nach Sinn erweist sich als mächtiger autokatalytischer Faktor in der Evolution des menschlichen Bewußtseins – und damit in der Evolution der Menschheit und des Universums. Diese Verbundenheit unserer eigenen Lebensprozesse mit der Dynamik des allumfassenden Universums war bisher nur mystischem Erleben zugänglich. In der neuen Synthese wird sie Teil der Wissenschaft, die sich dadurch selbst dem Leben näher verbindet.

Dieses Gefühl des Eingebettetseins in eine universale, zusammenhängende Dynamik sollte uns nicht nur die Furcht vor dem eigenen biologischen Tod nehmen, sondern auch jene Furcht, die das »Überleben der Gattung« als höchsten Wert verteidigt. In der Selbsttranszendenz können wir nicht nur über uns selbst als Individuen, sondern auch über die Menschheit hinausgelangen. Die Faszination, die die Evolution der Menschheit ausübt, verblaßt gegenüber der Faszination einer universalen Evolution, deren integraler Aspekt wir selbst sind. In einer solchen Haltung würden wir nicht nur unsere eigenen Lebensbedingungen fördern, sondern die Bedingungen allen Lebens, auf das wir Einfluß nehmen können. In seinem visionären Zukunftsroman *Childhood's End* hat Arthur C. Clarke (1953) das Aufgehen des Menschengeistes in einem universalen Geist geschildert. Die physische Menschheit und der ganze Planet fielen in Clarkes Vision der Zerstörung anheim – doch was tat das schon? Der Geist der Menschheit bedurfte dieser Formen nur in der

414

Phase der Kindheit. Mit der Fähigkeit zur Selbstreflexion sind wir der Geist eines seiner selbst sich bewußt werdenden Universums geworden – ob als einzige Wesen oder in Gesellschaft anderer, ist dabei nicht so wichtig.

In prozeßorientierter Sicht ist die Evolution bestimmter Strukturen nicht vorbestimmt. Sind aber dann Funktionen – Prozesse, die in vielerlei Strukturen realisiert werden können – vorbestimmt? Mit anderen Worten: Folgt Geist in seiner Evolution über viele Ebenen hinweg einem vorbestimmten Weg? Oder führt eine solche Annahme wieder zu einem Fehlschluß, der schon im Prozeßdenken selbst enthalten ist, wie es die Vorbestimmtheit der Strukturen im mechanistischen Strukturdenken war? Handelt es sich bei der Formel der östlichen Mystik, das Universum sei so gemacht, daß es zur Selbstreflexion gelange, nur um den Ausdruck einer inneren Begrenztheit der östlichen Prozeßphilosophie?

Vielleicht aber ist es gar nicht wichtig, eine Antwort auf diese Fragen zu finden. Unser Bemühen gilt letzten Endes nicht der genauen Kenntnis des Universums, sondern der Kenntnis der Rolle, die wir darin spielen – dem Sinn unseres Lebens. Das Selbstorganisations-Paradigma, das die Dimensionen der Verbundenheit zwischen allen Formen der Entfaltung einer natürlichen Dynamik offenlegt, steht im Begriff, die Erkenntnis eines solchen Sinnes wesentlich zu vertiefen. »Es ist vorstellbar«, schreibt Freeman J. Dyson (1971), »daß Leben eine größere Rolle spielt, als wir bisher angenommen haben. Leben wird vielleicht, entgegen aller Wahrscheinlichkeit, das Universum am Ende für seine eigenen Zwecke umformen. Und die Gestalt des unbelebten Universums mag von den Möglichkeiten des Lebens und der Intelligenz nicht so weit entfernt sein, wie es die Wissenschaftler des 20. Jahrhunderts anzunehmen pflegten.«

Wie wir gesehen haben, wird nicht nur das Universum, sondern auch der Evolutionsprozeß selber zunehmend selbstreflexiv. Was aber wäre dann die Ursache des Ganzen? Ist Selbstbezug das letzte, höchste Prinzip, das sich in dynamischen Strukturen ebenso wie in Funktionen und Fluktuationen ausdrückt – eingeschlossen die Fluktuationen der universalen Evolution insgesamt? Erinnern wir uns, daß Selbstorganisation – also Geist – sich auf diesen selben drei Ebenen beschreiben läßt. Jede kann die beiden anderen ersetzen, doch keine kann die andere erklären. Auf der Evolutionsstufe des selbstreflexiven Geistes aber wird Selbstbezug zur Selbsterkenntnis.

Im ruhenden All, dem gemeinsamen Ursprung der Evolution, waren

Zeit und Raum und alles Noch-nicht-Entfaltete – alle Qualität – eins. Mit der Entfaltung verbanden sich, wie wir gesehen haben, stufenweise Symmetriebrüche zeitlicher wie räumlicher Art. Selbsttranszendenz ist nur über den Bruch von Symmetrien möglich. Aber gleichzeitig webt die Evolution ein neues Netz von Zeit- und Raumverschränkung, das die im Ursprung verlorene Einheit zunehmend in jedem selbstorganisierenden System wieder erlebbar macht. Wie die intensiven Prozesse der heißen Urzeit des Universums sich in einer viel späteren Phase in der Sternevolution erneut einstellen, so wird die in der Expansion und Abkühlung des Universums verlorengegangene Intensität im Individuum selbst nachvollziehbar. Es ist nicht mehr allein die Re-ligio zum Ursprung, die diese höchste Intensität in mystischem Erleben vermittelt. Dieselbe Intensität kommt auch mit dem Vorwärtsschreiten der Evolution wieder. Höchster Sinn liegt im Unentfalteten ebenso wie im voll Entfalteten; beides reicht an die Gottheit heran.

Grazie, so ließ Kleist in seinem Essay *Über das Marionettentheater* seinen fiktiven Gesprächspartner sagen, stellt sich am vollkommensten dort ein, wo Reflexion entweder noch gar nicht vorhanden ist oder wo sie »durch ein Unendliches gegangen ist« – wie das Spiegelbild in einem Hohlspiegel, nachdem es sich ins Unendliche entfernt hat, plötzlich wieder nahe vor unseren Augen auftaucht. Grazie erscheint also am reinsten in demjenigen Körperbau, »der entweder gar keins oder ein unendliches Bewußtsein hat, das heißt in dem Gliedermann oder in dem Gott«.

»Mithin«, folgert Kleist, »müßten wir wieder von dem Baum der Erkenntnis essen, um in den Stand der Unschuld zurückzufallen?

Allerdings, antwortete er; das ist das letzte Kapitel von der Geschichte der Welt.«

Literaturverzeichnis

Viele der Gebiete, die in diesem Buch eine Rolle spielen, sind in stürmischer Entwicklung begriffen. Es war daher eine besondere Aufgabe, verläßliche Zusammenfassungen der jüngsten Ergebnisse und Konzepte auf diesen Gebieten zu finden. In dieser Hinsicht erwies sich die *Neue Zürcher Zeitung* mit ihrer wöchentlichen Beilage »Forschung und Technik« als weitaus wertvollste Quelle, und die entsprechenden Referenzen sind hier angeführt, obwohl sie für die meisten Leser nicht einfach zugänglich sein dürften. Von Nutzen waren auch die enger konzipierten Zusammenfassungen des *Scientific American,* die aber nicht immer den letzten Stand der Dinge wiedergeben, sowie Artikel des auf einem Hausboot in Sausalito, gegenüber von Berkeley, redigierten *CoEvolution Quarterly.*

Abraham, Ralph (1976). »Vibrations and the Realization of Form«, in: Jantsch and Waddington, Hg. (1976).

Adams, Richard Newbold (1975). *Energy and Structure: A Theory of Social Power.* Austin und London: University of Texas Press.

Alfvén, Hannes (1966). *Worlds – Antiworlds: Antimatter in Cosmology.* San Francisco: Freeman.

Allen, Peter M. (1976). »Evolution, Population, Dynamics and Stability«, *Proc. Nat. Acad. Sci. (USA),* 73, 665–668.

Allen, Peter M., Deneubourg, J. M., Sanglier, M., Boon, P., und de Palma, A. (1977). *Dynamic Urban Growth Models.* Report No. TSC-1185-3. Cambridge, Mass.: Transportation Systems Center, US Dept. of Transportation.

Ashby, W. Ross (1960). *Design for a Brain.* 2nd ed. New York: Wiley.

Ashby, W. Ross (1974). *Einführung in die Kybernetik.* Frankfurt: Suhrkamp.

Babloyantz, Agnessa (1972). »Far From Equilibrium Synthesis of ›Prebiotic‹ Polymers«, *Biopolymers,* 11, 2349–2356.

Ballmer, Thomas T., und Weizsäcker, Ernst von (1974). »Biogenese und Selbstorganisation«, in: Weizsäcker, Ernst von, Hg. (1974).

Barash, David P. (1977). *Sociobiology and Behavior.* New York und Amsterdam: Elsevier.

Barghoorn, Elso S., und Knoll, Andrew S. (1977). *Science,* 28 October 1977.

Bastin, Ted, und Noyes, H. Pierre (1978). »On the Physical Interpretation of the Combinatorial Hierarchy«, Conference on Quantum Theory and the Structures of Time and Space 3, Tutzing, BRD: Juli 1978; Veröffentlichung im *Intern. J. of Theor. Physics* in Vorbereitung.

Bateson, Gregory (1972). *Steps to an Ecology of Mind.* San Francisco: Chandler; New York: Ballantine Paperback.

Bateson, Gregory (1979). *Mind and Nature: A Necessary Unity.* New York: Dutton.

Baumann, Gilbert (1975). »Das künstliche Nervensignal: Synthese einer Zell-funktion«, *Neue Zürcher Zeitung,* 29. Januar 1975.

Bell, John S. (1976). »Testing Quantum Mechanics« und Zusammenfassung von Vorträgen an einem »Thinkshop on Physics«, abgehalten am Ettore Majorana Centre for Scientific Culture in Erice, Sizilien. *Progress in Scientific Culture,* 1, 439–460.

Benz, A. O. (1975). »Physik des Universums«, *Neue Zürcher Zeitung,* 8. Januar 1975.

Bergson, Henri (1896). *La Matière et le mémoire.* Paris. Englische Übersetzung: *Matter and Memory,* London: Allen and Unwin, 1962.

Bertalanffy, Ludwig von (1968). *General System Theory: Foundations, Development, Applications.* New York: Braziller.

Bettelheim, Bruno (1976). *The Uses of Enchantment: The Meaning and Importance of Fairy Tales.* New York: Knopf; New York: Random paperback, 1977 (dt.: *Kinder brauchen Märchen.* Stuttgart: DVA).

Boiteux, A., und Hess, B. (1974). »Oscillations in Glycolysis, Cellular Respiration and Communication«, in: Faraday Symposium (1974).

Bonner, John Tyler (1959). »Differentiation in Social Amoebae«, *Scientific American,* Dec. 1959; ebenfalls in: Kennedy, Hg. (1974).

Boos, Winfried (1978). »Intelligente Bakterien: Chemotaxis als primitives Modell von Reizleitungssystemen«, *Neue Zürcher Zeitung,* 10. Januar 1978.

Brain/Mind Bulletin (1977a). »›New nervous system‹ may effect behavior, illness«, *Brain/Mind Bulletin,* 2, No. 15.

Brain/Mind Bulletin (1977b). »›Mind Mirror‹ EEG identifies states of awarenes«, Brain/Mind Bulletin, 2, No. 20.

Brain/Mind Bulletin (1977c). »Left, right brain differences are more fundamental than verbal, non-verbal«, *Brain/Mind Bulletin,* 2, No. 22.

Brain/Mind Bulletin (1977d). »Art reinforces cognitive learning«, *Brain/Mind Bulletin,* 2, No. 22.

Broda, Engelbert (1975). *The Evolution of the Bioenergetic Processes.* Oxford: Pergamon Press.

Bronowski, Jacob (1970). »New Concepts in the Evolution of Complexity: Stratified Stability and Unbounded Plans«, *Zygon,* 5, 18–35.

Bünning, E. (1977). *Die physiologische Uhr.* Berlin, Heidelberg, New York: Springer. Dritte, neu bearbeitete Auflage.

Camara, Sory (1975). »The Concept of Heterogeneity and Change among the Mandenka«, *Technological Forecasting and Social Change,* 7, 273–284.

Cameron, A. G. W. (1975). »The Origin and Evolution of the Solar System«, *Scientific American,* Sept. 1975.

Campbell, Allan M. (1976). »How Viruses Insert their DNA into the DNA of the Host Cell«, *Scientific American,* Dec. 1976.

Campbell, Joseph (1956). *Hero with a Thousand Faces.* New York: Meridian.

Castaneda, Carlos (1975). *Tales of Power.* New York: Simon and Schuster.

Charbonnier, G. (1969). *Conversations with Claude Lévi-Strauss.* London: Jonathan Cape.

Chew, Geoffrey F. (1968). »Bootstrap: A Scientific Idea?«, *Science,* 161, 762.

Chomsky, Noam (1969). *Aspekte der Syntax-Theorie.* Frankfurt: Suhrkamp.

Churchman, C. West (1973). *Philosophie des Managements.* Freiburg i. Br.: Rombach.

Clarke, Arthur C. (1953). *Childhood's End.* New York: Ballantine.

Cox, Allan (1973). *Plate Tectonics and Geomagnetic Reversal.* San Francisco: Freeman.

Cudmore, L. L. Larison (1977). *The Center of Life: A Natural History of the Cell.* New York: Quadrangle.

Dassmann, Raymond (1976). »Biogeographical Provinces«, *CoEvolution Quarterly,* No. 11, 32–37.

Deleuze, Gilles, und Guattari, Félix (1977). *Rhizom.* Intern. Marxistische Diskussion 67. Berlin: Merve.

Douglas-Hamilton, Iain und Oria (1976). *Unter Elefanten.* München: Piper.

Dudits, D., Rasko, I., Hadlaczky, Gy., and Lima-de-Faria, A. (1976). »Fusion of human cells with carrot protoplasts induced by polyethylene glycol«, *Hereditas,* 82, 121–124.

Dübendorfer, Andreas (1977). »Die Metamorphose der Insekten«, *Neue Zürcher Zeitung,* 15. Nov. 1977.

Dunn, Edgar S., Jr. (1971). *Economic and Social Development: A Process of Social Learning.* Baltimore und London: Johns Hopkins Press.

Durkheim, Emile (1912). *Les formes élémentaires de la vie religieuse.* Paris: Alcan.

Dyson, Freeman J. (1971). »Energy in the Universe«, *Scientific American,* Sept. 1971; ebenfalls in: Scientific American (1971).

Ebert, Rolf (1974). »Entropie und Struktur kosmischer Systeme«, in: Weizsäcker, Ernst von, Hg. (1974).

Echlin, Patrick (1966). »The Blue-Green Algae«, *Scientific American,* Juni 1966; ebenfalls in: Kennedy, Hg. (1974).

Eddy, John A., Hg. (1978). *The New Solar Physics.* AAAS Selected Symposium 17. Boulder, Col.: Westview.

Eigen, Manfred (1971). »Self-Organization of Matter and the Evolution of Biological Macromolecules«, *Naturwissenschaften,* 58, 465–523.

Eigen, Manfred, und Schuster, Peter (1977/78). »The Hypercycle: A Principle of Natural Self-Organization«; in drei Teilen: »Part A: Emergence of the Hypercycle«, *Naturwissenschaften,* 64 (1977), 541–565; »Part B: The Abstract Hypercycle«, *Naturwissenschaften,* 65 (1978),7–41; »Part C: The Realistic Hypercycle«, *Naturwissenschaften,* 65 (1978), 341–369 (mit gleichem Titel 1979 als Buch erschienen bei Springer, Heidelberg/Berlin/New York).

Eigen, Manfred, und Winkler, Ruthild (1975). *Das Spiel: Naturgesetze steuern den Zufall.* München und Zürich: Piper.

Eliade, Mircea (1954). *The Myth of the Eternal Return: or, Cosmos and History;* Bollingen Series XLVI. Princeton, N. J.: Princeton University Press.

Epstein, Helen (1978). »The Most Electric Pianist Around«, *San Francisco Chronicle,* 10. Jan. 1978.

Erneux, T., und Herschkowitz-Kaufman, M. (1975). »Dissipative Structures in Two Dimensions«, *Biophys. Chem.,* 3, 345.

d'Espagnat, Bernard (1976). *Conceptual Foundations of Quantum Mechanics,* 2nd rev. ed. Reading, Mass.: Benjamin.

Falkehag, S. Ingemar (1975). »Lignin in Materials«, *Applied Polymer Symposium,* No. 28, 247–257. New York: Wiley.

Faraday Symposium (1974). No. 9, *Physical Chemistry of Oscillatory Phenomena.* London: Faraday Division of the Chemical Society.

Feyerabend, Paul (1977). *Wider den Methodenzwang: Entwurf einer anarchistischen Erkenntnistheorie.* Frankfurt: Suhrkamp.

Fischer, Roland (1970). »Über das Rhythmisch-Ornamentale im Halluzinatorisch-Schöpferischen«, *Confinia Psychiatrica,* 13, 1–25.

Fischer, Roland (1975/76). »Transformations of Consciousness. A Cartography«, in zwei Teilen: »I. The Perception-Hallucination Continuum«, *Confinia Psychiatrica,* 28 (1975), 221–244; »II. The Perception-Meditation Continuum«, *Confinia Psychiatrica,* 19 (1976), 1–23.

Foerster, Heinz von (1973). »On Constructing a Reality«, in: W. F. E. Preiser, ed., *Design, Research,* Vol. II. Stroudsburg: Dowden, Hutchinson and Ross.

Fong, P. (1973). »Thermodynamic and Statistical Theory of Life: An Outline«, in: A. Locker, Hg., *Biogenesis, Evolution, Homeostasis,* Berlin, Heidelberg und New York: Springer.

Frankl, Viktor (1949). *Der unbewußte Gott.* Wien: Amandus.

Franz, Marie-Louise von (1970). *Zahl und Zeit: Psychologische Überlegungen zu einer Annäherung von Tiefenpsychologie und Physik.* Stuttgart: Klett.

Freeman, Walter J. (1975). *Mass Action in the Nervous System: Examination of the Neurophysiological Basis of Adaptive Behavior through the EEG.* New York: Academic Press.

Friedman, Jonathan (1975). »Dynamique et Transformations du Système Tribal: L'exemple des Katchin«, *L'Homme,* XV, 63–98.

Frisch, Karl von (1974). *Tiere als Baumeister.* Berlin: Ullstein.

Fuchs, O. (1977). »Physikalisch-chemische Mechanismen zur Speicherung und Wiedergewinnung von Information«, *Colloid and Polymer Sci.,* 225, 398–400; Zusammenfassung von: *Berichte der Bunsengesellschaft,* 80, 1041–1223.

Furtwängler, Wilhelm (1955). *Der Musiker und sein Publikum.* Zürich: Atlantis.

Gabor, Dennis (1963). *Inventing the Future.* London: Secker and Warburg; New York: Knopf, 1964; Harmondsworth, Middlesex: Penguin paperback, 1964.

Galbraith, John Kenneth (1967). *The New Industrial State.* Boston: Houghton-Mifflin.

Georgescu-Roegen, Nicholas (1971). *The Entropy Law and the Economic Process.* Cambridge, Mass.: Harvard University Press.

Gierer, A. (1974). »Hydra as a Model for the Development of Biological Form«, *Scientific American,* Dez. 1974.

Glansdorff, Paul, und Prigogine, Ilya (1971). *Thermodynamic Theory of Structure, Stability, and Fluctuations.* New York: Wiley-Interscience.

Goldbeter, A., und Lefever, R. (1972). *Biophys. J.,* 12, 1302.

Goodwin, B. C. (1978). »A cognitive view of biological process«, *Journal of Social and Biological Structures,* 1, 117–125.

Gorenstein, Paul, und Tucker, Wallace (1978). »Rich Clusters of Galaxies«, *Scientific American,* Nov. 1978.

Gould, Stephen Jay (1977). *Ontogeny and Phylogeny.* Cambridge, Mass.: Belknap Press of Harvard University.

Grof, Stanislav (1975). *Realms of the Human Unconscious: Observations from LSD Research.* New York: Viking.

Haken, Hermann (1977). *Synergetics: Nonequilibrium Phase Transitions and Self-Organization in Physics, Chemistry and Biology.* Berlin, Heidelberg und New York: Springer.

Hall, D. O. (1978). »Solar Energy Use through Biology – Past and Future«, Vortrag vor der *World Conference an Future Sources of Organic Raw Materials,* Toronto, Juli 1978.

Halstead, L. B. (1975). *The Evolution and Ecology of the Dinosaurs.* London: Peter Lowe, Eurobook.

Harman, Willis W. (1974). »Humanistic Capitalism: Another Alternative«, *Journal of Humanistic Psychology,* Winter 1974.

Harnoncourt, Nikolaus (1976). »Werk und Ausführung bei Monteverdi«, *Neue Zürcher Zeitung,* 31. Dez. 1976.

Hawking, Stephen (1977). »The Quantum Mechanics of Black Holes«, *Scientific American,* Jan. 1977; ebenfalls in: Scientific American (1977).

Hedges, R. W. (1972). *Heredity,* 28, 39. Zitiert in: Broda (1975).

Herschkowitz-Kaufman, Marcelle (1973). *Quelques aspects du comportement des systèmes chimiques ouverts loin de l'équilibre thermodynamique.* Doktordissertation. Brüssel: Université Libre de Bruxelles.

Herschkowitz-Kaufman, Marcelle, und Nicolis, Grégoire (1972). »Localized Spatial Structures and Non-Linear Chemical Waves in Dissipative Systems«, *J. Chem. Phys.,* 56, 1890–1895.

Hilbertz, Wolf (1975). »Evolutionary Environments: Notes for a Manifesto«, in: Frei, Otto, Hg., *I. L.,* 13, Stuttgart: Institut für Leichtbau, Universität Stuttgart.

Hiltz, Starr Roxanne, und Turoff, Murray (1978). *The Network Nation: Human Communication via Computer.* Reading, Mass.: Addison-Wesley.

Holling, C. S. (1976). »Resilience and Stability of Ecosystems«, in: Jantsch und Waddington, Hg. (1976).

Holling, C. S., und Ewing, S. (1971). »Blind Man's Buff: Exploring the Response Space Generated by Realistic Ecological Simulation Models«, *Proc. Intern. Symp. Stat. Ecol.,* New Haven, Conn.: Yale University Press.

Hönl, Helmut (1978). »Kosmologische Nichtstandardmodelle und der Ursprung der Materie im Universum«, *Neue Zürcher Zeitung,* 17. Mai 1978.

Hubbert, M. King (1971). »The Energy Resources of the Earth«, *Scientific American,* Sept. 1971; ebenfalls in: Scientific American (1971).

Huber, Martin C. E., und Tammann, G. E. (1977). »Geschichte des Universums: Kosmologische Probleme in neuester Sicht«, *Neue Zürcher Zeitung,* 4. Jan. 1977.

Huxley, Aldous (1954). *The Doors of Perception.* New York: Harper and Row.

Hydén, Holger (1976). »The Brain, Learning and Values«, *Proc. Fifth International Conference on the Unity of the Sciences,* »The Search for Absolute Values: Harmony among the Sciences«, Washington, D. C. Tarrytown, N. Y.: International Cultural Foundation.

Illich, Ivan (1977). *Die Nemesis der Medizin.* Reinbek: Rowohlt.

Illich, Ivan (1978). *Fortschrittsmythen.* Reinbek: Rowohlt.

Jantsch, Erich (1967). *Technological Forecasting in Perspective.* Paris: OECD.

Jantsch, Erich, Hg. (1969). *Perspectives of Planning.* Proc. Bellagio Symposium on Long-Range Forecasting and Planning. Paris: OECD.

Jantsch, Erich (1972). *Technological Planning and Social Futures.* London: Associated Business Programmes; New York: Halsted Press; paperback 1974.

Jantsch, Erich (1975). *Design for Evolution: Self-Organization and Planning in the Life of Human Systems.* New York: Braziller.

Jantsch, Erich (1976). »Evolving Images of Man: Dynamic Guidance for the Mankind Process«, in: Jantsch und Waddington, Hg. (1976).

Jantsch, Erich, und Waddington, Conrad H., Hg. (1976). *Evolution and Consciousness: Human Systems in Transition.* Reading, Mass., London und Amsterdam: Addison-Wesley.

Jaynes, Julian (1976). *The Origin of Consciousness in the Breakdown of the Bicameral Mind.* Boston: Houghton-Mifflin.

Jenny, Hans (1967, 1972). *Kymatik.* 2 Bde. Basel: Basileus. Bd. 1: 1967; Bd. 2: 1972.

Johansen, Robert, Vallé, Jacques and Spangler, Kathleen (1978). *Electronic Meetings: Technical Alternatives and Social Choices.* Reading, Mass.: Addison-Wesley.

Johanson, D. C., und White, T. D. (1979). »A Systematic Assessment of Early African Hominids«, *Science,* 203, 321–330.

Jonas, Hans (1969). *The Phenomenon of Life.* New York: Delta Books.

Josephson, Brian (1975). »The Tonal-Nagual Model of Reality«, Vortrag vor der *First Intern. Conf. on Science and Consciousness,* Fairfield, Iowa, Dec. 1975.

Jouvenel, Bertrand de (1964). *L'Art de la Conjecture.* Monaco: Editions du Rocher. Engl. *The Art of Conjecture,* New York: Basic Books, 1967.

Jouvenel, Bertrand de (1968). *Arcadie, essais sur le mieux vivre.* Paris: SEDEIS.

Jung, Carl Gustav (1962). *Erinnerungen, Träume, Gedanken.* Zürich.

Jung, Carl Gustav, und Pauli, Wolfgang (1954). *The Interpretation of Nature and the Psyche.* New York und London.

Junge, C. (1976). »Die Entstehung der Erdatmosphäre«, *Neue Zürcher Zeitung,* 9. Nov. 1976.

Katchalsky, Aharon (1971). »Biological Flow Structures and their Relations to Chemodiffusional Coupling«, *Neurosci. Res. Progr. Bull.,* 9, 397–413.

Kennedy, Donald, Hg. (1974). *Cellular and Organismal Biology,* aus dem *Scientific American.* San Francisco: Freeman.

Korzybski, Alfred (1949). *Time-Binding: The General Theory, Two Papers, 1924–26.* Lakeville, Conn.: Institute of General Semantics.

Krippner, Stanley, und Rubin, Daniel, Hg. (1974). *The Kirlian Aura: Photographing the Galaxies of Life.* Garden City, N. Y.: Anchor/Doubleday.

Kuhn, Hans (1973). »Modellbetrachtungen zur Frage der Entstehung des Lebens«, *Jahrbuch der Max-Planck-Gesellschaft,* 1973, 104–130.

Kuhn, Thomas S. (1962). *The Structure of Scientific Revolutions.* Chicago: Chicago University Press: 2., erweiterte Ausgabe, 1970 (dt.: *Die Struktur wissenschaftlicher Revolutionen,* Frankfurt: Suhrkamp 1967, 1978).

Kuhn, Thomas S. (1977). *The Essential Tension: Selected Studies in Scientific Tradition and Change.* Chicago: University of Chicago Press.

Kurokawa, Kisho (1977). *Metabolism in Architecture.* Boulder, Col.: Westview.

Langer, Suzanne K. (1967, 1972). *Mind, an Essay on Human Feeling.* 2 Bde. Baltimore und London: Johns Hopkins Press. Bd. 1: 1967; Bd. 2: 1972.

Laszlo, Ervin (1972). *Introduction to Systems Philosophy: Toward a new Paradigm of Contemporary Thought.* New York: Gordon and Breach; ebenfalls: Harper Torchbooks.

Laszlo, Ervin (1974). »Goals for Global Society – A Positive Approach to the Predicament of Mankind«, *Proc. Third Intern. Conf. Unity of the Sciences,* »Science and Absolute Values«, London; Tarrytown, N. Y.: Intern. Cultural Foundation.

Laszlo, Ervin (1978). *The Inner Limits of Mankind: Heretical Reflections on Today's Values, Culture and Politics.* Oxford und New York: Pergamon Press.

Leaky, Richard E., und Lewin, Roger (1978). *People of the Lake: Mankind and its Beginnings.* Garden City, N. Y.: Anchor/Doubleday.

Leboyer, Frederick (1974). *Der sanfte Weg ins Leben: Geburt ohne Gewalt.* München: Desch.

Lefever, R. (1968). »Stabilité des structures dissipatives«, *Bull. Classe Sci. Acad. Roy. Belg.,* 54, 712.

Lefever, R., und Garay, R. (1977). »A Model of the Immune Surveillance of Cancer«, in: G. Bell, A. Perelson, G. Pimbley, Hg., *Theoretical Immunology,* New York.

Lessing, Doris (1975). *The Memoirs of a Survivor.* New York: Knopf; Bantam paperback, 1976 (dt.: *Die Memoiren einer Überlebenden,* Frankfurt, Goverts, 1979).

Lieber, Arnold L. (1978). *The Lunar Effect: Biological Tides and Human Emotions.* Garden City, N. Y.: Anchor/Doubleday.

Lima-de-Faria, Antonio (1975). »The Relation between Chromomers, Replicons, Operons, Transcription Units, Genes, Viruses and Palindromes«, *Hereditas,* 8, 249–284.

Lima-de-Faria, Antonio (1976). »The Chromosome Field«, in fünf Teilen: »I. Prediction of the Location of Ribosomal Cistrons«, *Hereditas,* 83, 1–22; »II. The Location of ›Knobs‹ in Relation to Telomeres«, *Hereditas,* 83, 23–34; »III. The Regularity of Distribution of Cold-Induced Regions«, *Hereditas,* 83, 139–152; »IV. The Distribution of Non-Disjunction, Chiasmata and other Properties«, *Hereditas,* 83, 175–190; »V. The Distribution of Chromomere Gradients in Relation to Kinetochore and Telomeres«, *Hereditas,* 84, 19–34.

Longair. M. S., und Einasto, J., Hg. (1978). *The Large Scale Structure of the Universe.* Int. Astron. Union Symp. No. 79. Boston: Reidel.

Longchenpa (1976). *Kindly Bent to Ease Us,* 3 Bde., übersetzt und mit Anmerkungen versehen von Herbert V. Guenther. *Part Two: Meditation; Part Three: Wonderment.* Emeryville, Calif.: Dharma Publishing.

Lotka, Alfred J. (1956). *Elements of Mathematical Biology.* New York: Dover.

Lowrie, E. (1976). »Paläomagnetismus«, *Neue Zürcher Zeitung,* 10. August 1976.

MacLean, Paul D. (1973). »A Triune Concept of the Brain and Behavior«, in: T. Boag und D. Campbell, Hg., *The Hincks Memorial Lectures,* Toronto: University of Toronto Press.

McKenna, Terence K., und Dennis, J. (1975). *The Invisible Landscape: Mind, Hallucinogens and the I Ching.* New York: Seabury Press.

Maeder, André (1975). »Die Evolution der Sonne«, *Neue Zürcher Zeitung,* 15. Jan. 1975.

Maeder, André (1977). »Das Rätsel der Quasare«, *Neue Zürcher Zeitung,* 8. Febr. 1977.

Maeder, André (1978). »Die Kosmologie von Dirac«, *Neue Zürcher Zeitung,* 4. Juli 1978.

Margalef, Ramón (1968). *Perspectives in Ecological Theory.* Chicago: University of Chicago Press. Größere Auszüge abgedruckt in *CoEvolution Quarterly,* No. 6, Sommer 1975, 49–66.

Margulis, Lynn (1970). *Origin of Eukaryotic Cells.* New Haven, Conn.: Yale University Press.

Margulis, Lynn, und Lovelock, James E. (1974). »Biological Modulation of the Earth's Atmosphere«, *Icarus,* 21, 471–489.

Markley, O. W. (1976). »Human Consciousness in Transformation«, in: Jantsch und Waddington, Hg. (1976).

Marthaler, Daniel (1976). »Geheimnisvoller Nervenfilz«, *Neue Zürcher Zeitung,* 2. Nov. 1976; Zusammenfassung eines Artikels von Francis O. Schmitt, Pawati Dev und Barry H. Smith in *Science,* 193 (1976), 114–120.

Maruyama, Magoroh (1976). »Toward Cultural Symbiosis«, in: Jantsch und Waddington, Hg. (1976).

Maturana, Humberto R. (1970). *Biology of Cognition.* Report BCL 9.0. Urbana, Ill: Biological Computer Laboratory, University of Illinois.

Maturana, Humberto R., und Varela, Francisco (1975). *Autopoietic Systems.* Report BCL 9.4. Urbana, Ill.: Biological Computer Laboratory, University of Illinois.

May, Robert M. (1973). *Stability and Complexity in Model Ecosystems.* Princeton, N. J.: Princeton University Press.

May, Robert M. (1978). »The Evolution of Ecological Systems«, *Scientific American,* Sept. 1978.

Mesarović, Mihajlo D., Macko, D., und Takahara, Y. (1970). *Theory of Hierarchical, Multilevel Systems.* New York: Academic Press.

Miller, Stanley S., und Orgel, Leslie E. (1973). *The Origins of Life on Earth.* Englewood Cliffs, N. Y.: Prentice-Hall.

Monod, Jacques (1971). *Zufall und Notwendigkeit.* München und Zürich: Piper.

Morowitz, Harold J. (1968). *Energy Flow in Biology.* New York: Academic Press.

Morowitz, Harold J., und Tourtellotte, Mark, E. (1962). »The Smallest Living Cells«, *Scientific American,* März 1962; ebenfalls in: Kennedy, ed. (1974).

Motz, Lloyd (1975). *The Universe: Its Beginning and End.* New York: Scribner's.

Müller, A. M. Klaus (1974). »Naturgesetz, Wirklichkeit, Zeitlichkeit«, in: Weizsäcker, Ernst von, Hg. (1974).

Murphy, Michael (1977). *Jacob Atabet: A Speculative Fiction.* Millbrae, Calif.: Celestial Arts.

Neue Zürcher Zeitung (1978), jd.: »Methanbakterien und Archäbakterien«, *Neue Zürcher Zeitung,* 2. August 1978.

Nicolis, Grégoire (1974). »Dissipative Structures with Applications to Chemical Reactions«, in: H. Haken, Hg., *Cooperative Phenomena,* Amsterdam: North-Holland.

Nicolis, Grégoire, und Prigogine, Ilya (1971). »Fluctuations in Non-Equilibrium Systems«, *Proc. Natl. Acad. Sci. (USA),* 68, 2102–2107.

Nicolis, Grégoire, und Prigogine, Ilya (1977). *Self-Organization in Nonequilibrium Systems: From Dissipative Structures to Order Through Fluctuations.* New York: Wiley-Interscience.

O'Neill, Gerard K. (1977). *The High Frontier: Human Colonies in Space.* New York: Morrow.

O'Neill, Gerard, K., Hg. (1978). *Space-Based Manufacturing from Nonterrestrial Materials.* New York: American Institute of Aeronautics and Astronautics.

Oparin, Andreas I. (1938). *Origin of Life.* New York: Macmillan; Neudruck New York: Dover, 1953.

Ortega y Gasset, José (1943). *Das Wesen geschichtlicher Krisen.* Stuttgart.

Ozbekhan, Hasan (1976). »The predicament of mankind«, in: C. West Churchman und Richard O. Mason, Hg., *World Modeling: A Dialogue.* North-Holland/TIMS Studies in the Management Sciences, Vol. 2. Amsterdam und Oxford: North-Holland; New York: American Elsevier.

Pankow, Walter (1976). »Openness as Self-Transcendence«, in: Jantsch und Waddington, Hg. (1976).

Pattee, Howard H. (1978). »The complementarity principle in biological and social structures«, *Journal of Social and Biological Structures,* 1, 191–200.

Pauling, Linus (1977). »Vitamin C und Krebs«, Vortrag vor dem 27. Nobelpreisträgertreffen in Lindau, *Neue Zürcher Zeitung,* 19. Juli 1977.

Pearson, Keir (1976). »The Control of Walking«, *Scientific American,* Dez. 1976.

Petit, Charles (1977). »The Sun, and Earth's Weather«. *San Francisco Chronicle,* 7. Dez. 1977.

Popper, Karl R., und Eccles, John C. (1977). *The Self and Its Brain: An Argument for Interactionism.* Berlin, Heidelberg und New York: Springer.

Pribram, Karl (1971). *Languages of the Brain.* Englewood Cliffs, N.J.: Prentice-Hall.

Prigogine, Ilya (1973). »Irreversibility as a Symmetry Breaking Factor«, *Nature,* 248, 67–71.

Prigogine, Ilya (1976). »Order through Fluctuation: Self-Organization and Social System«, in: Jantsch und Waddington, Hg. (1976).

Prigogine, Ilya (1977). »The Metamorphosis of Science: Culture and Science«, Vortrag vor der *Conference on Science in Society,* Europäische Gemeinschaft, Brüssel, 1977.

Prigogine, Ilya, und Stengers, Isabelle (1975). »Nature et Créativité«, *Revue de l'AUPELF,* XIII, No. 2.

Prigogine, Ilya, Nicolis, Grégoire, und Babloyantz, Agnès (1972). »Thermodynamics of Evolution«, *Physics Today,* 25, 23–28 und 38–44.

Pugh, George Edgin (1977). *The Biological Origin of Human Values.* New York: Basic Books.

Riedl, Rupert (1976). *Die Strategie der Genesis: Naturgeschichte der realen Welt.* München und Zürich: Piper.

Rodman, John (1977). »Theory and Practice in the Environmental Movement: Notes Towards an Ecology of Experience«, *Proc. Sixth Intern. Conf. Unity of the Sciences,* »The Search for Absolute Values in a Changing World«, San Francisco; Tarrytown, N. Y.: Intern. Cultural Foundation.

Rosenfeld, Leon (1967), in: S. Rosenthal, Hg., *Niels Bohr: His Life and Work as Seen by His Friends and Colleagues,* New York; zitiert in: Feyerabend (1977).

Sagan, Carl (1977). *The Dragons of Eden: Speculations on the Evolution of Human Intelligence.* New York: Random House.

426

Sauter, Karl, und Bertschy, Hanspeter (1977). »Die Wollbilder der Huichol-Indianer«, *Neue Zürcher Zeitung,* 22. Okt. 1977.

Scheving, Lawrence E. (1977). »Chronobiologie: Die Dimension der Zeit in Biologie und Medizin«, *Neue Zürcher Zeitung,* 1. März 1977.

Schoch, Max (1977). »Das Unvollkommene und das Leben: Eranos-Tagung 1977«, *Neue Zürcher Zeitung,* 13. Okt. 1977.

Schopf, J. William (1978). »The Evolution of the Earliest Cells«, *Scientific American,* Sept. 1978.

Schramm, David N., und Clayton, Robert N. (1978). »Did a Supernova Trigger the Formation of the Solar System?«, *Scientific American,* Okt. 1978.

Schumacher, E. F. (1973). *Small is Beautiful: Economics as if People Mattered.* New York: Harper and Row.

Schurian, Walter (1978). »Bilder als Systeme der Entwicklung«, in: Ernst Fuchs, *Im Zeichen der Sphinx: Schriften und Bilder,* München: Deutscher Taschenbuchverlag.

Schurig, Volker (1976). *Die Entstehung des Bewußtseins.* Frankfurt und New York: Campus.

Scientific American (1971). *Energy and Power.* San Francisco: Freeman.

Scientific American (1977). *Cosmology + 1.* San Francisco: Freeman.

Scrimshaw, Nevin S., und Young, Vernon R. (1976). »The Requirements of Human Nutrition«, *Scientific American,* Sept. 1976.

Senghaas, Dieter (1977). *Weltwirtschaftsordnung und Entwicklungspolitik: Plädoyer für Dissoziation.* Frankfurt: Suhrkamp.

Shainberg, David (1973). *The Transforming Self: New Dimensions in Psychoanalytic Process.* New York: Intercontinental Medical Book Corp.

Shannon, Claude E., und Weaver, Warren (1949). *The Mathematical Theory of Communications.* Urbana, Ill.: University of Illinois Press.

Smuts, Jan Christiaan (1926). *Holism and Evolution.* Republished New York: Viking (1961).

Snow, C. P. (1964). *The Two Cultures and a Second Look.* Cambridge: Cambridge University Press.

Soleri, Paolo (1973). *Matter Becoming Spirit: The Arcology of Paolo Soleri.* Garden City, N. Y.: Anchor/Doubleday.

Solschenizyn, Alexander (1963). *Ein Tag im Leben des Iwan Denissowitsch.* Berlin-Grunewald: Non-stop-Bücherei; München: dtv 1970.

Solschenizyn, Alexander (1976). *Lenin in Zürich.* München und Bern: Scherz.

Spencer Brown, G. (1969). *Laws of Form.* London: Allen and Unwin; New York: Julian Press, 1972; New York: Bantam paperback, 1974.

Spurgeon, Bud (1977). »Tesla«, *Co-Evolution Quarterly,* No. 16, Winter 1977/78.

Staehelin, Theophil (1976). »Hoffnung an der Grippefront«, *Neue Zürcher Zeitung,* 20. Jan. 1976.

Starr, Chauncey (1971). »Energy and Power«, *Scientific American,* Sept. 1971; ebenfalls in: Scientific American (1971).

Stebbins, G. L. (1973). »Evolution of Morphogenetic Patterns«, *Brookhaven Symp. Biol.,* 25, 227–243; zitiert in: Gould (1977), S. 407.

Stegmüller, Wolfgang (1975). *Hauptströmungen der Gegenwartsphilosophie,* Band II, Stuttgart: Kröner.

Steinlin, Uli W. (1977). »Kugelsternhaufen«, *Neue Zürcher Zeitung,* 26. April 1977.

Stent, Gunther S. (1972). »Cellular Communication«, *Scientific American,* Sept. 1972; ebenfalls in: Kennedy, Hg. (1974).

Stent, Gunther S. (1975). »Explicit and Implicit Semantic Content of the Genetic Information«, *Proc. Fourth Intern. Conf. Unity of the Sciences,* »The Centrality of Science and Absolute Values«, New York; Tarrytown, N. Y.: Intern. Cultural Foundation.

Strom, Richard G., Miley, George K., und Oort, Jan (1975). »Giant Radio Galaxies«, *Scientific American,* Aug. 1975.

Stumm, Werner, Hg. (1977). *Global Chemical Cycles and their Alterations by Man.* Berlin: Dahlem Konferenzen/Abakon.

Taylor, John (1975). *Superminds: A Scientist Looks at the Paranormal.* New York: Viking.

Thom, René (1972). *Stabilité Structurelle et Morphogenèse.* Reading, Mass.: Benjamin. Engl. Übers. *Structural Stability and Morphogenesis,* Reading, Mass.: Benjamin, 1975.

Thomas, Lewis (1974). *The Lives of a Cell: Notes of a Biology Watcher.* New York: Viking; Bantam paperback, 1975.

Thorn, Fritz (1976). »Die Triebfedern der Apathie: Zur Rolle des Publikums im Gegenwartstheater«, *Neue Zürcher Zeitung,* 26. März 1976.

Thorpe, Willard H. (1976). »Science and Man's Need for Meaning«, *Proc. Fifth Intern. Conf. Unity of the Sciences,* »The Search for Absolute Values: Harmony Among the Sciences«, Washington, D. C.; Tarrytown, N. Y.: Intern. Cultural Foundation.

Toulmin, Stephen (1977). »From Form to Function: Philosophy and History of Science in the 1950s and Now«, *Daedalus,* 106, 143–162.

Tromp, Solco W. (1972). »Possible Effects of Extra-Terrestrial Stimuli on Colloidal Systems and Living Organisms«, *Proc. 5th Intern. Biometeor. Congr.,* Noordwijk; Amsterdam: Swets and Zeitlinger.

Trüeb, Lucien (1974). »Energiesystem und Energieprobleme«, *Neue Zürcher Zeitung,* 16. Juli 1974.

Tryon, Edward P. (1973). »Is the Universe a Vacuum Fluctuation?«, *Nature,* 246, 396–397.

Turnbull, Colin (1972). *The Mountain People.* New York: Simon and Schuster.

Valentine, James W. (1978). »The Evolution of Multicellular Plants and Animals«. *Scientific American,* Sept. 1978.

Vallée, Jacques (1977). »The Priest, the Well and the Pendulum«, *CoEvolution Quarterly,* No. 16, Winter 1977/78.

Varela, Francisco J. (1975). »A Calculus of Self-Reference«, *Intern. Journal of General Systems,* 2, 5.

Varela, Francisco, Maturana, Humberto R., und Uribe, Ricardo (1974). »Autopoiesis: The Organization of Living Systems, Its Characterization and a Model«, *Biosystems,* 5, 187–196.

Vickers, Geoffrey (1968). *Value Systems and Social Process.* London: Travistock; New York: Basis Books; Pelican paperback, 1970.

Vickers, Geoffrey (1973). *Making Institutions Work.* London: Associated Business Programmes.

Volterra, Vito (1926). »Variazioni e fluttuazioni del numero d'individui in specie animali conviventi«, *Mem. Accad. Lincei,* 2, 31–113.

Waddington, Conrad H. (1975). *The Evolution of an Evolutionist.* Edinburgh: Edinburgh University Press; Ithaca, N. Y.: Cornell University Press.

Watson, J. A., Nel, J. J. C., und Hewitt, P. H. (1972). »Behavioral Changes in Founding Pairs of the Termite *Hodotermes mossambicus«, Journal of Insect Physiology,* 18, 373–387; zitiert in: Thomas (1974).

Watson, Lyall (1976). *Geheimes Wissen.* Frankfurt: Fischer.

Weinberg, Steven (1977). *Die ersten drei Minuten.* München und Zürich: Piper.

Weizsäcker, Carl Friedrich von (1974). »Evolution und Entropiewachstum«, in: Weizsäcker, Ernst von, Hg. (1974).

Weizsäcker, Christine U. von (1975). »Die umweltfreundliche Emanzipation«, in: *Humanökologie* (Intern. Tagung für Humanökologie), Wien: Georgi.

Weizsäcker, Ernst von, Hg. (1974). *Offene Systeme I: Beiträge zur Zeitstruktur von Information, Entropie und Evolution.* Stuttgart: Klett.

Weizsäcker, Ernst von (1974). »Erstmaligkeit und Bestätigung als Komponenten der pragmatischen Information«, in: Weizsäcker, Ernst von, Hg. (1974).

Whitehead, Alfred North (1933). *Adventures of Ideas.* New York: Macmillan; Neudruck New York: Free Press, 1967.

Whitehead, Alfred North (1969). *Process and Reality.* New York: Free Press.

Wilson, Edward O. (1975). *Sociobiology: The New Synthesis.* Cambridge, Mass.: Belknap Press of Harvard University.

Wilson, Edward O. (1978). *On Human Nature.* Cambridge, Mass.: Harvard Univ. Press.

Winfree, Arthur (1978),in: Henry Eyring, Hg., *Theoretical Chemistry,* 4. New York: Academic Press.

Wolpert, Lewis (1978). »Pattern Formation in Biological Development«, *Scientific American,* Okt. 1978.

Zeeman, E. Christopher (1977). *Catastrophe Theory: Selected Papers 1972–1977.* Reading, Mass., London und Amsterdam: Addison-Wesley.

Zeleny, Milan (1977). »Self-Organization of Living Systems«, *Intern. Journal of General Systems,* 4, 13–28.

Zelény, Milan, und Pierre, Norbert A. (1976). »Simulation of Self-Renewing Systems«, in: Jantsch und Waddington, Hg. (1976).

Zhabotinsky, A. M. (1974). *Self-Oscillating Concentrations*. Moskau: Nauka.

Zwahlen, R. (1978). »Kagera – eine ökologische und ökonomische Herausforderung«, *Neue Zürcher Zeitung,* 7. März 1978.

Zwicky, Fritz (1966). *Entdecken, Erfinden, Forschen im morphologischen Weltbild.* München: Droemer-Knaur.

Quellennachweis

Teil I des Buches beruht zum Teil auf zwei Artikeln, welche der Autor in der Beilage »Forschung und Technik« der *Neuen Zürcher Zeitung* veröffentlichte: »Dissipative Strukturen: Ordnung durch Fluktuation« (26. November 1975) und »Anwendung der Theorie dissipativer Strukturen« (3. Dezember 1975). Sie werden hier, zum Teil mit den Originalabbildungen, mit freundlicher Zustimmung der Redaktion verwendet.

Das Motto für Kapitel 3 stammt aus dem Buch: Romola Nijinsky (Hg.), *The Diary of Vaslav Nijinsky* (Berkeley, California: University of California Press, 1971). Es erscheint hier mit Genehmigung des Verlages Simon and Schuster, New York.

Das Motto für Teil II entstammt dem Gedicht »Perfect Joy« von Chuang Tzu, aus dem Chinesischen übersetzt von Thomas Merton und veröffentlicht in: Thomas Merton (Hg.), *The Way of Chuang-Tzu* (New York: New Directions, 1969). Copyright 1965 durch die Abtei von Gethsemane. Abdruck in der Übersetzung des Autors mit Genehmigung von George Allen & Unwin, London.

Die Photographien, die als Abb. 2 und Abb. 8 erscheinen, wurden freundlicherweise von Arthur Winfree, Purdue University, und Hans-J. Schrader, University of Oregon, zur Verfügung gestellt.

Namenverzeichnis

438

Sachregister

Hierarchische Systemorganisation 65, 256–258, 282, 300, 303, 328 f., 336, 375 (s. a. Kombinatorische H.; Kontexth.; Kontrollh.; Stratifizierte Autonomie; Vielschichtige Autopoiese; Vielschichtige Realität)

»Hier und Jetzt« 323

Hinduismus 328 f., 397 f., 411 (s. a. Chakras; Kundalini-Energie; *Prana*)

Hintergrundstrahlung, kosmische 29 f.

Hirn und Zentralnervensystem 42, 92 f., 100 f., 211, 216, 218 f., 223–227, 229, 231–236, 332 f., 394 (s. a. *Corpus callosum;* Dreifachhirn; Geruchssystem; Holographisches Modell; Limbisches System; Neokortex; Oral-genitale Hirnfunktionen; Reptilienhirn; Säugetierhirn, jüngeres)

Hirnfunktionen, hemisphärische Spezialisierung der 250 f., 396

Hirnvolumen in der Evolution des Menschen 218

Hirnwellen, elektrische 225, 229, 282, 293, 333, 337 f., 395 f. (s. a. Alpha-Rhythmus; Luzide Wachheit)

Histogenese 210

Historische Zeit, Aufhebung der 405–408

– Schöpfung der 129, 408 f.

Hoffnung 240, 404, 414

Holistische Medizin 27, 101

Holistischer Gesichtspunkt in der Beschreibung dynamischer Systeme 297

Holistisches Gedächtnis 44, 85 f., 301 (s. a. *Re-ligio*)

Holographie 238, 276

Holographisches Modell der Hirnfunktionen 238, 276

Homo erectus 217 f.

Homo habilis 217 f.

– *sapiens* 217 f.

– *sapiens sapiens* 217

Homoiothermische Organismen 308

Homologie evolutionärer Dynamik 34, 39, 95, 325, 390

Homöorhese 369

Homöostase 369

Homosexualität 354

Hormone 221, 234 f., 272, 280

Hühnerei, Wärmeentwicklung im befruchteten 87

Huichol-Indianer (Mexiko) 394 f.

Hüllkurve, logistische 112 f.

Humanistische Psychologie 27

Humanistischer Kapitalismus 381

Hyperbolisches Wachstum 153 f., 257 f., 263, 265 f.

Hypermorphose 213, 215

Hyperzyklen 43, 64, 67, 136, 153, 156, 184, 189, 209, 255–268, 306 (s. a. Katalytische Reaktionszyklen; Umwandlungsreaktionen, Zyklen von)

–, selbstreproduzierende 33, 40, 150 f., 304

Hypnose 101

Idée fixe 247

Ideen 245–247, 290, 339 (s. a. Imagination)

– Ökologie von 245

Ideologien 245 f., 251, 339, 357

I-Ging, chinesisches Buch des Wandels 336

Ik, Bergstamm in Uganda 28

Ilias, Epos von Homer 251

Imagination 27, 88, 250, 330

Imitation, s. Lernen durch I.

Immunreaktion und Immunsysteme 260 f., 307, 332

Individualistische Ethik 359

Produktions- und Verteilungsprozesse in der menschlichen Gesellschaft 243, 249, 251 (s. a. Autonome P.; Heteronome P.)

Produktivität menschlicher Arbeit 376, 400 f.

Progenese 214–216

Prokaryoten 41, 45, 148, 149, 150, 151, 158–167, 169 f., 173, 175–182, 187–191, 194, 197, 208, 244, 272, 286 f., 292, 298, 304, 310, 317, 322, 327 f., 334, 374, 378 (s. a. Bakterien; Blaualgen)

Proteine 146, 149–152, 197, 209 (s. a. Koevolution von Nukleinsäuren und P.; Polypeptide)

Protonen, s. Baryonen

Prozeßdenken und Prozeßphilosophie 18 f., 31 f., 36, 57, 63, 75, 95, 278, 318, 357, 412 f., 415

Prozeßplanung 367

Prozeßstrukturen 52 f., 55

Prozeßsymbiose 283, 335 (s. a. Koevolution zwischen Systemen; Ultrazyklen)

Prozeßtheater 387

Psychoanalyse 403

Pubertät 214–216

Pulsare 140

Qualität 95, 416

Quantenfeldtheorie 123, 128

Quantenmechanik 54, 122, 226, 330, 403 f., 406

Quantensprünge oder gleitende Evolution 46, 349–352

Quantisierung, makroskopische 86

Quarks 119

Quasare 29 f., 132–134

Quasi-Arten in der präzellulären Evolution 266 f.

Radioaktiver Zerfall 127, 136

Radiogalaxien 133 f. (s. a. Quasare; Seyfert-Galaxien)

Ramapithecus 188, 217 f.

Rationale Weltsicht 361–363

Rationalisten des 17. Jahrhunderts 351

Raum, beobachtbarer Bereich 29 f., 321

– und Zeit in der Evolution 39 f., 115, 127–129, 144, 189, 231, 234, 236, 276, 315, 336, 408 f., 416

Raumfahrt 291 (s. a. Mikrowellenübertragung; Weltraumkolonien)

Raumverschränkung, s. Zeit- u. Raumverschränkung

Raum-Zeit-Strukturen 55, 66, 212, 288, 408 (s. a. Dissipative Strukturen)

Raupe/Schmetterlings-System 106, 211

Reaktive Haltung 274

Redefreiheit 25

Reduktionismus 28, 31, 54 f., 60, 93, 99, 219, 252, 329 f., 346, 358 f., 397

– »nach oben« 397

Reflexiver Geist und r. Mentation 228 f., 231, 234, 236–240, 244 f., 304, 310, 322, 328

Regelung der biologischen Zelle 177 (s. a. Aktivierung: Inhibierung)

Regierung 340, 364 f.

Reihentechnik in der Musik 389

Relativitätstheorie 406

Re-ligio (Rückwendung zum Ursprung) 298, 324, 358, 402–404, 408, 412 f., 416 (s. a. *Tantra*)

Religionen 115, 246, 251, 329, 340, 350 f., 357 f., 398, 412 (s. a. Buddhismus; Christentum; Hinduismus; Islam; Vorreligiöse Erfahrung)

Renaissance 351

Replikase, Rolle in der genetischen Kommunikation 265, 267

Reptilien 188, 232 f. (s. a. *Brachiosaurus;* Dinosaurier; Reptilienhirn; Säugetierartige R.)

Reptilienhirn im Dreifachhirn 232–235, 247 f., 250

Resonanz 281, 293, 315, 390

Ressourcen, Erhaltung von 380

–, Management von 109, 202, 251 (s. a. Große Seen, nordamerikanische)

–, nichterneuerbare, s. Nichterneuerbare R.

Revolution und Revolutionäre 46, 83, 349 f. (s. a. Französische R.; Oktoberr.; Pariser Mai)

Rezession in der Wirtschaft 115

Rezirkulation von Energie 194f., 264, 371, 377

– von Materie 259 f., 264, 372, 379

Rezirkulationstechnik 116

Rezirkulationswirtschaft 26, 46, 263f. (s. a. Einwegwirtschaft)

Rhizom, Bild des 317–319, 408 f.

Risikofreudigkeit 269, 412

Ritualisierte Gesellschaftsdynamik 310

RNS (Ribonukleinsäure) 152, 154, 176, 265, 267, 401

–, Boten- 152

–, Transfer- 152

RNS-Phagen-Reproduktion 265

Robbenbabies 274

Rückkoppelung, negative 31, 262

–, positive 31, 62, 101, 262, 379 (s. a. Evolutive R.)

Rückwendung zum Ursprung, s. *Religio*

Sahel-Dürrezone in Afrika 198 f.

Sauerstoff, freier 41, 161–167, 169–172, 374, 378

Säugetierartige Reptilien 233

Säugetiere 188, 212 f., 233, 237, 327 (s. a. Delphine; Elefanten; Löwen; Primaten; Wale)

Säugetierhirn, älteres, s. Limbisches System

–, jüngeres 232, 235 f. (s. a. Neokortex)

Schaben 332

Schamanismus 311

Schimpansen, s. Primaten

Schizophrenie 251

Schleimpilz *(Dictyostelium discoideum)* 103, 185, 262 f. (s. a. Zyklisches AMP)

Schmetterling, s. Monarch-S.; Raupe/ S.-System

Schnecken 230

Schnur-Konzept in der Teilchenphysik 286 f.

Schöpferischer Prozeß, s. Kreativität

Schraube der Koevolution 267

Schrift 241 f., 250, 277, 304

Schrödinger-Gleichung der Wellenmechanik 226

Schwämme, Selbstorganisation von 184

Schwänzeltänze der Bienen 240

Schwarze Löcher *(black holes)* in der Kosmologie 29, 98, 122, 141

Schwerkraft, s. Gravitation

Schwingungen, s. Freilaufende Rhythmen; Frequenzen

Sedimentgestein 145, 162, 165–167, 203

Selbstausdruck 228, 237, 242, 304, 397

Selbstbestimmung 35, 79, 144, 208, 220, 357 (s. a. Freiheit)

Selbstbezug 33, 58, 66 f., 76, 86, 316 (s. a. Autopoiese)

Selbstbildnis des Menschen 304, 322, 328, 351

erschaffung der Welt, symbolische)
Symmetriebruch und symmetriebre-
chende Prozesse 36, 39 f., 59 f., 70,
84, 121, 125 f., 128, 144, 148, 187,
189 f., 235, 237, 239, 253, 274,
287, 303 f., 308, 324, 416
Symmetrien, grundlegende 119, 121,
123
–, Wiederherstellung von 122 f., 324
Synapsen zwischen Neuronen 223,
225
Synchronizität 407
Systemansatz in der Planung 361–364
»System Dynamics«-Technik 80
Systeme, s. unter zahlreichen Stich-
wörtern für bestimmte Klassen und
Arten von S.
Systemeigenschaften, Evolution von
305, 307
Systemgedächtnis, s. Holistisches G.
Systemmanagement 46, 339, 356,
361–368
Systemorganisation, logische 64, 67
(s. a. Zyklische Prozeßorganisation)
Systemstabilität, maßgebliche Krite-
rien für 87, 208, 305, 307, 357
Systemtheorie, Allgemeine 30 f., 53

Tabus, s. Verhaltensmuster und
-regeln
Taktische Planung 360, 362 f., 365
»Tante Emma«, Neuron 227
Tantra im Buddhismus 324, 403
Taoismus 362
Technik und technischer Wandel 20,
44, 53, 111–113, 246, 251, 265 f.,
352 f., 361, 367, 369, 371 f., 377 f.,
380, 382 f. (s. a. Angepaßte T.; Er-
nährungst.; Gesundheitst.)
Technische Flucht nach vorn 382
Technostruktur in Industrieunter-
nehmen 352
Teilchen, subatomare, s. Baryonen;

Leptonen; Nukleardemokratie;
Schnur-Konzept; Selbstkonsistenz
Telekommunikation, s. Elektronische
Kommunikation
Teleologie 21, 253, 348, 366, 399
Teleonomie 21, 253, 366
Tempel 405
Temperatur in der Musik 388
Temperatur, Stabilisierung in der Bio-
sphäre 173
Termitenhaufen, Bau von 103, 288
Theater, 351, 387 (s. a. Parath.; Pro-
zeßth.)
– der Armut 387
Thermodynamik, Gleichgewichts- 36,
56 f., 98, 304, 385
–, Ungleichgewichts- 36, 60, 62, 304,
308
–, Zweiter Hauptsatz der 56, 58
Tiere 153 f., 175, 179, 201, 244, 310,
327, 358 (s. a. Fische; Reptilien;
Säugetiere; Vögel)
Tod 90, 181, 200, 205, 337, 366, 372,
407 (s. a. Sexualität; Wiedergeburt,
Tod und)
Tonal im Schamanismus der Yaqui-
Indianer (Mexiko) 311
Torajas, Bergvolk in Sulawesi (Indo-
nesien) 336
Totes Meer, Schriftrollen vom 346
Toth, ägyptischer Gott 413
Tourismus 264
Traditionen, gesellschaftliche und kul-
turelle 339, 351 (s. a. Lernen durch
Imitation)
Tragödie, griechische 359 f. (s. a. An-
tigone)
Trance 337 (s. a. Maro-Trancetanz)
Transepistemologischer Prozeß 353
Transistor 113
Transport 264, 356, 361, 365, 376
Träume 230, 240, 250 (s. a. Viel-
schichtige T.)